黄河水土保持生态工程
辛店沟科技示范园建设与评价

主　编　郑宝明　党维勤

黄河水利出版社
·郑 州·

内 容 提 要

辛店沟科技示范园位于陕西省绥德县,这里不仅地处黄河多沙粗沙区,而且属于粗泥沙集中来源区,是黄土丘陵沟壑区第一副区最具有典型性和代表性的小流域。黄河水利委员会于 1953 年选择这一区域作为绥德水土保持科学试验站的试验研究基地,经过 60 年的水土保持试验研究、示范推广、监测和综合治理工程的实施,尤其是 2006~2010 年以科技示范园建设为主体,多种水土保持措施并举,通过对水土保持生态规划设计、综合治理、监测建设、地图制作、科学研究、技术推广、评价分析、建设管理等方面的系统归纳、分析和总结,为黄土高原水土保持科技示范园的建设提供了理论依据和实践经验,对指导区域水土保持科技示范园建设、管理、评价具有较强的实用性和科学性。

本书可供从事水土保持管理、规划设计、科研、施工、监理、监测以及开发建设项目水土保持等不同工作的人员,生态工程建设相关行业如林业、农业、草业、环境等不同行业的工作者参阅,也可作为大专院校相关专业师生的参考书。

图书在版编目(CIP)数据

黄河水土保持生态工程辛店沟科技示范园建设与评价/
郑宝明,党维勤主编 . —郑州:黄河水利出版社,2014.11
ISBN 978 - 7 - 5509 - 0969 - 4

Ⅰ.①黄… Ⅱ.①郑… ②党… Ⅲ.①黄土高原 - 水土
保持 - 环境工程 - 建设 - 研究 - 绥德县 Ⅳ.①S157.2

中国版本图书馆 CIP 数据核字(2014)第 264681 号

出 版 社:黄河水利出版社
　　　　地址:河南省郑州市顺河路黄委会综合楼 14 层　邮政编码:450003
发行单位:黄河水利出版社
　　　　发行部电话:0371 - 66026940、66020550、66028024、66022620(传真)
　　　　E- mail:hhslcbs@ 126. com
承印单位:河南省瑞光印务股份有限公司
开本:787 mm×1 092 mm　1/16
印张:21.75　　　　　　　　　　　　插页:4
字数:503 千字　　　　　　　　　　　印数:1—1 000
版次:2014 年 11 月第 1 版　　　　　　印次:2014 年 11 月第 1 次印刷

定价:48.00 元

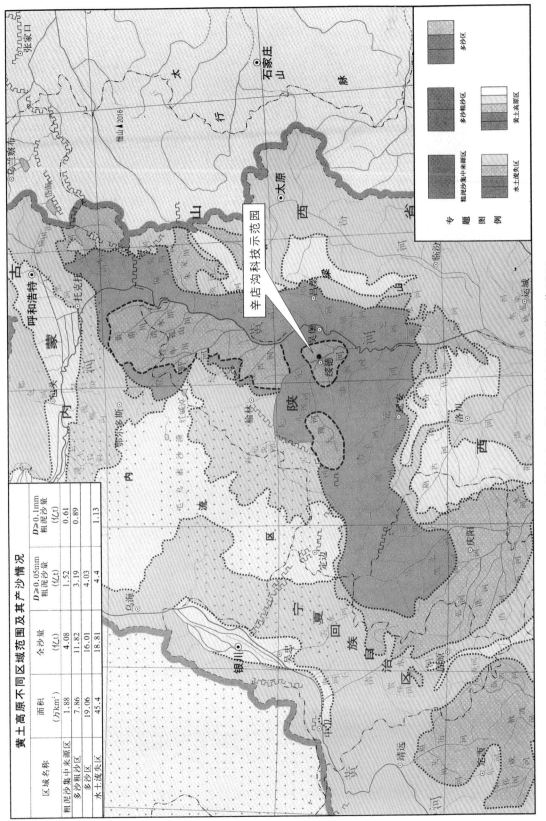

黄土高原不同区域范围及其产沙情况

区域名称	面积 (万km²)	全沙量 (亿t)	D≥0.05mm 粗泥沙量 (亿t)	D≥0.1mm 粗泥沙量 (亿t)
粗泥沙集中来源区	1.88	4.08	1.52	0.61
多沙粗沙区	7.86	11.82	3.19	0.89
多沙区	19.06	16.01	4.03	1.13
水土流失区	45.4	18.81	4.4	1.13

黄河水土保持生态工程辛店沟科技示范园位置图

综合治理示范区

优良品种培育

农业示范区

治理示范区

红枣经济林区

大扁杏经济林区

牧草示范区

封禁示范区

小流域水土流失监测

峁坡水土流失监测

谷坡水土流失监测

坝系水土流失监测

崩坡水土保持效益监测

梯田水土保持效益监测

小气候观测站

科普教育基地

科技示范园展室及模型

大学生实习

《黄河水土保持生态工程辛店沟科技示范园建设与评价》编委会

主　　编：郑宝明　党维勤

编写人员：郑宝明　党维勤　胡建军　刘晓军

　　　　　白东晓　尚国梅　慕振莲　刘立峰

　　　　　李　平　冯广成　郑　好

序

黄河流域的黄土高原地区是中华民族的摇篮、古文明的发祥地,地域辽阔,资源丰富,发展潜力巨大,具有重要的战略地位。然而,这一地区却是我国乃至世界上水土流失最严重、生态环境最脆弱的地区。严重的水土流失使区域土地贫瘠、生态环境恶化、人民群众贫困、经济社会发展滞后,而且造成黄河下游河道泥沙大量淤积,形成世界闻名的"地上悬河",严重威胁着两岸人民的生命财产安全,成为中华民族的"心腹之患"。

新中国成立以来,党和国家高度重视黄土高原地区水土保持生态建设,水土流失治理成效十分显著。随着治理的不断推进,以及国家经济社会的发展,水土流失治理的科学化和普及提高全社会的水土保持科技意识显得尤为重要。从 2000 年开始,全国各地相继建设了一批水土保持科研试验和示范推广园区,希望能够以此发挥典型带动和示范辐射作用。2004 年,为进一步推动和规范水土保持科技工作,打造精品,水利部决定在全国开展水土保持科技示范园区建设活动。2005 年,在依托辛店沟近 60 年治理和科学试验的基础上,黄河水利委员会启动了辛店沟科技示范园建设,2011 年基本建成。目前该科技示范园已成为国家水土保持科学试验研究基地,被北京师范大学、南京师范大学、西北农林科技大学等多所院校确定为实习基地,也成为当地青少年科普教育和群众度假休闲的良好园区,很好地发挥了示范作用。

党的十八大从新的历史起点出发,把生态文明建设放在突出地位,融入经济建设、政治建设、文化建设、社会建设各方面的全过程。水土保持生态建设是生态文明建设的重要内容之一,通过水土保持生态建设,可以加快水土流失防治步伐,促进人与自然的和谐,推动整个社会走上生产发展、生活富裕、生态良好的文明发展道路。该科技示范园的建成,必将充分发挥水土保持科技支撑、典型带动和示范辐射的作用,将有力促进黄土高原生态文明建设,为当地群众创造良好的生产生活环境,进而促进实现黄土高原地区的永续发展和建成美丽的黄土高原。

辛店沟是黄河水利委员会绥德水土保持科学试验站长期的试验研究基地之一,在区域内具有典型性和代表性。该站地处黄土丘陵沟壑区第一副区,为黄河中游多沙粗沙的集中来源区,是最早从事水土保持科学研究、示范推广、生态建设与管理的机构之一。自1952 年建站以来,经过长期的水土保持第一线实践和探索,取得了多项科研试验成果和业绩,在区域水土流失试验研究中具有独特的作用和地位。作者在总结辛店沟科技示范园建设经验的基础上,结合该站 60 多年的科学研究、示范推广等工作,编写了这部《黄河水土保持生态工程辛店沟科技示范园建设与评价》专著,很好地展示了辛店沟科技示范园成果。这也是水土保持工作者多年来在黄土高原水土保持生态建设、管理、研究等领域辛勤耕耘的结果。

本书新意颇多。本书从规划设计入手，在全面分析总结多年治理和科学研究经验的基础上，阐述了示范园建设思路、建设目标、建设布局、建设措施，详细介绍了示范园已建成的"两区、一站、一基地"成果，即科技示范园区（包括综合治理示范区、沟道工程示范区、高效经济林示范区、节水灌溉示范区、优质牧草示范区、封禁治理示范区）、科技示范园监测区（包括水土流失监测区、水土保持效益监测区、沟道坝系监测区），小气候自动监测站和科普教育基地。同时，从示范园基础条件、基本功能、扩展功能、管理等方面对整个科技示范园作出了评价；从已开展的试验研究中，综合归纳提出了科技示范园建设与管理的见解。

该书的出版，为黄土高原科技示范园建设、管理、研究等方面提供了践行经验，而且在一定程度上将为推动区域生态文明建设和经济社会发展做出贡献。

乐为之序，以飨读者。

2014 年 9 月

前　言

　　由于黄土高原地区特殊的地理环境和气候条件,以及长期以来人类的过度开发等因素,这一地区的水土流失严重、生态环境恶化、人民群众贫困。该地区的水土流失涉及范围广、类型多、危害大,不仅制约着当地社会经济发展,而且还严重威胁着黄河下游两岸人民群众的生命和财产安全,已成为我国重大的区域环境问题之一。因此,在该区域大力开展水土保持工作,促进人与自然和谐相处,保障国家生态安全,推动生态文明和美丽中国建设是一项长期而艰巨的战略性任务。

　　黄土高原的水土流失治理需要科技先引、科技创新,充分发挥"科学技术是第一生产力"的基础性作用,以提升水土保持工作科技含量,全力打造水土保持科技精品,发挥典型带动和示范辐射作用,进一步加快水土流失治理步伐,推动区域走上生产发展、生活富裕、生态文明的发展道路。2004 年 4 月,水利部印发了《关于开展水土保持科技示范园区建设的通知》(办水保〔2004〕50 号),正式启动了水土保持科技示范园区的创建活动。

　　在黄河水利委员会的高度重视下,黄河上中游管理局的关心支持下,2005 年 3 月黄河水土保持绥德治理监督局(黄河水利委员会绥德水土保持科学试验站)积极组织技术力量完成了黄河水土保持生态工程辛店沟科技示范园(以下简称科技示范园)可行性研究报告,于同年 9 月批准立项,2006 年 6 月正式批准实施。绥德治理监督局作为项目法人单位,高度重视项目建设,在建立健全项目运行管理体制和机制的基础上,成立了项目建设领导小组,委托了监理单位,明确了职责,落实了任务。经过近 5 年的精心组织和工程施工,到 2011 年 7 月项目建设任务全部完成,建设目标全面实现,并通过了黄河上中游管理局的验收。

　　辛店沟科技示范园位于陕西省绥德县境内,地处黄土丘陵沟壑区第一副区,梁峁起伏,沟壑纵横,地形破碎,水土流失严重,多年平均侵蚀模数为 1.8 万 t/km^2,为黄河中游多沙粗沙区和黄河粗泥沙集中来源区,因此具有典型性和代表性。科技示范园具体包括辛店沟和桥沟两个试验流域,总面积 1.89 km^2。其中,辛店沟流域面积 1.44 km^2,桥沟流域面积 0.45 km^2。辛店沟流域从 1953 年开始水土保持试验、示范、推广等治理研究工作,桥沟流域从 1986 年起开展空白沟道水土流失监测工作,两个流域具有科技示范园建设良好的基础和条件。2006 年启动了科技示范园建设,辛店沟流域通过水保生态林、经济林、梯田、淤地坝等生物、工程措施建设,从峁顶至沟底,形成层层设防、节节拦蓄的水土保持综合治理"三道防线"体系。无定河提水灌溉和天然降雨集流灌溉工程建设解决了干旱缺水的问题。同时,运用了雨水集蓄技术、植被自然修复技术、保土耕作技术和坝系相对稳定技术等水土保持先进技术。引入了红地球和秋黑等葡萄、皇家嘎啦苹果、大扁杏、红香酥梨等优良新品种。采用了地理信息系统、RTK GPS、DEM、QuickBird 影像、气象园和自动化卡口监测站等新科技，还结合流域治理和科技示范园建设平台，开展了水土流失规律、工程措施、生物措施、农业耕作措施等研究课题，取得了多项科研成果。截至 2011 年，科技示范园建成了"两区、一站、一基地"，即科技示范园区（包括综合治理示范区、沟道工程示范区、高效经济林示范区、节水灌溉示范区、优质牧草示范区、封禁治理示范区）、科技示范园监测区（包括水土流失监测区、水土保持效益监测区、沟道坝系监测区），小气候自动监测站和科普教育基地。并成为国家水土保持科学试验研究基地，北京师范大学、南京师范大学、西北农林科技大学等多所院校的实习基地，也是当地青少年科普教育和群众度假休闲的良好园区，从而为黄土丘陵沟壑区树立了典型和样板。

本书共分为 8 章，具体内容包括：第一章辛店沟科技示范园概况，第二章科技示范园可行性研究与设计，第三章辛店沟科技示范园水土保持综合防治模式，第四章科技示范园水土保持监测，第五章辛店沟科技示范园电子地图研发，第六章辛店沟科技示范园试验研究与推广，第七章辛店沟科技示范园建设与运行管理，第八章辛店沟科技示范园成果与评价。

需要特别感谢的是黄河上中游管理局王健局长，他在百忙中审阅了本书的初稿，并欣然为本书作序。

本书的编写和出版得到了黄河上中游管理局西安规划设计研究院的大力支持和帮助，同时，也得到了国家自然科学基金委员会面上项目"基于 DEM 的黄土沟头地貌研究"（41471331）的资助，在此一并表示诚挚的感谢！

由于编者水平有限，本书错漏之处在所难免，敬请读者批评指正。

编　者
2014 年 10 月

目　录

第一章　辛店沟科技示范园概况

黄土丘陵沟壑区是黄土高原水土流失最为严重的区域之一,是黄河泥沙尤其是多沙粗沙的主要区,面积 21.18 万 km^2,该区丘陵起伏、坡陡沟深,地面坡度 15°以上的面积占总面积的 50%～70%,丘陵面积占总土地面积的 90% 左右;沟壑纵横,地形破碎,沟壑密度 3～5 km/km^2,局部区域达 6～8 km/km^2。气候干旱,植被稀疏,加之长期广种薄收,土地利用极不合理,水土流失十分严重,土壤侵蚀模数一般为 5 000～15 000 $t/(km^2·a)$,甚至高达 20 000～30 000 $t/(km^2·a)$,严重的水土流失,不仅使黄河下游河床逐年淤高,严重威胁着两岸人民的生命财产安全,而且也是制约当地农业生产和社会经济发展的主要因素。

黄土丘陵沟壑区根据自然环境和水土流失情况划分为 5 个副区,其中黄土丘陵沟壑区第一副区(简称黄丘一副区),是水土流失最严重的地区,也是黄河多沙粗沙的主要区域。

黄河水土保持生态工程辛店沟科技示范园项目(以下简称科技示范园)是贯彻水利部《关于开展水土保持科技示范园区建设的通知》(办水保〔2004〕号)精神建设的,从2004 年开始立项,2006 年批复实施,2011 年通过验收。科技示范园不仅属于黄丘一副区水土流失严重地区,还属于黄河中游粗泥沙集中来源区具有代表性的小流域,是黄河水土保持绥德治理监督局 60 年来进行水土保持科技试验的研究基地,以此开展水土保持科技示范园建设,对进一步规范水土保持科技工作,普及提高全社会水土保持科技意识,加快水土流失防治步伐,促进人与自然和谐,建设生态文明社会,具有典型带动和示范辐射作用。

本书从自然环境辨析,社会经济情况,水土流失状况,综合治理、试验研究及监测概况和立项等 5 个方面对科技示范园进行了阐述。

第一节　自然环境辨析

一、区域环境界定

(一)黄土丘陵沟壑区

黄土丘陵沟壑区从行政区划上看,主要分布在鄂尔多斯南缘至延安市以北,山西省的西部,甘肃省的南部和中部,宁夏回族自治区的中南部,内蒙古自治区鄂尔多斯市的东部与乌兰察布市的南部及青海省的东部、河南省的西部。涉及陕西、山西、内蒙古、甘肃、青海、宁夏和河南等 7 省(区)的 31 个市(州)136 个县(市、旗、区)。总土地面积 21.18 万 km^2,其中水土流失面积 20.43 万 km^2。

从黄河支流水系看,主要分布在河龙区间的皇甫川、孤山川、窟野河、秃尾河、佳芦河、无定河、清涧河、延河、云岩河、仕望河、浑河、偏关河、县川河、朱家河、岚漪河、蔚汾河、湫水河、三川河、屈产河、昕水河、清水河等 21 条支流;泾河的支流马莲河、茹河、环江和洪河的上游等;北洛河支流的葫芦河、沮河和周水河上游;渭河上游干流及上游支流的散渡河、葫芦河、耤河、榜沙河等;入黄支流有湟水下游、庄浪河、伊河、洛河;青海黄河两岸、河南与山西黄河两岸和汾河上游等。

按水土流失的轻重程度分为 5 个副区,各区分布状况见表 1-1,各水土保持区划见图 1-1。

表 1-1　黄土丘陵沟壑区土壤侵蚀类型区划(孟庆枚等编《黄土高原水土保持》)

类型区	总面积 (km²)	占总面积 (%)	平均输沙模数 (t/(km²·a))	平均冲刷模数 (t/(km²·a))	侵蚀强度等级	
					水力	风力
第一副区	64 576	30.2	8 690 ~ 9 650	>10 000	1	2(3)
第二副区	27 121	7.4	4 820 ~ 6 730	5 000 ~ 10 000	2	3
第三副区	35 610	3.4	4 030 ~ 7 270	5 000 ~ 10 000	2	3
第四副区	23 425	8.0	1 070	1 000 ~ 2 000	4	2(3)
第五副区	61 097	5.9	4 780 ~ 6 520	5 000 ~ 10 000	2(4)	2

注:1. 本表范围包括自河源至洛河口的总面积加鄂尔多斯内流区。

2. 平均冲刷模数指当地冲刷土壤的数量,平均输沙模数为流入黄河的土壤数量,前者比后者大 30% ~ 50%。

3. 侵蚀强度等级中 1、2、3、4、5 分别代表剧烈侵蚀区、极强侵蚀区、强度侵蚀区、中度侵蚀区和轻度侵蚀区,在括号中的等级是属于个别市的。

按主导地貌特点可分为:峁状丘陵沟壑区、梁状丘陵沟壑区、梁峁丘陵沟壑区、平岗丘陵沟壑区等。

黄丘一副区主要分布在河龙区间中北部,位置介于东经 108°39′ ~ 120°09′,北纬 36°41′ ~ 40°23′,涉及陕西、山西、内蒙古 3 省 8 个地(盟、市)46 个县(市、旗)(见表 1-2、图 1-2),总土地面积 6.46 万 km²,其中水土流失面积 6.02 万 km²,区内有黄河一级主要支流 15 条(见表 1-3),多年平均输沙量 6.6 亿 t。

(二)黄河流域多沙粗沙区

1996 年,黄河水利委员会(简称黄委)提出了"黄河中游多沙粗沙区区域界定及产沙输沙规律研究"的水土保持科研基金项目,经过长达 4 年的分析研究,2000 年 5 月提交的研究成果:以三门峡库区及黄河下游主河槽淤积物占多数的观点,确定了黄河"粗泥沙"的界限为 0.05 mm。用输沙模数指标法界定了黄河多沙粗沙区面积为 7.86 万 km²。多沙粗沙区涉及陕西、山西、甘肃、内蒙古、宁夏 5 省(区)9 个地(盟、市)45 个县(旗、区)。区内有 1 000 km² 以上的支流 21 条,其中河龙区间 1 000 km² 以上的支流有皇甫川、孤山川、窟野河、秃尾河、佳芦河、无定河、清涧河、延河、浑河、杨家川、偏关河、县川河、朱家川、岚漪河、蔚汾河、湫水河、三川河、屈产河及昕水河共 19 条。该区域多年平均输沙量 11.8 亿 t,占黄河多年输沙量的 73.8%。

图 1-1　黄河流域黄土高原水土保持分区图

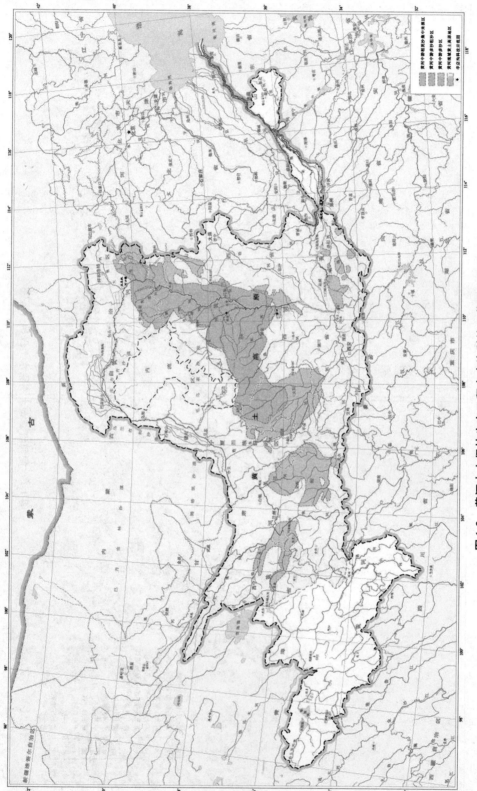

图 1-2 黄河水土保持生态工程辛店沟科技示范园位置图

表 1-2 黄丘一副区涉及省、地、县名称表

涉及省(区)、地(盟、市)、县(旗、区)名称

省(区)名称	地(盟、市)名称	县(旗、区)名称	
		全部在类型区内	部分在类型区内
陕西	榆林市	府谷县、佳县、吴堡县、米脂县、子洲县、绥德县、清涧县	神木县、榆阳区、横山县、靖边县
	延安市	子长县、延川县	安塞县
山西	忻州地区	河曲县	偏关县、保德县、五寨县、神池县、宁武县、岢岚县、静乐县
	吕梁地区		兴县、岚县、临县、方山县、柳林县、离石县、中阳县、石楼县、交口县、汾阳县、孝义县
	太原市		娄樊县、阳曲县、古交区
内蒙古	鄂尔多斯市	东胜区	达拉特旗、伊金霍洛旗、准格尔旗
	呼和浩特市		郊区、托克托县
	乌兰察布盟	清水河县	和林县、凉城县、卓资县
合计	8	12	34
总计	8	46	

表 1-3 黄丘一副区黄河主要支流径流量输沙量统计表

部位	支流名称	站名	资料年限	集水面积（km²）	多年平均降水量（mm）	多年平均径流量（亿 m³）	多年平均输沙量（亿 t）	其中粗沙输移量（亿 t）
北部河口镇至佳县	佳芦河	申家湾	1957~1983	1 121	414.7	0.833	0.202	0.115
	秃尾河	高家川	1956~1983	3 253	411.0	3.968	0.243	0.171
	窟野河	温家川	1954~1983	8 645	416.8	7.124	1.187	0.769
	蔚汾河	碧村	1956~1983	1 476	469.9	0.708	0.118	0.047
	岚漪河	裴家川	1957~1983	2 159	493.4	1.248	0.121	0.058
	朱家川	后会村	1957~1983	2 914	457.3	0.386	0.182	0.118
	孤山川	高石崖	1955~1983	1 265	416.4	0.937	0.246	0.141
	偏关河	偏关	1958~1983	1 915	437.3	0.494	0.158	0.063
	皇甫川	皇甫	1954~1983	3 199	404.6	1.860	0.584	0.412
	浑河	放牛沟	1955~1983	5 461	396.5	2.270	0.185	0.074
	合计			26 398		19.83	3.226	1.968

部位	支流名称	站名	资料年限	集水面积（km²）	多年平均降水量（mm）	多年平均径流量（亿 m³）	多年平均输沙量（亿 t）	其中粗沙输移量（亿 t）
南部佳县至清涧	清涧河	延川	1954～1983	3 468	475.8	1.458	0.408	0.202
	无定河	川口	1952～1983	30 217	403.1	13.74	1.679	0.954
	屈产河	裴沟	1963～1983	1 023	482.3	0.394	0.115	0.045
	三川河	后大成	1957～1983	4 102	509.8	2.730	0.254	0.103
	湫水河	林家坪	1954～1983	1 873	474.8	0.959	0.239	0.107
	合计			40 993		19.28	2.695	1.411

（三）黄河流域粗泥沙集中来源区

2004 年，黄委治黄专项"黄河中游粗泥沙集中来源区界定研究"的鉴定结论：黄河中游粗泥沙集中来源区是粒径大于 0.1 mm、粗泥沙输沙模数为 1 400 t/(km²·a) 的区域，面积 1.88 万 km²，在黄河中游呈一"品"字形分布，主要分布在黄河中游右岸窟野河、皇甫川、清水川、秃尾河、孤山川、石马川、佳芦河、乌龙河和无定河等 9 条重点治理支流。无定河是其中的一条主要产沙支流，科技示范园是无定河的一级支流。

二、地理位置

科技示范园包括示范区和监测区，总面积 1.89 km²，其中：示范区面积 1.44 km²，监测区面积 0.45 km²。示范区和监测区位于相邻的两个流域内。

科技示范园示范和监测区分别位于黄河一级支流无定河中游左岸辛店沟流域和桥沟流域内，均属于多沙粗沙区和粗泥沙集中来源区，距绥德县城约 3 km，地理位置在东经 110°16′45″～110°20′00″、北纬 37°29′00″～37°31′00″，海拔 840～1 040 m。科技示范园小流域位于无定河中游，是一条多沙粗沙集中来源区的小流域。科技示范园地理位置见图 1-2。

三、地形地貌

黄土丘陵是黄土高原遭受长期的沟谷分割和流水侵蚀后的沟间地残余部分。黄土丘陵沟壑区是黄土高原典型的地貌类型，其形态有长条形梁状丘陵、圆形或椭圆形的峁状丘陵。"梁"和"峁"是黄土丘陵的基本组成部分。梁在平面图上呈长条形。梁顶面积小，呈弓形，坡度一般为 8°～10°，个别可达 20°以上；梁顶以下坡度由缓转急，形成明显的坡折，由坡折线以下直至侵蚀沟缘，这一部分叫作梁坡，其面积很大，坡度多为 10°～35°。峁在平面上呈圆形或馒头形，峁顶穹起坡度为 3°～5°，峁的四周均为凸形斜坡，叫作峁坡，坡度为 10°～35°。两峁的凹下的鞍状地形，群众称"墕"，墕的下方两侧多是不同的沟头，有的被沟头蚕食，仅剩下窄狭的分水脊。梁峁间分布着大大小小、纵横交错的沟壑。黄丘一副区地形以梁峁状丘陵为主，地形破碎，沟壑纵横，沟壑密度达 3～7 km/km²，沟道深度

100 ~ 300 m,沟道多呈"U"字形和"V"字形;沟壑面积比例大,沟间地与沟谷地的面积比为4:6。科技示范园内的地形地貌是典型黄丘一副区的地貌形态,土地类型复杂多样。沟壑密度7.26 km/km²,示范区内200 m以上的支毛沟31条,较大梁峁32个。以小流域为单元,从峁顶至沟谷底部有明显的垂直分布规律,根据峁边线将小流域地貌分为沟间地和沟谷地两类。示范区沟间地占流域面积的53.2%,沟谷地占流域面积的46.8%;25°以上的陡坡地占总土地面积的49%,多年平均侵蚀模数为1.8万 t/km²。地面坡度组成见表1-4。

表1-4　示范区地面坡度组成表

| 面积 (hm²) | 坡度组成结构 | | | | | | | | | | | | |
| | <3° | | 3°~8° | | 8°~15° | | 15°~25° | | 25°~35° | | 35°~45° | | >45° | |
	面积 (hm²)	占比例 (%)	面积 (hm²)	占比例 (%)	面积 (hm²)	占比例 (%)	面积 (hm²)	占比例 (%)	面积 (hm²)	占比例 (%)	面积 (hm²)	占比例 (%)	面积 (hm²)	占比例 (%)
144	7.02	4.88	2.04	1.42	9.87	6.85	54.67	37.96	39.93	27.73	18.20	12.64	12.27	8.52

监测区为自然原型地貌,主沟长1.4 km,不对称系数0.23,沟壑密度5.4 km/km²,流域内有较大支沟两条,呈长条形,沟间地和沟谷地面积比为1:1。其地面坡度组成详见表1-5。

表1-5　监测区桥沟流域坡度组成

| 面积 (hm²) | 坡度组成结构 | | | | | | | | | | |
| | <5° | | 5°~8° | | 8°~15° | | 15°~25° | | 25°~35° | | >35° | |
	面积 (hm²)	占比例 (%)	面积 (hm²)	占比例 (%)	面积 (hm²)	占比例 (%)	面积 (hm²)	占比例 (%)	面积 (hm²)	占比例 (%)	面积 (hm²)	占比例 (%)
45	5.26	11.7	1.53	3.40	3.60	8.0	5.98	13.3	8.06	17.9	20.56	45.7

四、土壤植被

科技示范园土壤以黄绵土为主,主要分布于沟谷坡以上地形平缓或植被较好的区域,分布面积占总面积的65%以上。主沟道中下游有三叠纪砂、页岩裸露,支毛沟均系土沟床,河谷阶地和现状坝地淤土均为近代冲积作用形成的后层沙壤土。近几年土壤性质测定园区内耕作层(0~20 cm)土壤养分:有机质4.35%~7.40%,全氮0.32~0.520 mg/kg,碱解氮17.64~33.45 mg/kg,速效磷1.50~10.73 mg/kg,速效钾71.85~151.20 mg/kg,土壤pH值7.1~8.2,属微碱性。

科技示范园植被类型属于温带暖温带森林草原植被区域的一部分,植被从森林草原向典型草原过渡,属于典型草原植被—灌丛草原植被,园内植被资源可分为天然植被和人工栽培植物。

(1)天然植物。主要为典型草原和落叶阔叶灌丛植被类型。草原植被类型是园区内植被的主体,在园内占绝对优势,广泛分布于梁峁、沟坡上,建群植物主要为针茅属的长芒草,蒿属的铁干草、茭蒿、冷蒿,百里香属的百里香,甘草属的甘草,禾本科的针茅、冰草、披碱草、狗尾草和白草等;落叶阔叶灌丛,多属中生和旱中生类型,主要建群植物有黄蔷薇、柠条、沙棘和酸枣等灌丛,主要分布在黄土硬梁上。

(2)人工栽培植物。人工栽培的林草植物以水土保持林和牧草为主,可分为乔木林、经济林、灌木林和牧草。

科技示范园现有乔灌树种100余种,草种30多种,林草覆盖率75.91%,植被较好,植被主要由人工林草组成。水保林主要有乔木林、灌木林和乔灌混交林,起防护作用;乔木林树种主要有杨树、白榆、旱柳、侧柏、油松、火炬树和刺槐等;灌木林有柠条、榆叶梅、紫穗槐、桑树等,道路防护林主要有国槐、油松、侧柏等;经济林有优质葡萄红地球、秋黑,红香酥梨、大扁杏、中华大梨枣、皇家嘎拉苹果等;人工草地主要有草木樨、紫花苜蓿和沙打旺等。

五、地质条件

科技示范园内地层主要由第四纪形成的离石、午城、马兰黄土组成,并夹有多层古土壤及淤积土,覆盖在古代浅谷和低谷峁上。近代新构造运动使这里的地壳呈间歇式抬升,导致区内侵蚀基准相对下降,高差增大。在地质构造上属于鄂尔多斯台地向斜的南部,基岩主要为三叠纪砂页岩,即由浅灰带绿色的砂、页岩相间组成。主沟有基岩裸露,岩层以上土质堆积物为第四纪紫红色黏土,在少数沟坡零星分布;支毛沟均系土沟床,下层多为红胶土,上层均为黄绵土覆盖,分布广泛。

六、气象水文

科技示范园属大陆性温带半干旱季风气候,春季风沙大、初夏干旱、秋季雨盛、冬季干燥寒冷,四季分明,温差较大,日照充足,据多年观测统计,年平均气温9.7℃,最高气温38.3℃,最低气温-25.4℃,日温差28.7℃左右,≥10℃积温3 499.2℃,年平均相对湿度59%,日照时数2 615.1 h,总辐射量132.5 kcal/cm²,相对湿度57%,年平均蒸发量2 069 mm,无霜期165 d。园区冬季盛行西北风,夏季被副热带高压控制,盛行偏南风,多年平均风速2.0~3.3 m/s。科技示范园气象特征见表1-6。

表1-6　科技示范园气象特征表

气温(℃)			≥10℃积温 (℃)	年日照时数 (h)	多年平均无 霜期(d)	总辐射量 (kcal/cm²)	大风日数 (d)	最大风速 (m/s)
年最高	年最低	年平均						
38.3	-25.4	9.7	3 499.2	2 615.1	165	132.5	2 677	40

科技示范园多年平均降水量475.1 mm,降水时间分配极不均匀,年际变化大,丰水年和枯水年降水量相差2~5倍,根据黄委绥德水土保持试验站多年的观测资料表明:该园区最大年降水量747.5 mm(1964年),是最小年降水量255 mm(1965年)的2.9倍;年内分配不均匀,7、8、9三个月降水占全年降水总量的64.4%,且多以暴雨形式出现,历时短、强度大、灾害严重,冬季降水仅占全年降水量的5%左右。科技示范园降水特征见表1-7。

表 1-7　科技示范园降水特征表　　　　　　　　　（单位：mm）

年降水量					汛期(6～9月)降水量
最大量	年份	最小量	年份	多年平均	
747.5	1964	255	1965	475.1	432

根据辛店沟流域试验场站多年观测资料,辛店沟流域多年平均输沙量1 086 t(1980～2006),最大年输沙量9 979 t(1994年),最小年输沙量0 t(1984年、2005年),流域次暴雨输沙量分别占全年输沙量的41.6%～91.3%(见表1-8)。泥沙来源于洪水,洪水集中在汛期,汛期流域产沙十分集中,主要来源1～2次洪水。

根据辛店沟流域沟口站1980～2006年观测资料分析,多年平均径流量7 368 m³,径流随降雨而变化,1994年丰水年径流总量为78 980 m³,2005年枯水年径流总量为0 m³,径流全部来源于降雨所产生的洪水。

表 1-8　辛店沟流域次暴雨洪水输沙表

暴雨日期(年-月-日)	雨情			径流模数(m³/km²)	输沙模数(t/km²)	输沙量占全年(%)
	雨量(mm)	历时(h：min)	强度(mm/h)			
1980-08-18	33.4	2：16	14.6	3 512	573	41.6
1980-07-07	26.2	3：58	6.6	1 628	461	91.3
1988-07-15	57	6：08	9.3	4 910	728	80.7
1990-07-30	29.8	2：00	14.9	2 532	610	87.0
1994-08-04	156.7	7：54	19.8	31 320	5 638	70.2
1995-09-01～02	62.8	3：35	4.7	2 342	108	87.8
2006-07-31	59.2	6：12	9.6	4 954	465	43.7

第二节　社会经济情况

一、基本情况

科技示范园是黄委绥德水土保持科学试验站的试验研究示范基地。共有人口17人,以园区管理人员、技术人员和季节性临时工为主。具有独立、永久的土地权属。

科技示范园区域优势独特,地处210、307两条国道的交会点,距陕西绥德县城3 km,距307国道约1 km,210国道约2 km;青岛—银川高速从园区北边通过,距入口约5 km;

神木—延安铁路、太中银铁路隧道从园区周边经过,绥德站距园区约 1 km,交通十分便利。园区具有生活、生产条件,水、电、通信、房屋、道路等基础设施配套齐全,能够满足园区的正常安全运行。目前,科技示范园已建成管理区、综合治理示范区、沟道工程示范区、高效经济林示范区、优质牧草示范区、节水灌溉示范区、封禁治理示范区和科技示范园监测区等区域,设计合理,分区明确,功能清晰,集水土流失措施治理示范、科研监测、教学观摩、生态观光及各种特色产业于一体的典型示范样板。

二、土地利用现状

科技示范园建设初期 2004 年,土地利用结构:农耕地 10.67 hm², 占总面积的 7.4%, 基本农田 9.96 hm², 占总面积的 6.9%, 林地 86.79 hm², 占总面积的 60.3%, 人工草地 6.76 hm², 占总面积的 4.7%, 小型水保工程 0.86 hm²(包括集雨场、径流场), 占总面积的 0.6%, 未利用地及其他用地 28.96 hm², 占总面积的 20.1%, 其中:荒地 18.03 hm², 占总面积的 12.5%, 居民、道路及难利用地 10.93 hm², 占总面积的 7.6%。

科技示范园建设期末(2011 年底), 根据建设科技示范园的新理念,以生态可持续发展为宗旨,建设绿色、环保、生态优先的示范园,土地利用结构进行了进一步的调整,农耕地全部退耕,基本农田 6.66 hm², 占总面积的 4.6%, 林地 91.91 hm², 占总面积的 63.8%, 人工草地 17.43 hm², 占总面积的 12.1%, 小型水保工程 0.86 hm²(包括集雨场、径流场), 占总面积的 0.6%, 生态修复 16.38 hm², 占总面积的 11.4%, 未利用地及其他占地 10.76 hm², 占总面积的 7.5%, 其中:荒地 1.33 hm², 占总面积的 0.9%, 居民、道路及难利用地 9.43 hm², 占总面积的 6.6%, 科技示范园土地得到了合理的利用,见表 1-9。

表 1-9　辛店沟科技示范园土地利用结构调整表　　　　　　(单位:hm²)

阶段(年)	总面积	农地			林地		人工草地	小型工程		生态修复	荒地	其他		
		农耕地	基本农田		经济林	水保林		集雨场	径流场			居民用地	难利用地	道路及其他占地
			梯田	坝地水地										
2004	1.44	10.67	4.43	5.33 0.2	28.22	58.57	6.76	0.2	0.66	18.03	18.03	2.66	2.19	6.08
2011			4.46	2.2	33.34	58.57	17.43	0.2	0.66	16.38	1.33	2.66	0.69	6.08

注:梯田全部种植经济林。

三、农业经济产业结构

(一)农业经济结构

科技示范园通过多年的治理,尤其近年来黄河水土保持生态工程科技示范园的建设,使园区产业结构发生了较大的调整,农业生产主要由原来的坡面和沟道同时种植变为以沟道坝地种植为主,坡耕地全部退耕,梯田栽植为经济林;由单一的农作物品种变为经济作物和农作物的高秆作物及矮秆作物轮流种植。科技示范园建设初期,农作物产品主要有玉米、高粱和向日葵,年产量 1.15 万 kg,经济林果主要有苹果、红枣和杏,年产量 4.85 万 kg,其他林木主要用于防风固沙、保持水土,同时提供很少的林木产品。通过科技示范园的建设,农作物、经济林果进行了优良品种的引进,主要引进高效丹玉 13 号玉米、法国矮 15 油葵,更好地提高坝地的产量,发挥坝地效益,农作物年产量达到 2.9 万 kg。经济林主要选用红地球葡萄、秋黑葡萄、红香酥梨、大扁杏、中华大梨枣、皇家嘎拉苹果等优质品种进行了改良,年产量突破了 9.49 万 kg。水保林、人工草地通过技术改造,不仅产生了较大的水保效益,也产生了一定的经济效益,水保林形成饲料年产量 7.32 万 kg,人工草年产量 4.79 万 kg。农林牧各业总产值 16.07 万元,其中:农业产值 2.13 万元,占总产值的 13.3%;林业产值 11.88 万元,占总产值的 73.9%;牧业产值 2.06 万元,占总产值的 12.8%。

(二)特色产业

1. 红枣

通过多年红枣栽培技术、红枣新品种试验研究,在园区已形成 11 hm² 优质枣园,主要品种为中华大梨枣,其在黄土丘陵沟壑区得到推广应用。红枣产业是陕北地区经济发展的拳头产品,在绥德县经济产业发展中起主导作用,栽植面积逐年增加,2008 年底全县种植面积达 10 000 hm²,挂果盛产面积 6 700 hm²,总产量 2.8 万 t,总产值 4 500 万元,成为绥德县区域经济跨越式发展的着力点和突破口。

2. 马铃薯

多年来,在科技示范园区进行了优质马铃薯试验研究,目前园区有马铃薯基地 15 hm²,主要引进种植脱毒紫花白新品种,并在黄土丘陵沟壑区内得到推广。马铃薯在绥德县发展基础牢固,2008 年全县马铃薯种植面积近 1 130 hm²,总产量达 20 万 t,总产值近亿元。

3. 大扁杏

科技示范园经过多年的大扁杏丰产栽培技术的试验研究,总结出适宜黄土丘陵沟壑区大扁杏丰产栽培技术,为黄土丘陵沟壑区山坡地大面积发展大扁杏起到示范样板作用。在园区建设有 6.95 hm² 的大扁杏基地,示范区推广到绥德、米脂、榆阳等县(区)共有大扁杏 6.7 万 hm²。

四、基础设施建设

(一)交通状况

科技示范园内已建成环绕生产、科研、监测、试验示范道路 6.5 km,采用碎石灰土路面、路面宽 4 m,设有排水沟,道路两旁有行道树,交通较为便利。

(二)电力设施

科技示范园用电从绥德县电力局辛店变电所 10 kV 中压电力线引入,有变压器 2 台,一台为 S9-30/10 变压器,位于园区高梁圪塔,一台为 S9-100/10 变压器,位于脑畔山,满足园区生活、生产、监测以及气象园等电力需求。

(三)通信

科技示范园中国电信、中国移动以及中国联通无线通信信号已覆盖整个园区,中国电信有线电话也接入,具有畅通的通信设施。

(四)生活、生产办公设施

科技示范园有试验场场部、后山、小石沟、桥沟 4 处生产、生活管理区。试验场场部是科技示范园的主要管理区,设施齐全,有办公窑洞、会议室、监测实验室、仓库、车库,配套的供水、供电配电等基础设施完善齐备。

第三节　水土流失状况

一、水土流失特点

（一）土壤侵蚀方式

科技示范园土壤侵蚀按营力作用主要分为水力侵蚀、重力侵蚀和风力侵蚀三种方式。

1. 水力侵蚀

水力侵蚀是地表土壤或地面组成物质在降水、径流作用下被剥蚀、冲蚀、剥离搬运和沉积的过程。侵蚀形态主要划分为两大类,即面蚀和沟蚀,局部区域同时伴有洞穴侵蚀。

1）面蚀

面蚀可分为雨滴侵蚀（溅蚀）和细沟侵蚀。

（1）雨滴溅蚀:在梁峁坡顶,由于坡面平缓、地表径流少,经雨滴溅蚀作用使表土结构破坏,形成雨滴斑痕和薄层泥浆,产生结皮现象,这是导致面蚀的主要原因。雨滴溅蚀主要发生在梁峁坡顶。

（2）细沟侵蚀:由于薄层地表径流的产生,地表面出现大量的纹沟,随着峁坡汇水面积的增加,纹沟中的薄层水流经过袭夺兼并汇聚成股流,形成细沟侵蚀。侵蚀结果使坡面支离破碎、坎坷不平,宽度一般不超过 20 cm,耕作后能平复。细沟侵蚀主要发生在梁峁坡面。

2）沟蚀

沟蚀是细沟侵蚀的发展结果,包括冲沟和切沟,其特点是:有较大的形体和明显的谷形,侵蚀作用表现为沟底下切、侧向、溯源侵蚀等形式,由于坡面汇集的水流切入沟谷黄土层中,侵蚀机理活跃,泥沙流失严重。沟蚀主要发生在流域沟道和沟头地段。

3）洞穴侵蚀

洞穴侵蚀是径流渗入地下产生的一种侵蚀形态,主要表现形式为陷穴、盲沟和串洞等,多发生在土体松散、地表径流充足且有足够的地表流水渗入到谷头、源头和岸头等。峁坡下形成暗洞、陷穴、盲沟和串洞等。这是沟头前进和沟岸扩张的第一步。

2. 重力侵蚀

重力侵蚀多发生在沟谷边坡,侵蚀形态主要有滑坡、崩塌、泻溜等,侵蚀结果是沟谷扩张、沟间缩小、地面破碎和下切侧蚀。侵蚀部位多在沟谷、沟缘断面处。

3. 风力侵蚀

科技示范园位于毛乌素沙地以南 100 km,每年春季干旱少雨,4～5 月常伴有大风天气或沙尘暴,易发生风力侵蚀。主要表现为吹扬、沉积、循环过程,主要特点是移动性大,侵蚀发展快,其结果土、沙粒由峁坡向沟底下沉。侵蚀主要发生在峁顶及其两峁间的鞍部。

(二)土壤侵蚀形态

科技示范园土壤侵蚀方式随着地形地貌形态的变化,在水平方向和垂直方向上有着明显的变化。

1.梁峁坡

梁峁坡顶坡度一般在5°以下,坡长10~20 m,侵蚀以溅蚀和面蚀为主;梁峁坡上部,坡度在20°以下,坡长20~30 m,侵蚀以细沟侵蚀为主,间有浅沟侵蚀发生;梁峁坡中下部地形比较复杂,坡度为20°~30°,坡长15~20 m,细沟侵蚀进一步发育,以浅沟侵蚀为主,间有坡面切沟和陷穴侵蚀发生。

2.沟谷坡

沟谷坡为峁边线以下至谷坡线以上地带,这部分地形复杂,侵蚀形态多样,但以切沟侵蚀、重力侵蚀及洞穴侵蚀为主,是剧烈侵蚀区。谷坡侵蚀主要受制于峁坡来水量的影响,来水越多,侵蚀加剧;反之,减轻。

3.沟谷底

沟谷底为谷坡线以下至流水线地段,包括沟条地和沟床地部分,侵蚀以沟岸扩张、沟底下切及溯源侵蚀为主,各种侵蚀形态兼备,为剧烈侵蚀。

科技示范园侵蚀形态空间分布见图1-3。

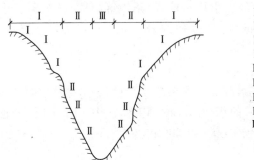

Ⅰ梁峁坡溅蚀、水蚀带
Ⅰ₁梁峁坡溅蚀、面蚀分带
Ⅰ₂梁峁坡上部细沟侵蚀分带
Ⅰ₃梁峁坡中下部细沟、细沟侵蚀分带
Ⅱ沟谷坡水蚀、重力侵蚀、洞穴侵蚀带
Ⅱ₁谷坡陡崖崩塌、滑塌、水蚀分带
Ⅱ₂谷坡中上部水蚀、重力侵蚀洞穴侵蚀分带
Ⅱ₃谷坡下部泻溜水蚀分带
Ⅲ沟谷底冲蚀崩塌带

图1-3 科技示范园侵蚀形态空间分布示意

(三)土壤侵蚀特点

科技示范园土壤侵蚀主要受水力侵蚀和重力侵蚀的交织作用,由各部位侵蚀形态分析可知,梁峁坡地带在开始降雨时,雨滴产生溅蚀,随着地表径流的产生,形成面蚀(薄层水流及纹沟侵蚀);地表径流的进一步增加,并互相归并,形成股状流水侵蚀(细沟、浅沟、切沟、悬沟侵蚀);许多股状水流的相对集中,又形成较大的沟谷(冲沟、干流等)流水侵蚀。在冲沟、干沟除流水侵蚀外,沟谷陡坡将出现重力侵蚀。重力侵蚀多为泻溜、崩塌、滑坡等,多发生在汛期或汛后,重力侵蚀的松散堆积物,虽然直接进入河道的不多,但为径流进一步侵蚀搬运到河道提供了条件。

地面侵蚀发展过程概括为:雨滴侵蚀(平地及斜坡)→面状流水侵蚀(斜坡层状水流及纹沟侵蚀)→线状流水侵蚀(细沟、浅沟、切沟侵蚀)→较大沟谷侵蚀(冲沟、干沟下切、侧蚀、溯源侵蚀、边坡重力侵蚀)。随着侵蚀的发展,泥沙则不断输移,地表形态也不断变化。

按基本地貌单元可划分为沟间地和沟谷地两类。以崾边线为界，其上为沟间地，其下为沟谷地。从沟间地顶部到沟谷底，自上而下为沟间地顶部（平缓坡）、沟间地斜坡（缓坡）、沟谷坡（较陡坡、陡坡）、沟谷底（平缓坡）等地段，具有普遍的规律性。这种地貌形态及坡度的垂直变化，进而影响其侵蚀方式的垂直变化，形成侵蚀方式的垂直分带：沟间地梁峁顶部，坡度平缓；下部坡度逐渐增大，变化于5°～15°；由梁峁再向沟谷方向延伸进入梁峁斜坡段，坡度为15°～25°，呈现细沟、浅沟等侵蚀形态；在崾边附近坡度变缓，在潜蚀作用下，陷穴等洞穴侵蚀发育。沟谷地中的谷坡较梁峁坡陡，多为20°～70°，谷坡重力侵蚀严重，40°以下坡面常有泻溜；40°以上多崩塌、滑坡，是重力侵蚀带。根据不同地貌类型侵蚀分析，土壤侵蚀强度沟谷地大于沟间地，沟谷地侵蚀量占总侵蚀量的60%左右，侵蚀方式以沟蚀和重力侵蚀为主，这是该园区土壤侵蚀的重要特点。

（四）土壤侵蚀强度

土壤侵蚀强度划分是利用形态成因相结合的原则，按照侵蚀形态分布规律、现有治理措施分布、侵蚀程度差异，依据流域地貌，从崾顶到谷底有明显的三条界限，即崾顶分水线、崾边线及谷坡与坝地（沟底）交接的坡脚线，把园区分成三个区域，再根据治理程度和侵蚀模数对侵蚀强度的示意指标进行划分。

1. 微度侵蚀区（Ⅰ）

主要分布在主沟及支沟的坝地、堰窝地、小片水地、沟条地等，林草植被覆盖度大于90%的林草地和石质沟床。面积41.3 hm²，占总面积的28.7%。该区为泥沙堆积区，侵蚀模数小于1 000 t/（km²·a）。

2. 轻度侵蚀区（Ⅱ）

主要分布在沟间地内的水平梯田、隔坡梯田以及树龄在5年以上，林草植被覆盖度大于70%的林草地和坡度小于10°的坡地。面积26.6 hm²，占总面积的18.5%。侵蚀形态主要有溅蚀、面蚀及细沟侵蚀，侵蚀模数为1 000～2 500 t/（km²·a）。

3. 中度侵蚀区（Ⅲ）

主要分布在有治理措施的谷坡地，地面坡度大于10°的坡地。林草植被覆盖度小于50%。侵蚀模数为2 500～5 000 t/（km²·a）。面积为38.2 hm²，占总面积的26.5%。

4. 强度侵蚀区（Ⅳ）

主要分布在有治理措施、坡度大于15°的荒坡陡崖和经过生物工程措施治理后的切沟、悬沟、滑塌、陷穴等。由于沟间地治理尚未达到标准，侵蚀依然严重，侵蚀模数为5 000～8 000 t/（km²·a）。面积为14.4 hm²，占总面积的10%。

5. 极强度侵蚀区（Ⅴ）

主要分布在沟间地没有治理的坡地下部。该区坡面较完整，地面坡度大于25°，侵蚀模数为8 000～15 000 t/（km²·a）。面积约11.1 hm²，占总面积的7.7%。

6. 剧烈侵蚀区（Ⅵ）

主要包括没有治理的谷坡和各级沟道上游及源头。重力侵蚀活跃，水流沟蚀严重，侵蚀模数为15 000～37 000 t/（km²·a）。面积12.4 hm²，占总面积的8.6%。

土壤侵蚀强度分级特征见表1-10。

表 1-10　土壤侵蚀强度分级特征表

分级	侵蚀程度名称	侵蚀强度 ($t/(km^2 \cdot a)$)	侵蚀特征	面积 (hm^2)	占示范区面积比(%)
I	微度侵蚀	<1 000	以雨滴溅蚀、面蚀为主,有纹沟出现	41.3	28.7
II	轻度侵蚀	1 000~2 500	面蚀、细沟侵蚀发育,沟宽<20 cm	26.6	18.5
III	中度侵蚀	2 500~5 000	沟蚀发育,沟宽数米,深20~60 cm,风蚀严重	38.2	26.5
IV	强度侵蚀	5 000~8 000	冲沟侵蚀发育,切割深,有重力侵蚀	14.4	10
V	极强度侵蚀	8 000~15 000	水蚀为主,重力侵蚀活跃,地形破碎	11.1	7.7
VI	剧烈侵蚀	15 000~37 000	水蚀、重力侵蚀剧烈,各种形态兼备	12.4	8.6
合计				144	100

二、水土流失成因

科技示范园内地质构造运动、土壤质地疏松、地形起伏、地面破碎、降雨集中且多暴雨、植被稀疏等都给土壤侵蚀提供了有利条件。

(一)自然因素

1. 地质地貌因素

科技示范园区地处鄂尔多斯台地向斜的南部,以上升为主的新构造运动,相对降低了侵蚀基点,从而加剧了水力侵蚀与切割,其结果又强化了地面的起伏强度,构成了侵蚀发展地貌基础,加之覆盖物是疏松的黄绵土,又为侵蚀提供了丰富的物质条件。

2. 土壤因素

土壤质地组成直接影响着侵蚀的发生和发展,科技示范园土壤类型主要是绵沙土、风沙土和黄绵土,土层厚,新黄土质地疏松,内含可溶性盐类,垂直节理发育,在暴雨条件下,易引起面蚀和潜蚀,下部老黄土黏性大、质地坚硬,有垂直节理,易发生沟蚀和重力侵蚀。

3. 气候因素

地处温带寒冷半干旱地域,盛行暴雨是招致水土流失的主要外营力,降雨集中、暴雨多、强度大,常常引起剧烈的水土流失。

4. 植被因素

由于本地区天然植被稀疏,天然林草覆盖度在15%以下,也是重要的水土流失影响因素。

(二)人为活动因素

自然地理特征构成了水土流失的潜在条件因素,而人类不合理的社会经济活动,又加剧了水土流失的进程。

1. 历史时期的人类活动的影响

黄土高原曾广布草原与森林,由于人类的生产活动和战争原因,使天然草原、森林消失,接踵而来的是严重的水土流失,黄土丘陵沟壑区成为世界上最严重的水土流失区之一。科技示范园治理前水土流失异常严重。

2. 近年来人类活动的破坏影响

科技示范园是1953年建立的水土保持试验研究基地,先后投入了大量资金,布设了许多水土保持措施,区域自然环境得到很大改善,土地利用结构日趋合理,水土流失得到有效控制,基本上达到了洪水不出沟。"文化大革命"期间,试验基地下放到当地政府,由于生产运行机制的改变,国家投资锐减,治理成果遭到大面积破坏,梯田年久失修,失去了保水保土的作用和效益,坡面林草基本上全部退化,留下部分经济林、水保效益较低,沟道淤地坝多数淤满,失去防洪能力,广种薄收的经营方式又恢复。随着人口的增长和基本建设,新的水土流失日趋严重。

三、水土流失的危害

(一)洪水危害农田和坝库,威胁着黄河下游的防洪安全

水土流失使大量泥沙下泄,造成下游水池、坝库淤积,减少库池使用年限,河床抬高、行洪能力受阻,防洪标准降低,致使洪水漫溢,掩埋农田,毁坏生产、交通道路。科技示范园1994年8月4日的一场洪水造成65%的梯田毁坏,80%的生产道路冲断,青阳岔沟道坝系农作物全部淹没。黄河流域黄土高原区年均输入黄河泥沙16亿t,约4亿t淤积在下游河床,致使河道年均抬高10 cm,年复一年,造成举世闻名的"地上悬河",是黄河下游泛滥成灾、难以治理的症结所在。

(二)土壤地力减退,影响着当地的粮食安全

土壤是人类赖以生存的物质基础,是环境的基本要素,是农业生产的最基本资源。年复一年的水土流失,土地资源遭受严重的破坏,地形破碎,土层变薄,地表物质沙化和石化,长期严重的水土流失,使坡耕地成为跑水、跑土、跑肥的"三跑田"。据观测,黄土高原地区每年因水力侵蚀损失土层厚度 $0.2 \sim 1.0$ cm,严重的可达 $2 \sim 3$ cm。在流失的每吨土壤中,土地流失水量 $20 \sim 30$ m³,流失土壤 $5 \sim 10$ t。流失的每吨中平均含全氮 1.2 kg、全磷 1.5 kg、全钾 20 kg,致使土壤熟化层日益瘠薄,土壤理化性状恶化,土壤透水性、持水力下降,加剧了干旱的发展,使土地生产力低下,表层土壤剥蚀加快,农业产量低而不稳,群众生活贫困,经济发展缓慢,影响可持续发展。

(三)生态破坏和环境污染,制约着区域生态安全

水土流失使土地含腐殖质多的表层土壤流失,带走植物正常生长所需的水分和养分,造成土壤肥力下降,随着水土流失程度的加深,沟壑发展也日益加剧,使大面积的耕地支离破碎,造成了大量面源污染。同时,据统计,新中国成立以来黄土高原地区平均每年受旱面积 66.67 万 hm²,最大成灾面积 233 万 hm²,80%的面积遭受干旱的威胁。陕西榆林市在1949年前100年内,被南移的沙漠压埋的农田达 6.67 万 hm²。据国家气象局资料显示,20世纪60年代共发生2次沙尘暴,80年代一年发生1次,90年代一年发生2次,2000年发生13次,2001年发生18次以上。

第四节　综合治理和试验研究概况

科技示范园是黄委绥德水土保持科学试验站 1953 年建立的水土保持试验研究基地。长期以来,进行了水土保持综合治理和单项措施试验研究,并开展了以原始地貌为下垫面布设径流小区的水土流失监测,以适宜当地水土流失防治的单项措施布设径流小区进行水土保持效益监测,探索黄丘一副区水土流失规律,寻求保持水土、发展生产、减少入黄泥沙的途径与措施。通过试验研究和监测分析,取得了大量的科学数据和试验成果,为黄丘一副区的水土保持工作提供了科学依据和技术支持。科技示范园的建设使园区由 20 世纪 80 年代建设的水土保持综合治理示范样板,提升为水土保持科技示范样板,采用先进的、高科技手段进行水土流失规律、水土保持效益监测,提高了示范园水土保持科技含量、自身研究能力和可持续发展能力。

一、综合治理概况

科技示范园在开展综合治理的过程中,以小流域为单元,山、水、田、林、路统一规划,采取工程措施与生物措施相结合,治沟与治坡相结合,集水造林和蓄水保墒相结合;坚持以坝系建设为中心,大力发展水土保持林草措施,因地制宜,结合当地自然气候和基地不同地形地貌,发展适宜当地水保生态林草和经济林果品种,进一步完善了曾塑造出"黄土高原第一颗明珠"的小石沟流域,从峁顶至沟底形成综合防护体系,系统展示了梁峁坡、沟谷坡、沟底"三道防线"治理模式,同时增加自动化监测、新品种引进等高新科技的应用,提升了科技示范园的档次。期末,各类水土保持综合治理措施面积 116.84 hm²,治理度为 81.14%,林草覆盖率达 75.91%,为黄丘一副区乃至整个黄土高原综合治理与开发提供了比较成功的水土保持科技示范样板。

(一)综合治理的发展过程

科技示范园是 1953 年建立的水土保持试验研究基地,目的是通过水土保持综合治理和单项措施试验研究,探索黄丘一副区的水土流失规律,寻求保持水土、发展生产、减少入黄泥沙的途径与措施。建设初期,年平均侵蚀模数 1.8 万 t/km² 以上,土壤瘠薄,加之耕作粗放,粮食产量低而不稳。建立基地以后,结合试验研究外开展了小流域综合治理及不同措施效益观测,取得了很大的成就。小石沟流域综合治理模式为全国水土保持工作树立了样板,促进了当地乃至全国水土保持工作的进程。总结科技示范园治理的历史可划分为五个阶段:

(1)1953～1977 年为试验研究及综合治理发展阶段。这一阶段的治理工作主要是探索性的单项治理措施试验示范。一方面总结推广治理经验,另一方面试验示范新的治理措施。主要有:①田间工程措施,在总结群众挖水窖、修水簸箕的基础上推行了坡式梯田,1956 年开始兴修水平梯田、堰窝地。②林草措施,试验推广了山地苹果,大面积种植洋槐、草木樨,繁植推广柠条、苜蓿,引进紫穗槐、乌柳等。③农业措施,总结群众掏钵种植,试验示范推广了沟垄种植、套犁沟播等旱垄耕作法。④沟道工程,在总结群众打小坝的基础上,推行大型淤地坝,同时修筑土石混合坝、石坝、土谷坊、石谷坊等。⑤通过试验,各单项措施更加完善,并逐步向各项措施之间的相互关系综合发展的研究探索,提出并推行了:以小流域为单元开展综合治理,以"三道防线"模式配置措施,坚持治坡与治沟相结合,生物措施、耕作措施与工程措施相结合;建设基本农田,提高单位面积产量,有力地促进了整个试验基地的综合治理,治理度达到61.4%。

(2)1978～1987年恢复治理阶段。这一阶段,试验基地归黄委管理,又进行了恢复治理,治理度提高到65.82%。20世纪70年代末,对连续遭到特大暴雨洪水袭击而造成严重破坏的淤地坝进行修补和加固。在总结经验的基础上,提出在沟道中兴建骨干工程(骨干坝),以提高坝系的综合防洪能力;进一步对早熟沙打旺选育和应用、小冠花引种栽培试验、火炬树引种试验、柠条栽培技术、坝地盐碱化防治等项目的试验研究,开展了黄丘一副区水土流失规律及减水减沙试验研究。

(3)1988～2000年为改造阶段。水土保持工作由防护型转变为经济开发型,由于投资不足,乔木林及草地退化严重,治理度有所下降。

(4)2001～2004年为重新认识,整合提高阶段。这一阶段由于黄河生态工程韮园示范区(包括试验基地)的建设,使山、水、田、林、路得到有效的治理,示范园土地利用日趋合理,沟道坝系初具规模,荒坡荒山绿化自成体系,流域生态景观初步形成4个功能分区,即干杂经济林果区、高效农业坝系生产区、常青生态绿化区和水土流失监测区,并在小石沟流域形成了小流域"三道防线"综合治理典型模式。

(5)2005～2011年科技示范阶段。科技示范园的建设使园区成为以沟道坝系为主的水土保持综合治理示范、水土流失规律、水土保持效益监测及成果展示试验区,为多沙粗沙区小流域持续稳定、高效减少入黄泥沙做出示范样板,研究掌握多沙粗沙区小流域水土流失规律和水土保持措施减沙作用机理,建成了具有高标准的试验监测和示范推广园区,提高了示范园水土保持科技含量、自身研究能力和可持续发展能力,发挥典型带动、科技示范辐射作用。

(二)综合治理现状

科技示范园建设期末,各类水土保持措施保存面积116.84 hm²,治理度为81.14%,林草覆盖率达75.91%。

1.沟道工程

科技示范园建设初期的2004年共有大小淤地坝17座,总库容83.26万 m³,已淤库容35.82万 m³,剩余库容47.44万 m³,可淤面积16.30 hm²,已淤面积5.48 hm²,利用面积4.75 hm²,利用率86%。通过项目的实施,淤坝总数增加到18座,提高了坝系的整体防洪能力。项目建设加固2座中型坝,新建1座小型坝,改建1座小型坝,总库容增加8.94万 m³。科技示范园沟道坝系工程基准年情况见表1-11,科技示范园沟道坝系工程建设期末情况见表1-12。

2.提灌工程

科技示范园提灌工程主要是满足生态、生产、生活用水。提灌工程水源是无定河水,采用二级抽水至科技示范园后山顶蓄水池。提灌工程由抽水泵房、管线、蓄水池及其附属设施组成。总扬程263.1 m,上水量20 m³/h,上水管道长1 346 m,蓄水池1 050 m³。

表 1-11　辛店沟科技示范园沟道坝系工程基准年情况表

编号	坝名	坝型	流域面积 控制面积(km²)	流域面积 区间面积(km²)	坝高(m)	泄水形式	库容(万 m³) 总	库容(万 m³) 已淤	库容(万 m³) 剩余	淤地面积(hm²) 可淤	淤地面积(hm²) 已淤	淤地面积(hm²) 利用	说明
A1	小石沟1#坝	小	0.204	0.008	6.6	无	2.1	0.6	1.5	0.29	0.17	0.17	
A2	小石沟2#坝	小	0.185	0.034	13.9	无	3.2	0.9	2.3	0.93	0.31	0.28	
A3	小石沟3#坝	小	0.118	0.006	10.8	无	0.75	0.1	0.65	0.59	0.05	0.05	
A4	小石沟4#坝	小	0.112	0.052	6.6	无	1.50	0.8	0.70	0.68	0.31	0.31	
A5	小石沟5#坝	小	0.134	0.048	8.9	无	1.60	0.03	1.57	0.67	0.02	0.02	
A6	小石沟6#坝	小	0.105	0.040	7.6	无	0.90	0.03	0.87	0.53	0.02	0.02	
A7	小石沟7#坝	小	0.090	0.042	8.2	无	0.60	0.06	0.54	0.54	0.02	0.02	
B1	鸭蛋沟1#坝	小	1.094	0.015	7.8	石质溢洪	2.00	1.00	1.00	0.51	0.43	0.24	
B2	鸭蛋沟2#坝	中	0.491	0.080	18.9	卧管	17.70	6.90	10.80	2.20	0.85	0.83	
B3	鸭蛋沟3#坝	小	0.041	0.033	24.5	竖井	15.20	2.00	13.20	2.31	0.47	0.41	
B4	鸭蛋沟4#坝	小	0.352	0.288	12.1	石质溢洪	5.30	1.60	3.70	2.10	0.38	0.28	
B5	沙坝	小	0.033	0.027	7.8	泄水洞	0.90	0.90		0.18	0.18	0.10	
B6	走路渠坝	小	0.095	0.078	7.5	无	1.20	0.40	0.80	0.56	0.12	0.12	
B7	试验沟1#坝	小	0.356	0.090	9.5	无	7.20	7.20		0.80	0.80	0.80	
B8	试验沟2#坝	小	0.181	0.148	12.1	无	1.80	1.60	0.20	0.37	0.37	0.37	
B9	试验沟3#坝	小	0.065	0.053	7.8	无	6.10	1.10	5.00	0.43	0.02	0.02	
B10	青阳岔坝	中	0.367	0.300	24.5	卧管	15.21	10.60	4.61	2.61	0.96	0.71	
合计							83.26	35.82	47.44	16.30	5.48	4.75	

表 1-12　辛店沟科技园沟道坝系工程建设期末情况表

编号	坝名	坝型	流域面积		坝高(m)	泄水形式	库容(万 m³)			淤地面积(hm²)			说明
			控制面积(km²)	区间面积(km²)			总	已淤	剩余	可淤	已淤	利用	
A1	小石沟 1#坝	小	0.204	0.008	6.6	无	2.10	0.60	1.50	0.29	0.17	0.17	
A2	小石沟 2#坝	小	0.185	0.034	13.9	无	3.20	0.90	2.30	0.93	0.31	0.28	
A3	小石沟 3#坝	小	0.118	0.006	10.8	无	0.75	0.10	0.65	0.59	0.05	0.05	
A4	小石沟 4#坝	小	0.112	0.052	6.6	无	1.50	0.80	0.70	0.68	0.31	0.31	
A5	小石沟 5#坝	小	0.134	0.048	8.9	无	1.60	0.03	1.57	0.67	0.02	0.02	
A6	小石沟 6#坝	小	0.105	0.040	7.6	无	0.90	0.03	0.87	0.53	0.02	0.02	
A7	小石沟 7#坝	小	0.090	0.042	8.2	无	0.60	0.06	0.54	0.54	0.02	0.02	
B1	鸭蹄沟 1#坝	小	1.094	0.015	7.8	石质溢洪	2.00	1.00	1.00	0.51	0.43	0.24	
B2	鸭蹄沟 2#坝	中	0.491	0.080	18.9	卧管	17.70	6.90	10.80	2.20	0.85	0.83	
B3	鸭蹄沟 3#坝	小	0.041	0.033	24.5	竖井	15.20	2.00	13.20	2.31	0.47	0.41	
B4	鸭蹄沟 4#坝	小	0.352	0.288	12.1	石质溢洪	5.30	1.60	3.70	2.10	0.38	0.28	
B5	沙坝	小	0.033	0.027	11.3	无	1.56	0.90	0.66	0.25	0.18	0.10	新建
B6	走路渠坝	小	0.095	0.078	7.5	无	1.20	0.40	0.80	0.56	0.12	0.12	
B7	试验沟 1#坝	中	0.356	0.090	14.5	卧管	9.88	7.20	2.68	0.97	0.80	0.80	旧坝加固
B8	试验沟 2#坝	中	0.181	0.148	19.1	竖井	6.17	1.60	4.57	1.00	0.37	0.37	旧坝加固
B9	试验沟 3#坝	小	0.065	0.053	7.8	无	6.10	1.10	5.0	0.43	0.02	0.02	
B10	青阳岔坝	中	0.367	0.300	24.5	卧管	15.21	10.6	4.61	2.61	0.96	0.71	旧坝加固
B11	白草洼坝	小	0.049		13.5	无	1.24	0	1.24	0.35	0	0	
合计							92.21	35.82	56.39	17.52	5.48	4.75	

3.集水节灌工程

科技示范园建设根据园区降雨量小、时空分布不均、主要集中在 6 ~ 9 月,且蒸发大、水资源严重缺乏,为了解决科技示范园生产、生活、生态用水,在园区建成 5 个大型集雨场(其中:3 个大型混凝土集雨场,2 个道路集雨场),集雨面积 5 814 m²,蓄水 1 576 m³;在园区经济林、苗圃布设滴灌、喷灌、低压渗灌 36.6 hm²,形成雨水集蓄和节水灌溉。

4.封禁治理

科技示范园第三试验沟沟谷坡地坡度大、人工难治理且地面有残林、疏林和易遭受自然灾害、人为破坏的地块,集中连片进行了封禁,面积 16.38 hm²,采取全年封育,专人管护,防治病虫害等,郁闭度达到 0.7。

5.苗圃基地

科技示范园为满足自身的发展,在园区靠近水源、交通便利、用电方便的试验沟建设苗圃 0.85 hm²,主要培育品种为侧柏、樟子松、榆叶梅、国槐,年苗木出圃量达到 50 万株以上。苗圃周边布设防护林带并布设排洪渠、灌渠等基础设施,是高标准、高质量的苗圃基地。

二、试验研究

科技示范园通过多年的试验研究,在水土流失规律、水土流失治理、区域农作物丰产栽培、林果业丰产栽培、林草植被建设及农、林、牧协调发展等方面开展了 50 多项试验研究,积累了丰富的各类试验观测数据和水土流失相关的第一手资料,先后有 40 多项科技成果获得地级以上科技进步奖。历年科技成果获奖情况见表 1-13。

(一)小流域综合治理

科技示范园从 1953 年成为试验基地以来,在园内进行了农、林、牧各单项措施的试验,以及水土保持试验研究工作,1982 年在总结经验的基础上,选择以试验基地小石沟小流域为单元进行了全面规划,采取综合治理措施,防治水土流失,保护水土资源,提高土地生产力,建立以梯田、坝地为主的基本农田,提高农业产量,实现粮食自给有余,发展林、果、草,建立林牧业基地,进行综合开发,提高流域经济;因地制宜,因害设防、层层拦蓄,把治沟与治坡、生物措施与工程措施、单项措施与综合措施相结合,从峁顶至沟底形成“三道防线”的综合防护体系。

(二)淤地坝试验

1953 年开始淤地坝试验。首先在园区的干沟和较大的支沟布设修建了大型淤地坝,为控制性工程。结合工程施工进行单坝坝体结构、标准断面和有关技术指标的研究。1970 ~ 1998 年,通过淤地坝的建设,园区坝系基本形成,经过多次洪水的考验,特别是 1977 年、1978 年暴雨洪水的袭击,部分淤地坝遭到破坏,显示出了坝系防洪能力差,又进一步提出高坝拦洪、库容治胜,修筑骨干坝,提高坝系的防洪能力和坝地保收率等。1992 年以来,开展了有关坝系相对稳定理论方面的试验研究:国家“八五”重点攻关项目“黄河中游多沙粗沙区快速治理模式研究及试点”,黄河水土保持科研基金项目“黄土丘陵沟壑区小流域坝系相对稳定及水土资源开发利用研究”。2000 ~ 2010 年开展了黄河水土保持科研基金项目“黄河多沙粗沙区沟道坝系安全评价方法研究”;黄河水土保持生态工程韭

表 1-13　历年科技成果获奖情况表

序号	项目名称	研究时段（年）	主要内容	获奖时间（年）	授奖情况
1	水土保持试验研究成果推广	1954～1982	对有关水土保持淤地坝工程规划布设、施工等试验成果，经验总结进行推广	1982	国家科委、农委推广奖
2	小流域综合治理	1953～1985	以辛店小石沟、韭园沟为典型试验示范小流域，进行生物措施和工程措施相结合的综合治理措施配置研究，效益显著	1985	国家自然科学进步奖
3	早熟沙打旺选育和应用	1982～1985	以早熟高产为目标，对原品种采用 $^{60}C_0$—γ 射线照射，进行早熟品种选育和大面积生产试验示范研究，成效显著	1989	国家发明奖
4	淤地坝成果推广	1953～1982	以韭园沟流域坝系为典型，重点推广坝系规划布设、设计、防洪保收等经验	1986	农牧渔业科技进步二等奖
5	小冠花引种栽培试验	1979～1981	通过引种栽植试验，确定其优良的保持水土作用，效益显著	1985	水电部自然科学进步奖
6	水土保持试验研究成果汇编（上、下册）	1980～1981	调查总结建站以来的主要水土保持试验研究成果	1982	黄委科技进步四等奖
7	王茂沟坝系规划布设和利用研究	1956～1980	通过对王茂沟坝系发展过程、减水减沙、粮食增产效益进行分析研究，提出坝系优化布设方案和防洪、拦沙生产的具体措施	1985	农牧渔业部自然科学进步二等奖
8	沙打旺种籽繁育及其在陕北发展前途	1979～1981	通过试验示范研究，总结出沙打旺在本区的繁育经验，肯定了其发展前途	1985	黄委科技进步二等奖
9	火炬树引种试验	1978～1980	通过进行引种育苗和造林试验，确定该树种在本区的示范推广价值	1982	黄委科技进步三等奖

续表 1-13

序号	项目名称	研究时段（年）	主要内容	获奖时间（年）	授奖情况
10	辛店试验场水土保持治理实践	1954~1983	根据多年的治理实践，总结出有效的水土保持治理措施，在黄丘一副区有较高的推广价值	1983	黄委科技进步四等奖
11	2号4号沙打旺引种试验示范	1982~1984	通过试验示范，确定沙打旺显著的生态效益和经济效益，具有较高推广价值	1985	黄委科技进步五等奖
12	柠条栽培技术研究	1982~1985	对柠条的生物特性、栽培技术、生态效益及经济效益作了系统分析，为快速绿化荒山荒坡大种柠条提供科学依据	1985	黄委科技进步五等奖
13	坝地盐碱化防治	1976~1979	结合填沟造地盐碱化成因，研究出排水治碱、引洪漫地等多项治理预防措施，达到兴利除害，合理利用水资源的目的	1986	黄委科技进步四等奖
14	榆林流动沙地机播种造林试验	1980~1985	对流动沙地飞播植物种的选择、播期播量、种子处理、虫害防治、播区规划设计等技术进行了试验研究，为飞播治沙提供科学依据	1986	陕西省林业科技成果一等奖
15	淤地坝坝地盐碱化改良试验	1982~1985	主要以横山赵石畔坝地为试验点，采用工程生态等综合治理措施，使土壤迅速脱盐，增强土壤肥力，其生产力显著提高	1986	黄委科技进步四等奖
16	电视录像片《黄土香》	1987	全面系统地反映了绥德站建站以来走过的艰苦创业的历程和所取得的科技成果	1988	黄委科普五等奖
17	黄河中游机械修梯田试验研究	1976~1980	结合当地生产进行了机修梯田试验，切实为积累机修梯田经验，提高梯田机械化施工工效和梯田规划布设设计、施工等方面提出科学依据	1989	水利部科技进步四等奖
18	黄丘一副区水土流失规律及减水减沙试验研究	1985~1988	利用本站及本区本兄弟站40多年水文泥沙资料分析小流域土壤侵蚀特征、坡面水土流失规律及综合治理减水减沙效益等，具有推广应用价值	1988	黄委重大科技成果奖
				1989	黄委科技进步二等奖
				1990	水利部科技进步三等奖

续表 1-13

序号	项目名称	研究时段 （年）	主要内容	获奖时间 （年）	授奖情况
19	黄丘一副区水土流失规律及减水减沙试验研究	1985～1988	利用本站及本区兄弟站 40 多年水文泥沙资料分析小流域土壤侵蚀特征、坡面水土流失规律及综合治理减水减沙效益等，具有推广应用价值	1989	黄委科技进步二等奖
				1990	水利部科技进步三等奖
20	陕北水平梯田断面问题研究	1985～1989	通过对陕北地区梯田断面坡度角度、梯田宽度的论证，提出了适宜黄土丘陵地区黄绵土的植被措施	1990	黄河上中游管理局科技进步五等奖
21	黄丘区造林树种苗期抗旱指标研究	1987～1989	对该区几种造林树种苗期湿度进行分析，研究提出改造条件，提高了抗旱性，为黄丘区干旱区造林快速绿化荒山荒坡提供可靠的科学依据	1990	黄河上中游管理局科技进步五等奖
22	榆林地区水保林草产品及常用饲料营养成分分析	1986～1989	对黄丘区的水保林草生态产品和常用饲料的一般成分、微量元素进行分析研究，为该饲料资源开发利用，饲料生产提供科学依据	1990	黄河上中游管理局科技进步五等奖
23	窟野河、秃尾河、孤山川流域治理方向途径及神府等矿区治理措施研究	1986～1990	对该流域及神府矿区等进行水土保持治理方向、途径初探，总结出具体的水土保持治理措施	1995	黄委科技进步三等奖
24	利用药物提高黄土高原造林成活率研究	1986～1989	利用抗旱药物在干旱、半干旱区进行造林成活率研究，切实对黄丘区干旱区造林具有普遍指导意义	1991	黄委科技进步二等奖
				1992	水利部科技进步四等奖
				1994	国家科技成果奖
25	黄丘一副区土壤水分运动对牧草生长的影响	1987～1992	通过试验研究，为黄丘区的土壤水分研究、牧草栽培措施研究提供科学依据	1992	黄河上中游管理局科技进步四等奖
26	陕北黄土丘陵沟壑坡耕地几种豆科牧草轮作试验	1981～1986	在地多人少的半农半牧区进行几种豆科牧草轮作试验，确定其较高的水土保持减水减沙效益	1993	黄河上中游管理局科技进步二等奖
				1993	黄委科技进步二等奖

续表 1-13

序号	项目名称	研究时段（年）	主要内容	获奖时间（年）	授奖情况
27	黄河流域小流域综合治理和大面积水土保持措施的研究、推广	1951～1985	以韭园沟流域为试点，进行水土保持各单项措施配置研究，提出"三道防线"措施，为大面积治理提供科学依据	1986	国家科技进步二等奖
28	黄土高原主要水土保持灌木研究	1987～1993	从灌木样线,生物量等方面研究其树种资源,防风固沙等生态效益及经济效益等	1994	黄委科技进步二等奖
				1995	水利部科技进步三等奖
29	黄土高原地区土壤侵蚀特征及其治理途径研究	1990～1993	根据不同地形地貌特征布设径流场,结合水文泥沙资料系统分析水土流失规律,并进行了治理途径的研究	1994	国家成果奖
30	黄土高原抗旱造林技术	1987～1989	对该区的几种抗旱造林树种进行试验研究,为提高抗旱性、快速绿化荒山荒坡提供可靠依据	1996	林业部科技进步一等奖
31	黄河中游多沙粗沙区快速治理模式研究及试点	1990～1996	研究提出了农林牧及其他用地,基本农田内部优化配置比例,首次明确提出稳定坝地的涵义	1997	黄委科技进步一等奖
				1997	水利部科技进步三等奖
				1997	黄河上中游管理局应用成果特等奖
32	多沙粗沙区水沙变化原因分析及趋势预测	1992～1995	以河龙区间5条较大入黄一级支流为主要研究对象,以水保法研究为重点,在水土保持措施,有效保存面积,减洪减沙等方面有所突破	1998	黄委科技进步一等奖
33	晋陕蒙接壤区新的水土流失规律研究	1989～1996	着重研究煤田开发对地表形态的扰动破坏,产流产沙影响及所引起的新的水土流失防治措施等	1998	黄河上中游管理局科技进步二等奖
34	晋陕蒙接壤区砒砂岩分布区综合治理研究	1990～1996	全面系统地辨识了土壤侵蚀环境,分析确定小流域综合治理开发方略,优化模式及实施途径,提出了本区综合治理开发泥沙来源	1998	黄河上中游管理局科技进步三等奖

续表 1-13

序号	项目名称	研究时段 (年)	主要内容	获奖时间 (年)	授奖情况
35	黄河中游河口镇至龙门区间水土保持措施减洪减沙效益研究	1990~1996	以河龙区间 7 条较大入黄一级支流为主要研究对象,以水保法研究为重点,在水土保持措施、有效保存面积、减洪减沙指标体系等方面有所突破	1997	陕西省水利厅二等奖
				1999	陕西省科技进步二等奖
36	河龙区间水土保持减水减沙效益分析	1996~1998	以黄河中游河口镇至龙门区间 21 支较大支流及未控区为研究对象,采用水文法和水土保持法分析计算该区的水土保持减水减沙效益。通过对水土保持措施的调查落实,系统分析径流小区资料,建立坡面措施减洪减沙指标体系,采用"串联法"和"并联法"计算坡面措施减洪减沙效益,为黄河治理提供了决策依据	1999	黄委科技进步二等奖
37	国家"948"水土保持优良植物引进	1998~2001	对引进的 15 种植物进行了植物区域性试验和生产性试验,经试验,面积共计 32 亩,筛选出适宜在绥德地区发展的多年生香豌豆、牧场草、黄兰沙梗草、康巴早熟禾等 4 个草本植物,并基本掌握了其生物学特性、播种育苗及栽培技术	2003	黄委科技进步二等奖
38	黄河中游多沙粗沙区综合治理方略研究	1996~1999	对多沙粗沙区开发治理的川掌沟和六道沟 2 条典型小流域进行了综合治理与开发研究,提出了该区域的综合治理开发方略	2003	水利部首届大禹奖一等奖
39	小流域坝系监测方法及评价系统研究	2003~2006	研究建立典型小流域坝系监测方法及评价系统的基本框架。应用 GIS 技术提取小流域基础地理空间信息,应用分辨率卫星遥感影像提取水土保持坝系相关专题信息。借助 3S 技术,建立王茂沟流域坝系监测及评价系统	2006	黄河上中游管理局创新成果二等奖
				2007	中国水土保持学会首届科学技术奖
40	黄河多沙粗沙区坝系工程安全评价方法研究	2002~2006	选择具有代表性、典型性、资料完整性的流域进行基础资料调查,建立黄河多沙粗沙区坝系工程安全评价指标体系。开展黄土丘陵沟壑区坝系工程安全评价方法的研究,建立适用于黄土丘陵沟壑区坝系工程安全评价方法的研究	2008	黄河上中游管理局科技进步二等奖
				2009	黄河上中游管理局创新成果二等奖

续表 1-13

序号	项目名称	研究时段(年)	主要内容	获奖时间(年)	授奖情况
41	水土保持实用技术示范与推广	2002~2006	红枣集约化生产示范研究与推广。开展示范红枣品种生育期和生产过程中的丰产栽培技术研究。集雨节水技术研究与示范推广,取得了显著效果	2005	黄河上中游管理局创新成果一等奖
				2008	黄河上中游管理局科技进步二等奖
42	黄河流域水土保持韭园沟示范区沟道坝系评价及水资源稳定利用研究	2002~2006	坝系现状结构调查分析,摸清了韭园沟坝系现状及存在问题,提出了坝系结构构指标;分析总结出了以韭园沟骨干工程为中心的拦淤排洪体系,提出了坝系水资源合理利用的途径等	2005	黄河上中游管理局创新成果一等奖
				2008	黄河上中游管理局科技进步三等奖
43	黄河水土保持生态工程韭园沟示范区水土保持综合防治体系及管理机制研究	2002~2006	理论上从7个方面对措施配置要求进行了分析,实地布设了监测点,分析了监测结果,绘制了水分监测曲线,还首次从流域治理的角度出发分析了封禁治理的潜力和发展方向。在管理运行机制上,认真分析了"三项制度"在水土保持工程建设中的操作性,并积极尝试了招标投标制,对已经建成的水土保持措施的管理维护也提出一些可操作的办法	2005	黄河上中游管理局创新成果一等奖
				2008	黄河上中游管理局科技进步三等奖
44	黄土丘陵沟壑区小流域坝系相对稳定及水资源开发利用研究	1997~2002	以实现小流域坝系可持续发展为目标,以黄土高原16条典型小流域坝系为原型,应用系统工程学、系统动力学、现代管理学原理,对小流域坝系相对稳定及水土资源开发利用进行了系统的研究。应用上述成果在陕北韭园沟流域建立了坝系相对稳定实体样板,印证了本项目所提出的坝系相对稳定理论体系	2004	黄委创新成果三等奖
				2008	黄河上中游管理局科技进步特等奖
				2009	陕西省科技进步二等奖

园沟示范区建设科研项目"韭园沟示范区沟道坝系相对稳定布局评价及水资源利用研究"等。以小流域为单元、沟道坝系为对象，进行坝系相对稳定、水资源合理利用、综合防护体系建设等试验研究，使沟道坝系能最大限度地发挥其防洪、拦泥、淤地、增产、改善生态环境等功能。目前科技示范园坝系根据坝系相对稳定理论研究成果，通过计算已达到相对稳定，既能实现防洪保收，又能保证坝系工程的自身安全。

（三）坡改梯试验

1953～1956 年在试验基地进行了坡耕地地埂断面设计、施工方法研究及增产试验。1957 年在地埂修筑的基础上，开始一次性修筑成水平梯田的规划布设、断面设计、施工方法研究和增产拦泥试验，并取得一整套成功经验，为大面积推广提供了依据。水平梯田具有较高的保水、保土、保肥和增产作用，在一般年份，每公顷施肥 15 000～22 500 kg，施化肥 100～150 kg，粮食产量可稳定在 2 250～3 000 kg，高产可达 4 500 kg。按标准修筑梯田，在连续降雨 120 mm 的情况下，可全部拦蓄，该项试验研究成果由陕西省科学技术学会和水电部水利电力出版社刊印成册，为本区的坡面治理提供了技术和经验。之后陕北地区兴修水平梯田发展迅速，目前已达 20 多万 hm^2，并成为农业生产的基本农田。

（四）生物措施研究

生物措施是保持水土的重要措施之一，随着植物覆盖率的逐年增大，蓄水效益也逐年增加，从 1953 年建立了水土保持试验研究基地以来，开展了水土保持林、经济林引种、配置的栽培技术的研究，先后从国内外引进葡萄 170 多个品种、苹果 20 多个品种，试验、示范、推广了果树上山；大扁杏丰产栽培技术、山地红枣栽培技术、沙棘育苗技术、利用抗旱药物提高造林成活率、保存率等得到了推广应用；洋槐护坡林、柠条灌木林的试验研究得到普遍推广，成为绿化荒山荒坡的主要树种，同时开展了适生牧草的引种、选育、栽培以及示范推广研究，先后引进牧草品种 150 多个，经过多年的试验示范，选育出沙打旺、草木樨、小冠花、红豆草、紫花苜蓿等优良品种，为黄丘区建立人工草地，改良天然牧场提供了依据，还进行了牧草加工利用研究，对水土保持、解决"三料"、发展生产起到了积极的作用。通过各种试验研究并提出了以小流域为单元的水保林配置的优化方案，在生产实践中得到了大量的推广应用。

（五）水资源合理利用试验

水资源短缺是制约黄土高原地区生态稳定和社会经济可持续发展的首要问题。科技示范园从 1953 年建立了水土保持试验研究基地以来，由于园区降雨量小、蒸发大，且时空分布不均，水资源严重缺乏，为了解决这一问题，进行了高效节水型农业、林业试验研究，山坡地枣园低压渗灌试验研究，提出了雨水节灌技术是干旱地区生产节水增效、维持土壤生态的最佳方式，在梁峁顶建设大型雨水场，集蓄雨水，发展径流农业，提高灌溉效益，促进经济产业持续稳定发展。进行了坝系水资源开发利用及综合效益研究，合理利用水资源，对提高坝系防洪能力和坝地增产增收、安全生产起到极其重要的作用。长期的水土保持实践经验证明，坝系工程是水土保持的关键措施，加大坝系建设力度，开发利用洪水泥沙资源，控制水土流失，既是发展经济的必由之路，也是治理黄河的根本措施。大规模开展坝系工程建设，充分发挥其拦沙、蓄水、淤地等综合功能，对促进农业增产、农民增收和农村经济发展，巩固退耕还林还草成果，改善生态环境，对快速有效地减少入黄泥沙、实现黄河下游"河床不抬高"、确保黄河长治久安具有重要意义。期末科技示范园有大型集雨场5个(其中3个大型混凝土集雨场,2个道路集雨场),集雨面积5 814 m²,设计蓄水1 576 m³;提灌工程1处,解决了园区生产、生活、生态用水。淤地坝18座,坝地高效利用4.12 hm²。

(六)生态修复研究

水土保持生态修复是水土保持综合治理的重要措施之一,能有效促进水土保持生态环境建设,加快水土流失防治步伐和植被恢复。2000年11月,钱正英在考察黄河中游水土保持工作时指出:黄土高原地区生态建设中最大的问题是植被恢复问题,大面积植被恢复要靠退耕、禁牧、飞播等措施。2001年3月,朱镕基总理在九届全国人大第四次会议上所作的《关于国民经济和社会发展第十个五年计划纲要的报告》中进一步明确指出"注意发挥生态的自我修复能力,逐步建成我国西部牢固的绿色生态屏障"。这都为开展生态修复指明了方向,提出了加快水土流失防治步伐、改善生态环境的思路。黄委绥德水土保持科学试验站遵循自然规律和经济规律,将生态建设和经济发展有机结合,大力推进生态自我修复,在黄河水土保持生态工程科技示范园建设中,封禁治理16.38 hm²,采取全年封育,专人管护,防治病虫害等,目前郁闭度达到0.7;在黄河水土保持生态工程无定河流域崔家沟项目建设中封禁治理3 720.09 hm²,恢复植被和控制水土流失的效果都比较好,取得显著的成效,实现了生态与经济的协调发展。通过封禁治理取得的成效,提高了人们的认识,广泛宣传,促进人与自然和谐相处,"小治理、大保护","小开发、大封禁"的观念逐渐深入人心,生态修复工作得到越来越多人们的支持。

三、监测概况

黄丘一副区是水土流失最为严重的地区,水土流失制约着区域经济的发展,为了探索水土流失发生发展的成因和机理,掌握水土流失规律,认识水土流失的类型及其危害,研究水土流失防治技术,1953年在该区成立了黄委绥德水土保持科学试验站,开展了黄丘一副区最早的坡面径流小区监测试验,对黄丘一副区水土流失规律进行了较为科学、系统的探索研究。先后开展韭园沟、辛店沟、桥沟小流域结合单项措施研究进行的多项径流小区试验,小区总数最多时达230多个,分别探索了雨量与水土流失的关系、坡度与水土流失的关系、坡长与水土流失的关系、植被盖度与水土流失的关系,提出了黄丘一副区坡地水土流失发生的特征。同时进行了站网布局,与韭园沟示范区监测结合,与无定河流域监测相衔接,形成小尺度到中尺度,再到大尺度的水土流失监测体系,一方面提供区域的水土流失发生、发展动态,另一方面为研究该区水土流失预测提供基础资料。

1986年,在桥沟、辛店沟、韭园沟流域内布设站网,进行降水、径流、泥沙的监测,并进行沟道坝系监测试验,开展典型暴雨、下垫面等影响因子对水土流失发生、发展规律的调查研究工作,同时进行重点治理。桥沟径流泥沙监测站目前规模较大、设备齐全、自动化程度较高的水土流失监测站点,已积累了25年的实测资料。

20世纪80年代以来,在充分应用径流小区和流域监测资料的基础上,先后开展了"黄丘一副区水土流失规律及水土保持减水减沙效益试验研究"、"黄河中游河口镇至龙门区间水土保持措施减洪减沙效益研究"、"典型小流域土壤侵蚀特征研究"、"多沙粗沙区水土保持措施减水减沙效益分析及水沙变化趋势预测研究"、"小流域泥沙来源分析研究"、"黄丘一副区典型小流域试验与分析"等一系列科研课题。这些实测资料及研究报告,已成为黄河水沙分析和当地政府规划、防汛等工作的基础资料。

50多年来,共积累坡面径流水土流失小区资料341个区年,小流域径流泥沙资料106个站年,雨量资料900多个站年,成为国内少有的水土流失基础数据库,这一系列实测资料成为土壤侵蚀和水土流失规律研究的重要基础资料,同时在水土保持区划、小流域综合治理规划、措施配置、水保措施减水减沙效益分析、小流域径流泥沙规律研究等方面得到了广泛应用,为治黄科技工作的开展奠定了一定基础,是"三条黄河"、"模型黄土高原"建设的重要内容。

在3条监测流域内布设有24个雨量站、5个径流泥沙监测站、21个坡面径流小区、1处气象园和沟道坝系监测,流域不同位置布设了植被监测点,由此已形成由坡面到沟道、从对比流域到中尺度流域,有气象、水文、植被、水土流失、土地利用等监测指标的小流域水土流失监测系统。目前,该监测区已成为全国水土流失动态监测与公告项目,由黄河水土保持生态环境监测榆林分中心负责完成。

(一)水土流失监测

科技示范园水土流失监测,长期以来一直在桥沟小流域监测区进行水土流失监测,该流域是20世纪80年代黄委专家组选择确定的,在黄丘一副区具有典型性、代表性和原型性的水土流失监测区,是研究黄丘一副区小流域径流泥沙来源、水土流失规律、建立产流产沙模型的原始观测小流域。在流域内布设雨量监测站4个、不同地貌径流监测场8个、径流泥沙监测站3个,科技示范园的建设对原有的传统监测设备、手段进行了改建,雨量监测采用先进实用的遥测雨量系统,不同地貌径流监测场和流域径流泥沙监测站均采用先进的电子水尺自动遥测系统和应变式水沙遥测系统,实现了水沙实时自动遥测监控。

(二)水土保持措施效益监测

科技示范园多年来一直为探索黄丘一副区综合治理与单项措施研究进行不同水土保持措施蓄水拦沙效益监测,在园区布设不同水土保持措施乔木林、灌木林、乔灌混交林、草地和农地、梯田、经济林等蓄水拦沙径流小区9个,科技示范园的建设对9个径流小区进行了标准化改建,并新增加了有措施全坡长、梯田、经济林3个径流小区。同时开展了与生态效益相关的土壤水分、土壤养分、植被盖度等指标的传统手段监测,以及温度、湿度、风速、风向、降水、地温和土壤水分等7要素小气候监测,7要素小气候自动监测站是根据世界气象组织气象观测标准建设的,实现了水土保持生态环境监测适时信息采集、监测数据的准确自动化传输、系统化的信息分析处理,为该区水土流失规律研究和水土保持措施效益监测提供了生态环境监测数据。

(三)沟道坝系监测

科技示范园沟道坝系监测在园区辛店沟流域坝系布设了坝系工程特性和坝地淤积监测,监测区桥沟流域是在一条非治理沟布设了原始沟道侵蚀监测。沟道坝系监测采用三维坐标点布设,坐标系标准为国家三级坐标。

(1)原始沟道侵蚀监测。在桥沟流域原始主沟道和1、2支沟建立了沟底下切、沟岸扩张和沟头前进监测断面共26个GPS三维空间坐标控制点,并获取了本底数据值(2007

年),在次暴雨和汛后年度进行动态监测,获取水土流失的形式和数量,探索沟道水土流失的强度和规律。

(2)沟道坝系减蚀监测。在辛店沟流域白草洼坝、青阳岔坝和试验沟 2# 坝 3 座淤地坝内分别布设沟岸扩张和沟头前进 3 个监测断面,取得了坝地库容特征、沟头顶部高程本底数据(2007 年水平),在汛后和次暴雨后进行逐次动态监测,与原始沟道监测值进行对比,研究坝系蓄水拦沙、减蚀机理。

(3)沟道坝系工程特性监测。在科技示范园小石沟小流域 7 座淤地坝、走路渠 2 座淤地坝、青阳岔 9 座淤地坝,分别建立了 GPS 三维空间坐标监测控制桩,进行每座淤地坝坐标控制的工程特性监测。获取了淤地坝坝高、坝顶长、坝底宽、坡比以及放水建筑物、溢洪道等工程特性和库容、淤地面积、淤积量等的本底数据值,汛后和次暴雨后逐次动态监测淤积面积、淤积厚度、淤积形式等。

(4)坝地淤积监测。在白草洼坝、青阳岔坝和试验沟 2# 坝 3 座淤地坝内分别建立了 3 个淤积监测断面,每个监测断面建设监测控制桩,进行淤地坝的淤积监测,并对 3 座淤地坝的控制区间进行 GPS 动态地形测绘,形成了 1 m 等高线的坝区电子地形图。在汛后和暴雨后进行逐次动态监测。

第五节　科技示范园建设项目立项

一、立项的意义

科技示范园的立项是贯彻水利部《关于开展水土保持科技示范园区建设的通知》(办水保〔2004〕50 号)精神,落实黄委《关于转发江西水土保持生态科技园建设情况的通知》(黄办函发〔2004〕21 号)要求,大力开展生态修复,持续进行水土保持建设,重视水土流失治理科技攻关,推动和规范水土保持科技工作,发挥典型带动和示范辐射作用,普及提高全社会水土保持科技意识具有重要意义。主要体现在以下几个方面:

(1)园区位置独特,具有典型代表性。科技示范园地处黄丘一副区、多沙粗沙区、粗泥沙集中来源区的腹地,地理位置独特。区域地理条件表现为梁峁起伏,沟壑纵横,地形破碎,加之暴雨集中,植被稀疏,水土流失极为严重,是我国乃至世界上水土流失最严重的地区之一。侵蚀模数达 10 000 t/(km² · a)以上,局部地区侵蚀模数高达 30 000 ~ 40 000 t/(km² · a),从而造成生态环境恶劣,洪灾、雹灾、旱灾和沙尘暴等自然灾害频繁,农业生产和经济社会落后,以此开展示范园建设,探索其治理模式和经验,使之大面积推广,对促进整个区域的水土流失治理和生态环境的改善有典型性和代表性。

(2)构筑科学试验研究平台,为模型黄土高原服务。科技示范园监测区的建设,更加完善现有原型观测系统中的坡面产(汇)流监测样点、沟道水沙监测站点以及高效水土保持措施配置监测点建设,采用先进实用的现代洪水、径流和泥沙测控技术和信息技术,为探索粗泥沙集中来源区各类水土保持措施蓄水减沙作用及机理,构筑黄丘一副区水土保持科学试验的研究平台,同时为"土壤侵蚀预报模型"提供基础数据,对开展科技示范园监测区建设具有重要意义。

（3）根治黄河水患，开发治理黄河。黄河是闻名于世界的多泥沙河流，也是世界著名的"地上悬河"，其突出的特点是水少沙多，多年平均径流量 580 亿 m³，多年平均输沙量 16 亿 t，每年约有 4 亿 t 泥沙淤积在下游河道，使下游河床逐年淤高，一旦堤防决口，洪水泛滥，直接威胁着两岸人民的生命财产安全，所以黄河的症结是泥沙。而泥沙主要来自黄河中游 7.86 万 km² 的多沙粗沙区，更是集中在 1.88 万 km² 的粗泥沙集中来源区。因此，在这一地区开展水土保持示范园建设，并加以推广，可有效地拦蓄洪水泥沙，减少入黄泥沙，从根本上缓解黄河的防汛压力，防治黄河水患，同时也为黄河的综合开发创造了条件，促进黄河流域经济和社会的发展。

（4）改善生产条件，发展当地经济，促进社会进步。这一区域严重的水土流失，造成了沟深坡陡，地形破碎，生产条件恶劣，洪灾、雹灾、旱灾和沙尘暴等自然灾害频繁，农业生产落后，群众的生活极度困难，是全国最贫困的地区之一。就陕西省榆林市而言，全市 12 个县中有 10 个为全国的贫困县。由于该地区自然条件恶劣，水土流失严重，农业生产和区域经济十分落后，基础设施差，群众生活贫困，与东部的经济和社会发展差距甚远。因此，该区是我国西部开发的重点地区，是基础建设和生态建设的重点地区，也是解决"三农"问题的重点地区。为此，加强黄土丘陵沟壑区的水土保持生态建设，特别是黄丘—副区的水土流失治理，对于改善当地生产条件、促进区域经济发展、建设社会主义新农村，都具有重大的战略意义。

（5）科技示范，典型辐射。在防治水土流失，改善生态环境，促进经济和社会发展的过程中，要树立科学发展观。要科技先行，科技支撑示范园的建设。科技示范园早在 20 世纪 50 年代初期，就被列为黄委绥德水土保持科学试验站水土保持试验、示范基地，50 多年来取得了多项试验研究成果，并在区域内进行了大面积的推广。尤其是小石沟"三道防线"治理模式，为黄土丘陵沟壑区大面积的小流域治理提供了科学依据，发挥了典型引路作用，早期的米脂县高西沟等治理典型就是在小石沟典型治理的引导下，因地制宜发展起来的。1982 年以来，先后有 20 多个省（市）4 000 多人参观学习小石沟的治理经验。

综上所述，开展黄河流域水土保持生态工程辛店沟科技示范园建设，对防治水土流失，改善生态环境，根治黄河水患，促进当地经济和社会的快速发展起到典型辐射作用，具有很强的现实意义和深远的战略意义。

二、立项过程及项目启动

科技示范园立项经过的程序是可行性研究和初步设计两个阶段。

（一）可行性研究阶段

1. 可行性研究报告的编制

根据 2004 年 4 月 14 日水利部办公厅文件《关于开展水土保持科技示范园区建设的通知》（办水保〔2004〕50 号）精神，按照 2004 年 6 月 10 日黄河上中游转发了黄委李国英主任特批的《关于转发江西水土保持生态科技园建设情况的通知》（黄办函发〔2004〕21 号）文件要求，在认真学习江西省生态示范园建设好的经验和做法，采取针对性的措施，黄河水土保持绥德治理监督局进行了多方案优选，确定具有代表性的辛店沟流域，于 2005 年 3 月编写完成了《黄河水土保持生态工程辛店沟科技示范园可行性研究报告》（简称《可研报告》）。2005 年 8 月 11 日黄委在郑州召开了《可研报告》审查会，参加会议的有中科院水保所、中国农业大学、黄委科技委、黄委规划设计局、黄委水土保持局、水科院、黄河上中游管理局、黄河设计公司等单位的专家和代表 13 人，听取了汇报，经过讨论认为，《可研报告》符合国家有关规范，编制内容和深度基本达到了可研阶段要求，同意项目建设的指导思想、原则、建设目标、建设内容和规模等，同意投资估算采用的编制原则和依据，取费标准，经审核，项目估算总投资为 326 万元。

2. 可行性研究报告的批复

黄河上中游管理局以黄规计发〔2005〕69 号文《关于黄河水土保持生态工程辛店沟科技示范园可行性研究报告的批复》对项目进行了批复。黄规计发〔2005〕69 号文批复的内容如下：

（1）根据水利部《关于开展水土保持科技示范园区建设的通知》（办水保〔2004〕50号）精神，为了提高黄河水土保持科技含量和示范能力，增强水土保持科学试验站自身科研能力和可持续发展能力，建设黄河水土保持生态工程辛店沟科技示范园是必要的，同意建设辛店沟科技示范园。

（2）科技示范园建设可行性研究报告基本符合水利部《水土保持工程可行性研究报告编制暂行规定》的要求，可作为下一步开展初步设计的依据。同意科技示范园建设范围，示范园建设面积 1.89 km^2。

（3）同意科技示范园建设内容和规模。科技示范园由水土保持科学试验区和水土保持综合治理措施体系示范园两大功能区组成。建设内容包括水土流失原型观测、水土保持效益观测、坝系工程特性及蓄水拦沙与坝系减蚀作用监测、监测辅助设施、水土保持科技成果展示厅、多功能遥测演示系统建设、水土保持坡面综合治理示范区建设、沟通坝系优化布局及农作物高效利用模式等 8 个方面。建设规模：坡面径流场 17 个（含 1 个全坡面径流场），7 要素全自动气象园 1 个，17 座淤地坝工程特征监测，坝系减蚀监测断面 18个，2 km^2 的 1:2 000 比例尺地图测绘，改造水土保持科技成果展示系统 1 处，水土保持多功能遥测演示系统 1 处，梯田维修改造 4.43 hm^2，新增经济林 5.1 hm^2，补植改造经济林28.22 hm^2，新增人工草地 10.67 hm^2，补植水保林 58.57 hm^2，改造中小型坝 3 座，新建小型坝 1 座。

（4）核定科技示范园建设总投资 326 万元。

（5）同意黄河水土保持绥德治理监督局为科技示范园项目建设单位。项目建设期为3 年。

（二）初步设计阶段

1. 初步设计报告的编制

根据黄河上中游管理局以黄规计发〔2005〕69 号文《关于黄河水土保持生态工程辛店沟科技示范园可行性研究报告的批复》的要求编制完成了《黄河生态工程辛店沟科技示范园初步设计报告》和《黄河生态工程辛店沟科技示范园监测区初步设计报告》。

2006 年 1 月 12 日，黄河上中游管理局在西安召开了《黄河生态工程辛店沟科技示范园初步设计报告》（以下简称《初步设计》）审查会，对《初步设计》进行了审查，2006 年 3月 13 日，黄委在郑州召开会议，对《黄河生态工程辛店沟科技示范园监测区初步设计报告》进行了审查,审查组委员在审阅资料、听取汇报的基础上,依据可研批复和水利部《水土保持工程初步设计报告编制暂行规定》等有关要求,经过认真讨论审议,同意初步设计通过审查,并提出了审查修改意见。

2.初步设计报告的批复

黄河水土保持绥德治理监督局根据审查会《初步设计》审查修改意见,对《初步设计》进行了认真修改,报黄河上中游管理局。

黄河上中游管理局分别以黄规计发〔2006〕23 号《关于黄河生态工程辛店沟科技示范园初步设计的批复》和黄规计发〔2006〕33 号文《关于黄河生态工程辛店沟科技示范园监测区初步设计的批复》对项目进行了批复。

(1)黄河上中游管理局黄规计发〔2006〕23 号文件:

一、根据水利部《关于开展水土保持科技示范园区建设的通知》(办水保〔2004〕50号)精神,为了提高黄河水土保持科技含量,强化科技示范推广,增强水土保持科学试验站自主创新能力和可持续发展能力,建设黄河水土保持生态工程辛店沟科技示范园是十分必要的,同意建设辛店沟科技示范园。

二、该初步设计内容和深度符合有关技术规范、标准和要求,具有可操作性,可作为辛店沟科技示范园建设、管理和验收的依据。

三、基本同意辛店沟科技示范园建设指导思想和各项措施总体布局。辛店沟科技示范园由水土保持科学试验区和水土保持综合治理措施体系示范区两大功能区组成,水土保持科学试验区分为监测区和成果展示区,成果展示区包括水土保持科技成果展示系统和多功能遥测演示系统建设;水土保持综合治理措施体系示范区包括坡面综合治理示范区建设、沟道坝系优化布局及坝地农作物高效利用模式建设。

四、基本同意辛店沟科技示范园建设内容和规模。

经核定,辛店沟科技示范园建设内容和规模为:梯田改造 4.43 hm²,坝地利用 4.12 hm²,增经济林 31.85 hm²(其中:新增 5.12 hm²,补植 26.73 hm²),水保林补植 58.57 hm²,人工种草 10.67 hm²,生态修复 16.38 hm²,淤地坝 4 座(其中:改建 1 座,加高 3 座),修建提灌工程 1 处,维修改造水土保持成果展示厅 60.50 m²,多功能遥测展示厅 90.60 m²。建设规模详见附表1。

五、核定辛店沟科技示范园项目总投资 140.84 万元(不含监测区投资)。投资核定详见附表2。

六、同意黄河水土保持绥德治理监督局为辛店沟科技示范园项目建设单位。项目建设期 3 年。

附表1 辛店沟科技示范园初步设计建设规模表

名称	总面积	梯田	坝地利用	造林				人工种草	生态修复	措施面积	淤地坝		提灌工程	科技成果展示厅	多功能遥测展示厅	简介牌	总投资
				新增经济林	补植经济林	补植水保林	小计				改建	加高					
	(km²)	(hm²)	(hm²)	(hm²)	(hm²)	(hm²)	(hm²)	(hm²)	(hm²)	(hm²)	(座)		(处)	(m²)	(m²)	(个)	(万元)
辛店沟	1.44	4.43	4.12	5.12	26.73	58.57	90.42	10.67	16.38	121.90	1	3	1	60.50	90.60	12	140.84

附表 2　黄河水土保持生态工程辛店沟科技示范园投资核定表

序号	工程或费用名称	投资(万元)
1	工程措施	104.90
1.1	梯田(改造)	0.40
1.2	坝地利用	3.98
1.3	淤地坝工程	33.50
1.3.1	试验沟 1# 中型淤地坝(加高)	10.81
1.3.2	试验沟 2# 中型淤地坝(加高)	14.86
1.3.3	沙坝小型淤地坝(新建)	1.48
1.3.4	白草洼小型淤地坝(改建)	6.35
1.4	提灌工程	19.55
1.4.1	蓄水池(容积530 m²)	6.57
1.4.2	上水管道布设	7.83
1.4.3	泵房	2.48
1.4.4	抽水设备、设施购置及安装	2.67
1.5	科技成果展示系统	6.13
1.5.1	地貌地形模型制作(250 m×400 m)	2.80
1.5.2	铝合金展柜	0.68
1.5.3	铝合金展板	0.36
1.5.4	标本盒	0.15
1.5.5	照明灯具	0.25
1.5.6	房屋改建工程	1.89
1.6	多功能遥测演示系统	39.54
1.6.1	2 km² 数字化地形图测绘	20.00
1.6.2	电脑(监测数据收集、IBM)	0.8
1.6.3	电脑(多功能演示服务器、IBM)	3.00
1.6.4	笔记本电脑(野外遥测数据收集、IBM)	1.20
1.6.5	无线电话	0.06
1.6.6	GPRS 数据通信卡	1.20
1.6.7	电动升降幕布	0.22
1.6.8	多媒体投影仪(EPSON EMP-735)	1.90
1.6.9	幻灯机(明亮 E150)	0.06
1.6.10	幻灯机(明亮 E150)	0.10

序号	工程或费用名称	投资(万元)
1.6.11	音响设备	2.30
1.6.12	多功能工作台	0.12
1.6.13	工作桌椅	1.20
1.6.14	铝合金展板(120 cm×90 cm)	0.14
1.6.15	房屋改建工程	3.76
1.6.16	监测数据收集(1人×3年)	2.40
1.6.17	数据卡信号报务费(3年×3卡)	1.08
1.7	简介牌	1.80
2	林草措施	20.73
2.1	水保林(补植)	12.12
2.2	经济林(新增)	4.36
2.3	经济林(补植)	3.6
2.4	人工种草	0.65
3	临时工程	1.01
4	独立费用	10.14
4.1	建设管理费	3.04
4.2	工程建设监理费	3.17
4.3	科研勘测设计费	3.80
4.4	工程质量监督费	0.13
5	基本预备费	4.06
6	工程总投资	140.84

(2)黄河上中游管理局黄规计发〔2006〕33号文件:

一、为探索粗泥沙集中来源区各类水土保持措施蓄水减沙作用及机理,构筑黄丘一副区水土保持科学试验的研究平台,同时为"土壤侵蚀预报模型"提供基础数据,开展黄河水土保持生态工程辛店沟科技示范园监测区建设是必要的。

二、基本同意项目建设目标、建设内容与规模以及水土流失监测、水土保持措施效益监测、沟道侵蚀及沟道坝系监测和监测辅助设施等设计的技术方案。建设规模详见附表3。

三、核定黄河水土保持生态工程辛店沟科技示范园监测区建设总投资185.16万元。详见附表4。

四、为加强科技示范园监测区建设管理,保证项目顺利实施,特提出如下要求:

1. 按照批复意见和《关于黄河生态工程辛店沟科技示范园初步设计的批复》(黄规计发〔2006〕23号),抓紧开展监测区和科技示范园其他建设项目的组织落实工作,并按照基本建设的有关规定,健全投资、质量、进度内控制度,专款专用,完善监测资料的系统管理,加强项目建设的宣传,确保科技示范园各项建设任务的全面完成。

2. 要注意与原型观测、黄河流域水土保持监测系统一期工程等相关项目的整合,真正建成集试验、监测、研究为一体,能够体现现代新技术与黄土丘陵沟壑区特色的水土保持科技示范园区。

附表3 黄河水土保持生态工程辛店沟科技示范园监测区建设规模表

序号	项目	建设规模
1	水土流失监测	径流小区改造8处,径流池改造5处,测桥新建2座,遥测雨量计1台,沟口γ射线—电子水尺水沙自动遥测系统(LTW-1)1套,试验监测(3年×5人),通信服务(3年×2卡),监测技术人员培训等
2	水土保持效益监测	育林沟径流小区9个,小气候自动站改建(由4要素改为7要素自动监测气象园)1处,土壤电子水分仪(DL600)1台,微型土壤养分速测仪(YN-4000)2套,试验监测(3年×7人),通信服务(3年×1卡)等
3	沟道坝系监测	断面三维空间坐标点建设(1 m×1 m)86处,坐标点引测86处,动态GPS测绘仪(南方RTK980)1套2台,γ射线—电子水尺水沙自动遥测系统(LTW-2)1套,试验监测(3年×4人),通信服务(3年×1卡)等
4	辅助设施建设	监测道路拓宽3.3 m,2台变压器及其附属设施,8 m电杆100根,野外观测房建设1间,监测实验室维修改造10间,窑窗装玻璃并油漆10架,院子平辅砖硬化500 m²,院落绿化植树340株,大门1处,标志牌1座等

附表4 黄河水土保持生态工程辛店沟科技示范园监测区投资核定表

序号	工程或费用名称	投资(万元)
1	工程措施	158.25
1.1	监测区建设工程	97.42
1.1.1	水土流失监测	17.56
1.1.1.1	坡面水土流失径流小区改建	1.72
1.1.1.2	沟道水沙监测站改建	1.12
1.1.1.3	试验监测	12.00
1.1.1.4	通信服务费	0.72
1.1.1.5	监测技术人员培训	2.00
1.1.2	水土保持效益监测	26.06
1.1.2.1	不同措施效益监测	14.46
1.1.2.2	生态效益监测	11.60

序号	工程或费用名称	投资(万元)
1.1.3	沟道坝系监测	15.40
1.1.4	监测辅助设施	38.40
1.1.4.1	道路改造工程	26.69
1.1.4.2	电网改造工程	4.77
1.1.4.3	野外观测房建设	0.42
1.1.4.4	监测、办公室维修	6.52
1.2	设备及安装工程	60.83
1.2.1	水土流失监测	9.70
1.2.1.1	坡面水土流失径流小区改建	1.20
1.2.1.2	沟道水沙监测站改建	8.50
1.2.2	水土保持效益监测	14.35
1.2.2.1	不同措施效益监测	0.0
1.2.2.2	生态效益监测	14.35
1.2.3	沟道坝系监测	27.80
1.2.4	监测辅助设施	8.98
1.2.4.1	道路改造工程	0.00
1.2.4.2	电网改造工程	8.98
2	植物措施	6.54
2.1	水土保持效益监测	0.17
2.1.1	生态效益监测	0.17
2.2	监测辅助设施	6.37
3	临时工程	1.04
4	独立费用	13.94
4.1	建设管理费	3.98
4.2	工程建设监理费	4.02
4.3	科研勘测设计费	5.77
4.4	工程质量监督费	0.17
5	基本预备费	5.39
6	工程总投资	185.16

(三)项目启动

2006年9月7日,黄河水土保持绥德治理监督局正式开展"黄河水土保持生态工程辛店沟科技示范园建设"项目的实施。

第二章 科技示范园可行性研究与设计

2004年4月,水利部印发了《关于开展水土保持科技示范园区建设的通知》(办水保〔2004〕50号)后,先后在全国各地兴建了一大批不同区域的水土保持科技示范园,其目的在于通过此项活动,巩固和加强科技示范园在水土保持综合治理中的典型示范和辐射带动作用。黄委绥德水土保持科学试验站,紧紧围绕此项活动的核心内容和主题要求,以高新科技手段为支撑,"新、优、特"成果产品为目标,辛店沟试验场为依托,充分发挥技术人员的主观能动性和科技创新精神,本着高起点、高要求、高标准的原则,将该示范园打造成集水土保持试验示范、科普教育和旅游观光为一体的综合性水土保持科技园区。

规划是搞好顶层设计的重要抓手,要不断完善科技示范园规划体系,着力推进小流域综合规划修编,强化规划的指导和约束作用,使科技示范园的总体布局、各分区的技术措施相衔接,同资源、环境相协调,同本区域经济社会发展相适应。

第一节 科技示范园建设指导思想和目标

一、科技示范园建设需求分析

黄委绥德水土保持科学试验站建站60多年来,在黄丘一副区开展了以小流域为单元的沟道坝系建设与坡面综合治理示范和试验研究工作。小流域水土流失监测、水土保持措施效益监测和分析研究方面,取得了大量的科学数据和试验研究成果,为黄丘一副区水土保持工作提供了科学依据和技术支持。但是由于种种原因,治理措施得不到优化布局和合理配置,起不到示范作用,监测设施布设分散、不规范,项目不全,设备陈旧老化、方法落后,观测数据准确度不高,影响分析研究工作,造成研究成果与治理脱节,成果推广应用差。因此,对现有治理措施进行重新整合、补充和提高标准,使沟道坝系布局达到相对稳定,坡面梯、林、草合理配置,对现有水土流失、水土保持措施效益监测新设施设备引进、监测方法、手段的更新、提高监测数据的准确性等方面都是非常必要的。

二、科技示范园建设指导思想

按照水利部办水保〔2004〕50号《关于开展水土保持科技示范园建设的通知》文件精神,以生态可持续发展为宗旨,紧紧围绕"维持黄河健康生命"的理念,服务于"模型黄土高原"建设。根据科技示范园目前水土保持综合治理和科研试验示范基地的建设情况,从实际出发,坚持人与自然和谐相处的科学发展观,按照生态学、景观学和系统工程学原理,在粗沙区建成以沟道坝系为主的水土保持综合治理试验示范基地,探索粗沙区持续稳定、高效减沙的小流域综合治理模式,开展水土流失规律监测、水土保持效益监测和沟道坝系监测等,研究粗沙区小流域水土流失规律和水土保持减沙规律,以高新技术为支撑,以科技创新为手段,以典型治理模式示范推广、沟道坝系建设、水沙运行和水土流失规律等科学研究、科技成果展示为重点,在建设精品小流域的基础上,不断提高科学研究的能力和可持续发展的能力。集水土保持综合治理措施体系建设、科学试验研究、技术示范推广、户外教学、旅游观光为一体,让社会各界了解水土保持,推广普及水土保持科技,增强水土保持环境意识。

三、科技示范园建设规划原则

(一)坚持以示范与试验研究相结合的原则

通过对现有水土保持措施的调整改造,使各类措施结构布设科学合理、规范高效,建设以沟道坝系为基础的水土保持综合治理体系示范基地。通过对现有水土流失规律和水土保持措施效益监测站网监测设施设备、手段的整合、补充和提高,建成具有现代化水土流失规律监测、水土保持效益监测的监测区,通过对示范园现有辅助设施的改造和建设,将示范园区建设成为一个山、水、田、林、路兼顾的试验、示范基地。

(二)坚持整体性、系统性的原则

示范园区、监测区、成果展示区和辅助设施区整体布局科学合理,既有独立性,又相互配合、密切联系,措施布设系统全面,既突出科学性、前瞻性,又有示范观摩的新颖性和科普性。

(三)坚持先进实用的原则

监测、试验设备仪器和技术手段要先进,措施布设因地制宜,讲求实用,效益最佳。

四、科技示范园建设规划目标

通过科技示范园建设,在黄丘一副区不仅形成一个以沟道坝系工程为主的水土保持综合治理示范园区,而且为黄丘一副区小流域持续稳定、高效减少入黄泥沙做出示范样板;通过小流域水土流失规律和水土保持措施减沙作用的研究,为黄丘一副区水土保持措施减沙作用研究提供科学依据;同时通过科技示范园展厅的建设,展示多年来建设成果,发挥典型带动、示范辐射作用,普及全社会水土保持科技知识。总之,通过科技示范园建设,提高科技示范园的水土保持科技含量、自身研究能力和可持续发展能力,打造出水土保持治理精品,建成具有高标准的试验监测和示范推广园区。

(一)示范园区的建设规划目标

坚持综合治理,突出生态效果,注重蓄水保土作用,进一步突出水在区域生态改善、产业开发、经济发展中的作用。做到因地制宜、因害设防,提高治理质量和效益。通过综合防治体系建设,使治理度达到80%以上,林草覆盖率达到75%以上,土壤侵蚀量减少80%以上,坡耕地全部得到整治,25°以上陡坡地全部退耕还林还草。沟道坝系实现相对稳定,使洪水资源充分利用,确保在一定频率的洪水条件下,保证坝系的安全,坝地农作物保收,并达到高产、稳产。洪水泥沙基本不出沟。

(二)监测区的建设规划目标

通过对科技示范园现有水土流失规律监测观测、水土保持措施监测、沟道坝系监测设施的改进和布设,探索小流域产水产沙规律,探索黄丘一副区水土保持各类措施蓄水减沙

作用及机理,探索黄丘一副区淤地坝系建设的拦蓄和减蚀作用;提高科技示范园支持和服务水土保持科学研究的能力和水平,同时为"模型黄土高原"建设提供技术支持。

(三)成果展示区的建设规划目标

通过成果展示区的建设,充分利用科技示范园有关的图片影像、文档资料、实物标本等各类信息,形象地展示示范园林草植被建设、农林果业丰产栽培技术、沟道坝系建设模型、水土流失规律、水土保持效益监测成果;通过自动化遥测系统实时监控示范园水文气象的动态变化过程;通过多媒体手段展现示范园各类水土保持生态模式和沟道淤地坝的建设过程和效果。发挥典型带动、示范辐射作用,为全社会普及水土保持科技。

(四)辅助设施的建设规划目标

通过对科技示范园水、电、路及房屋等辅助设施改造和建设,满足科技示范园试验研究、监测、生产、生活正常安全运行。

(五)科技示范园建设规划目标论证

1.战略上的必要性

我国是世界上水土流失最为严重的国家之一,水土流失分布范围广、面积大、侵蚀类型多,危害严重。严重的水土流失导致耕地减少,土地沙漠化,沙尘暴频繁发生,恶劣的生态环境给当地群众生产生活以及经济社会发展造成了严重影响,因此水土流失依然是我国今后一定时期内主要的环境问题。

黄河治理依然面临诸多新的挑战,任务依然十分繁重。突出表现在六个方面:一是黄河多年平均年输沙量达 16 亿 t,居世界大江大河之冠,而黄河多年平均径流量仅为 500 多亿 m^3,黄河水沙极不平衡。与此同时,黄河流域来水量大幅度减少,降雨集中,防洪及水资源短缺和泥沙问题更为突出,黄河治理的难度进一步加大。二是水沙条件变化及河道演变,使黄河下游河道不断向"槽高、滩低、堤根洼"的"二级悬河"不利局面发展。三是下游河槽严重萎缩。主槽淤积,过流能力锐减严重影响河槽行洪,小水漫滩,形成中小洪水大水灾害的不利局面。四是黄河小浪底至花园口区间洪水尚未得到有效控制,区间洪水问题突出,对下游的防洪威胁仍然较大。同时,黄河流域干流、主要支流及西北诸河的堤防质量普遍较差,险点隐患多,河道整治工程不完善,已建工程标准低。黄河下游还存在主流游荡变化剧烈,中常洪水仍有"冲决"和"溃决"大堤的可能,严重危及堤防安全。五是黄河下游两岸大堤之间的滩区广阔,是黄河的行洪通道和滞洪沉沙的重要区域,但区内居住着 180 万人口,滩区行洪、沉沙与人民生存、发展存在尖锐矛盾。滩区问题使黄河下游治理更加复杂。六是区域性防洪问题也相当突出。渭河下游河道泥沙淤积严重,排洪能力急剧下降。西北地区诸河突发性洪水极易发生,峰高量大,危害也较大。西北诸河流域防洪缺乏统一规划,工程标准普遍较低,防洪工程基础薄弱。以上诸问题都有一个共同的症结就是泥沙问题,即水土流失环境问题。

人们在长期治黄实践中认识到,黄河泥沙治理是个复杂而庞大的体系,"拦沙"——水土保持对策是黄河泥沙处理的根本和基础,是一项利在当代、功泽千秋的伟大事业,必须长期不懈地抓下去,任何时候都不能动摇。

科技示范园,地处黄土高原多沙粗沙区,其水土流失具有典型代表性,且治理基础扎实,是水土保持"三道防线"产生的摇篮,也是多沙粗沙区水土流失规律研究资料产生的第一策源地,在示范园建设高科技含量、超前实践的一流水土保持示范园是新时期水土保持生态建设、遏制入黄泥沙的第一道防线、淤地坝建设、科技发展战略的必然要求。

2.技术上的可行性

科技示范园作为黄委绥德水土保持科学试验站的水土保持试验示范基地,经过多年来的试验研究和综合治理实践探索,截至目前一直是黄丘一副区综合典型样板和治理模式,影响着同类地区和黄土高原地区。同时基地根据区域水土流失特点,长期开展水土流失规律研究,各类基础模型监测小区、水土保持各项措施效益径流小区以及沟道淤地坝建设布局、结构等试验研究一直超前,得到社会各界专家和学者的认可,由此培养和锻炼了一批适应水土保持治理和研究特点(复杂性、长期性、综合性和艰苦性)的高素质队伍。

3.经济上的合理性

党的十六大明确提出的"坚持可持续发展的理念,围绕农村小康社会建设,逐步实现经济社会发展,生活质量改善的良好生态环境,进一步达到人与自然和谐相处",由此可见党和国家对生态问题的重视和决心。由此,水利部、黄委党组提出的治水治黄新思路,大力开展生态建设,持续进行水土保持建设,维护黄河健康生命,在粗泥沙集中来源区,开展水土保持治理,建立遏制入黄泥沙的第一道防线,国家将投入大量的建设资金,为减少这一地区粗泥沙来源,开展水土保持科技示范园建设工作,为这一区域水土保持综合治理提供技术支撑,在经济上可行合理。

第二节　科技示范园可行性研究

科技示范园建设的总体布局、建设规模以及治理措施紧紧围绕科技示范园建设的指导思想、基本原则和目标,建设成具有一定规模、高标准,集试验研究、示范推广、旅游观光、普及水保科技等功能于一体的示范基地。

一、科技示范园建设总体布局

根据示范园建设原则,结合示范园建设指导思想,在治理度相对较高、治理措施相对较好、沟道淤地坝建设较为完善的基础上,利用该示范园长期开展水土保持试验研究所拥有的水土流失监测、水土保持效益监测场地、设施和设备优势,将示范园建设布局划分为示范园区、监测区、成果展示区和辅助设施区四大系统建设。科技示范园建设总体布局见图2-1。

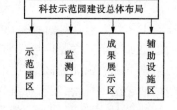

图 2-1　科技示范园建设总体布局框图

(一)示范园区建设总体布局

科技示范园是绥德站20世纪50年代建立的水土保持综合治理和试验研究基地,在长期的治理、试验、示范过程中逐步建立了较完善的试验、监测基地,优化布设了水土保持防治措施。但因历史和环境所限,基地标准远远落后于现代水保要求,农、林、牧各业低水平运行,为了使昔日的样板再展宏图,重新整合基地,提升科技含量,优化项目结构,促进基地繁荣已成当务之急。将示范园区划分为坡面综合治理和沟道坝系建设两大部分。

(二)监测区建设总体布局

根据示范园建设原则和指导思想,利用长期开展水土保持试验研究所拥有的水土流失监测、水土保持效益监测场地、设施和设备优势,进行设施设备改造和自动化提升更新,将监测区建设布局划分为水土流失监测、水土保持措施效益监测两大部分。

(三)成果展示系统建设总体布局

根据示范园建设原则,结合示范园建设指导思想,科技成果展示系统包括水土保持科技成果展示系统和水土保持多功能遥测演示系统建设。

(四)辅助设施建设总体布局

根据示范园建设原则,结合建设指导思想,辅助设施建设包括监测道路、监测电网、监测房屋改造和提水工程。

二、科技示范园的建设规模和措施

(一)示范园区建设规模和措施

1. 水土保持综合治理现状

经过几十年的水土保持措施治理,截至 2004 年底,有"三田"面积 9.96 hm²,占治理措施面积的 9.54%,经济林 28.22 hm²,占措施面积的 27.04%,水保林 58.57 hm²,占措施面积的 56.12%,人工草地 6.76 hm²,占措施面积的 6.48%,其他措施 0.86 hm²,占措施面积的 0.82%。科技示范园土地利用现状见表 2-1。科技示范园水土保持综合治理现状见图 2-2。

表 2-1　科技示范园土地利用现状表

名称		面积(hm²)	各项措施占总面积(%)
总面积		144	
各项措施现状	坝地	5.33	3.70
	梯田	4.43	3.08
	经济林	28.22	19.60
	水保林(乔、灌混交林)	58.57	40.67
	草地	6.76	4.69
	水地	0.2	
	集雨场	0.20	0.74
	径流场	0.66	
	小计	104.37	72.48

名称		面积(hm²)	各项措施占总面积(%)
未治理区	农坡地	10.67	27.52
	荒地	18.03	
	居民用地	2.66	
	难利用地	2.19	
	道路及其他占地	6.08	
	小计	39.63	27.52

2. 土地适宜性总体评价

根据自然地貌形态和土壤侵蚀特征,以峁边线、沟脚线将流域自上而下分为梁峁坡、沟谷坡和沟道。

(1)梁峁坡:坡度一般为5°~35°,坡长15~30 m,以细沟、切沟、坡面切沟为主要侵蚀方式,是农业和经济林果生产的主要基地。

(2)沟谷坡:坡度一般为20°~45°,极陡处可达70°以上,以滑坡、切沟、串珠状陷穴为主要侵蚀方式,是土壤侵蚀最严重的地段,较完整的地块营造乔木林和人工草,陡坡发展灌木林。

(3)沟道:为巩固沟槽,稳定沟坡,拦截坡面下泄的径流泥沙,修建淤地坝,发展高产稳产基本农田。

3. 坡面综合治理规模和措施

根据规划和指导思想,在现有措施的基础上,经济林建设在维修梯田上提高标准,集中连片发展一定的数量并对现有经济林进行补植和整合,形成一定规模的高产经济林;对水保林和牧草采用适地适树,宜林则林、宜草则草的建设原则,在进一步完善治理措施的基础上,提高现有措施的建设质量,本着高起点、高标准、高科技含量,突出典型示范。对条件成熟的荒坡林草措施,实施封禁,实现自然修复,力求示范园在建设期末,坡面林草覆盖度达75%以上。建设规模,梯田维修4.43 hm²,新增经济林5.12 hm²,补植改造经济林26.73 hm²(其中:枣11.0 hm²、杏4.28 hm²、苹果11.45 hm²),改造水保林58.57 hm²,新增人工草10.67 hm²,生态自然修复16.38 hm²。科技示范园水土保持综合治理措施布局图详见图2-3。

4. 沟道坝系建设规模和措施

1)沟道坝系优化布局建设目标与分析

坝系优化布局的建设目标是根据流域的自然地貌特征和淤地坝系现状存在的问题,在综合考虑流域综合治理的前提下,采用拦淤坝和生产坝相互配合的运行方式,在现有的坝系基础上,进一步加高、加固配套完善,以充分合理利用水沙资源,提高坝系防洪、拦泥和生产能力,达到流域坝系相对稳定,并有效利用坝地资源建设高效稳产田。根据有关淤地坝防洪保收研究成果,坝地生产最大允许淹水深度为0.8 m,淹水历时小于7 d,最大淤积

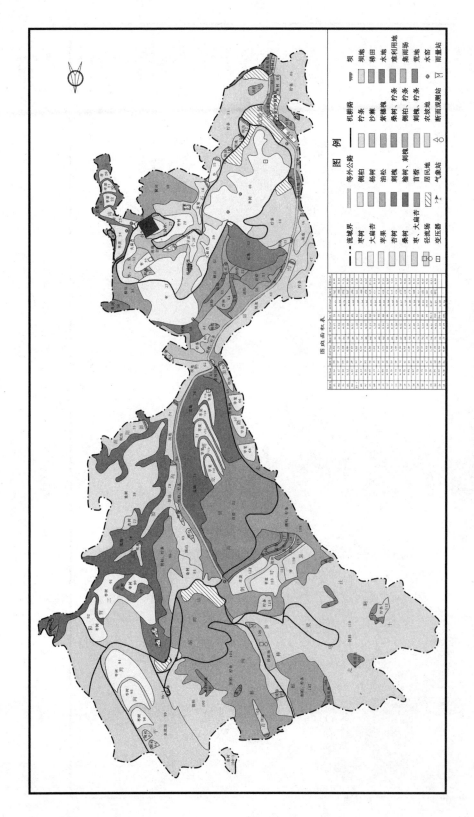

图 2-2　科技示范园水土保持综合治理现状图

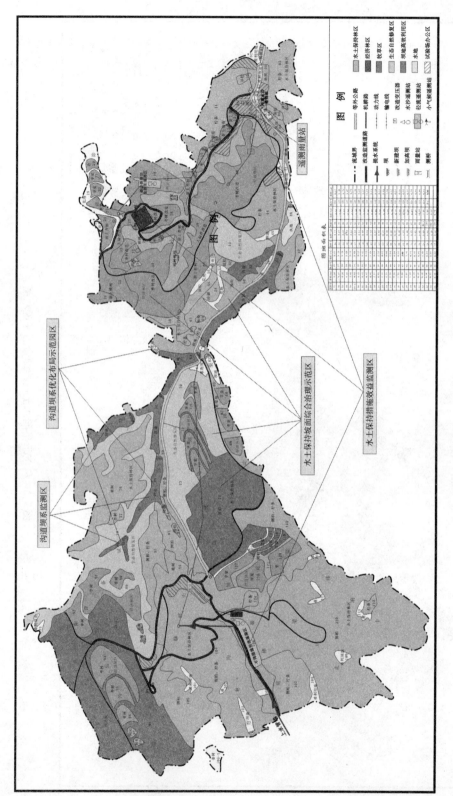

图 2-3　科技示范园水土保持综合治理措施布局图

厚度为 0.5 m,当坝地面积与控制流域面积之比为 1/20 ~ 1/15 时,相应的暴雨频率(24 h 雨量)为 1% ~ 2% ,既可实现防洪保收,又可保证坝系工程自身安全,使坝系达到相对稳定。

2) 坝系相对稳定优化

Ⅰ. 坝系稳定理论

相对稳定设计模型即坝地面积与控制流域面积的比值,又称为稳定系数。具体公式如下:

$$S_1 = FM/\delta_1\gamma \tag{2-1}$$

式中 S_1——坝系必须的最小淤地面积,hm^2;

F——坝库控制的流域面积,km^2;

M——流域年土壤侵蚀模数,万 t/km^2;

δ_1——允许每年淤积泥沙厚度,m;

γ——泥沙容重,t/m^3。

设相应洪水设计频率为 P 的洪水总量为 W_P(万 m^3),坝地允许积水深度为 δ_2(m),则坝系必须的最小淤地面积 S_2(hm^2)按下式计算:

$$S_2 = FM/\delta_2\gamma \tag{2-2}$$

在 S_1 和 S_2 中选择较大的值 S_{max},即得到坝系相对稳定所要求的最小淤地面积,则相对稳定系数为:

$$B_L = 0.01S_{max}/F \tag{2-3}$$

Ⅱ. 坝系相对稳定分析

按照坝系单元整体计算,对科技示范园小石沟小流域控制面积为 0.23 km^2,鸭峁沟小流域控制面积为 1.16 km^2,依据坝系相对理论进行计算,得出洪水频率为 1% 时稳定系数为 1/14,洪水频率为 2% 时稳定系数为 1/17。所以,对中型淤地坝进行优化时取 1/14,对小型淤地坝进行优化时取 1/17。通过计算现状淤地坝的稳定系数并进行比较,可知沙坝、试验沟 1# 坝、试验沟 2# 坝均没有达到相对稳定。详见表 2-2。

表 2-2 科技示范园淤地坝稳定系数计算表

坝名	控制面积 （km^2）	坝高 （m）	可淤面积 （hm^2）	抵御洪水频率 （%）	洪水总量 （万 m^3）	现状系数 B_L	规划系数 B_L
小石沟 1# 坝	0.008	6.6	0.29	2	0.09	1/6.6	1/17
小石沟 2# 坝	0.034	13.9	0.93	2	0.35	1/7.9	1/17
小石沟 3# 坝	0.006	10.8	0.59	2	0.06	1/2.0	1/17
小石沟 4# 坝	0.052	6.6	0.68	2	0.54	1/16.5	1/17
小石沟 5# 坝	0.048	8.9	0.67	2	0.50	1/15.0	1/17
小石沟 6# 坝	0.040	7.6	0.53	2	0.41	1/16.0	1/17
小石沟 7# 坝	0.042	8.2	0.54	2	0.45	1/16.8	1/17
鸭峁沟 1# 坝	0.015	7.8	0.51	2	0.09	1/3.5	1/17
鸭峁沟 2# 坝	0.080	18.9	2.20	1	0.58	1/4.5	1/14

坝名	控制面积（km²）	坝高（m）	可淤面积（hm²）	抵御洪水频率（%）	洪水总量（万 m³）	现状系数 B_L	规划系数 B_L
鸭峁沟 3#坝	0.033	24.5	2.31	2	0.20	1/1.8	1/17
鸭峁沟 4#坝	0.288	12.1	2.10	2	1.75	1/16.8	1/17
沙坝	0.027	7.8	0.18	2	0.16	1/18.5	1/17
走路渠坝	0.078	7.5	0.56	2	0.61	1/16.9	1/17
试验沟 1#坝	0.090	9.5	0.80	1	0.82	1/11	1/14
试验沟 2#坝	0.148	12.1	0.31	1	0.98	1/31	1/14
试验沟 3#坝	0.053	7.8	0.43	2	0.32	1/15.1	1/17
青阳峁坝	0.300	24.5	2.61	1	2.16	1/13.9	1/14

Ⅲ. 坝系防洪能力分析

具有足够的滞洪库容是坝系相对稳定必须的条件之一,在分析库容条件时应从以下方面考虑:滞洪库容一般是针对单坝而言的,由防洪标准确定,只有各单坝满足了相应的防洪标准,才能保证坝系的防洪安全,坝系的防洪标准是各单坝分工协作、联合运用的最终体现。这就要求在坝系布设中必须要有足够的防洪工程承担防洪任务,科技示范园沟道由于流域面积的限制,只能布设中型坝工程承担防洪任务,保证各小型坝能够长期拦泥生产。

科技示范园沟道坝系经过多年运行,现剩余防洪总库容 47.44 万 m³。根据系统工程原理,针对科技示范园沟道坝系布设现状情况,将其划分为两个控制性子坝系,即鸭峁沟坝系和小石沟坝系。由于两个支坝系中,只有 2 座坝是中型坝,其余均为小型淤地坝,所以分别用 1% 和 2% 的洪水频率对各坝的防洪能力进行校核,经计算共有 14 座坝满足防洪要求,试验沟 1#坝、试验沟 2#坝、沙坝 3 座坝不能满足防洪要求。计算结果详见表 2-3。

表 2-3　科技示范园防洪能力校核计算表

坝名	坝型	控制面积（km²）	坝高（m）	库容（万 m³） 总	库容（万 m³） 已淤	库容（万 m³） 剩余	抵御洪水频率（%）	洪水总量（万 m³）
小石沟 1#坝	小	0.008	6.6	2.10	0.60	1.50	2	0.090
小石沟 2#坝	小	0.034	13.9	3.20	0.90	2.30	2	0.350
小石沟 3#坝	小	0.006	10.8	0.75	0.10	0.65	2	0.060
小石沟 4#坝	小	0.052	6.6	1.50	0.80	0.70	2	0.540
小石沟 5#坝	小	0.048	8.9	1.60	0.03	1.57	2	0.500
小石沟 6#坝	小	0.040	7.6	0.90	0.03	0.87	2	0.410
小石沟 7#坝	小	0.042	8.2	0.60	0.06	0.54	2	0.450
鸭峁沟 1#坝	小	0.015	7.8	2.00	1.00	1.00	2	0.090
鸭峁沟 2#坝	中	0.080	18.9	17.70	6.90	10.80	1	0.580
鸭峁沟 3#坝	小	0.033	24.5	15.20	2.00	13.20		0.200

坝名	坝型	控制面积（km²）	坝高（m）	库容（万 m³） 总	库容（万 m³） 已淤	库容（万 m³） 剩余	抵御洪水频率（%）	洪水总量（万 m³）
鸭峁沟 4# 坝	小	0.288	12.1	5.30	1.60	3.70	2	1.750
沙坝	小	0.029	7.8	0.90	0.90		2	0.160
走路渠坝	小	0.078	7.5	1.20	0.40	0.80	2	0.610
试验沟 1# 坝	小	0.090	9.5	7.20	7.20		1	0.820
试验沟 2# 坝	小	0.148	12.1	1.80	1.60	0.20	1	0.980
试验沟 3# 坝	小	0.053	7.8	6.10	1.10	5.00	2	0.320
青阳峁坝	中	0.300	24.5	15.21	10.60	4.61	1	2.160
				83.26	35.82	47.44		10.07

　　依据坝系相对稳定设计结果，可知试验沟 1# 坝、试验沟 2# 坝和沙坝不能满足防洪要求，其余 14 座坝均可达到坝系相对稳定和防洪安全。根据实地勘查，试验沟 1# 坝、试验沟 2# 坝可按中型坝考虑，总体布设两大件，即坝体和放水建筑物。沙坝与白草洼为 2 座小型淤地坝，其中沙坝为新建。科技示范园沟道坝系工程建设规模和措施详见表 2-4。

表 2-4　科技示范园沟道坝系建设规模和措施

坝名	淤地坝现状 控制面积（km²）	淤地坝现状 坝高（m）	淤地坝现状 总库容（万 m³）	淤地坝现状 已淤库容（万 m³）	淤地坝现状 可淤面积（hm²）	淤地坝现状 现状稳定系数 B_L	淤地面积（hm²） 总面积	淤地面积（hm²） 新增	坝高（m） 总坝高	坝高（m） 加高	库容（万 m³） 总库容	库容（万 m³） 新增
试验沟 1# 坝	0.090	9.5	7.2	7.2	0.80	1/12.4	0.93	0.2	14.5	5	9.88	2.68
试验沟 2# 坝	0.148	12.1	1.8	1.6	0.31	1/47.6	0.43	0.12	19.1	7.0	4.04	2.24
沙坝	0.027	7.8	0.9	0.9	0.18	1/14.9	0.23	0.05	11.3	3.5	3.57	0.27
白草洼坝	0.049						0.35	0.35	13.5	13.5	2.60	0.41
合计	0.314		9.9	9.7	1.29		1.94	0.72			20.09	3.6

注：1. 试验沟 1# 坝、试验沟 2# 坝为加高配套中型淤地坝；
　　2. 沙坝、白草洼坝为小型淤地坝，其中沙坝为新建。

（二）监测区建设规模和措施

　　根据科技示范园目前的水土保持措施布设以及试验、研究基础设施的建设情况，结合该区的地形、地貌、土壤、植被等条件，示范园监测区的建设包括水土流失监测和水土保持措施效益监测两大功能区。

1. 水土流失监测现状

　　水土流失监测长期以来一直选择桥沟非治理小流域，该流域是裴家峁沟流域下游右岸的一级支沟，流域面积 0.45 km²，主沟长 1.4 km，不对称系数 0.23，沟壑密度 5.4

km/km²，流域内有较大支沟两条，该流域为原型地貌流域，20多年来一直是研究黄丘一副区小流域径流泥沙来源、水土流失规律、建立产流产沙模型的原始观测小流域。科技示范园建设初期，流域内布设雨量站4个、不同地貌径流场8个、径流泥沙监测站3个。

2. 监测区基本情况

科技示范园建设初期，园内在沟口布设径流站1个，采取人工和自动化相结合的方法，进行综合治理效益试验与分析；场内设立雨量站2处、林地径流小区3个、农地径流小区1个、休闲地径流小区1个、荒地径流小区1个、草地径流小区1个、梯田经济林径流小区1个、梯田无措施径流小区1个、全坡长径流小区1个，沟口设巴歇尔量水槽。

桥沟流域是裴家峁沟流域下游右岸的一级支沟，是绥德站多年来研究黄丘一副区小流域径流泥沙来源、水土流失规律，建立具有物理成因的产流产沙模型的基本本站，该流域为自然沟道，流域内布设径流泥沙观测站3个，采取人工和自动化相结合的方法，进行其峁坡地、沟谷地径流泥沙来源，沟道输移比等项目的观测和研究。桥沟流域建立大型野外径流场，1986年开始观测，沟口测流断面控制面积0.45 km²，全流域布设径流观测站3个，有自记雨量站4个，按自然地貌布设大型径流场8个，设一、二号支沟流量站观测研究不同侵蚀形态水土流失规律，通过2个沟对比，结合大型径流场分析，研究其峁坡地、沟谷地径流泥沙来源，并结合沟口站分析沟道输移比，现有21年观测资料，是目前全国规模较大、观测项目较全的水土流失规律试验研究基地。科技示范园桥沟小流域水土流失监测站网现状见图2-4。

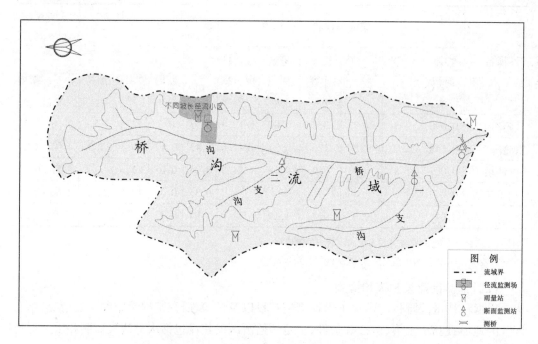

图2-4 科技示范园桥沟小流域水土流失监测站网现状图

3. 水土流失监测规模和措施

按照《水土流失规律试验研究规范》要求，结合典型性、代表性和原型性的选择原则，经过黄委专家组的分析论证,确定桥沟小流域为水土流失监测区。该小流域降水、地形地貌、土壤植被、产流产沙完全可代表黄丘一副区的特性,在该小流域开展水土流失监测,为建立黄丘一副区水土流失模型提供第一手技术资料。根据总体规划的目标要求,水土流失监测规模与措施如下:

(1)雨量监测。根据多年的试验观测和数据分析,为了加密试验监测数据,真实反映沟壑区降雨特征,利用已有的1、2、3、5号雨量点,进行雨量监测;此次规划将1号雨量点改为遥测雨量计监测,其他3个雨量点为自记雨量计监测。

(2)坡面径流观测。保留现有无措施全坡长等8个不同地貌径流监测场,对8个监测场和5个径流池进行维修改造,具体措施:径流场周边挡水墙和径流池边墙采用C15混凝土预制板。

(3)沟口水沙监测。现有3个把口水沙监测断面中一、二支沟监测站为三角槽断面,监测时操作难度大,此次在监测槽上部新建测桥2座。沟口监测站洪水指标人工监测数据误差大,而且为点数据,为了适时监测洪水过程指标和提高监测数据准确度,需配置流速、水位、温度综合测量仪(河猫)1台。

(4)沟道坝系监测。监测内容包括原始沟道断面、坝体工程特性、淤积过程及淤积量、减蚀范围和减蚀量监测。拟建设三维空间坐标点63处、GPS坐标点引测63处,引进动态RTK980GPS1台,主沟道沟口配置水沙自动遥测系统1套。

科技示范园桥沟小流域水土流失监测站网布设图见图2-5。

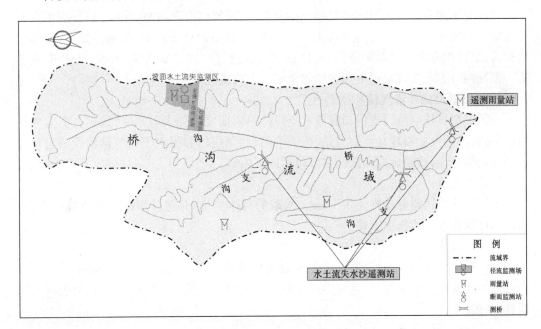

图2-5　科技示范园桥沟小流域水土流失监测站网布设图

4.水土保持措施效益监测规模和措施

根据监测小区现状布设,示范园区内水土保持坡面不同措施径流小区布设不完善,小区规格不统一,监测数据分析类比性差,科技示范园辛店沟小流域水土保持措施效益监测站网现状图见图2-6。结合示范园地形地貌和措施配置,拟在示范园的小石沟和育林沟建立2个监测场,小石沟增设有措施全坡长径流监测小区1处,同时增设梯田、经济林2个径流监测小区,共3个小区,在育林沟径流场对布设规范的乔木、灌木2个径流小区进行维修改建的基础上,新建完善乔木混交、草地、农地、荒地、休闲地、乔灌混交和草灌混交7个标准小区。科技示范园辛店沟小流域水土保持措施效益监测站网布设图见图2-7。

(三)成果展示系统建设规模和措施

根据规划指导思想,示范园内建设成果展示区,包括水土保持成果展示系统和多功能遥测演示系统,利用图片影像、文档资料、实物标本等各类信息,形象地展示示范园林草植被建设、农林果业丰产栽培技术、沟道坝系建设模型、水土流失规律、水土保持效益监测成果;通过自动化遥测系统实时监控示范园水文气象的动态变化过程;通过多媒体手段展现示范园各类水土保持生态模式和沟道淤地坝的建设过程和效果,向参观者全方位展示水土保持发展与壮大、功能与作用,使其成为水土保持教育基地。

1.水土保持科技成果展示系统建设规模

选择黄委绥德水土保持科学试验站办公楼四楼15号60.5 m² 的原展览室改造为成果展示系统。具体措施:室内面墙抹灰后用乳胶漆涂料进行粉刷,天棚采用铝合金龙骨铝塑面板吊顶,地面铺设地板砖,更换成品门和塑钢窗,增设照明设施和电缆线。

2.水土保持多功能遥测演示系统建设规模

多功能遥测演示系统设在机关办公楼四层1、2号两间房,共90.6 m²,建设成水文气象遥测多功能演示两个系统的多功能厅。具体措施:室内面墙粉刷、天棚吊顶、地面铺设地板砖,更换铝合金门窗及防盗门,并增设照明设施、信号线、电缆线、电话及 ADSL 宽带等。系统内分为水文气象遥测和多功能演示两个功能区。

(四)辅助设施建设规模和措施

为了提高科技示范园支持和服务水土保持科学研究的能力与水平,满足各类监测项目的实施,规划主要对现有监测道路、监测电网、监测房屋和提水工程等辅助设施进行必要的改造与建设,建设规模和措施主要包括以下内容。

1.道路改造

本规划改造道路总长度为3.3 km。采取的具体措施:拓宽并用碎石灰土铺路面,道路两侧修筑排水渠或排水涵管。

2.电网改造

对已有电网进行改造,以满足示范园内的生活、生产正常的用电。具体措施:更新2台变压器及配套设施设备,架空裸铝线5 850 m,支路漆包线1 800 m,标准钢筋混凝土电线杆66根。

3.监测实验室及办公房屋维修改造

规划拟改造窑洞20座。油漆门窗并更换双层玻璃窗、窑内涂料粉刷、地面为碎石混凝土地面等,庭院硬化、绿化、新修彩门及标志碑。建设野外监测房1间,采用砖混结构,建筑面积为6 m²。

图 2-6　科技示范园辛店沟小流域水土保持措施效益监测站网现状图

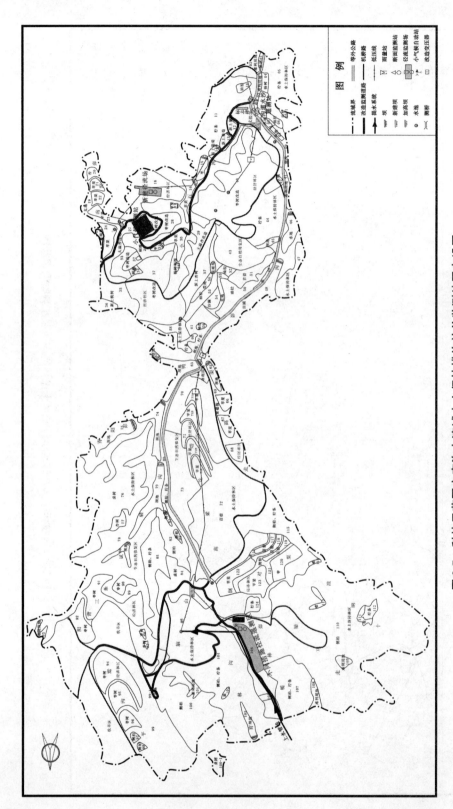

图 2-7　科技示范园辛店沟小流域水土保持措施效益监测站网布设图

4.提水工程

2000年神延铁路的建设,破坏了示范园的地下水源,原有水井全部干涸,生活、生产用水十分困难。为了彻底解决区域生产生活用水问题,促进水土保持科技示范园建设,提高示范园的建设标准,使提水工程与集雨工程联合运用,相互补充,充分满足生态、生产、生活的需水量,通过建设提水工程将无定河的水提升至示范园场部的山顶上,在山顶建设1个蓄水池。

1)蓄水池容积

(1)选择原则。

为了解决示范园生产生活用水,利用已有集雨工程和提水工程联合运营,相互补充,通过实地测量,选择脑畔山修建蓄水池。

(2)位置和规模。

根据实地调查,示范园内现有坝地80亩,每次灌水定额按25 m^3/亩计算,全园灌溉一次需水2 000 m^3,按6天灌溉完成,确定蓄水池容积为530 m^3。

2)抽水机房与管线的选择

(1)选择原则。

根据示范园用水要求和提水工程建设的技术要求,遵循以下原则:①抽水机房设在河道左岸的基岩上;②要使吸水管道最短,斜距不小于10 m;③管道线路最短、起伏小、土石方开挖工程量小;④尽可能沿公路布设,避免穿越公路、铁路、建筑物、滑坡体等。

(2)位置和规模。

根据以上选择原则和实地测量计算、分析对比,确定抽水机房修建在龙湾旧砖场公路下面,面积为21 m^2。管线从210国道k414+874 m处的涵洞穿过,经刘家湾村大崖窑沟沿沟进入沟掌,顺坡上到山崾口,沿道路进入脑畔山蓄水池。铺设管线总长为1 431.63 m。辛店沟科技示范园提水工程总体布设图略。

第三节 科技示范园初步设计

一、科技示范园设计要求

(一)设计原则

(1)梯田改造、经济林、人工草地等措施的建设标准是按照国家、水利行业或本地区的规范标准来设计的。

(2)示范园坡面治理集中连片,形成一定规模的苹果园、葡萄园、大扁杏等特色产业,对周边地区能起到示范、引导和辐射作用。

(3)水保林及人工种草要根据树种、草种对坡度的要求,按照适地适树的原则进行规划设计。

(4)科技示范园区不仅是展示当地水土流失防治水平、提升水土保持科技含量的有效平台,而且能够成为开展水土保持人才培训和技术推广、面向社会公众尤其是广大青少年进行科普教育的示范基地,同时能够积极发挥带动辐射作用,产生良好的生态效益和社会效益,有力地推动本地区的水土保持与生态建设的发展。

(5)批复的可行性研究报告的投资估算是初步设计投资概算的最高限额。

(二)设计规模

2005年3月,黄委绥德水土保持科学试验站组织人员完成了《黄河水土保持生态工程辛店沟科技示范园建设可行性研究报告》,同年8月,黄委组织有关专家对该报告进行审查。黄委绥德水土保持科学试验站设计人员根据审查意见进行报告的修改、上报。9月,黄委以黄规计发〔2005〕69号《关于黄河水土保持生态工程辛店沟科技示范园建设可行性研究报告的批复》,确定了科技示范园的设计规模即批复的可行性研究报告中的规模。

(三)设计措施

科技示范园设计措施即批复的《黄河水土保持生态工程辛店沟科技示范园建设可行性研究报告》中确定的措施。

(四)设计深度

总体达到初步设计阶段,典型设计和部分项目的专项设计达到扩大初步设计阶段。工程项目布局合理,技术经济指标符合国家技术规范要求。

二、科技示范园区设计

科技示范园区设计紧紧围绕水土保持的科技试验和科教示范,充分运用景观生态学、园林生态学原理和系统工程方法,探索具有本区域特色的水土保持技术体系与优化治理模式。同时进一步巩固绥德站水土保持科学研究所试验场多年积累的工程、植物、耕作措施的综合治理成果,集中体现水土保持科研试验、示范、推广、培训与苗木开发为一体的景观小区的良好生态环境,创造出集科教示范、景观示范、观光旅游、科技培训为一体的新型现代水土保持生态科教示范园区。示范园区设计包括坡面综合治理措施设计和沟道坝系设计两部分内容。

(一)坡面综合治理措施设计

1.梯田设计

1)设计思路

根据梯田的不同用途和不同地貌条件,应选择不同的梯田类型,针对科技示范园区的实际情况,旧梯田较多且规格较小,经过多年的暴雨袭击后造成梯田田坎、田面严重冲毁,大部分梯田防护能力和生产功能下降,设计以梯田维修改造为主,提高建设标准。

2)梯田设计标准

根据《水土保持综合治理技术规范》(GB/T 16453.4—1996),梯田设计采用10年一遇6 h最大降雨;梯田沿等高线布置,梯田田面宽5~15 m。

3)措施数量

维修改造梯田总面积4.43 hm²。

4)梯田维修改造标准设计

Ⅰ.梯田维修改造长度计算

因设计全部为维修改造,故需首先计算单位面积梯田长度。经实地勘测,现有待改造梯田 18 号地块坡度 25°左右,共有梯田 32 条;35 号梯田坡度 20°左右,共有梯田 18 条;57 号梯田坡度 20°左右,共有梯田 15 条。田面平均净宽 B 为 6.5 m 左右,田坎高度 H 为 3 m 左右,田坎坡度 60°。

$$V = BHL/8$$

式中 V——单位面积梯田土方量,m^3;

L——单位面积梯田长度,m;

H——田坎高度,m;

B——田面净宽,m。

若梯田面积按公顷计算时,$V = 1\ 250H = 1\ 250 \times 3 = 3\ 750(m^3)$。

故单位面积梯田长度 $L = 8V/(BH) = 8 \times 3\ 750/(6.5 \times 3) = 1\ 538(m)$,待维修梯田总长度为 $4.43 \times 1\ 538 = 6\ 813(m)$。

Ⅱ. 梯田维修工程量计算

按国标《水土保持综合治理技术规范》(GB/T 16453.1—1996)要求进行设计,地埂高 0.2 m,顶宽 0.2 m,底宽 0.25 m。梯田维修改造设计见图 2-8。

梯田田埂构筑工程量为 $V = [(0.2 + 0.25) \times 0.2/2] \times 6\ 813 = 306.6(m^3)$,采用就地取土,运距不计入。另外,经实地调查,田面、田坎塌陷破损为 5% 左右,总长度 340 m,故修复工程土方量为 $3\ 750 \times 5\% = 187.5(m^3)$,平均运距约 100 m。梯田改造填方总工程量为 $306.6 + 187.5 = 494.1(m^3)$。

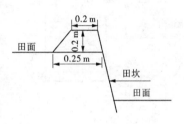

图 2-8 梯田维修改造设计图

5)梯田维修改造采用的技术措施

维修设计采用 10 年一遇 3~6 h 最大降雨标准设计,要求田埂尽量用生土构筑,并用人工夯实后内外坡和田埂顶部保持平整结实,田坎补修部分也采用人力和机械结合夯实,田面塌陷破损区填筑时 50 cm 以下部位将用机械夯实。

2. 新建经济林

1)经济林的适应条件

新建经济林治理区首先是考虑地理和气候因素。其坡度和坡向在满足灌溉用水的前提下,经济林果园以向阳坡种植为主。其次是考虑灾害性气候对经济林的影响,主要有低温和早霜,低温主要是冬季冻裂主干,早霜会严重影响到果树花期的正常发育,使坐果率大大降低,故林果区应选择在地势低缓、远离山风口的开阔地带。最后是灌排水条件,因大多数果实成熟期正是陕北地区全年降雨最集中的秋雨季节,长时间的地面积水会影响到果树根系的呼吸,严重时导致整株死亡,故新建经济林应选择在光照充足、排水良好的台田内。除此之外,交通、道路、水电供应也是考虑的重点。

2)新建经济林数量和树种

示范园适生品种老化,部分田面未得到充分利用,故确定区内新建经济林 6.59 hm^2,其中:梨树 2.07 hm^2,杏树 4.13 hm^2,葡萄 0.38 hm^2。

3) 新建经济林标准设计

Ⅰ. 优质葡萄园标准设计

品种选择红地球、秋黑,面积 0.38 hm²。

栽植方式:经济林果树的栽植方式除株行距外大同小异,葡萄苗木选择一年生的扦插营养袋苗木,布设前选南北向略偏西,每 1.5 m 挖一定植坑,行距 3 m,坑深 0.8 m,正方形坑边长 0.6 m。将生熟土分开堆放,然后于定植坑内穴施有机肥 30 kg,将熟土回填坑内后和有机肥混合均匀,上覆 10 cm 生土作馒头状待来年定植,定植时再穴施葡萄专用肥 5 kg,浇水下沉,后定植。除营养袋苗木外,均应适时上提顺根,本地区冬季严寒,大多果树因根系较浅易发生生理干旱后主干冻裂,故经济林均采用深坑栽植逐年回填防寒法栽植。葡萄植株定植标准图见图 2-9,葡萄植株定植图式见图 2-10。

图 2-9　葡萄植株定植标准图　　　　　图 2-10　葡萄植株定植图式

Ⅱ. 梨、杏经济林建设典型设计

梨树品种选择两年生红香酥,面积 2.07 hm²,整地方式为梯田维修改造,株、行距分别为 3 m 和 4 m。

杏树品种选择两年生仁肉杏,面积 4.16 hm²,整地方式按照梯田维修改造,栽植的株、行距分别为 3 m 和 4 m。栽植方式和技术要点参照葡萄园设计。经济林果树设计标准图见图 2-11,经济林定植图式见图 2-12。

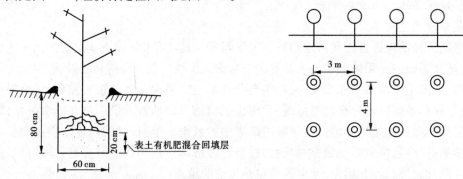

图 2-11　经济林果树设计标准图　　　　图 2-12　经济林定植图式

3. 改造经济林

1) 改造经济林数量

现有经济林区存在严重缺苗和老化现象,主要改造措施是:按照原树种进行缺苗补植,总面积 26.73 hm²,补植率 20%。

2)主要树种

主要树种是枣树 11.0 hm²、杏树 4.28 hm²、苹果树 11.45 hm² 等。

Ⅰ.枣树区

枣树区面积 11.00 hm²。品种为中华大梨枣(大雪枣),补植率 20%。

示范园枣树区分为以下 4 个小区。

(1)试验场脑畔山枣树区,为原红枣引种地区,区内设有大型蓄水池,坡面多向阳,道路畅通,水电方便,部分基础设施改造后将扩大为优质红枣示范园。

(2)小石沟坟湾枣树区,该区除主栽品种树外,现存有部分杏、苹果和其他灌木树种,但苹果树品质降低,基本无保留价值,区内道路畅通,坡面向南偏西,将该区重新整合后扩大为枣树种植区,使其集中连片,方便管理。

(3)平沟堰枣树区,该区原为高产农田,台面宽广,适合机械化作业,重新整修排水沟后是种植优质红枣的理想区域,现有集雨池靠自流方式即可满足灌水要求。

(4)阳背三条枣树区,此区和平沟堰枣树区隔路相对,排灌水方便,面向正南,是喜光树种的适生区。

Ⅱ.杏树区

杏树区面积 4.28 hm²。品种为大接杏(大扁杏),补植率 20%。

杏树是陕北地区普遍种植的经济林树种,它适应性广,抗旱,耐瘠薄,产量高。近年来,因仁肉杏推广难以形成有效规模和后期加工链基本呈断裂状态,而优质肉食杏却呈现出旺盛的市场需求,因此示范园设计将引入部分适合本地区生长的肉食性优质杏树。另外,试验场原大扁杏示范园,因成活率较低和管理措施不完善,造成品种混杂、产出较低,故设计将其进行重新整合改造、补植。

Ⅲ.苹果区

苹果区面积 11.45 hm²。品种皇家嘎拉(珠海短富),补植率 20%。

苹果区分为以下 4 个小区。

(1)南窑沟苹果区,本区为宽台地,坡向正南,四周开阔,排水便利,距大型集雨场仅 50 多 m。

(2)走路渠苹果区,本区位于鸭峁沟主干道上沿部分台田内,两侧峁边线下为草灌混交,园地排水便利,园内地形规则,田面宽阔,具有较好的机械化操作条件。

(3)高粱疙瘩苹果区,本区位于走路渠上部居民地正前方,坡向正南,现状为宽条梯田,距抽水站(在建)较近,田面四周宽阔,排水方便。

(4)倒对渠苹果区,位于高粱疙瘩和常青区之间,经过多年人工改造后,土壤肥沃,有机质含量高,区块方向为正南偏西,排水方便,光照充足。

经济林补植株、行距分别为 3 m 和 4 m。栽植方式和技术要点参照葡萄园设计。

4.改造水保林

1)改造水保林的树种及数量

水土保持林区主要布设在梁、峁、坡、沟头、沟坡以及沟底等地段,示范园内现有水保林集中成片,但标准低、质量差,水保林面积不再增加,主要是提高标准和质量进行补植,补植面积 58.57 hm²,补植率 11%,树种选择侧柏、油松等。采用大鱼鳞坑整地方式,坑两侧挖宽深各约 0.3 m 的倒"八"字形截水沟。

2)改造水保林标准设计

水土保持林主要布设在梁、峁、坡、沟头、沟坡以及沟底等地段,示范园内现在水保林集中成片,但标准低、质量差,水保林面积不再增加,主要是提高标准和质量进行补植,补植面积 58.57 hm²,补植率为 11%,并按照原树种同类型补植。品种选择为侧柏、油松等。改造水保林标准图式见图 2-13。

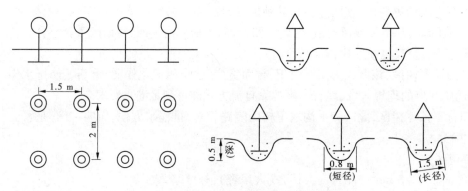

图 2-13　改造水保林标准图式

(1)整地方式。首先按照原栽植坑清理杂草树根后挖鱼鳞坑,每坑平面呈半圆形,长径 0.8~1.5 m,短径 0.5~0.8 m,坑深 0.3~0.5 m。坑内取土在下沿作弧状土埂,高 0.2~0.3 m,中部高于两侧,各坑在坡面基本上沿等高线布设,上下两行坑口呈"品"字形错开排列。

(2)栽植方式。树苗栽植在坑内距下沿 0.2~0.3 m 位置,坑的两端开挖宽深各 0.2~0.3 m 的倒"八"字形截水沟。栽植方法和技术要点参照经济林典型设计部分。按照原株、行距分别为 1.5 m 和 2.0 m,共需要补植苗木 21 475 株。

5. 人工种草

1)人工种草的数量

为进一步发挥牧草业的规模效益,将现有的 10.67 hm² 农坡地改造为人工草地,品种为苜蓿。

2)人工种草设计

整地方法,种植人工草地的坡度 15°左右,经深翻后沿坡面等高线每 40 m 挖一条水平沟,总长度约 4 800 m。然后沿等高线开穴,行距和穴距大致相等,上下行呈"品"字形排列。

播种方法,采用穴播,穴深 0.15~0.20 m,穴径 0.20~0.30 m,每公顷 20 000 穴,每公顷播种量 22.5 kg。清除草根,春秋季节均可,播后覆土 5 cm 后压实,视墒情确定是否浇水。

6. 生态修复区

为了提高示范园整体治理水平和蓄水保土能力,选择面积大、坡度陡、人工难治理且地面有残林、疏林和易遭受自然灾害、人为破坏和采伐迹地,总面积为 16.38 hm²。采取全年封育,专人管护,做好病虫害防治等管理工作。目标是建设期末郁闭度达到 0.7 以上。

7. 坡面综合治理措施的工程量汇总

坡面综合治理涉及梯田改造维修、经济林建设改造、水保林改造、人工种草和封禁治理等措施,是整个科技示范园建设的重点内容之一,建设标准和质量控制及植物品种选择都有较高要求。科技示范园坡面综合治理措施工程量及苗木和草种用量详见表 2-5。

表 2-5　科技示范园坡面综合治理措施工程量及苗木和草种用量表

编号	项目名称	规格型号	单位	数量
一	改造梯田			
	人工回填土方		m³	493.5
二	造林			
1	经济林			
(1)	葡萄园种苗	两年生红地球(秋黑)	株	844
(2)	梨树园种苗	两年生红香酥	株	1 725
(3)	杏树园种苗	两年生仁肉杏	株	3 470
(4)	枣树种苗	两年生大梨枣(大雪枣)	株	1 833
(5)	杏树种苗	大接杏(大扁杏)嫁接苗	株	713
(6)	苹果树种苗	皇家嘎拉(珠海短富)	株	1 908
2	改造水保林			
	种苗	侧柏(油松)	株	21 475
三	人工种草			
	草种	苜蓿	kg	240

(二)沟道坝系设计

由坝系相对稳定设计结果可知试验沟 1#坝、试验沟 2#坝和沙坝不能满足防洪要求,其余 14 座坝均可达到坝系相对稳定和防洪安全。根据批复的科研报告,新增白草洼小坝,加高加固试验沟 1#坝、试验沟 2#坝中型淤地坝和沙坝小型淤地坝工程。

1. 单坝设计

经实地勘查,试验沟 1#坝、试验沟 2#坝按中型坝设计,总体布设为两大件,即坝体和放水建筑物。

1)中型淤地坝设计

以试验沟 1#中型淤地坝为例,进行中型淤地坝单坝设计。

Ⅰ. 基本情况

试验沟 1#中型淤地坝,位于科技示范园,属无定河二级支沟,坝控流域面积 0.09 km²,原坝高 9.5 m,总库容 7.2 万 m³,淤地面积 0.82 hm²,利用 0.82 hm²,沟道比降

1.3%,原沟道呈 V 字形。沟道右岸为通往科技示范园后山的道路,两岸筑坝土料丰富,可从坝址两侧取土。

Ⅱ. 设计标准

设计标准按部颁《水土保持综合治理技术规范》(GB/T 16453.3—1996)标准设计为中型淤地坝,采用 20 年一遇设计标准,50 年一遇校核标准,设计淤积年限为 10 年。

Ⅲ. 水文计算

根据 1987 年编制的《榆林地区实用水文手册》(以下简称《手册》)为依据进行设计。

洪水总量计算采用《水土保持治沟骨干工程技术规范》及《榆林地区实用水文手册》推荐的公式,进行 24 h 暴雨和洪水总量计算。

a. 24 h 暴雨计算

$$H_{24P} = K_P \cdot \overline{H}_{24P}$$

式中　H_{24P}——频率为 P 的流域中心点 24 h 暴雨量,mm;

K_P——频率为 P 的皮尔逊Ⅲ型曲线模比系数;

$\overline{H}_{24P}$——多年最大 24 h 暴雨均值,mm。

由工程所在小流域,查《手册》得多年最大 24 h 暴雨均值为 56 mm,变差系数 C_v 为 0.65,偏差系数 C_s 与变差系数 C_v 的比值 C_s/C_v 为 3.5,从皮尔逊Ⅲ型曲线上查得相应频率的模比系数 K_P 值分别为 $K_{20} = 2.3$,$K_{50} = 2.94$,计算得不同频率的 24 h 暴雨量,见表 2-6。

表 2-6　不同频率 24 h 暴雨量和洪水总量表

洪水频率 P(%)	5	2
24 h 暴雨量(mm)	128.8	164.64
设计洪水总量(万 m³)	1.159	1.482

b. 设计洪水总量计算

$$W_P = 0.1\alpha H_{24P} \cdot F$$

式中　W_P——频率为 P 的设计洪水总量,万 m³;

0.1——单位换算系数;

α——24 h 暴雨径流系数,采用当地经验值;

H_{24P}——频率为 P 的流域中心点 24 h 暴雨量,mm。

计算得不同频率的设计洪水总量见表 2-6。

c. 年输沙量计算

输沙量根据下式计算:

$$W_s = S \cdot F/\gamma$$

式中　W_s——多年平均输沙量,万 m³/a;

S——多年平均侵蚀模数,取 1.8 万 t/(km² · a);

F——坝控制流域面积,km²;

γ——泥沙容重,取 1.35 t/m³。

经计算,坝控流域年输沙量为 0.12 万 m³。

Ⅳ. 工程设计

a. 工程总体布设

本工程为黄土均质坝,工程由两大件组成,即坝体和放水建筑物。放水建筑物为卧管,布设在左岸,用浆砌石砌筑,砌筑材料选用大于 300# 石料和 M7.5 水泥砂浆砌筑,M10 水泥砂浆勾缝。坝体用推土机推土,分层填筑碾压。

b. 库容计算

总库容由拦泥库容和滞洪库容组成。

(1)拦泥库容 V_L,采用下式计算:

$$V_L = N \cdot W_s$$

式中　V_L——拦泥库容,万 m³;

　　　N——设计淤积年限,a;

　　　W_s——多年平均输沙量,万 m³。

经计算,$V_L = N \cdot W_s = 10 \times 0.12 = 1.2$(万 m³)。

(2)滞洪库容(V_{Zh}),滞洪库容按照校核洪水量查坝高—库容曲线得出相应的滞洪坝高,即

$$V_{Zh} = V_{50} = 1.48(万 m³)$$

(3)总库容 $V_总$

$$V_总 = V_L + V_{Zh} = 1.2 + 1.48 = 2.68(万 m³)$$

Ⅴ. 土坝设计

a. 土坝的施工方法、筑坝土料、干容重指标

试验沟 1# 中型淤地坝工程为加高加固工程,筑坝前将原坝顶及内坡及筑坝范围内的杂草及腐殖土清理干净。因上游无常流水,采用碾压方式筑坝。填筑坝体前进行放水涵洞的砌筑,便于坝体填筑时土石方工程互不影响,同时施工。该坝坝址条件好,筑坝土料丰富,土质良好。筑坝采用推土机推土上坝,分层填筑碾压,每层铺土厚不超过 30 cm,土壤含水量要求控制在 12% ~15%,干容重不得小于 1.55 t/m³。每层碾压前,应将前次压实的土面适当刨毛,必要时洒适量的水,以利于上下两层结合。如果推土机碾不到的地方,用人工夯实。同时,做好与岸坡及土石的结合,土石结合采用局部水坠。

b. 坝高的确定

坝高 H 由设计拦泥坝高 H_L、设计滞洪坝高 H_{Zh} 和安全超高 ΔH 三部分组成,即:

$$H = H_原 + H_L + H_{Zh} + \Delta H$$

查坝高—库容、淤地面积曲线得:

$$H_原 = 9.5 \ m$$

$$H_L = 1.7 \ m, H_{Zh} = 1.8 \ m, \Delta H = 1.5 \ m$$

$$H = H_原 + H_L + H_{Zh} + \Delta H = 9.5 + 1.7 + 1.8 + 1.5 = 14.5(m)$$

即总坝高为 14.5 m,加高 5 m。按部颁规范、国标及地方标准要求,拟定坝顶宽为 4 m,坝顶长 58 m,坝上游坡比为 1∶2,坝下游坡比为 1∶1.5,并在坝轴线上设一道深 1 m、底宽 1 m、开口宽 2 m 的结合槽。

Ⅵ. 放水工程设计

放水工程由卧管、涵洞和消力池组成。卧管采用方形台阶立孔放水,台阶高为 0.4 m,共 14 个台阶,坡比 1:2,长 12.5 m,设计为石拱砌石涵洞,进口比泥面低 1.2 m,掩埋部分先在原坝体上开挖基础(由于原有放水涵洞已经毁坏不能使用,施工必须要清理至沟底,否则将成为工程一大隐患。如果将所开挖部分重新回填,再重新砌筑涵洞,可能因为地基不均匀沉陷而导致涵洞变形损坏而无法正常使用,从保证工程安全角度考虑,故选择在原涵洞基础高度上重新砌筑),然后再进行砌筑,涵洞全长 115 m。卧管与输水涵洞之间用消力池衔接。

a. 放水工程设计流量计算

为了保证坝地的利用率,根据《水土保持治沟骨干工程技术规范》,放水流量采用 1 天泄完 20 年一遇一次洪水总量,则:

$$Q_{放} = W_{20}/(1 \times 24 \times 3\,600) = 1.159/(1 \times 24 \times 3\,600) = 0.134\,(\mathrm{m^3/s})$$

卧管加大流量按设计流量增大 20% 确定。

$$Q_{加} = Q_{放}(1 + 20\%) = 0.134 \times 1.2 = 0.16\,(\mathrm{m^3/s})$$

b. 卧管放水孔尺寸的确定

卧管采用立孔进水方式,台高 0.4 m,同时开启上下两台两孔放水。

计算公式为:

$$Q = \mu\omega(2gH)^{1/2}$$

式中　Q——进水流量,$\mathrm{m^3/s}$;

H——孔上水深,m;

μ——流量系数,取 0.62;

ω——孔口进流面积,$\mathrm{m^2}$;

g——重力加速度,取 9.81 $\mathrm{m/s^2}$。

因同时开启两孔放水,则第一孔 $H_1 = 0.275$ m,流量为 Q_1;第二孔 $H_2 = 0.825$ m,流量为 Q_2。由上式计算:

$$Q_1 = 0.62 \times \frac{\pi d^2}{4}(2 \times 9.81 \times 0.275)^{1/2} = 1.56d^2$$

$$Q_2 = 0.62 \times \frac{\pi d^2}{4}(2 \times 9.81 \times 0.825)^{1/2} = 1.67d^2$$

$$Q = Q_1 + Q_2 = 3.23d^2$$

已知 $Q = 0.16\,\mathrm{m^3/s}$,则 $d = (0.16/3.23)^{1/2} = 0.22$ m。

又因该工程放水孔为半圆形,经与计算出的直径 0.22 m 所算面积换算,得 $d_{半圆} = 0.31$ m,为检修及施工方便,取 $d = 0.40$ m。

c. 卧管断面及结构设计

根据地形条件,卧管底部坡比采用 1:2.0,底部和泥面齐平,顶部与坝顶齐平,卧管高 5.6 m,共 14 台。卧管采用 M10 水泥砂浆砌石,结构尺寸根据 $Q_{加} = 0.16\,\mathrm{m^3/s}$ 进行水利计算,卧管断面采用方形,比降 1:2,宽 40 cm,高 40 cm,则卧管断面尺寸采用 0.40 m × 0.40 m,斜长 12.5 m,顶部留通气孔。

卧管结构尺寸为:侧墙顶宽 0.20 m,侧墙底宽 0.40 m,基础厚度 0.30 m,基础外伸 0.10 m,拱圈厚度 0.20 m,为增加卧管稳定性,在其底部每隔 6 m 做一道厚 0.5 m、宽 0.5 m 的齿墙。

d. 消力池设计

卧管与涵洞之间用消力池连接。

查《陕西省水土保持治沟骨干工程技术手册》,得:消力池宽 0.75 m,长 3.6 m,池深 1.0 m。

消力池为浆砌石矩形结构,采用 M10 水泥砂浆砌块石,结构尺寸参考《陕西省水土保持治沟骨干工程技术手册》表 4-34,侧墙顶宽 0.45 m,侧墙底宽 1.0 m,基础厚度 0.50 m,基础外伸 0.20 m,拱圈厚 30 cm。

e. 输水涵洞设计

涵洞采用拱形浆砌石设计,进口在淤泥面以下 1.2 m 处,基础为淤积土,比降 1∶200,涵洞长 25 m,坝体掩埋部分比降采用 1∶5,涵洞长 75 m。涵洞设计为无压流,为保证砌石涵洞内不因水流波动而破坏明流状态,涵洞内的水深应不大于涵洞总高度的 75%。为便于施工及检修,涵洞净高选用 0.6 m,因此涵洞断面选用 0.6 m×0.6 m。

涵洞为浆砌石拱形结构,结构尺寸:拱圈厚 0.30 m,起拱半径 0.3 m,侧墙高 0.60 m,拱座顶宽 0.30 m,拱座底宽 0.50 m,基础砌石厚 0.40 m,基础外延 0.10 m,涵洞全部采用 M10 水泥砂浆砌块石,涵洞底部每隔 8 m 设一道截水环,以防止渗流,截水环底厚 0.50 m,顶厚 0.3 m,伸出外壁 0.50 m,试验沟 1# 坝设计图略。

试验场 2# 坝的设计与试验场 1# 坝的设计相似,所以这里不再叙述。

2)小型淤地坝设计

以白草洼小坝为例进行小型淤地坝单坝设计。

Ⅰ.基本情况

白草洼小型淤地坝控制流域面积 0.15 km²,沟道比降 1.2%,沟道呈 V 字形。坝址下游为鸭崆沟 1# 坝。筑坝土料丰富,可从坝址两侧取土。

Ⅱ.设计标准

设计标准按部颁《水土保持综合治理技术规范》(GB/T 16453.3—1996)标准采用 20 年一遇设计标准,30 年一遇校核标准,设计淤积年限为 5 年。

Ⅲ.水文计算

根据 1987 年编写的《榆林地区实用水文手册》为依据进行设计。

洪水总量计算采用《水土保持治沟骨干工程技术规范》及《榆林地区实用水文手册》推荐的公式计算,进行 24 h 暴雨和洪水总量计算。

a. 24 h 暴雨计算

$$H_{24P} = K_P \cdot \overline{H}_{24P}$$

式中　H_{24P}——频率为 P 的流域中心点 24 h 暴雨量,mm;

　　　K_P——频率为 P 的皮尔逊Ⅲ型曲线模比系数;

　　　$\overline{H}_{24P}$——多年最大 24 h 暴雨均值,mm。

由工程所在小流域,查《手册》得多年最大 24 h 暴雨均值为 56 mm,变差系数 C_v 为

0.65，偏差系数 C_s 与变差系数 C_v 的比值 C_s/C_v 为 3.5，从皮尔逊Ⅲ型曲线上查得相应频率的模比系数 K_P 值分别为 $K_{20} = 2.3$，$K_{30} = 2.52$，计算得不同频率的 24 h 暴雨量见表 2-7。

b. 设计洪水总量计算

$$W_P = 0.1\alpha H_{24P} \cdot F$$

式中　W_P——频率为 P 的设计洪水总量，万 m^3；

　　　0.1——单位换算系数；

　　　α——24 h 暴雨径流系数，采用当地经验值，$\alpha_{20} = 0.26$，$\alpha_{30} = 0.28$；

　　　H_{24P}——频率为 P 的流域中心点 24 h 暴雨量，mm。

计算得不同频率的设计洪水总量见表 2-7。

表 2-7　不同频率 24 h 暴雨量、洪峰流量和洪水总量表

洪水频率 $P(\%)$	5	3.3
24 h 暴雨量(mm)	128.8	141.12
设计洪水总量(万 m^3)	0.218	0.235

c. 年输沙量计算

输沙量根据下式计算：

$$W_s = S \cdot F/\gamma$$

式中　W_s——多年平均输沙量，万 m^3/a；

　　　S——多年平均侵蚀模数，取 1.8 万 $t/(km^2 \cdot a)$；

　　　F——坝控制流域面积，km^2；

　　　γ——泥沙容重，取 1.35 t/m^3。

经计算，坝控流域年输沙量为 0.20 万 m^3。

Ⅳ. 工程设计

a. 工程总体布设

本工程为黄土均质坝，工程按一大件设计（坝体）。坝体用推土机推土，分层填筑碾压。

b. 库容计算

总库容由拦泥库容和滞洪库容组成。

（1）拦泥库容 V_L，采用下式计算

$$V_L = N \cdot W_s$$

式中　V_L——拦泥库容，万 m^3；

　　　N——设计淤积年限，a；

　　　W_s——多年平均输沙量，万 m^3。

$V_L = N \cdot W_s = 5 \times 0.20 = 1.0$（万 m^3）。

（2）滞洪库容（V_{Zh}），滞洪库容按照校核洪水量查坝高—库容曲线得出相应的滞洪坝

高,即

$$V_{Zh} = V_{30} = 0.235 \text{ 万 m}^3$$

(3)总库容 $V_总$

$$V_总 = V_L + V_滞 = 1.0 + 0.235 = 1.235(\text{万 m}^3)$$

Ⅴ.土坝设计

a. 土坝的施工方法、筑坝土料、干容重指标

白草洼小型工程坝体已全部被毁,但库内淤泥基本保存,因此坝体需新建是一项复建工程。筑坝前必须将原坝体水毁剩余部分清理干净,防止结合不紧出现裂缝,与淤泥接触面的杂草、杂物清理干净,必要时可取土填筑坝体,坝基清理深不小于 0.3 m,清除坝基范围内的乱石、杂草、植物秸秆等。因上游无常流水,故需用碾压方式筑坝。该坝坝址条件好,筑坝土料丰富,土质良好。本着"低土低用、高土高用、先低后高、先易后难"的取土原则,充分利用土资源。筑坝采用推土机推土上坝,分层填筑碾压,每层铺土厚不超过 30 cm,土壤含水量要求控制在 12% ~ 15%,干容重不得小于 1.55 t/m³。每层碾压前,应将前次压实的土面适当刨毛,必要时洒适量的水,以利于上下两层结合。如果推土机碾不到的地方,必须要用人工夯实,绝不允许有空白出现。

b. 坝高的确定

根据国标,坝高 H 由设计拦泥坝高 H_L、设计滞洪坝高 H_{Zh} 和安全超高 ΔH 三部分组成,即

$$H = H_L + H_{Zh} + \Delta H$$

但由于该坝为复建工程,现存淤泥距下游鸭峁沟 1# 坝淤泥面 9 m 高,为了确保现有淤泥不被冲走,坝高首先要考虑与现状淤泥面平齐,在此基础上再按库容条件进行设计,因此所需库容是在 10.5 m 坝高以上的库容。

查坝高—库容淤地面积曲线得:

现有淤泥 2.19 万 m³,按照国标,小型淤地坝按 5 年淤积,防洪按 20 年设计,30 年校核,经计算,$V_总 = 1.235$ 万 m³

$$H_原 + H_L + H_{Zh} = 10.5 + 1.5 = 12(\text{m})$$

$$\Delta H = 1.5 \text{ m}$$

$$H = H_原 + H_L + H_{Zh} + \Delta H = 12 + 1.5 = 13.5(\text{m})$$

总坝高为 13.5 m。按部颁规范和国标,结合地形条件和交通要求,拟定坝顶宽为 4 m,坝顶长 35.5 m,坝上游坡比为 1:2,坝下游坡比为 1:1.5,并在坝轴线上设一道深 1 m、底宽 1 m、开口宽 2 m 的结合槽。

沙坝小型淤地坝的设计与白草洼小坝的设计相似,所以这里不再叙述。

3)沟道坝系工程的工程量汇总

经计算,试验沟 1# 坝总工程量为 5 551.04 m³,其中:土方工程量 5 177.00 m³,石方工程量 374.04 m³;试验沟 2# 坝总工程量为 17 739.51 m³,其中:土方工程量 17 569.00 m³,石方工程量 170.51 m³;沙坝总土方工程量 2 912.00 m³,白草洼坝总土方量 9 932.50 m³。4 座坝总工程量为土方量 35 590.50 m³,总石方量 544.55 m³。沟道坝系建设的主要工程量详见表 2-8。

表 2-8　科技示范园沟道坝系建设工程量表

坝名	总工程量(m³)	土方工程(m³)	石方工程(m³)	说明
试验沟 1#坝	5 551.04	5 177.00	374.04	
试验沟 2#坝	17 739.51	17 569.00	170.51	
沙坝	2 912.00	2 912.00		新建
白草洼坝	9 932.50	9 932.50		
合计	36 135.05	35 590.50	544.55	

2.坝系高效利用设计

根据示范园多年生产经验证明,示范园内坝地土壤田间持水量大、团粒结构性好、空隙度大、土壤养分能满足植物生长的需要。随着当地生态经济建设的发展和产业结构的调整,淤地坝在农业生产中已占据了主要的地位。但是坝地利用率和保收率问题,严重影响着坝地效益的发挥,所以提高坝系的防洪能力和坝地的经济效益非常重要,为改变单一的农作物品种和种植模式,设计采用经济作物和农作物、高秆作物和矮秆作物轮流种植的方法,并建立小型苗圃一个。

1)高效农作物设计

Ⅰ.法国矮 15 油葵种植

主要表现出早产、早熟、抗旱、适应性强等特点,非常适合干旱、缺水、无霜期短的半干旱地区种植。

耕作方法:采用条状整地,行距 40~70 cm,株距 30 cm,每穴播种 2~3 粒,出苗后及早间苗,每亩保苗 4 000 株。

种植时间和用种量:结合当地气候因素,5 月中旬点播,用种籽量 15 kg/hm²。

土肥水管理方法:采用垄作地膜覆盖,种植时用 600 kg/hm² 三元复合肥作基肥,20 天后放风间苗,进行第一次除草松土,花蕾期追施尿素 600 kg/hm²,进行二次除草松土。

籽实采收:9 月中旬葵花盘背面完全变黄,有少量籽开始散落时,进行收获采实。

Ⅱ.丹玉 13 号玉米种植

主要表现出耐旱、抗倒伏,适应范围广的特点。

耕作方式:采用双沟覆膜种植,播前整地、耕翻耙糖,施入基肥(农家肥)15 000 kg/hm²、碳铵 450 kg/hm²、磷肥 300 kg/hm²。

种子处理及播种时间:结合当地气候因素,5 月初,播前种子进行锌肥浸种催芽及点播。

开沟覆膜:按行距 1 m 的种植带,用专用开沟器每带开 4 条沟,沟深 15 cm,将地膜铺展在沟垄上,自然拉直,在播种沟处每隔 1.5~2 m 压一土坨,使膜和沟底面贴实后,再压膜,两边隔 5 cm。

种植密度:每带种两行,行距 80 cm,株距 35 cm,每亩保苗 3000 株左右,采用先覆膜、后打孔种植的方法。

苗期管护:出苗后进行查苗,对缺苗地块,进行催芽补种和芽苗带土移栽。当幼苗

4～5叶时进行定苗,适当推迟施肥灌水,延长蹲苗期。

壮苗追肥:遵循"轻追减秆肥、重追攻穗肥"的原则,在玉米10～12片叶展开时,追施尿素450 kg/hm²;大喇叭口期(15～16片叶)二次追施尿素450 kg/hm²。其方法为采取打斜孔投肥,并进行中耕除草一次。

病虫害防治及后期收获:结合实际情况开展平方米虫螟等病虫害防治,9月底及时对籽实采收。

2)坝地苗圃设计

示范园建设期间需要大量各种类型的苗木,为减少苗木外调费用和提高植苗成活率,在区内建立一个小型苗圃可满足自身建设需要的同时对示范园今后的发展提供稳定的种质资源。

Ⅰ.水气热条件

示范园主要气象特征是水量不足,水成为各项林草措施的主要制约性因子。区内天然降雨不足500 mm,但随着配套引水工程的建设,这一问题可以得到根本解决。

Ⅱ.土壤肥力状况

由于苗木根系深入耕作层以下,我们对地表以下1 m内土壤养分进行初步测定结果如下:有机质0.46%,全氮0.036%,水解氮70×10^6 mg/kg,速效钾0.94%,碳酸钙10.6%,速效铜6.72×10^6 mg/kg,锌33.1×10^6 mg/kg,锰68.3×10^6 mg/kg,铁53×10^6 mg/kg。酸碱度8.5左右。由此看来,土壤各类养分,尤其是有机质和微量元素均不能满足优良壮苗的生长需求。同时,苗圃地可利用的淤积养分极为有限,故在布设前应按4.5万 kg/hm²肥料施入。

Ⅲ.适宜性评价

环境因子:本地区苗木生长关键性气候侵害主要表现为低温冷冻和风抽,其中以低温侵害较为普遍,因此在设计中尽量考虑保护地培育,材料用量约为180 kg/km²地膜。

病虫因子:病虫因子是土壤对苗木适宜性生长应考虑的一个重要方面,尤其是前茬作物。多年经验表明,沙棘幼苗、实生杏苗在本地区极易受猝倒型立枯病侵染,同时蚜虫、介壳和各种地下害虫是常见的林木类害虫,故在布设前应按照900 kg/km²的硫酸亚铁施入。

Ⅳ.苗圃选址

首先,靠近水源排灌便利,道路畅通,用电方便。其次,离造林地距离较近,以减少苗木运输失水并缩小育苗地与造林地的环境差异。综合以上因素,将苗圃地选择在48号地块,可利用总面积0.85 hm²。

Ⅴ.道路、灌区设计

将现有道路留出3.5 m宽作为边界道路,苗圃地区与区之间留出2 m宽作为主道,园地主渠宽0.5 m,深0.3 m。支渠在畦间作网状分布,宽0.4 m,深0.3 m。排洪渠位于苗圃地西侧,长600 m,标准按深1.0 m、上宽1.4 m、下宽1.0 m设计。共计土方量720 m³。

Ⅵ.防护林网设计

边界四周栽植两行两年以上速生用材林苗木,南北长600 m,东西宽50 m,株行距按1.5 m×2 m定植。苗木需求量1 733株。

3）坝系高效利用工程量

示范园区沟道坝地多年来主要种植传统的农作物,种植结构不合理,生产经济效益低下,因此需对种植结构进行调整。计划引进国际国内市场极为畅销的油料新科——法国矮15油葵和丹玉13号玉米,结合地力状况和作物重茬种植方式在全面机械整地的基础上实行新建小型苗木基地一个。科技示范园坝地利用主要工程量、材料及种子用量详见表2-9。

表2-9　科技示范园坝地利用主要工程量、材料及种子用量表

编号	项目名称	规格型号	单位	数量
一	高效农作物建设			
1	法国矮15号油葵	优等品	kg	61.05
2	丹玉13号玉米	优等品	kg	152.64
3	各种肥料		kg	70 512.80
4	地膜	0.03 cm 厚	kg	224.20
二	坝地苗圃建设			
1	培育品种	侧柏	kg	12.75
2	排洪渠挖土方		m³	720.00
3	农家肥		万 kg	3.83
4	硫酸亚铁	市售国产	kg	765.00
5	地膜	0.03 cm 厚	kg	153.00
6	防护林用种苗	两年生杨树	株	1 733.00

三、监测区设计

水土保持科研是水土保持事业发展的基础和保障,也是水土保持技术进步的动力之源;以科研指导生产、以科技服务社会是本区的设计主旨。该区主要包括:水土流失监测区、水土保持措施效益监测区和沟道坝系监测区,主要研究不同坡度、坡长、工程措施、植被覆盖度、施肥程度和降雨强度对土壤及养分流失的影响,结合径流小区试验观测,获取土壤侵蚀规律以及土壤养分等化学物质在径流泥沙中的输移规律,从而为黄丘一副区水土流失预测模型的研制提供数据。

(一)水土流失监测设计

1.坡面水土流失径流场监测设计

按照《水土流失规律试验研究规范》和科研批复要求,选择1980年黄委专家组确定的桥沟小流域为水土流失监测区,该区坡面径流场具备全面代表黄土丘陵沟壑区的8个土壤侵蚀监测场地,具体有无措施的2 m陡坡土壤侵蚀监测小区、5 m陡坡土壤侵蚀监测小区、上半陡坡土壤侵蚀监测小区、下半陡坡土壤侵蚀监测小区、旧谷坡土壤侵蚀监测小区、新谷坡土壤侵蚀监测小区、全陡坡土壤侵蚀监测小区、全坡长土壤侵蚀监测小区。不

再增设新的监测小区,由于多年运行失修,使径流场挡水边墙严重毁坏,造成监测数据误差大,所以径流场挡水边墙需全部用 C15 混凝土预制板改建,5 个径流池边墙用 C15 混凝土预制板改建,具体配置为:在每一个小区左、右、上三面设挡水边墙,边墙采用 C15 混凝土预制板,为了防止外来降水进入监测小区,预制板露出地面一端设置 1:1.5 的坡,尺寸为 100 cm×50 cm×5 cm,经计算,总长度 886.0 m,共需预制板 886 块,同时对毁坏的集水槽等设施进行必要的维修改建。科技示范园桥沟径流小区标准设计图略。

为了提升科技示范园水土保持科学研究的能力和水平,逐步实现水土流失监测的自动化,设计中只增设一台遥测雨量计,实现适时雨量自动监测。坡面水土流失径流场改建主要工程量及设备详见表 2-10。

表 2-10　坡面水土流失径流场改建主要工程量及设备表

编号	项目名称	规格型号	单位	数量
一	径流小区		处	8
1	预制板	100 cm×50 cm×5 cm	块	297
2	浆砌砖(集流槽)	m³	25
二	设备仪器			
	遥测雨量计	JD202(05)-1	台	1

2. 小流域沟道水沙监测设计

根据科研批复继续保留现有 3 个把口水沙监测断面,其中一、二支沟监测站为三角槽断面,监测时操作难度大,需在监测槽上部新建测桥 2 座。沟口监测站洪水指标人工监测数据误差大,而且为点数据,为了适时监测洪水过程指标和提高监测数据准确度,只对主沟沟口站改造建设为一个实时自动遥测系统,需配置沟口 γ 射线—电子水尺水沙自动遥测系统 1 套,在三角槽中部安装水位传感器,三角槽上游安装 γ 射线水沙传感器,将传感器监测数据自动储存于系统数据采集器,并通过无线通信自动回传水沙变化的数据资料。沟道水沙监测站改建主要工程量及设备见表 2-11。

表 2-11　沟道水沙监测站改建主要工程量及设备表

编号	项目名称	规格型号	单位	数量
一	测桥			
1	轻轨		kg	1 150
2	角铁等		kg	200
3	螺丝等		套	56
二	设备仪器			
	沟口 γ 射线—电子水尺水沙自动遥测系统	LTW-1	套	1

(二)水土保持措施效益监测设计

1. 坡面不同措施蓄水拦沙监测设计

1)育林沟监测场坡面不同措施蓄水拦沙监测设计

根据监测小区现状布设,示范园水土保持坡面不同措施径流小区布设不完善,小区规格不统一,监测数据分析类比性差,结合示范园地形地貌和措施配置,在育林沟径流场重新规范布设的乔木、灌木、乔木混交、草地、农地、荒地、休闲地、乔灌混交和草灌混交等9个标准小区,与原有的乔木、灌木小区全部一线布设,结合小区建设将径流池(量水设施)与径流小区的衔接处的砖墙建设成一处试验性景区,同时为保护径流池下部的监测道路,每个小区下端长5.0 m的砖墙与小区间2.0 m保护带衔接形成长65 m、高2.0 m的一砖半砌砖墙,墙面水泥砂浆抹面并用乳白色的防水涂料处理。坡面蓄水拦沙措施径流小区设计详见表2-12。

表2-12 坡面蓄水拦沙措施径流小区设计规格表

场号	坡度(°)	坡向	措施配置	坡长(m) 水平	坡长(m) 倾斜	平均宽(m)	水平面积(m²)	整地方式	株行距(m×m)	径流池面积(m²)	控制面积(m²)	测流设施
1	31	北偏东14°	油松、侧柏	20	23.34	5	100	鱼鳞坑	1.0×1.5	5.0	104.00	径流池
2	29	北偏东16°	柠条	20	22.87	5	100	坡地	0.75×1.5	5.0	104.00	径流池
3	25	北偏东12°	油松	20	22.07	5	100	反坡梯田	1.0×1.5	5.0	104.00	径流池
4	25	北偏东	侧柏、紫穗槐	20	23.58	5	100	鱼鳞坑	2.0×1.5	5.0	104.00	径流池
5	25	北偏东14°	农地	20	22.07	5	100	坡地		5.0	104.00	径流池
6	25	北偏东14°	荒坡	20	22.07	5	100	坡地		5.0	104.00	径流池
7	32	北偏东24°	休闲地	20	23.58	5	100	坡地		5.0	104.00	径流池
8	32	北偏东	草地	20	23.58	5	100	坡地	点播	5.0	104.00	径流池
9	32	北偏东	苜蓿、紫穗槐	20	23.58	5	100	水平沟		5.0	104.00	径流池

Ⅰ. 乔木、灌木、乔木混交、草地、农地、荒地、休闲地、乔灌混交和草灌混交新建标准小区设计

9个小区设计水平面积按照《水土流失规律试验》标准径流场100 m²(20 m×5 m)设计,并一线布设,每小区之间设2.0 m宽的同类措施隔离带,小区边界左部、右部、上部边棱设C15混凝土预制板挡水边墙。混凝土预制板设计尺寸为100 cm×50 cm×5 cm。小区下部两端的挡水墙,用砌砖修筑,尺寸为宽0.12 m、高0.5 m、长均为2.5 m的半砖墙。挡水墙露出地面部分全部用防水涂料处理。经计算,9个新建小区所需预制板512块。

径流池设计,根据1987年《榆林地区实用水文手册》50年一遇来洪总量5万m³/km²,经计算,100 m²来洪总量为5 m³,所以设计尺寸长×深×宽为500 cm×100 cm×100 cm,池墙采用C15混凝土预制板,所以设计尺寸长×深×宽为100 cm×100 cm×5 cm。经计

算,需153块预制板。

径流小区建设后,在修整地的基础上按各林草配置栽植苗木。

Ⅱ.砖墙建设设计

在小区建设设计的基础上,为了加强径流小区集水池与小区之间挡土边墙的稳定性和安全性,将育林沟不同措施径流小区建设为一线布设,挡土边墙设计长65.0 m,高2.0 m。挖方132.3 m³,填方34.5 m³,需浆砌砖47.36 m³。育林沟径流小区主要工程量、苗木及种籽用量见表2-13。

表2-13　育林沟径流小区主要工程量、苗木及种籽用量表

编号	项目名称	规格型号	单位	数量
一	工程量			
1	径流场挡水板	100 cm×50 cm×5 cm	块	512.0
2	径流池挡水板	100 cm×100 cm×5 cm	块	153.0
二	苗木及种籽量			
1	油松苗木	三年生	株	198
2	侧柏苗木	三年生	株	132
3	紫穗槐	两年生	株	164
4	柠条	一级	kg	10
5	紫花苜蓿	一级	kg	10

2)小石沟监测场坡面不同措施蓄水拦沙监测设计

小石沟增设的措施全坡长径流监测小区,测流断面设计为三角槽,水平面积3 235 m²,同时增设了200 m²的梯田、经济林2个径流监测小区,共3个小区,以上3个径流小区土建工程已在示范园监测项目中建设完成,设计不再增加土建工程和其他监测手段改进。

2.生态效益监测建设设计

生态效益监测建设的内容包括小气候自动化监测扩建,不同地类土壤水分、养分监测建设和植被盖度监测建设。

1)小气候自动化监测扩建设计

为实现水土保持生态环境监测适时信息采集、监测数据准确自动化传输、系统化的信息分析处理,结合现有辛店小石沟小气候监测仪进行技术改造和项目增设,在保留气温、降水、湿度、风速、风向五要素自动监测的基础上,完善增设蒸发、土壤水分和地温三个要素的自动监测设施,设计将完全实现小气候的自动化遥测,实现监测要素在机关建设的多动能遥测演示厅接收回传实时数据,所以在增设1组蒸发器及传感器、4组水分监测探头及传感器和4组地温探头及传感器的基础上,同时要增设1个数据储存器、1个GPRS无线通信发送器、1个GPRS无线通信接收器、1个无线通信卡等设施设备,实现在多功能厅

进行实时数据遥测和传输。根据实地勘测计算和调研,小气候自动化监测改建的主要工程量及设备见表2-14。

表 2-14　小气候自动化监测改建的主要工程量及设备表

	项目名称	规格型号	单位	数量
一	场地土建工程建设			
1	人工挖土方		m^3	135
2	回填夯实土		m^3	100
3	C20 混凝土外圈	C20	m^3	5.5
4	PVC 管	ϕ100	m	100
5	检查井	ϕ1 000	个	2
二	仪器设备配置			
1	玻璃钢大型蒸发器	E601B 蒸发器	个	1
2	超声波蒸发传感器	含支架	个	1
3	电子土壤水分探测头	HH2	个	4
4	土壤水分传感器	PR1	个	1
5	土壤地温探测头	WJ20	个	4
6	土壤地温传感器	PH8	个	1
7	GPRS 无线通信发送器	SAMSUNG	个	1
8	GPRS 无线通信接收器	SAMSUNG	个	1
9	无线通信卡	GPRS 数字型	个	1
10	DT600 数据采集器	澳大利亚 DT500	个	1

2)不同地类土壤水分、养分和植被盖度监测设计

在水土保持综合治理生态效益监测标准要求的项目内容和指标设计的基础上,结合科技示范园区土地利用类型,力求达到实时采样,实时显示数据和采集数据的自动化程度。所以,进行以下土壤水分、养分监测设计。

Ⅰ.土壤水分监测设计

根据示范园科研批复的监测地类和监测频次、深度分为两种监测类型,农作物牧草类型和林业类型。农作物牧草类型地类主要选择梯田农地、农坝地、农坡地、坡地草地、对照荒地五种地类;测定次数设计为(4～10月)每月测定 2 次,监测深度为 0～20 cm、20～30 cm、30～50 cm、50～100 cm 四层;林业类型地类选择梯田经济林地、坡地经济林地、坡地乔木林地、坡地灌木林地、对照撂荒地五种地类。测定次数每月 2 次。监测深度 0～20 cm、20～30 cm、30～50 cm、50～100 cm、100～150 cm、150～200 cm 六层。

根据以上监测内容和监测深度,考虑实时自动化监测,设计主要引进 1 台自动电子水分监测仪来实现实时数据采集和传输。

Ⅱ. 土壤养分监测设计

结合示范园土地利用,选择以上土壤水分监测的 10 种地类,根据《土壤养分测定技术规范》监测指标主要进行土壤容重(γ)、土壤比重(G_s)、土壤空隙率(n)、土壤速效氮、速效磷、速效钾、有机质和 pH 值 8 项指标测定。每年春秋两季各测定 1 次(在已确定的监测地块中,根据面积大小,分别选用不同的采样点(5~20 个))。为实现实时快速显示和采集土壤养分的各类指标含量,节省人力资源、室内设备仪器及材料的消耗,设计采用实时实地的土壤智能速测仪进行监测,所以项目需配置物理性状监测的比重瓶、环刀等小型仪器外,主要需引进 HN2 - 微型智能土壤养分速测仪 1 台。

Ⅲ. 植被盖度监测设计

监测设计继续采用固定样方的传统测定方法。选择示范园内具有代表性的不同树(草)龄坡地和梯田两种类型乔木林、灌木林、经济林、人工草地等 8 种地类。主要监测项目为乔木郁闭度、灌木林盖度、人工草地盖度和林草植被盖度 4 项指标。上述指标监测按实施年度开始,每年主要在 6 月中旬和 9 月中旬进行 2 次监测。只需配置皮尺、钢尺、测绳和测针等小型监测设备。土壤水分、养分和植被盖度监测设备配置见表2-15。

表2-15 土壤水分、养分和植被盖度监测设备配置表

编号	项目名称	规格型号	单位	数量
一	土壤水分监测设备配置			
1	土壤电子水分仪	DL600	台	1
二	土壤养分监测设备配置			
1	环刀	100 cm²	个	4
2	比重瓶	20 ℃、45 mL	组	4
3	HN2 - 微型智能土壤养分速测仪	YN - 4000	套	2

(三)沟道坝系监测建设设计

沟道坝系监测建设的内容主要包括坝体工程特性及水沙拦蓄监测建设、坝系减蚀和原始沟道侵蚀监测建设。

1. 示范园沟道坝体工程特性及水沙拦蓄监测建设设计

在对示范园主沟道淤地坝进行引测 GPS 三维大地坐标点、建立 GPS 三维坐标控制点的基础上,进行每座淤地坝坐标控制的工程特性监测,尤其是现代测绘设备动态 GPS(高程误差实现厘米级)可以实现对每座坝的坝体高、坝体长、坝体底宽、上宽、坡比以及放水建筑物、溢洪道等工程特性数据的监测,同时可监测库容、坝地淤积面积、淤积量等本底数据;每年汛后或次暴雨后,选择 3 座有代表性的淤地坝通过逐次动态监测水沙拦蓄厚度数据,得到动态变化的坝地淤积范围、面积、淤积厚度等,需要配置 1 台 RTK 动态 GPS 测绘仪,并分别建立和引测 18 处三维大地坐标点,建设控制监测桩。同时通过溢洪道流出沟口水沙监测断面时考虑到实时动态数据监测,实现终端遥测控制中心实时监控和数据回传,需配置 1 套主沟道沟口 γ 射线—电子水位水沙遥测监测系统,在现有量水堰上安装水位传感器、量水堰上游安装水沙传感器,将传感器监测数据储存于数据采集器,通过无线

通信传输水沙变化各类监测数据。坝系工程特性监测项目建设工程量及设备配置详见表 2-16。

表 2-16　坝系工程特性监测项目建设工程量及设备配置表

编号	项目名称	规格型号	单位	数量
一	工程特性监测			
1	三维空间坐标点建设	1 m×1 m	处	18
2	坐标点引测		处	18
二	坝地淤积监测			
1	断面三维空间坐标点建设	1 m×1 m	处	32
2	坐标点引测		处	32
三	设备仪器			
1	动态 GPS 测绘仪	南方 RTK980	套	1
2	主沟道沟口 γ 射线—电子水位水沙遥测监测系统	LTW－1	套	1

2. 示范园沟道坝系减蚀和原始沟道侵蚀监测建设设计

根据《水土流失规律试验研究技术规范》的要求,在示范园建坝沟道选择合理的沟头前进、沟底下切和沟岸扩张各 3 个监测断面,布设 GPS 三维空间坐标监测桩,监测淤地坝减蚀范围和减蚀量。在桥沟原始沟道选择合理的沟头前进、沟底下切和沟岸扩张各 3 个监测断面,布设 GPS 三维空间坐标监测桩,监测原始地貌下的土壤侵蚀范围和侵蚀量。进行有无措施减蚀的对比监测。坝系减蚀作用监测建设主要工程量详见表 2-17。

表 2-17　坝系减蚀作用监测建设主要工程量表

编号	项目名称	规格型号	单位	数量
1	三维空间坐标点建设	1 m×1 m	处	36
2	坐标点引测		处	36

四、成果展示区设计

科技示范园以科技为支撑,因地制宜地建设的示范工程进行水土保持措施示范,旨在通过科技示范,提高治理水平,巩固治理成果。通过成果展示这个平台,更好地展示已有的建设成果,面向社会公众,尤其是各院校的广大青少年进行科普教育的示范基地,同时能够积极发挥带动、辐射作用,产生良好的生态效益和社会效益,有力地推动本地区水土保持与生态建设工作,为水土保持科研提供可靠的基础数据。

(一)水土保持科技成果展示系统建设设计

1. 科技成果展示系统设施维修改造设计

选择绥德站现有办公楼第四层 15 号 60.5 m² 的房间改造为成果展示系统,维修改建主要包括室内用乳胶漆涂料进行粉刷,天棚采用铝合金龙骨铝塑面板吊顶,地面铺设地板砖,更换成品门,增设照明设施和电缆线。维修改建的工程量及材料见表2-18。

表2-18　科技成果展示系统改建的主要材料及设施设备配置表

编号	项目	规格型号	单位	数量
一	房屋改建工程			
1	内墙涂乳胶漆		m²	96.4
2	天棚铝合金龙骨铝塑面板吊顶		m²	56.7
3	地面贴地板砖		m²	56.7
二	设备仪器配置			
1	地貌示意模型制作	2.5 m×4.0 m	座	1
2	铝合金展柜	1.2 m×0.5 m×1.2 m	个	15
3	铝合金展板	1.2 m×0.9 m	块	20
4	标本盒	50 cm×30 cm×10 cm	个	25

2. 科技成果展示厅设计

室内中央建设示范园的地貌示意模型。室内正侧墙面上制作铝合金展板(1.2 m×0.9 m)标准展板20块,同时沿墙四周制作长×宽×深为1.2 m×0.5 m×1.2 m 的铝合金展柜15个、标本盒25个。项目所需的设施设备配置详见表2-18。成果展示的内容主要包括示范园水土保持历史沿革、水土保持科学研究、生产实践、科技成果推广应用以及人与自然和谐相处的水土保持生态文明前景预测等。所以,将成果展示从展示厅入口到出口展示陈设的内容依次为50多年来长期开展的水土保持科学研究部分、水土保持生产实践部分和水土保持成果推广辐射三个展示系统,展示厅中央陈设示范园地貌示意模型,在展示内容安排上以正反两方面翔实的图片资料、图书文字、标本实物警示和教育人们树立与大自然和谐相处的意识。展示系统平面布设见图2-14。

(二)水土保持多功能遥测演示系统建设设计

多功能遥测演示系统设在绥德站现有办公楼第四层1、2号90.6 m² 的两间房间,需进行维修改造,建设成水文气象遥测和多功能演示系统大厅。

1. 系统设施维修改造设计

主要对室内墙面抹灰后用乳胶漆涂料进行粉刷、天棚用铝合金龙骨铝塑面板吊顶、地面铺设地板砖,更换成品门和塑钢窗,用铝合金玻璃隔断改建一处演示系统操作间、改造照明线路和铺设信号线、电缆线等。系统内分为水文气象遥测和多功能遥测演示两个功能区,并增设照明设施、信号线、电缆线、电话及 ADSL 宽带,系统配置8块标准铝合金展板(1.2 m×0.9 m)。改建工程、材料及设施设备配置见表2-19。

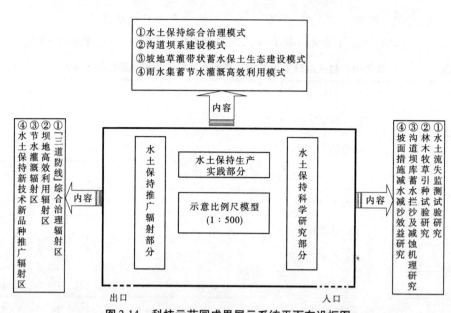

图 2-14 科技示范园成果展示系统平面布设框图

表 2-19 多功能遥测演示系统维修改建工程、材料及设施设备配置表

序号	项目	规格型号或计算式	单位	数量
一	房屋改建工程及地形测绘			
1	砌砖墙(封旧门洞口)		m²	4.7
2	演示台制作(包括木制地板)	5 m×2.6 m,高度 20 cm	m²	13
3	办公桌椅		套	25
4	地形测绘	2 km² 数字线划地形测绘	km²	2
二	设备仪器配置			
1	电脑(监测数据收集)	IBM	台	1
2	电脑(多媒体演示服务器)	IBM	台	1
3	笔记本电脑(野外遥测数据收集)	IBM	台	1
4	电动升降幕布	CMV(120″)	套	1
5	多媒体投影仪	EPSON EMP－735	台	1
6	ADSL	神州数码 DCAC－610P	个	1
7	幻灯机	明亮 E150	个	1
8	多功能工作台		个	1
9	铝合金展板	1.2 m×0.9 m	块	8

多功能遥测演示系统平面布设详见图 2-15。

2. 水文气象遥测与多功能演示系统设计

水文气象遥测系统在绥德站遥测演示厅内,将示范园布设的坡面水土流失、沟道水

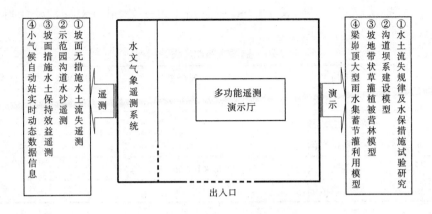

图 2-15　科技示范园多功能遥测演示系统平面布设框图

沙、水土保持措施效益和气象园各类监测数据,通过无线通信回传,实现实时监控。信息收集处各配置 GPRS 数据通信卡和无线电话,遥测演示厅内还需配置数据监控电脑 1 台,野外数据接收笔记本电脑 1 台,建立遥测数据信息管理系统,达到水土保持监测数据实时监控回传、系统储存和成果分析,并通过网络实现信息传输,达到监测信息共享的目的。同时需配置投影仪 1 套,实现各类信息的自动演示功能。

多功能演示系统将示范园历年来开展的水土流失规律研究,农业、林业、牧业各单项措施的试验研究,科技示范小流域不同治理措施建设模型如沟道坝系模型、坡地带状草灌植被营林模型、梁峁顶大型雨水集蓄和节水灌溉高效利用模型等试验研究的过程和建设效果,通过多媒体和信息技术集成进行展示,同时对示范园 2 km^2 进行数字化地形图测绘、配置台式电脑(服务器)1 台,并配套相关的投影设施、设备,通过图文并貌的多媒体技术,现场展示现代水土保持的前沿科技,达到实体观摩、技术培训、科普教育以及技术推广的多维复合功能。监测数据遥测和多媒体演示系统所需材料及设施设备配置见表 2-19。

五、辅助设施设计

为了便于园区内的生产和生活,在科技示范园区内配备齐全的水、电、通信、房屋等基础设施,确保能够满足园区正常、安全运行。

(一)监测道路拓宽改造设计

1. 道路改造设计原则

方便各监测项目的布设,大弯就势、小弯取直,土方全面利用,不造成新的水土流失。依照地方四级公路标准作为参考,因地就势,经济实用。

2. 道路改造设计

经实地测量,道路改造工程分为四段进行。从场部至小石沟气象园,后山焉口至试验推广应用区平沟焉口,后山焉口育林沟坡面径流监测区以及连接监测区和上水工程蓄水池的主干道路进行拓宽改造,保持有效路面宽 3.2 m,路肩宽 0.5 m,弯道半径不小于 50.0 m,行车视距不小于 50.0 m,纵坡度不大于 8%,应急错车道宽 6.2 m,长度不小于 20.0 m,排水渠过水断面 0.30 m×0.25 m。修筑排水沟长 1 990 m,碎石灰土路长 3 300

m,宽 3.2 m,排水涵管 22 处,长 110 m,应急错车道 8 处,长 160 m。设计指标详见表 2-20。

表 2-20　监测道路改造设计指标

编号	项目名称	规格型号	单位	数量
1	道路长		km	3.3
2	碎石灰土路面宽		m	3.2
3	浆砌排水沟长		m	1 990
4	焊接钢管大门	5 m×1.5 m(宽×高)	个	1
5	路旁栽植侧柏	三年生	株	1 800

1)场部—养牛场—气象监测院道路设计

道路总长度为 1 300 m,陡坡段浆砌排水沟长 830 m,过水断面为 0.30 m×0.25 m,做排水涵管 11 处,单管长 5 m,合计 55.0 m,管径为 0.30~0.40 m,拓宽改造道路长 1 020 m,宽 0.5 m。修筑应急错车道路 4 处,长 80 m,单边绿化长 1 200 m,采用栽植香花槐、龙爪槐和垂榆间隔 2 m 混交,每种品种需 400 株。

2)后山焉口—试验推场区—平沟焉口道路设计

设计道路总长为 800 m,宽 0.4 m,陡坡段浆砌排水沟 510 m,过水断面面积 0.30 m×0.25 m,拓宽改造道路长 360 m,修筑交叉错车道 2 处,每处长 20 m,合计 40 m。补植香花槐、龙爪槐和垂榆间隔 2 m 混交,每种品种需 70 株。

3)后山焉口—原型径流监测区道路设计

改造道路总长为 700 m,拓宽改造长 610 m,宽 0.7 m,浆砌排水沟长 400 m,设计过水断面面积为 0.30 m×0.25 m,排水涵管 2 处,长 10 m。修筑应急错车道 1 处,长 20 m,道路边补植香花槐、龙爪槐和垂榆间隔 2 m 混交,每种品种需 70 株。

4)后山焉口—引水工程蓄水池道路设计

从焉口至蓄水池道路总长 500 m,拓宽改造长 270 m,拓宽 0.40 m,陡坡段浆砌排水沟长 250 m,过水断面 0.30×0.25 m,排水涵管 3 处,长 15 m,应急错车道 1 处,长 20 m,道路边补植香花槐、龙爪槐和垂榆间隔 2 m 混交,每种品种需 100 株。

5)主要工程量及材料用量

根据实际地形测算和单项分部工程的设计断面尺寸、长度,经分析计算,其工程量及材料用量为:人工挖排水沟土方 1 394 m³,道路拓宽挖填土方 3 379 m³,人工夯实填土方 327 m³,浆砌排水沟石方 792 m³,排水涵管长 110 m,碎石灰土路基 11 135 m²。

主要材料用量为:水泥 70.01 t,白灰 96.84 t,沙子 267.32 m³,碎石 738.26 m³,钢筋混凝土管 110 m,块片石 856.78 m³,香花槐、龙爪槐和垂榆各 640 株。工程量和材料用量详见表 2-21。

6)施工方法及技术要点

(1)道路拓宽改造,根据拓宽的宽度要求,首先在路基上坡崖面自上而下按设计削成同一坡比,并将其松散的土体予以挖除,开挖土方量根据路面宽度和纵坡比铺设在道路上,进行碾压夯实,防止因改造造成新的水土流失。

(2)排水沟及排水涵管开挖,根据设计长度、宽度、深度进行开挖,开挖顺序分段进行,纵坡比不小于1%。

(3)排水涵管安装连接,涵管基础要坚硬结实,坡比为1/50,接口连接采用承接方法进行,接口连接处必须填满砂浆,涵管顶部埋设深度不小于0.5 m。

(4)人工回填土,要求分层夯实,干容重不小于1.45 t/m³。

(5)涵管进水池,进水池断面为0.8 m×0.5 m。

表 2-21　科技示范园道路改造主要工程量及材料用量汇总表

项目名称		单位	场部至大型集雨场	后山焉口至平沟焉口	后山焉口至径流小区	育林沟焉口至后山集雨场	小计
工程量	人工挖排水沟	100 m³	5.74	3.46	2.76	1.98	13.94
	道路拓宽挖填土	100 m³	12.25	8	10.68	2.86	33.79
	人工夯实填土	100 m³	1.61	0.86	0.45	0.35	3.27
	排水涵管	m	55	30	10	15	110
	碎石灰土路面	100 m²	44.6	26.85	23.1	16.8	111.35
	浆砌排水沟	100 m³	3.62	1.89	1.48	0.93	7.92
材料用量	水泥	t	25.82	19.47	15.3	9.42	70.01
	沙子	m³	98.41	74.02	58.33	36.56	267.32
	白灰	t	38.8	23.35	20.08	14.61	96.84
	碎石	m³	295.7	178.02	153.15	111.39	738.26
	钢筋混凝土管	m	55	30	10	15	110
	块片石	m³	391.96	204	160.74	100.08	856.78
	香花槐	株	400	70	70	100	640
	龙爪槐	株	400	70	70	100	640
	垂榆	株	400	70	70	100	640

(二)电网改造工程设计

为了满足2个水土保持试验监测区域所需的基础电力供应,主要更新2台变压器电容柜、高压侧跌落丝具、避雷器、计量箱、低压闸刀2套,架钢芯铝线5 400 m,钢芯铅线450 m,支路漆包线1 800 m和各种配套设施及其安装。

1.设计原则

充分整合现有电网资源,改造部分老化线路,合理延伸电路,满足各监测区用电布设,并依据《陕西省房屋修缮工程、安装工程费用定额》(陕建发〔2001〕195号),以及《陕西农电管理局关于印发农村及县城电网建设与改造工程和预(决)算编制办法的通知》(陕农电计发〔2003〕45号)进行设计。

2.工程设计

1)变压器及附属设备设计

(1)在高粱疙瘩原变压器地点更新一台 S9 – 30/10 变压器,向后山监测区以及井房供电。

（2）在场部脑畔山原变压器地点更新一台 S9 – 100/10 变压器,向场部工作区以及气象园八区原型监测区供电。

2）动力线路设计

动力线路设计按照功能区的要求进行三相四线设计,采用钢芯铝线 LGJ – 35。

总线路长为 6 860 m,需要 26 根规格为 $\phi 150 \times 8$ m 水泥电杆,2 根规格为 $\phi 150 \times 10$ m 的水泥电杆及其他如横担、钢绞线等其他材料。

3）低压输电线路设计

低压输电线路设计按照各功能区布设用电需求统一安排钢芯铅线 LGJ – 25。

总线路长 5 100 m,需要 35 根规格为 $\phi 150 \times 8$ m 的水泥电杆,横担、钢绞线等其他材料。

4）配电设计

设计只考虑后山配电室和场部配电室的配电物件设计。不进行水井、泵房等配电盘的设计。

主要有交流电流表 6 块,型号为[T] – 300/15 A;需交流电压表 2 块,型号为[T] – V450 V;等等。

5）场部房屋外线设计

试验场场部房屋外线共计长为 2 700 m。

6）电网改造安装设计

电网改造过程中需要安装 2 台变压器,动力线、输电线路、配电室水泥电杆运输到位以及户外线路的改造,材料来源为绥德县电力局服务中心,安装费按市场议价而定。

电网项目改造主要工程量及材料汇总见表 2-22。

表 2-22　电网项目改造主要工程量及材料汇总表

编号	工程名称	规格型号	单位	数量
1	变压器	S9 – 30/10	台	1
2	变压器	S9 – 100/10	台	1
3	钢芯铝线	LGJ – 35	m	5 400
4	钢芯铅线	LGJ – 25	m	450
5	水泥电杆	$\phi 150 \times 8$ m	根	64
6	水泥电杆	$\phi 150 \times 10$ m	根	2
7	交流电流表	[T] – 300/15 A	块	6
8	交流电压表	[T] – V450 V	块	2

3. 施工方法

（1）变压器安装。重点有两点:一是变压器的高低压的接线要符合电力安装要求,并进行接地电阻的量测,符合规范标准;二是进行安装后调示检测运行,设置警示标志,确保野外变压器安全运行。

（2）动力线路与输电线路的安装进行布设检测调试,检查是否断线、短路等现象,电阻分配线路是否均等。

(3)用电器以及其他线路的施工进行分路低保险调试,逐步排除故障,达到安全用电。

(三)监测实验室及办公房屋维修改造设计

1.野外监测房设计

为了便于获取水土保持措施径流小区的各类监测数据,在育林沟堰口,建设野外监测房1间,结构为砖混,建筑面积6 m²,外观尺寸为长3 m、宽2 m、高2.64 m。

基础和墙体为砌砖,屋面为300 cm×60 cm的预制混凝土空心板,屋顶四周为高24 cm、厚24 cm的砖砌女儿墙,顶部处理采用黄土找坡、塑料防水、铺砖灌浆保护层,里墙面采用水泥砂浆抹面并刮腻子2遍,外墙采用水泥砂浆粉刷,地面为平铺砖砂灌缝,配置180 cm×80 cm的钢门1个,80 cm×90 cm的钢窗1个。

2.监测实验室、办公房屋维修改造及彩门建设设计

1)监测实验室、办公房屋等的设计

在示范园办公区内维修改造监测实验室、办公房屋共计20孔窑洞,其中,一层10孔窑洞内墙面粉刷层基本完好,只需用涂料刷白墙面,门窗油漆并安装双层玻璃,地面打4 cm厚碎石混凝土整体面层并压光;二层10孔窑洞由于屋面渗漏,加之原内墙面采用的是麦草泥浆粉刷层,因此现在脱落严重,需抠去泥皮后用混合砂浆进行粉刷,然后用涂料刷白,门窗油漆并安装双层玻璃,地面为4 cm厚碎石混凝土整体面层并压光处理,主要工程量及材料详见表2-23。

表2-23　监测实验室及办公房屋维修改造主要工程量及材料表

编号	项目名称	规格型号	单位	数量
1	窑洞抠泥皮	二层10间	间	10
2	窑洞混合砂浆	二层10间	间	10
3	窑洞内粉刷	一、二层共20间　20×70 m²/间	m²	1 400
4	窑窗装双层玻璃并油漆		架	20
5	细石混凝土地板	3.3 m×7.1 m×20孔	m²	469

2)大门、标志碑建设、院子硬化和场部绿化设计

(1)大门设计。

设计位置距离场部第一层窑洞面43 m,门柱尺寸为62 cm×62 cm×174 cm,采用砖砌柱并镶贴白色面砖,大门采用钢结构焊接门,门口宽350 cm,门扇尺寸1 620 mm×1 700 mm,边框为φ50 mm钢管,中间部分为φ16 mm圆钢,每根圆钢之间的间距为130 mm。

(2)标志碑设计。

设计位置距离场部第一层窑洞面30 m处,标志碑长3.5 m、高3.1 m,采用浆砌砖砌筑而成,基础挖土深度50 cm厚,回填3:7灰土30 cm厚,底座断面尺寸为74 cm×70 cm,两侧为24 cm×50 cm的砖柱,中间为24 cm厚砖墙,顶帽为6 cm厚钢筋混凝土预制板。装饰材料:底座和两侧柱面用白色面砖镶贴,中间墙面用外墙涂料粉刷,顶帽粘贴琉璃瓦。

(3)院子硬化设计。

示范园办公区一、二层窑洞顶部(二、三层的院子)原为土地面,为了防止雨水下渗到

窑内,设计用塑料布做防水层,然后平铺砖进行硬化处理,共计 700 m²。

(4)场部绿化设计。

场部上山道路侧旁栽植圆柏,院内栽植一些香花槐、龙爪槐及垂榆等绿化树种,共计340 株,并用砖砌筑直径 80 cm 的树盘。

(四)提水工程设计

1. 基本情况

科技示范园提水工程位于东经 110°16′45″~110°20′00″、北纬 37°29′00″~37°31′00″之间,由于 2000 年神延铁路的建设,破坏了地下水源,使原有的水井泉水全部干涸,生活生产用水十分困难,严重影响区域水土保持生态工程建设和发展,为了彻底解决区域生产、生活用水问题,促进水土保持生态工程建设,提高示范园的建设标准,为此科技示范园建设计划从龙湾村与刘家湾村交界处无定河畔建设抽水站,从无定河抽水到试验场后山场址顶部,满足科技示范园建设用水的需求。

2. 蓄水池布设及尺寸断面

1)蓄水池布设位置选择

为了解决示范园生态工程建设和农林牧生产用水问题,利用现有集雨工程与本提水工程联合运行,相互补充,满足园区生态、生产、生活的需水量,把示范园建成高标准生态园区,通过实地勘测,充分考虑便于提水和灌溉用水的需要,根据地形条件,选择后山场址顶部修建蓄水池。

2)蓄水池尺寸断面

蓄水池尺寸根据所需灌地面积确定,园区内现有坝地 80 亩,每次灌水定额按 25 m³/亩计算,全园灌溉一次需水 2 000 m³,按 6 天灌完,故确定蓄水池容积 530 m³,其中直径 12.2 m,高 4.5 m。

3. 抽水机房与管线线路的选择

1)抽水机房的选择原则

根据科技示范园建设的总体布设,初步确定在无定河左岸建立提水站。从无定河中提水到科技示范园,按示范园用水要求和提水工程建设技术要求,选择的提水站及管线遵循以下原则:

(1)抽水机房设在河道左岸的基岩上,水泵安装高度高出最低水位 6 m 以上。

(2)要使吸水管道最短,斜距不大于 10.0 m。

(3)机房布设在河道不淤积、水流不改道、低水位时主流靠近靠边的地方。

(4)机房布设在河岸固定、不易被洪水淹没的地方。

(5)机房要靠近乡村就近,架设输电线短,管理方便。

2)管道线路选择原则

(1)管道线路最短,起伏小,土石方开挖工程量小。

(2)尽可能避开公路、铁路、村民住宅、建筑物、滑坡体等。

(3)尽可能避免穿越河谷、山脊及泄洪通道。

(4)场地管线沿道路布设,毁坏林木及植被少。

(5)避免直弯和曲弯,不宜与其他建筑相交。

(6)运输、安装、后期管理、维修要方便。

3)抽水机房及管线位置确定

根据上述原则和实地测量计算,分析对比,最后确定抽水机房建在刘家湾旧砖场公路下畔,210国道K414+868 m处公路外侧。机房利用面积21 m²。

管线线路从210国道K414+874 m处的涵洞穿过,经刘家湾村大崖窑沟住户大门处沿沟道方向进入沟掌,从沟掌直线方向到峁边线,从峁边线斜坡进入山体崾岘,从崾岘沿道路方向进入脑畔山蓄水池。管线总长为1 431.63 m。

4. 水力计算及水泵管道选用

1)水泵安装高度计算

根据已选用的DB50-31水泵,吸水管选配φ0.075 m的钢丝橡胶管,长8.0 m,并在吸水进口处安装φ0.075 m滤网底阀1个。计算公式按《小型水利手册》表6-3-19得:

$$H_安 = H_{水泵} - (1.0 - H_{大气}) - h_汽 - h_{吸损} - v^2/(2g)$$

式中 $H_安$——水泵安装高度,m;

$H_{水泵}$——根据水泵型号由水泵样本查得 $H_{许真}$ =7.5 m;

$H_{大气}$——根据抽水机房海拔为850 m,查《小型水利手册》表6-3-10得 $H_{大气}$ = 9.35 m;

$h_汽$——当地抽水水温低于20 ℃时,不计 $h_汽$;

$h_{吸损}$——吸水管的沿程和局部水头损失,m,根据《小型水利手册》表6-3-13、表5-6-5计算公式得:

$$h_{吸沿} = 0.001\,48Q^2/(D^{5.33}L)$$

$$h_{吸局} = \delta v^2/(2g)$$

式中 Q——水泵抽水流量,m³/s, Q =0.005 6 m³/s;

L——吸水泵长,m, L =8.0 m;

D——吸水管径,m, D =0.065 m;

v——吸水管流速,m/s, v =1.68 m/s;

g——重力加速度, g =9.81 m/s²;

δ——系数,取 δ =6.0。

$$h_{吸沿} =0.001\,48 \times 0.005\,6^2/(0.065^{5.33} \times 8.0) = 0.366(m)$$

$$h_{吸局} =6.0 \times 1.68^2/(2 \times 9.81) = 0.86(m)$$

$$H_安 =7.5 - (10.0 - 9.35) - 0.366 - 0.86 - 0.082 = 5.5(m)$$

取 $H_安$ =5.5 m(水泵安装高度指水泵叶轮中心线至最低水位距离)。

2)压力管道沿程水头损失计算

依据《小型水利手册》表5-6-3公式计算:

$$h_沿 = am(Q^{1.9}/0.631D^{4.9})L$$

式中 $h_沿$——压力管道沿程水头损失,m;

a——水头损失的影响系数,查《小型水利手册》表5-6-2得 a =0.000 826;

m——水管使用年限对水头损失影响系数,取 m =1.01;

L——压力水管总长度,m,实测 L =1 431 m;

其他字母含义同前。

$h_{沿} = 0.000\,826 \times 1.01 \times (0.005\,6^{1.9} / 0.631 \times 0.065^{4.9}) \times 1\,431 = 36.27 (\text{m})$

3）压力管道局部水头损失计算

依据《小型水利手册》表5-6-5公式计算：

$$h_{局} = \xi v^2 / (2g)$$

式中　$h_{局}$——压力管道局部水头损失，m；

　　　ξ——局部水头损失系数；

　　　g——重力加速度，m/s^2，$g = 9.81\ \text{m/s}^2$；

　　　v——压力管道的流速，m/s，$v = 1.68\ \text{m/s}$。

根据实际地形设置90°弯口2个，$\xi = 1.1 \times 2$，70°弯头1个，$\xi = 0.7$，闸阀1个，$\xi = 0.45$，水表1个，$\xi = 0.55$，压力表1个，$\xi = 0.55$。

$$h_{局} = (2.2 + 0.7 + 0.45 + 0.55 + 0.55) \times 1.68^2 / (2 \times 9.81) = 0.64 (\text{m})$$

4）压力管总水头损失计算

$$h_{总} = h_{沿} + h_{局} = 36.27 + 0.64 = 36.91 (\text{m})$$

取 $h_{总} = 37.0\ \text{m}$。

5）扬程计算

根据实测计算，无定河水面至后山池顶高差 $H_{净} = 226.1\ \text{m}$。

总扬程计算：$H_{总} = H_{净} + h_{总} = 226.1 + 37.00 = 263.1 (\text{m})$。

6）水泵选用

根据总扬程，水泵的抽水量和抽水含杂质量小于1%，选用DB50-31水泵，配4 kW电机和D25-30-9水泵，配37 kW电机，两套机泵联成一组进行抽水，上述水泵的优点是安装使用方便，功率低，费用小，重量较轻，易检修，耐用等。

7）压力管道的材料选用

在近几年内，抽供水材料日新月异，传统材料更新换代。所以，压力管道的材料选用两种从抽水机房~210国道K414+874 m涵洞进口~管线的K1+045 m处选用无缝钢管，从管线的K1+045 m处——后山蓄水池选用聚乙烯塑料管。它的优点是重量轻，耐腐蚀，使用寿命长，水头损失小，安装方便。

8）压力水管直径的确定

根据设计流量 $Q = 20\ \text{m}^3/\text{s}$，压力水管的经济直径确定参照《小型水利手册》表5-6-1公式计算：

$$D = \sqrt[7]{\frac{5.2 \times Q^3}{H_0}}$$

式中　D——压力水管的经济直径，m；

　　　Q——设计流量，m^3/s，$Q = 0.005\,6\ \text{m}^3/\text{s}$；

　　　H_0——静水头，m，实测静水头 $H_0 = 215.5\ \text{m}$。

$D = \sqrt[7]{\dfrac{5.2 \times 0.005\,6^3}{216}} = 0.064\ \text{m}$，按陕西省《小型水利手册》选择压力水管内径 $D = 0.065\ \text{m}$，外径 $D = 0.073\ \text{m}$。

9)流量与扬程的校核

Ⅰ.流量校核

按压力管道恒定流《水力计算手册》1-4-16 公式计算:

$$Q = \mu_c \omega \sqrt{2gH}$$

式中　Q——管道流量,m^3/s;

μ_c——管道流量系数,$\mu_c = 1/\sqrt{1 + \lambda \dfrac{L}{D} + \sum \zeta}$;

ω——断面面积,m^2,$\omega = 0.001\,4\ m^2$;

g——重力加速度,m/s^2,$2g = 19.62\ m/s^2$;

λ——$8g/c^2$,$c = 1/nR^{\frac{1}{6}} = 1/0.012 \times 0.016\,25^{\frac{1}{6}} = 41.94(m/s)$,$\lambda = 8 \times 9.81/41.94^2 = 0.044\,6$;

n——管子粗糙率,$n = 0.012$;

R——水力半径,m,$R = 0.065/4 = 0.016\,25\ m$;

H——水泵扬程,m;

$\sum \zeta$——局部水头损失系数,$\sum \zeta = 4.45$;

其他字母含义同前。

$$\mu_c = 1/\sqrt{1 + 0.044\,6 \times \frac{1\,431}{0.065} + 4.45} = 0.031\,8$$

$$Q = 0.031\,8 \times 0.003\,3\sqrt{19.62 \times 270} = 27.49(m^3/s) > 20.0\ m^3/s$$

满足设计要求。

Ⅱ.扬程校核

按《供水手册》公式计算:

$$h_{沿} = i \cdot L$$

式中　h——每米扬程损失系数;

i——$i = 0.000\,915 \times (Q^{1.774}/D^{4.774})$。

$$h_{沿} = 0.000\,915 \times (0.005\,6^{1.774}/0.065^{4.774}) \times 1\,431 = 61.58(m)$$

$$h_{局} = 61.58 \times 10\% = 6.16(m)$$

$$H_{总} = H_{净} + h_{沿} + h_{局} = 226.1 + 61.58 + 6.16 = 293.84(m)$$

根据上述计算总扬程小于水泵规定扬程,说明是可行和合理的。

5.工程设计

1)抽水机房设计

抽水机房设计根据无定河洪水调查和水泵安装高度确定,分上下两层,利用面积 21 m^2,上层面积 16 m^2,下层面积 5 m^2,上下相差 3.0 m,侧墙顶宽 0.5 m,铺底宽 1.4 m,中间石墙顶宽 0.4 m、铺底宽 0.85 m,采用浆砌石砌筑。中间砖墙厚 0.24 m,砌筑砂浆标号均为 M10,顶部用楼板封盖,用塑料布、青砖、水泥砂浆处理。

2)管线开挖设计

根据绥德县最大冻土深度为 1.14 m,考虑地形的复杂性和管子的直径,取开挖深度

1.5 m,宽0.6 m,开挖深2.0 m,口宽1.2 m,底宽0.6 m,开挖深3 m,口宽2 m,开挖深4 m,口宽为3 m。

3)管道附属设施设计

Ⅰ.阀门及仪表

在水泵出口处安置阀门、水表、压力表、水龙头、闸阀各1个,以利停机检修,管理方便。

Ⅱ.排气阀井

在压力管道的隆起点上,地形突出变化点上均应设置排气阀井2个,以利排除管道中的空气,避免产生气蚀。排气井为圆台型,口的直径0.7 m,下部直径为1.5 m。为砖混砌筑,并加铸铁盖保护,详见排汽井设计图。

Ⅲ.排沙阀和排沙井

由于无定河的水流含沙量较大,蓄水池长期蓄水沉淀,水池会造成不同程度的泥沙淤积,为此在蓄水池边底部设置排沙阀1个,管径为0.075 m。在抽水机停用后,管中水流停动,水中含沙会造成淤积堵塞,所以在管线地形低洼处设置2个排沙井,断面尺寸和排气井相同。

Ⅳ.镇土墩

在压力管道转弯处及管子下端进入机房处设置镇土墩,镇土墩长1.5 m,宽1.0 m,高1.3 m。本工程共设置镇土墩7个,用水泥砂浆砌块石筑成,砂浆为M10。

4)蓄水池设计

根据科技示范园建设的总体布设要求,在后山的脑畔山修建圆形蓄水池1个,配套周边行车道,并对周边进行美化、绿化,同时需修建沉沙池、管理房、放水房等建筑。

Ⅰ.蓄水池设计

蓄水池直径12.2 m,高4.5 m,容积为530 m³。池底基础砌石厚0.4 m,并外伸0.15 m,在基础上现浇C20混凝土厚0.1 m,侧墙顶宽0.6 m,底宽1.4 m,顶部用M10砂浆抹面,周边安装钢管花栏,高1.2 m。

Ⅱ.沉沙池

为了减少含沙水流进入蓄水池,防止泥沙淤积水池,故在蓄水池边设一沉沙池,长、宽各为2 m,高1.5 m,容积6 m³,池底、池墙用青砖砌筑,厚0.24 m,用M10砂浆砌筑抹面。

Ⅲ.放水房

为了检修方便,防止泥沙淤积水池,故在水池底部修建1个放水房,放水房宽1.2 m,高1.6 m,深6.0 m,用青砖砌筑而成,砂浆为M7.5,顶部用楼板封盖。房中安装排沙阀1个、放水总闸阀2个。

6.施工方法及技术要求

1)机泵安装及管道安装

机泵及管道安装的程序,基础安装—水泵安装—动力机械安装—辅助设备安装—管道安装。

Ⅰ.机泵安装

基础根据底座的大小而定,用C20混凝土现浇而成,机泵直接安装在机座上,基础与机座连接采用螺丝连接,轴向水平,电机与水泵联轴器间保持 3~5 mm 间隙,相互连接在一个平面上,并成为直线。

Ⅱ.辅助设备及管道安装

水表、闸阀、逆止阀等垂直安装在水泵出口处,并与压力管连接,压力表、水龙头用三通连接在压力管道上,安装方向应平行压力管道。钢管安装采用自下而上,连接方法用管箍或法兰连接,管道底部必须平整,分段坡度一致,并成为直线,转角和弯头根据设计要求进行安装,塑料管安装与钢管相同,对转角和弯头根据地形条件,选择圆弧形,采用承插或管箍连接。

Ⅲ.排气阀、排沙阀安装

排气阀安设在管道最高处,排沙阀安设在管道的弯道最低处,将管道剩余水和沙排入沟道。连接方法用管箍连接在管道上,底部必须水平,并成为直线。

2)土石方开挖

Ⅰ.土方开挖

管沟的缓坡段和水平段自上而下分段开挖,开挖断面根据管线开挖设计进行,分段坡度一致,开挖的土方堆放在管沟的两侧,陡崖和陡坡段要自下而上开挖,开挖的土方要尽量堆放在管道的两侧,将剩余的土方堆放在指定的地点和部位。

Ⅱ.石方开挖

根据抽水机房的设计断面和高度进行开挖,开挖的方法要自上而下,分层开挖,开挖的块(片)石要堆放在机房的两侧,以便砌筑机房使用,石渣要堆放在指定地点,不能倒入河道。

3)石方、砖方的砌筑

Ⅰ.石方砌筑

石料表面要干净、坚硬,形状要整齐,砌筑时面料缝隙应灌满砂浆,灰缝要保持均匀一致,做到“平、稳、紧、满”的要求,砌体砌好后,要做好养护工作,一般为 14 d,砌体勾缝,抹面砂浆均用 M10。

Ⅱ.砖方砌筑

砖处墙要求颜色一致,砌筑时砂浆要挤满,灰缝保持均匀一致,缝宽 1 cm,错缝砌筑,表面的松散砂浆要清理干净,砌体砂浆为 M7.5。

4)土方回填

管沟回填时,在靠近管道 0.2 m 处,先铺细黄土一层,夯实后再回填第二层,填土高度不小于 1.5 m。其他回填要求分层夯实回填,干容重不小于 1.45 t/m³。要分层、分段填筑。

5)管道出口高程及附属设备安装部位

压力管道出口高程为 315.50 m,抽水最低水位 88.44 m,1#水泵安装高程 93.94 m,2#水泵安装高程 96.94 m,机房门口底部高程 97.94 m,窗子底部高程 99.44 m。在压力管道的 0+011 m、0+068 m、1+054 m、0+874 m、1+138 m、1+303 m、1+328 m 处修筑镇土墩,0+008 m 处修筑沉沙池,0+178 m、0+607 m 处安装修筑排沙井,0+297 m、0+755 m 处安装修筑排气井,1+275 m 处安装修筑闸阀井,1+328 m—1+335 m 处安装 1#水泵、2#

水泵、水表、压力表、逆止阀、闸阀、水嘴等。

7. 主要材料及工程量

蓄水池、上水管线和泵房及配套动力设施。各部分主要工程量见表2-24。

表2-24 科技示范园提水工程主要工程量表

编号	项目名称	单位	数量
一	蓄水池		
1	推土机推土	m³	7 269.1
2	人工挖土	m³	963
3	人工回填土	m³	21.5
4	浆砌块石	m³	201.13
二	上水管道布设		
1	人工挖土	m³	3 493.73
2	土方回填	m³	2 852.83
3	开挖土夹石	m³	562.43
4	镇墩(浆砌块石)	m³	13.65
5	φ65(内径)塑料管	m	1 083
6	φ65(内径)钢管	m	370
7	管件	件	100
8	给水阀门、排气、排沙井	座	5
三	泵房		
1	开挖石基	m³	67.5
2	开挖土夹石	m³	300
3	浆砌块石	m³	160.71
4	4.4 m×0.6 m 楼板	块	12
5	铁门购置及安装	合	1
6	铁窗购置及安装	架	1
四	抽水设备、设施购置及安装		
1	DB50-31 水泵与 37 kW 电机	台	1
2	D25-30-9 水泵与 40 kW 电机	台	1
3	电杆	根	1
4	铝线	m	500
5	爬楼梯子	个	1

第三章 辛店沟科技示范园水土保持
综合防治模式

第一节 辛店沟水土流失特点

黄河水土保持生态工程辛店沟科技示范园位于西北黄土高原的黄丘一副区,根据自然环境和水土流失情况,该区是黄河中游水土流失最严重的地区,也是黄河多沙粗沙的主要产区,在这一区域建立科技示范园,寻求水土流失快速治理的示范模式,是至关重要、刻不容缓的。对此,应首先搞清楚区域内的地貌形态特征、土壤侵蚀特征以及洪水泥沙特征等,以便科学地采取措施、建立模式进行综合治理。

一、地貌形态特征

科技示范园辛店沟面积为 1.44 km²,为黄河中游二级支流、无定河流域一级支流,属于陕西省绥德县辛店乡辛店沟,在自然环境和水土流失方面具有黄丘一副区典型性和代表性。同时,依据黄丘一副区水系划分,可划分出黄河一级、二级、三级等大小不等的闭合流域,这些流域是综合治理的单元,经过多年的试验表明,面积小于 100 km² 的小流域是综合治理的基本单元,这些小流域既是集水单元也是集沙单元,若每条小流域采取有效防治措施而得到治理,整个黄丘一副区的水土流失也就得到有效的遏制。

科技示范园区是黄丘一副区的典型代表,通过多年的侵蚀使地貌形态演变的复杂多样,坡度、坡向、地形及沟状各异。但是,以小流域为单元的集水区,从峁顶到沟底却有明显的垂直分带规律,分水线、峁坡线、谷坡线、流水线将小流域自上而下划分为梁峁顶、梁峁坡、沟谷坡、沟谷底四个区,见图3-1、表3-1。

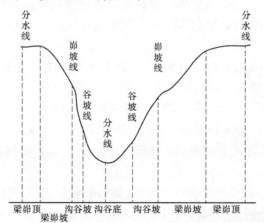

图3-1 小流域集水区地貌形态垂直分带综合剖面示意图

（1）梁峁顶：靠近分水岭，环绕小流域梁峁顶部地带，一般坡度在5°以下，坡长10~20 m，面积约占流域面积的10%以下，多作为农耕地。

（2）梁峁坡：梁峁顶转折处与峁边线之间的地带，坡度5°~30°，坡长35~50 m，面积占流域面积的60%~75%，原状为农耕地。

表3-1　典型小流域地貌类型组成表

| 流域名称 | 流域面积（km²） | 梁峁坡 | | | | 沟谷坡（%） | 沟谷底（沟床）（%） |
		梁峁顶（%）	梁峁坡上部（%）	梁峁坡下部（%）	小计（%）		
韭园沟	70.10	8.41	33.84	17.86	60.11	38.52	1.37
王家沟	9.10	3.30	40.60	12.10	56.00	42.90	1.10
小石沟（辛店沟一级沟道）	0.23	7.40	26.40	27.70	61.50	31.60	6.90
羊道沟	0.206	4.27	22.90	23.10	50.27	48.87	0.86

（3）沟谷坡：峁边线与谷坡线之间地带。坡度>30°，急陡处可达70°以上，地形破碎，原状为荒坡地。

（4）沟谷底：谷坡线与分水线之间地带。靠近谷坡线处，常见有坡度较缓的沟条地或小块水地；分水线处有土沟床或石质沟床，原状为荒沟。

小流域地貌形态的垂直分带规律形成了不同的侵蚀特征和立地条件。

二、土壤侵蚀特征

土壤侵蚀类型多样，特殊的侵蚀环境造成了水力侵蚀、重力侵蚀、风力侵蚀、冻融侵蚀、动物侵蚀和生物侵蚀等多种侵蚀类型。水力侵蚀包括雨滴击溅侵蚀、坡面径流面蚀、细沟侵蚀、切沟侵蚀、冲沟侵蚀。重力侵蚀中包括崩塌、泻溜、滑坡等侵蚀方式。

黄丘一副区绝大部分地区受水力侵蚀和重力侵蚀的双重作用。黄土及近代坡积物的水蚀与重力侵蚀同步演化并相互影响。梁峁地带的片蚀向细沟和浅沟演化，并进一步发展为切沟，最后形成冲沟。冲沟形成后，地面切割进一步加剧，地面坡度变陡，重力侵蚀加剧。见表3-2。

（1）梁峁顶：坡面平缓，地表径流少，主要是面蚀和浅蚀。在雨滴打击下破坏表土结构，形成薄层泥浆，生"结皮"现象，使入渗率降低，属轻度侵蚀区。

（2）梁峁坡：梁峁坡上部，坡度为20°以下，坡长20~30 m，以细沟侵蚀为主，间或有浅沟发生。梁峁坡中下部，地形较复杂，坡度为20°~30°，坡长15~20 m，细沟侵蚀进一步发育，以浅沟侵蚀为主，间或有坡面切沟和陷穴侵蚀发生，属严重侵蚀区，占全流域产沙的38.7%。

（3）沟谷坡：峁边线以下至坡脚以上地带，地形极复杂，是剧烈侵蚀地区，各种侵蚀形态兼备，但以切沟侵蚀、滑坡、崩塌、泻溜等重力侵蚀及洞穴侵蚀为主，同时伴有冻融侵蚀。谷坡侵蚀受梁峁坡来水影响很大，若控制坡面来水，则谷坡侵蚀量将大为减少，属剧烈侵

表 3-2　黄丘一副区小流域侵蚀特征表

地貌部位	梁峁坡			沟谷坡	沟谷底
	梁峁顶	梁峁坡上部	梁峁坡下部		
坡度(°)	<5	5~25	25~30	>35	<15
坡长(m)	10~20	20~30	15~20	30~75	10~30
土壤	黄绵土	黄绵土	黄绵土	红黄土	淤土、石砾
侵蚀类型	溅蚀、风蚀	面蚀、细沟侵蚀、浅沟侵蚀	浅沟、切沟侵蚀	滑坡、崩塌	沟床下切、沟岸扩张
侵蚀程度	轻度侵蚀	严重侵蚀	强烈侵蚀	剧烈侵蚀	剧烈侵蚀
侵蚀模数 (t/km^2)		12 420		23 598	36 640

注:侵蚀模数系韭园沟流域大型径流场,韭园测站多年观测分析所得。

蚀区,占全流域来沙量的45.8%。据韭园沟大咀峁大型径流场资料分析:谷坡的侵蚀量比峁坡侵蚀量大1.9倍。若将峁坡径流量拦蓄,则沟谷坡可减少侵蚀70.0%,这一规律本身证明,治好沟间地是治理沟谷坡的前提。

（4）沟谷底:行洪通道,主要以沟岸扩张、沟底下切、沟头前进及溯源侵蚀为主,属剧烈侵蚀区。

三、水土流失的发生过程和机理

黄丘一副区土壤侵蚀往往是面蚀和沟蚀相伴发生,水力侵蚀、洞穴侵蚀、重力侵蚀交织融合,因此其发生是降雨侵蚀力、径流剪切力、重力、土壤黏聚力、生物固结力等多种力的相互作用结果,发生机理非常复杂。尤其是在梁峁顶、梁峁坡、沟道构成的侵蚀地貌单元中,从坡顶到沟底,侵蚀类型和侵蚀力学机理是不相同的,具有明显的空间分异性。泥沙输移对侵蚀环境及其降雨等能量输入为非线性响应关系,影响次降雨泥沙输移比的因素主要包括降雨过程、径流过程、流域面积和水流含沙量等。

流域产流产沙过程分为坡面侵蚀产沙和沟道侵蚀产沙两部分,又将坡面侵蚀产沙分为细沟间侵蚀和细沟侵蚀,沟道侵蚀以重力侵蚀（沟岸扩张、沟头前进等）为主。坡面产沙量与沟道产沙量之间有一种内在的响应机理,在径流量一定的条件下,沟道产沙量的大小受制于坡面产沙量的多少,而坡面产沙量除与坡面下垫面状况有关外,还受沟道侵蚀产沙的影响,因为沟道侵蚀发育状况决定了坡面的相对侵蚀基准面和汇水面积的大小。

坡面水力侵蚀产沙过程包括雨滴击溅侵蚀和坡面径流冲刷输沙两大过程。一般来说,雨滴击溅直接产沙能力较之沟蚀要小得多,但雨滴击溅作用会对土壤结构产生破坏,形成土壤结皮,增加坡面产流量,通过增加径流使坡面侵蚀增加。坡面径流侵蚀产沙过程的发展和各种侵蚀方式在坡面上的演替主要取决于坡面土壤抗侵蚀能力和坡面径流侵蚀动力等。引起坡面土壤侵蚀的动力主要来自天然降雨和由降雨转化而来的坡面径流。

雨滴溅蚀机理很复杂,它包含着土—水—根系固结系统的相互作用。范荣生等研究表明:坡面流刚开始时,流量很小,但溅蚀使含量有明显峰值。结皮可以有多种成因:雨滴打击压实表土;分散土粒充填;雨后浮悬土粒沉积。蔡强国、陈浩等室内外观测表明:雨滴打击使土壤颗粒重新排列,是黄土形成表土结皮的主要的动力原因,属物理过程;溅蚀率的变化与表土结皮过程密切相关;表土结皮是导致细沟发生的重要原因;表土结皮强度随降雨能量的增大而增大。李占斌对雨滴击溅在坡面降雨侵蚀中的作用也进行过研究,研究结果表明,在坡面不形成细沟的情况下,雨滴击溅侵蚀量占坡面总侵蚀量的21.6% ~ 76.2%。

细沟侵蚀的发生是在坡面小股的流程上,每隔一段形成小跌水,进而演化成细沟下切沟头,下切沟头溯源侵蚀的加长和随之沟壁沟头的崩塌,形成了断续细沟,断续细沟沟头溯源侵蚀的连接形成了连续细沟。坡面上细沟间的彼此合并、分叉及连通则是细沟发展过程的主要表现形式。细沟发育使坡面产沙增加几倍至几十倍。影响细沟侵蚀的要素有降雨侵蚀力、土壤抗侵蚀性、坡面形态(坡长、坡度、坡形、坡面微地形)及上坡来水等。Savat等认为径流水动力增加是细沟发育的主要原因,当坡面流 $Fr = 2 \sim 3$ 时,细沟发育的概率很大,Elliot & Laflen 将细沟侵蚀分为冲刷、沟头下切、侧蚀和剥蚀四部分,而剥离能力则是各个分量的总和,研究结果表明,水流功率能够准确地预测剥离能力。

浅沟属于急紊流,是坡耕地特殊的沟蚀形态,不能为犁耕所平覆,在大于25°的陡坡耕地最发育,属于细沟和切沟间的过渡类型,流经浅沟的水流与细沟明显不同,它具有固定的槽床,水深更大,流速更猛,因而与明流有较多的相似性,在试验中并未看到典型的浅沟形态形成,而只是观察到细沟汇合,并切穿表层 20 cm 耕作层的情况,把这种所形成的侵蚀形态视为浅沟雏形。紊动和急流冲刷已成为浅沟侵蚀的重要特征,浅沟侵蚀通过形成跌水,继而出现下切沟头,最后沟头前进加长贯通而实现。跌水高差比细沟大,溯源侵蚀是其最重要的侵蚀方式,也伴随着较为活跃的侧方崩塌加宽过程,这一点比细沟明显,但不如切沟显著。

切沟侵蚀本质与细沟侵蚀类似,都具有明显的沟槽下切、沟壁崩塌和沟头溯源侵蚀,只是比细沟侵蚀的规模和强度较大而已。切沟是地表常见的一种沟谷形态,切沟侵蚀在现代土壤侵蚀中具有重要位置,尤其是发育活跃期的切沟侵蚀是黄土丘陵沟壑区最重要的侵蚀方式之一,其对流域侵蚀产沙有重要影响和贡献。切沟侵蚀的主要影响因素有流域面积、降雨、径流、汇水面积、坡度、坡长、坡形、地面物质组成、土层厚度、临时地下水位活动、植被及人类活动等。

冲沟一般由切沟侵蚀发展而来,其主要特点是沟床纵断面与所在坡面不一致,其规模已远大于切沟,宽深由数米至数十米,甚至百米以上。已切割分水岭的冲沟,发展形成于沟间地的沟谷地,其沟谷长度可达数千米以上,其流域范围已形成沟道水路网系统,成为沟道小流域。冲沟形成分为幼年、中年和老年三个阶段。幼年期冲沟一般直接由坡面切沟发展而来,规模较小,横剖面呈"V"形,沟床与所在坡面不一致,多跌水,下切、侧蚀、溯源侵蚀比较强烈。中年期冲沟横剖面呈宽"V"形,纵剖面上部较陡,同幼年期下切和溯源侵蚀活跃,下部呈弧形,以侧蚀为主,下切减缓。老年冲沟除上游沟头部分溯源和下切侵蚀强烈外,中、下游沟床下切渐趋稳定,接近侵蚀基准面,纵向比降减小。

洞穴侵蚀(陷穴、盲沟、串洞)径流渗入地下,产生的一种侵蚀形态,大多发生在谷坡中上部分及沟头部分,少数发生在峁坡下部。峁坡下部分布的浅沟和谷坡,承受大量的峁坡径流形成漏斗,便于径流集中渗入,缝隙扩大后形成暗洞,重力作用使洞顶土体塌陷形成陷穴;若沿坡向继续向下侵蚀,延伸到较大长度无出口,则为盲沟;有出口则为串洞。串洞上部土体塌陷后形成"圪崂洼"。坡劈崖填沟形成的台田也易发生洞穴侵蚀,它往往是沟头前进或沟岸扩张的前奏。

重力侵蚀规模差异很大,从产沙角度看,大型滑坡往往减小了局地的坡面坡度,侵蚀体经过几十年甚至上百年时间才有可能被搬运,而小型的滑坡、滑塌、泻溜等重力侵蚀类型对场次洪水的产沙作用非常重要,其发生频率高、产沙量很大,是小流域产沙的主体,将其称之为浅层重力侵蚀。重力侵蚀的发生是一种动力学过程与随机过程的耦合结果,不仅取决于降雨径流、坡度等因素,而且还是"土—根"系统水动力学的关联函数。重力侵蚀形态主要有滑坡、崩塌、泻溜三种。

侵蚀产沙的过程告诉我们,不同类型水土保持措施的作用机理是不一样的,因而应根据流域内径流泥沙来源的空间差异,布置不同类型的措施,并确定其规模。

四、洪水泥沙特征

地面径流与沟道洪水的形成是由降雨和下垫面条件决定的。区内梁峁起伏,沟壑纵横,地形破碎,植被稀疏,且降雨多以暴雨为主,降雨后极易产生径流,径流汇集形成洪水,洪水一般发生在6~9月,其中7、8两月为最多,占年降水量的50%左右。全年径流多集中在几次大洪水,一次洪量可占年径流量的20.4%~69.8%。

(1)年际变化大,年内分配不均。据韭园沟流域1954~2004年观测资料统计,年均降水量468.62 mm,但年际变化是232~735 mm。汛期年均降雨量339.33 mm,但年际变化是112~574 mm。年内分配极不均匀,降雨主要集中在汛期6~9月,降雨量占年降水量的72%,7、8两月降雨最多,降雨量占年降水量的46%。

(2)时空分布集中,历时短,强度大。1961年8月1日,暴雨中心至流域内王茂沟沟口,直线距离3.4 km,雨量差40.3 mm,平均梯度为每千米11.8 mm。据韭园沟雨量站观测,1969年8月31日暴雨,14分降雨41.2 mm,其中12分降雨33.5 mm,占总雨量的81%。暴雨在时空上的高度集中,产流历时很短,多为超渗产流。短历时暴雨笼罩面积小,梯度大。

(3)土壤侵蚀暴雨。土壤侵蚀暴雨是指坡面开始产流的降雨称为侵蚀暴雨。据韭园沟流域观测资料统计,1954~1979年共降雨1 713次,累计降雨量11 242 mm,其中产流降雨只有191次,占11%;产生径流的雨量5 104 mm,占45%。该区域山西王家沟流域22年共降雨13 530 mm,其中产生径流的降雨量4 582 mm,占34%。子洲岔巴沟流域产生径流的降雨量占总雨量的24%。因此,产流降雨量值或强度应超过某一值。根据相邻的辛店沟流域径流场观测资料(见表3-3),将有关数据点绘在图(见图3-2)上,得流域降雨强度(i)与起流历时(t)的相关关系,可参考下式:

$$i = 2.206t - 0.762 \tag{3-1}$$

式中 i——降雨强度,mm/min;

  t——起流历时,min。

相关系数 $r = 0.859$。

起流历时的长短是确定侵蚀暴雨标准的依据。经分析表明:引起土壤侵蚀的降雨,历时在 60 min 以内的短历时降雨占 70% 以上。本文将起流历时上限定为 60 min，由式(3-1)计算，可得到起流历时在 60 min 以内不同时段的侵蚀暴雨标准，见表3-4。造成水土流失的降雨，历时为 1~6 h，雨量为 20 mm 以上，强度为 5~20 mm/h 的急雨和暴雨。

表 3-3　辛店沟径流场实测雨强与起流历时关系表

序号	起流历时（min）	雨量（mm）	实测强度（mm/min）	计算雨强（mm/min）	序号	起流历时（min）	雨量（mm）	实测强度（mm/min）	计算雨强（mm/min）
1	233	11.5	0.049	0.036	30	23	4.5	0.196	0.211
2	218	7.2	0.033	0.038	31	21	6.8	0.324	0.226
3	207	10.8	0.052	0.039	32	20	5.3	0.265	0.234
4	198	9.5	0.048	0.041	33	20	6.5	0.325	0.234
5	195	7.2	0.037	0.041	34	20	6.0	0.300	0.234
6	191	7.0	0.037	0.042	35	19	6.9	0.363	0.244
7	184	5.5	0.030	0.043	36	19	3.8	0.200	0.244
8	179	7.0	0.039	0.044	37	18	5.0	0.278	0.254
9	176	7.0	0.040	0.045	38	17	6.0	0.353	0.265
10	102	3.6	0.035	0.068	39	16	2.2	0.138	0.278
11	97	16.8	0.173	0.070	40	16	8.2	0.513	0.278
12	91	12.2	0.134	0.074	41	15	4.5	0.300	0.292
13	88	9.2	0.105	0.076	42	15	1.0	0.067	0.292
14	87	6.1	0.070	0.076	43	15	2.7	0.180	0.292
15	80	8.5	0.106	0.081	44	14	2.8	0.200	0.307
16	76	5.6	0.074	0.085	45	14	4.8	0.344	0.307
17	68	8.0	0.118	0.092	46	14	4.5	0.321	0.307
18	48	4.7	0.098	0.120	47	13	4.2	0.323	0.325
19	47	3.0	0.064	0.122	48	12	7.5	0.625	0.346
20	47	3.0	0.064	0.122	49	12	4.7	0.392	0.346
21	46	3.5	0.076	0.124	50	12	5.0	0.417	0.346
22	30	2.5	0.064	0.141	51	12	9.5	0.792	0.346
23	37	4.4	0.119	0.147	52	12	5.0	0.417	0.346
24	34	7.2	0.420	0.156	53	11	3.1	0.282	0.369
25	30	5.1	0.170	0.172	54	11	4.0	0.364	0.369
26	28	4.1	0.146	0.181	55	10	8.7	0.870	0.397
27	26	6.5	0.250	0.192	56	9	3.0	0.333	0.430
28	26	2.4	0.092	0.192	57	8	5.0	0.625	0.471
29	26	15.3	0.588	0.192	58	5	1.5	0.300	0.674

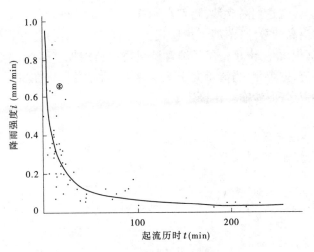

图 3-2　雨强与起流历时关系图

表 3-4　土壤侵蚀暴雨标准

起流历时 （min）	雨强 （mm/min）	雨量 （mm）	起流历时 （min）	雨强 （mm/min）	雨量 （mm）
0.5	3.89	1.95	15.0	0.29	4.38
1.0	2.30	2.30	20.0	0.23	4.68
2.0	1.35	2.71	25.0	0.20	4.95
3.0	0.99	2.98	30.0	0.17	5.16
4.0	0.80	3.19	40.0	0.14	5.52
5.0	0.67	3.37	50.0	0.12	5.85
10.0	0.40	3.97	60.0	0.10	6.06

（4）暴雨主雨峰在前,发生频率多。据统计,短历时暴雨雨峰一般以单峰出现,且降雨量集中在整个过程的 1/3 时间内,雨峰一般在前部（见表 3-5）,暴雨过程呈现出一定的分布规律。短历时暴雨在流域发生频率达 60%~70% 以上,是引起土壤侵蚀的主要暴雨类型。

表 3-5　韭园沟雨量站雨峰位置统计表

雨峰位置	在前部 $0 < t < T/3$	在中部 $T/3 < t < 2T/3$	在后部 $2T/3 < t < T$	总计
出现频次	77	20	4	101
占百分比（%）	76.7	19.8	3.5	100

注:资料年限为 1954~1979 年;T 为暴雨过程,min;t 为雨峰出现时间,min。

　　由于该区暴雨历时短、强度大,使疏松的黄土侵蚀十分严重。据观测资料,陕西绥德裴家峁流域一次暴雨后,从坡面到毛沟、支沟及干沟各级汇流区含沙量的同步实测过程线看出,产流含沙不久就到高含沙,随着水流从坡面、支沟到干沟的逐级输移,干沟含沙的峰位始终保持相当高的数值,落峰梯度缓慢(见图3-3、图3-4)。这说明泥沙从坡面进入沟道后,不但不沉积,相反由于沟谷侵蚀含沙量还有所增加。因此,本区小流域洪水输沙一般为高含沙水流,据观测,当流量大于 5 m³/s 时,含沙量稳定在 800 kg/m³ 左右,并将流域所产泥沙全部带走,泥沙输移比接近1。

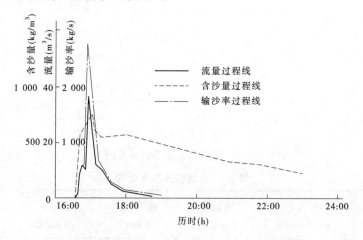

图 3-3 裴家峁 1980 年 7 月 28 日洪水过程线

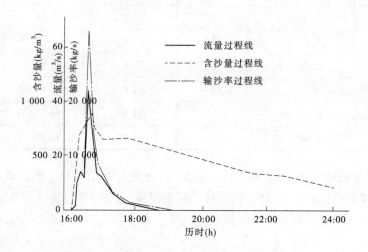

图 3-4 裴家峁 1960 年 7 月 28 日洪水过程线

流域产沙与洪水特性相对应,年输沙主要来自几场洪水。据大理河支流岔巴沟流域资料(面积 187 km²),1966 年 7 月 17 日和 8 月 15 日两次暴雨的输沙量共 93.5 万 t,占年输沙总量的 70%。

洪水输沙过程有显著的特点。由于本区小流域受沟网地形及水力条件制约,其洪水过程陡涨陡落,常呈单峰形。流量和输沙率过程线形状基本相似,两过程线封顶基本重合,含沙量过程峰顶稍滞后于流量过程线峰顶,在落峰相当时段内含沙量变化小,流量变化大,形成小流量输高含沙的水流特征。

五、多沙粗沙集中产区

(一)科技示范园是多泥沙产区

黄丘一副区是黄土高原水土流失切割最严重的地区。黄河纵贯南北,一、二级支流切割较深,沟道比降大,洪水泥沙输送速度快,再加上汛期暴雨集中,坡面植被稀疏,水土流失十分严重,是黄土丘陵沟壑区最为严重的地区。本区 64 576 km² 内,年侵蚀模数超过 10 000 t/km² 的面积占 57.2%,在流域的中下游地区年侵蚀模数高达 40 000 t/km²,年均入黄泥沙达 5.92 亿 t,占黄河泥沙总量的 37%,是黄河泥沙的主要产区。位于本区北部的皇甫川、孤山川、窟野河、秃尾河和佳芦河等流域,年输沙量 2.46 亿 t,占北部地区年输沙量的 76%,是泥沙最为集中的产区。

(二)科技示范园是多粗沙产区

钱宁等根据黄河下游河道淤积特点,将粒径大于 0.05 mm 的泥沙称为"粗泥沙"。黄丘一副区土壤沙粒含量高,是粗沙的主要产区。据观测分析,本区不同地带土壤颗粒机械组成是不同的,粒径大于 0.05 mm 的粗沙分布具有地带性特征,北部、西部土壤颗粒组成较粗,向东部、南部土壤颗粒逐渐变细,即由西北向东南粗沙含量逐渐减少,其主要成分含量的变化为沙粒(>0.05 mm)→粉粒(0.05~0.002 mm)→黏粒(<0.002 mm),由内蒙古准格尔旗沙粒含量占 65%,到山西离石减至 18%,表 3-6 与此对应的河流泥沙含量也由北至南逐渐减少(见图 3-5),分布于北部的皇甫川、孤山川、窟野河、秃尾河、佳芦河等 10 条黄河支流,既是本区的多沙产区也是粗沙产区,面积 2.6 万 km²,输入黄河的泥沙 3.6 亿 t/a,其中粗沙 1.9 亿 t,是本区多沙粗沙最为集中的产区。

表 3-6   黄丘一副区不同地带土壤颗粒分布情况

项目地名	土壤颗粒机械组成(%)			土壤	区域方向
	砂粒 (>0.05 mm)	粉粒 (0.05~0.002 mm)	黏粒 (<0.002 mm)		
准格尔旗	65.0	25.4	9.6	沙黄土	自北而南
保德	59.6	29.4	11.0	沙黄土	
佳县	42.7	55.8	1.5	沙黄土	
绥德	34.8	57.2	8.0	沙黄土	
延长	22.0	70.5	7.5	新黄土	
榆林	76.0	20.0	4.0	沙黄土	自西而东
佳县	42.7	55.8	1.5	沙黄土	
离石	18.6	68.3	13.1	沙黄土	

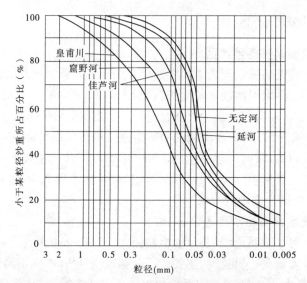

图 3-5　黄丘一副区黄河支流泥沙粒径变化图

第二节　水土保持防治模式

一、综合防治体系理论分析

科技示范园区水土保持措施优化配置,应以控制水土流失、充分利用水肥光照资源、最大限度地提高土地生产力为目标。因此,措施配置应考虑:减少土壤侵蚀,就地就近拦蓄入渗;合理利用水肥光照自然资源;优化土地利用结构;水土保持各项措施有机结合,发挥整体功能。

(一)减少土壤侵蚀,就地就近拦蓄入渗

黄土丘陵沟壑区绝大部分地区受水蚀、重力侵蚀的双重作用。黄土结构疏松,孔隙度较大,一方面降水入渗快,容纳水量能力强,2 m 深土层的持水能力在 500 mm 左右,有效的持水量在 400 mm 以上,因此其储存和利用潜力较大。另一方面土壤易侵蚀,且侵蚀量大。由表 3-7 可以看出,从梁峁顶至沟谷底,侵蚀方式由溅蚀—面蚀—沟蚀演变,侵蚀强度不断加剧,侵蚀模数由 12 420 t/(km² · a)增至 36 640 t/(km² · a)。因此,在配置水土保持措施时,梁峁坡应考虑截短坡长,改变微地形、兴修水平梯田,拦蓄径流泥沙,就地就近入渗降水。沟谷坡应考虑稳定沟坡、造林种草,防止滑坡、串洞、崩塌等重力侵蚀的发生发展。沟谷底是行洪通道,冲刷严重,应考虑抬高侵蚀基点,修建拦泥工程,营造防冲林。

(二)合理利用水肥光热自然资源

水肥光热等自然资源在坡面上呈现出一定的分布规律。

1. 土壤水分沿坡面的变化规律

黄土丘陵沟壑区,多属"十年九旱"的干旱半干旱地区,年均降水量 400~500 mm,而且流失严重,据 1990~2010 年的绥德桥沟农坡地径流场观测,坡面径流模数:梁峁坡上部

表 3-7 黄土丘陵沟壑区小流域侵蚀特征

地貌部位	梁峁坡			沟谷坡	沟谷底
	梁峁顶	梁峁坡上部	梁峁坡下部		
坡度(°)	<5	5~25	25~30	>35	<15
坡长(m)	10~20	20~30	15~20	30~75	10~30
土壤	黄绵土	黄绵土	黄绵土	红黄土	淤土、石砾
侵蚀类型	溅蚀、风蚀	面蚀、细沟侵蚀、浅沟侵蚀	浅沟、切沟侵蚀	滑坡、崩塌	沟床下切,沟岸扩张
侵蚀程度	轻度侵蚀	严重侵蚀	强烈侵蚀	剧烈侵蚀	剧烈侵蚀
侵蚀模数 $(t/(km^2 \cdot a))$	12 420	12 420	12 420	23 598	36 640

注:侵蚀模数系韭园沟流域大型径流场,韭园测站多年观测分析所得。

18 969 m^3/km^2,梁峁坡下部 23 078 m^3/km^2,谷坡 15 999 m^3/km^2,全坡长 19 079 m^3/km^2。流失最严重的是梁峁坡下部,其次是上部。这部分水量在坡面上不再进行分配,但流失的差异性使沿坡面各部位土壤水分变化较大。

2. 土壤养分沿坡面的变化规律

据绥德站桥沟径流场测定,坡面流失的泥沙中养分含量,特别是速效养分,高于耕作层土壤养分含量,见表 3-8。水土流失是造成土地贫瘠的根本原因,也使坡面土壤养分发生迁移,形成不同部位养分含量有所差异,见表 3-9。从峁顶至沟谷,土壤养分除全钾外,其余三种均很贫乏,土壤养分是限制作物产量的主要因子。因此,配置水土保持坡面措施主要应采取如兴修梯田、整地造林、水保耕作等防治水土流失的措施,以保持土壤及养分。

表 3-8 泥沙与耕作层土壤养分含量对照

项目	全氮（%）	全磷（%）	全钾（%）	有机质（mg/kg）	水解氮（mg/kg）	速效磷（mg/kg）	速效钾（mg/kg）
泥沙流失土样	0.049	0.065	1.79	7.20	61.7	6.70	141
农耕地土样	0.033	0.065	1.87	4.55	24.4	2.79	79
比值	1.500	1.000	1.00	16.0	25.0	24.0	1.8

注:泥沙流失土样养分值系 3 年 166 个样品的平均值。农耕地土地养分值系 4 年混合样品平均值。

表 3-9 土壤养分沿坡面变化情况

地貌部位	取样深度(cm)	全氮(%)	全磷(%)	全钾(%)	有机质(mg/kg)
上峁坡	0~5	0.039	0.067	1.94	0.595
	5~20	0.33	0.066	1.93	0.506
下峁坡	0~5	0.036	0.064	1.93	0.558
	5~20	0.030	0.064	1.99	0.488

地貌部位	取样深度（cm）	全氮（%）	全磷（%）	全钾（%）	有机质（mg/kg）
谷坡	0～5	0.040	0.067	1.92	0.536
	5～20	0.030	0.065	1.92	0.428
全坡	0～5	0.040	0.065	1.86	0.552
	5～20	0.031	0.062	1.97	0.519

注：上列数据是 1990 年播前和秋后两次测定的平均值。

3. 光温资源沿坡面的变化规律

黄土丘陵沟壑区光能资源丰富，昼夜温差大，汛期光热雨同步，有利于植物生长。据绥德站观测，见表 3-10；日照辐射差异最大的是南坡（阳坡）和北坡（阴坡），东西坡日照时数居中。南坡较北坡日照时数月平均多 6.05 h，最多为 13.6 h。据 1988 年 5 月 10 日至 10 月 10 日在老林塌东向坡面日照变化观测，见图 3-6，日照时数以坡中部最高，观测期间的日照总时数分别达 1 933.6 h 和 1 912.8 h，而坡顶和坡脚分别是 1 857.8 h 和 1 729.2 h。因此，为能充分利用光能资源，在南向坡或峁坡中部宜种植农作物及经济树种，坡顶宜种植抗逆性较强的牧草，沟谷坡宜于造林。

表 3-10　辛店沟南、北坡日照时数变化　　　　　（单位：h）

月份	7 月				8 月				9 月				10 月				平均
	上旬	中旬	下旬	合计	上旬	中旬	下旬	合计	上旬	中旬	下旬	合计	上旬	中旬	下旬	合计	
南坡	75.1	84.7	109.1	268.9	80.9	40.3	90.9	212.1	74.6	88.5	81.4	244.5	89.1	83.6	62.1	235.0	
北坡	70.6	86.8	109.3	266.7	79.8	38.8	87.9	206.5	70.9	81.3	79.3	231.5	88.5	81.1	62.6	232.2	
差额				2.2				5.6				13				2.8	5.9

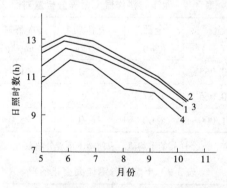

1—山顶；2—坡中（Ⅰ）；3—坡中（Ⅱ）；4—坡脚

图 3-6　老林塌东向坡面日照时数变化规律

温度是植物生长的主要因子，辛店沟 1959 年 6 月中旬观测资料（见表 3-11）表明，0～20 cm 土层处，不同地貌部位地温的变化与日照时数有密切的关系，且呈现出相似的规律。南坡较北坡平均地温高；在同一坡向上南坡峁坡地温最高，其次是峁顶和谷底。0～10 cm 土层处，这一规律更为明显。北坡峁顶地温最高，其次是峁坡和谷底。因此，在配置水土保持措施时,利用地温资源与光照资源有同一性。

表3-11　　不同地貌部位地温变化表　　　　　　（单位:℃）

土层深(cm)		5	10	15	20	平均
峁坡	南坡(阳坡)	27.05	23.44	22.08	21.56	23.53
	北坡(阴坡)	23.42	22.99	22.62	22.67	22.93
峁顶		24.70	22.37	23.25	23.11	23.36
谷底		22.64	23.03	20.85	21.25	21.94

(三)土地利用结构优化

建立小流域农林牧最佳生态经济结构,合理利用土地资源是水土保持措施优化配置模式的主要内容之一。

根据本区典型小流域土地利用结构优化调整的经验,先确定不同人口密度小流域以粮食为主的农产品消费水平所需的用地面积;其次把剩余土地作为果园和林草用地,并优先发展果园和经济林,适当发展乔木林,在陡坡地大力发展灌木林,增加人工草地面积,发展畜牧业,建立饲草基地。

土地利用结构的调整和优化常用系统工程原理,采用线性规划方法。将有关的自然资源、社会经济指标和水土保持生态指标等作为约束条件,以满足生态、经济和水土保持的多目标要求,使系统总体功能达到最佳的方案作为实施的依据。

小石沟流域土地利用结构逐步得到了调整,特别是从1966年开始,发生了根本性的变化,见表3-12。2010年与1990年相比,各业主用地所占比例调整为:农耕地由14.21%增加到19.56%,坝地明显增加;林地由48.44%减少到43.19%,果园地由29.05%增加到31.45%;草地由19.96%减少到18.57%,人工草地明显增加近3倍,非生产地减少了,试行了封禁育林后,荒陡坡增加。改变了过去作物单一,广种薄收,以粮食为主的生产状况,实现了农业生态化、多元化、规模化,建成了"三优"农产品基地。

(四)水土保持各项措施有机结合

水土保持措施主要是工程措施(坡面工程和沟道工程)、生物措施。根据绥德站多年的试验观测,这些措施的减水减沙作用十分显著。

1. 治坡措施减水减沙效益

根据绥德韭园沟流域和辛店沟流域试验小区的对比观测资料,得出各次暴雨梯田林地(洋槐树龄4年以上,郁闭度大于60%)和牧草地的减水减沙效益曲线,见图3-7、图3-8。

从图中可以看出:水平梯田的减水减沙作用显著,是治坡的一项主要措施。

2. 沟道工程措施减水减沙效益

沟道工程措施主要是小水库、淤地坝及治沟骨干坝形成的沟道坝系。如绥德王茂沟小流域,面积为5.97 km²,是无定河二级支沟,是以坝系建设为主的综合治理典型流域。现有坝库20座,淤地23.7 km²,单位面积淤地3.95 km²/km²,多年来共拦泥1 500 000 t,单位面积拦泥量为67 020 t/hm²,坝系基本达到稳定,近十年来基本达到了洪水泥沙不出沟。各地典型小流域淤地坝拦泥效益见表3-13。

表 3-12 小石沟流域土地利用情况变化表

地类		1966年 面积(hm²)	1966年 占总面积(%)	1984年 面积(hm²)	1984年 占总面积(%)	1985~1988年 面积(hm²)	1985~1988年 占总面积(%)	1990年 面积(hm²)	1990年 占总面积(%)	2010年 面积(hm²)	2010年 占总面积(%)
农耕地	坝地	0.8	3.47	1.6	6.95	1.6	6.95	1.6	6.95	2.6	11.3
	水平梯田	3.07	13.35	2.8	12.17	3.54	15.39	1.67	7.26	1.9	8.26
	隔坡梯田	0.53	2.3								
	地埂	2.47	10.74								
	坡地	1.2	5.21								
	小计	8.07	35.07	4.4	19.12	5.14	22.34	3.27	14.21	4.5	19.56
林地	乔木林	3.02	13.14	0.93	4.04	0.93	4.04	0.93	4.04	0.12	0.52
	灌木林	1.18	5.13	3.53	15.35	3.53	15.35	3.53	15.35	2.58	11.22
	果园	1.45	6.31	4.81	20.92	4.81	20.92	6.68	29.05	7.23	31.45
	小计	5.65	24.58	9.27	40.31	9.27	40.31	11.14	48.44	9.93	43.19
草地	人工草地	1.1	4.78	1.47	6.39	1.47	6.39	1.47	6.39	4.27	18.57
	改良牧荒地	2.58	11.22	3.86	16.79	3.12	13.57	3.12	13.57		0
	小计	3.68	16	5.33	23.18	4.59	19.96	4.59	19.96	4.27	18.57
其他	荒坡	2.93	12.74	1.33	5.78	1.33	5.78	1.33	5.78	2.5	10.86
	非生产地	2.67	11.61	2.67	11.61	2.67	11.61	2.67	11.61	1.8	7.82
	小计	5.6	24.35	4	17.39	4	17.39	4	17.39	4.3	18.68
合计		23	100	23	100	23	100	23	100	23	100

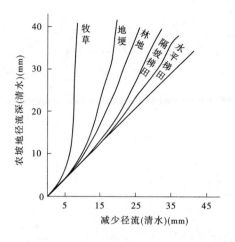
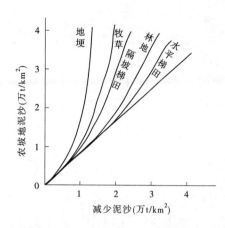

图 3-7　单项治坡措施减水效益图　　　　图 3-8　单项治坡措施减沙效益图

表 3-13　典型小流域淤地坝拦泥效益

流域	面积 （km²）	座数 （座）	平均坝高 （m）	拦泥总量 （万 m³）	单位面积拦泥 （万 m³）	淤地 （hm²）	拦泥量 （m³/hm²）
子洲岔巴沟	167.0	348	21.6	3 448	18.43	540	83 160
子洲周三岔	9.7	17	12.9	135	13.9	13.6	99 260
子洲萝卜渠	6.5	15	9.8	28	4.3	6.0	46 650
横山苦水沟	128	10	18.7	951	7.43	182.4	52 130
绥德韭园沟	70.1	242		1 180	16.83	195.5	60 090
绥德王茂沟	5.97	20	13.5	113	18.8	23.7	47 750
离石王家沟	9.1	26	14.3	121.4	13.34	32.5	40 320
中阳高家沟	14.1	54	13.5	206.8	14.67	51.3	40 040

　　上述各项水土保持措施应有机地结合,发挥其整体的减水减沙功能,将取得更加显著的效益。

二、小流域水土保持措施优化配置模式

　　根据上述原理与依据,即水肥光温等自然资源在坡面上的分布规律,小流域水土保持措施应采取立体梯层结构配置模式,见图 3-9。

　　(1)梁峁顶:黄土高原的梁峁丘陵沟壑区,除有限的降雨资源外,没有任何灌溉条件。针对这一具体情况,绥德站率先在科技示范园实施了峁顶集雨场水窖配置模式。多数建于基本农田和经济作物集中的山峁上,将山顶推平,然后挖窖体,经防渗处理即可,集雨面随地形而异,一般为圆形或长方形,四周向中间倾斜,以利雨水汇集,集雨口或水窖大小均根据集雨面的大小而定。汇集的雨水经两级沉砂池过滤,清水流入窖窑储藏,供发展节水

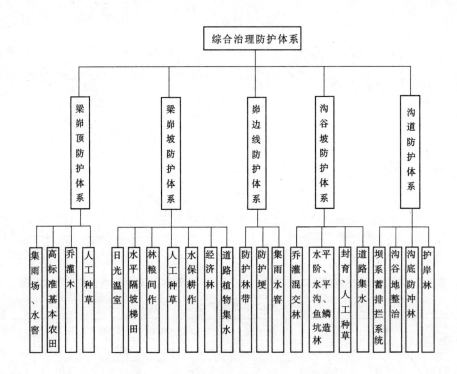

图 3-9　黄土丘陵沟壑区综合治理模式图

灌溉。通过修建集雨场,确保山顶泥沙零输出,减少了峁坡以下径流量。没有条件的峁顶兴修高标准农田采用适宜的耕作措施发展农作物或养殖。控制径流起点,保护农田,在小流域顶部营造峁林防护林带,采用等高带状种植法,沿分水岭地带,自上而下种植,采用洋槐、侧柏、榆树、柠条、紫穗槐等进行混交,林缘种植灌木,当时共试验营造林带长564 m。

(2)梁峁坡:在这一区域开展了坡地梯田化试验,选择土质好、土层厚、大块连片的农耕地,按坡度大小,将15°以下的修成10 m左右的宽梯田,20°左右的修成5 m左右宽的一般梯田,作为基本农田或栽植经济林木。试验修梯田6.8 hm²。梯田埂顶或宽梯田埂坡栽植黄花菜或紫穗槐。25°以上的梁峁陡坡种植牧草,作为牲畜的饲草基地。有灌溉条件的峁坡,阳坡发展设施农业,兴修日光温室,立体栽培,背坡封禁种草,建设植物集雨面,提供温室生产用水,实现了减地不减产。

(3)峁边线:群众称地畔,采用带状种植法,配置了峁边生物保护带,种植首蓿、柠条,具有固定峁坡、消减坡面径流、防止沟缘崩塌、沟坡扩张和沟头延伸等作用。同时,峁边种植的灌木、牧草作为"三料"。也可在峁边线上修截水沟收集坡上的雨水统一排放或者修建水窖收集雨水,用于灌溉或者人畜饮水,减少了沟谷坡径流量。

(4)沟谷坡:峁边线以下坡脚线以上地段,土壤侵蚀最严重,针对土壤侵蚀最严重、地貌最破碎的部位,采取修建水平沟、水平阶、反坡梯田、鱼鳞坑等营造洋槐、榆树等乔木树种,陡坡处种植柠条、紫穗槐等灌木,形成块状混交林和人工改良牧场。

(5)沟道:主沟道兴建防洪、拦泥、生产三结合的控制性淤地骨干工程,逐步形成坝系,充分利用水沙资源,发展为高产稳产的基本农田。支沟溪线上修筑跌水、谷坊或营造沟底防冲林。

从崾顶到沟道的道路上发展路旁葡萄串式集雨窖,是指沿硬质路面(或弱透水土、石子路面)两侧农田中或闲置地中开挖水窖(瓶窖式或长方体水窖),收集路面径流。

上述各项措施配置,使小流域自上而下层层设防、节节拦蓄,形成立体梯层工程防护体系。不仅有效地控制土壤侵蚀,而且充分利用水土资源,促进农业生产和流域经济的发展。

第三节　辛店沟综合治理评价

黄土丘陵沟壑区,在小流域水土保持治理措施的合理配置方面,经过多年的试验、实践,已涌现出如绥德韭园沟、小石沟、离石王家沟等许多典型,小石沟流域是采取上述模式配置的。

小石沟流域从1953年开始治理,经过多次规划、措施配置、土地利用结构调整,实践证明:小石沟流域实行这种水土保持措施配置模式,对减少土壤侵蚀,拦蓄径流泥沙,充分合理地利用水肥光热资源,提高土地生产力,改善生态环境,在该区具有典型示范和引路的作用,见表3-14。

表3-14　小石沟流域治理效益

年份	土地利用结构	社会效益		水保效益	生态效益
	农:林:草:果	每人平均粮食（kg/km²）	每人平均纯收入（元/km²）	年输沙量（t/km²）	植被覆盖率（%）
1984	1:1.02:1.21:1.09	536.5	779.0	0	46.6
1990	1:1.37:1.4:2.04	416.7	1 001.4	0	68.4
2010	1:2.21:1.90:1.61	578.5	1 864.5	0	73.5

注:人口密度1984年按140人/km²计,1990年按163人/km²计,2010年按187人/km²计。

一、拦沙效益

从山顶到沟底、沟掌到沟口,通过坡改梯工程、沟道工程、坡面工程,形成了层层设防、节节拦蓄的地表径流和泥沙。小石沟流域,面积0.23 km²,治理面积达到82.6%,治理度较高,6年平均较非治理的青阳崾沟减少径流92.8%,减少泥沙98.4%,目前各项措施的拦蓄能力在日降雨150 mm的情况下,可以达到洪水泥沙不出沟。见表3-15。

(一)生物措施

根据水土保持单项措施径流观测成果分析,打坝、修梯田、造林、种草都有明显的拦沙减水效益。以单位面积计算,其拦蓄径流、泥沙效益分别为:水平梯田92.8%、96.6%,隔坡梯田63.7%、66.5%,3~8年生林地54.0%、37.7%,两年生草地54.1%、70.3%。

从多年拦蓄洪水泥沙的效益来看,坡面治理特别是生物措施开始不能很快地显示其作用,但逐年是增大的,主要由植物的覆盖度的大小决定拦沙能力的高低;坡面治理的工程措施梯田的拦沙能力的高低,主要取决于梯田的质量标准。

表 3-15　各单项措施蓄洪量表

农坡地产洪量（m^3/km^2）	梯田减洪量（m^3/km^2）	造林减洪量（m^3/km^2）	种草减洪量（m^3/km^2）
5 000	5 000	4 000	3 000
10 000	10 000	8 000	6 000
20 000	20 000	15 000	10 000
30 000	29 000	21 000	16 600
40 000	37 000	27 000	20 000
50 000	43 000	32 500	24 000

1. 林地

1）林地质量确定

Ⅰ类林地（LSA1）标准是有工程整地措施，覆盖度在 60% 以上或没有工程整地措施，覆盖度在 70% 以上。Ⅱ类林地（LSA2）标准是有工程整地措施，覆盖度在 40% 以上，或没有工程整地措施，覆盖度在 50% 以上。Ⅲ类（LSA3）林地标准是有工程整地措施，覆盖度在 20% 以上，或无工程整地措施，覆盖度在 30% 以上。影响林地减洪减沙的因子很多，如坡度、坡长、林地地貌部位、林种、林龄以及枯枝落叶层覆盖度等，在这些影响因子中，覆盖度是影响其减洪减沙的主要因子。

2）林地年蓄洪减沙量确定

通过点绘林地减沙量与荒坡地产沙量关系，结合林地覆盖度，可以得到不同质量情况下林地的减沙效益，见图 3-10。从图中可以看出，不同产流水平下、不同林地质量拦洪拦沙水平不同，林地减沙效益不仅同林地覆盖度有关，而且与产流水平有关，随着产流量的增大，林地的减沙量增大，当增大到极限程度后不再变化。

2. 草地

1）草地质量分级标准确定

草地的减洪减沙机理与林地相同，其拦洪拦沙能力主要与草地植被覆盖度有关，其分级标准是：Ⅰ类草地（CSA1）指覆盖度在 60% 以上；Ⅱ类草地（CSA2）指覆盖度在 40% ~ 60%；Ⅲ类草地（CSA3）指覆盖度在 40% 以下，其拦洪能力较差。

2）草地年蓄洪拦沙量确定

通过点绘草地拦沙量与对照区（农坡地）产沙量关系，得到不同覆盖度下草地的减沙效益，见图 3-11，与林地的减沙效益相似，草地的减沙不仅与草地质量有关，而且与对照区的产流量有关。

（二）工程措施

1. 梯田

1）不同梯田质量标准确定

根据梯田径流小区试验结合大面积的梯田情况，确定不同梯田质量标准如下：符合设计标准，田面宽度在 5 m 以上，田面平整或成反坡，埂坎完好，在设计暴雨情况下不发生水土流失，为第一类（TSA1）。田面宽度在 5 m 以下的反坡梯田和水平梯田，或田面宽度在

5 m以上,田面坡度小于4°,大部分已无边埂,田坎完好,小部分渠弯冲毁,具有一定的蓄水能力,拦沙能力较强,此为第二类(TSA2)。田面宽度在4 m以下,田面坡度在4°以上,无地埂,田坎受到破坏,蓄水能力差,但具有一定的拦沙能力,此为第三类(TSA3)。

2)梯田年蓄洪减沙量确定

根据资料点绘梯田减沙量与农坡地产沙量关系,根据梯田质量分级标准,不同质量情况下梯田减沙量见图3-12。从图中可以看出,梯田减沙量随着农坡地产沙量变化而变化,而且不同的梯田质量,拦沙能力差别很大。

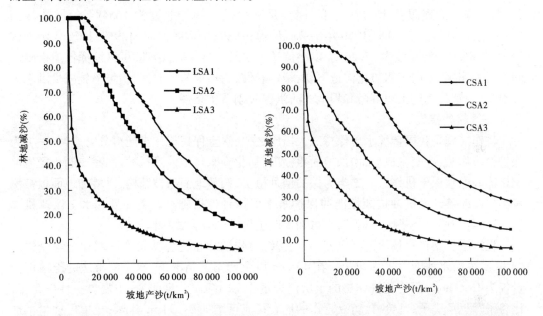

图 3-10　林地在不同产洪水平下的减洪指标　　　图 3-11　草地在不同产洪水平下的减洪指标

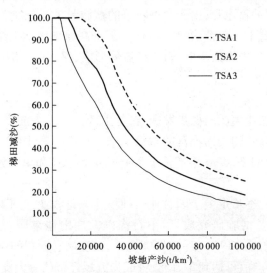

图 3-12　梯田在不同产洪水平下的减洪指标

2. 淤地坝

在暴雨洪水作用下,坡面和沟壑同时产生洪水泥沙,但是,坡面产生的洪水泥沙汇流后必然流入沟壑,从毛沟到支沟,从支沟再到干沟,一级一级地汇入江河。因此,坡面措施只能减少坡面产生的洪水泥沙,沟壑措施则可以拦蓄坡面上排泄的洪水泥沙和沟壑里产生的洪水泥沙,下游工程拦蓄上游工程排泄的洪水泥沙和上下游之间的洪水。

根据韭园沟、辛店沟、榆林沟、辗庄沟、赵石畔 5 条重点小流域 675 座淤地坝平均坝高 19.3 m,每坝淤地 18.3 亩的资料统计,每亩坝地拦泥 4 022 m³。沟壑工程开始拦蓄效益大,但在坡面治理跟不上的情况下,逐年是减少的。例如韭园沟 1654 年治坡减沙为 1.8%,治沟减沙为 95.0%;1956 年治坡减沙为 9.9%,治沟减沙为 71.9%;1976 年治坡减沙为 27.8%,治沟减沙为 57.2%。以小流域为单元,进行综合治理,可以发挥各项措施之间的互补作用,治沟工程防止沟道下切,稳定谷坡,为治坡争取时间,治坡措施减少洪水的下泄量,为延长沟道工程寿命和坝地的防洪保收创造了条件。

(三) 耕作措施

耕作措施是我国传统水土保持三大措施之一,水土保持耕作措施可分为三类:一类为保护性耕作法,改变微地形,增加地面粗糙度,强化降水就地入渗拦蓄、削减或制止径流冲刷土体的保水保土耕作法。二类为保护型种植法,调整地面植被结构,以增加地面植被覆盖为主或改善地面抗冲抗蚀性能的保护水土保持种植措施。三类为复式水土保持耕作法,第一类与第二类耕作法相结合,再加上改土培肥的复合式耕作措施。

根据绥德站在科技示范园研究,采用传统耕作法比水土保持耕作法增加土壤流失量 48%,减少防水蚀能力 20% 以上。在 40 mm 以上暴雨的情况下,水土保持法的土壤侵蚀量仅为 15 t/hm²,而传统耕作法的土壤流失量为 74 t/hm²。据研究,小麦单一种植 5 年,比谷子、黑豆、糜子、马铃薯、黄豆轮作的地表径流量增加 65.34 m³/km²,土壤侵蚀量增加 52.32 t/km²。单一种植牧草比玉米与草木樨带状间作,地表径流增加 50% ~ 80%,冲刷量增加 79%;2 m 土层的蓄水量,由于单种牧草的蒸腾量大于粮食作物的蒸腾耗水量,所以单种牧草的蓄水量低于草粮带状间(轮)作。黄土高原旱坡地上结合垄耕作法,实施膜垄沟种,使降雨时雨水集中渗入沟内,阻止径流的形成,保水保土增产效果显著。

二、经济效益

综合治理促进了农业生产的稳步发展,农业生产已由过去的广种薄收粗放型经营逐步转向了优质、高产、高效的集约经营的轨道上来。小石沟在 1990 ~ 2010 年经过大幅度调整后,播种面积(坝地)较 1990 年增长了 5.4%,粮食总产和单产分别提高 6.8 倍和 2.6 倍。

在综合治理基础上逐步走上了园林业—种植业—畜牧业—加工业的开发治理道路。根据该地区自然条件及试验研究成果,小石沟以发展山地果园为突破口,果园面积由 1958 年的 1.33 hm² 增加到 1991 年的 10.08 hm²,占流域总面积的 43.8%,产值占总产值的 40%。1997 年果园产值可达到 3 万元,将成为流域经济的一大支柱。在保证粮食自给的前提下,调整种植业内部结构,增加了薯类、向日葵、药材等经济作物的用地,使年产值提高了 10% 左右。另外,利用梯田埂栽植黄花菜及建立人工草地,改造牧荒坡,扩大牧草种植面积,利用牧草及作物秸秆养畜,年收入可达 1 400 元左右。到 2010 年,流域农林牧总产值已由 1953 年的 1 212 元提高到 43 941.9 元,增长了 36.25 倍。

三、生态效益

随着综合治理的实施,增强了坡面的拦蓄能力,增加了常流水量,控制了沟头延伸、沟壁扩张,提高了土壤的肥力,丰富了生物资源,改善了小气候。

(1)增强了拦蓄能力。如小石沟流域通过坡面治理,植物覆盖度增加了,植被覆盖度由 4%~5% 提高到 81.14%,改善了生态环境,增加了土壤入渗,减少了地面径流,改善了汇流区水力条件,水土流失强度大大降低。小石沟流域坡改梯、经果林、水保林、淤地坝每年可蓄水 5 536 m³,拦沙 2 857 万 t。

(2)常流水量增加。据韭园沟口站资料分析,1954~1964 年常水流量平均为 28 L/s,1956~1974 年常水流量平均为 36 L/s,增加了 1.28 倍;1975~1988 年常水流量平均为 65 L/s,比 1954~1964 年增加了 2.3 倍;1989~2010 年常水流量平均为 78 L/s,比 1954~1964 年增加了 2.79 倍。

(3)制止沟壁扩张。据王茂沟小流域 1964 年观测,沟谷坡滑塌有 99 处,土方为 21 295.8 m³;崩塌有 35 处,土方为 5 494.5 m³;泻溜有 1 处,土方为 16.5 m³,总土方为 26 806.8 m³。到 1986 年以后,由于沟道打坝抬高了侵蚀基准面,稳定了沟壁,加之沟谷坡种植林草,据实地观测没有上述情况出现,沟壁的扩张得到了控制。

(4)提高土壤肥力。据绥德水保站 1984 年取样分析,采取措施后,土壤肥力较坡耕地有明显的提高(见表 3-16)。由表知,土壤肥力由高到低的排列次序是坝地、经济林、水平梯田、乔木林、灌木林及坡耕地。

表 3-16 不同措施土壤肥力统计 （%）

名称	全氮	较坡地增长	全磷	较坡地增长	有机质	较坡地增长
坝地	0.031	29.2	0.128	5.8	0.529	37.8
水平梯田	0.028	16.7	0.125	3.3	0.423	10.2
经济林	0.029	20.8	0.131	8.3	0.518	34.9
乔木林	0.027	12.5	0.123	1.6	0.402	4.7
灌木林	0.026	8.3	0.125	3.3	0.389	1.3
坡耕地	0.024		0.121		0.384	

(5)丰富生物资源。植被资源的增加,促进了动物资源的增长,兔、雉、野鸡等动物数量增多,水面的扩大,野鸭子现在也成群结队地出现,还有蟹、乌龟水生生物出现,生态趋于良性循环。

(6)改善了小气候。据对人工林小气候观测:林地内辐射强度只有林外的 10%~15%,气温比林外低 0.7 ℃,相对湿度比林外大 3%,林内平均地表温度比林外低 3.9 ℃,林内水面蒸发量仅为林外水面蒸发量的 29%,有利于保证林木所需的持水量。因此,随着治理后林木郁闭度的提高,将使林地及其周围地区水分条件和热量状况明显改善,调节小气候,改善生态环境。由于淤地坝的建设,沟道水面增加,常流水量增大,水面蒸发量增加,大大地改善了水环境,使得局部小气候也有所改善。

四、社会效益

(1)从根本上巩固和扩大了黄土高原区退耕还林还草成果,实现了山川秀美。淤地坝和梯田建设,为山区农民提供了高产稳产的耕地资源,实现了少种多收,提高了土地生产力和持续增产的能力。据王茂沟小流域 1960～1996 年试验观察,水地、坝地、水平梯田、坡耕地单产分别为 7 374 kg/hm²、4 750 kg/hm²、1 606 kg/hm²、566 kg/hm²。由此可见,每增加 1 hm² 坝地或 1 hm² 梯田,在粮食总产量不减少的情况下,分别退耕地 8.39 hm² 和 2.84 hm²。王茂沟农耕地由 1952 年的 346.67 hm²,减少到 2010 年的 178.67 hm²,减少了 48.5%。总产量由 1952 年的 8.3 万 kg 提高到 54.0 万 kg。

(2)调整了产业结构,提高了土地的利用率和生产率,为流域群众脱贫致富奔小康开拓了一条成功之路。高产保证了少种,少种为林草发展提供了空间,据王茂庄小流域综合治理,林草面积由 1952 年的 9.33 hm² 发展到 347.13 hm²,增长了 36.2 倍。由于扩大了林草面积,促进了畜牧业的发展,大牲畜由 1952 年的 24 头发展为 80 头,增长了 233.3%;猪由 1952 年的 50 头发展为 400 头,增长了 700.0%;羊由 1952 年的 180 只发展为 1 000 只,增长了 455.6%;家禽由 1952 年的 150 只发展为 2 500 只,增长了 1 566.7%。

(3)改善了区域内人民群众的生存条件,提高了生活质量。淤地坝使荒沟川台化,使山区农民从千百年来延续的翻山越岭、人背驴驮的劳作方式中解脱出来,替代的是先进的耕作方式,解放了生产力。同时,大量的剩余劳动力可以转化为第三产业,促进农村经济发展。淤地坝建设,改善了人居环境,坝路结合,提供了便利的交通条件,成为山区商品流通和农民群众与外界交往的纽带。

(4)通过治理开发,建设经果林基地,美化了生活环境。小石沟"近看层层经果林,远看风景如画",已成为绥德县人民娱乐、休闲、观光旅游的场所,一年四季游人络绎不绝。

第四章 科技示范园水土保持监测

水土保持监测就是借助科学设备和方法,通过调查和测量得到与水土保持相关的信息的动态变化。水土流失监测的主要目的是查清水土流失现状,科学评估水土保持效益,为科学治理和研究提供基础资料,为决策和执法提供依据。辛店沟科技示范园水土保持监测内容主要分为水土流失监测和水土保持效益监测,按地形地貌特征又分为坡面水土保持监测、沟道水土保持监测和小流域水土保持监测。本章内容分为坡面水土保持监测、沟道水土保持监测、小流域监测、新技术的应用及发展趋势、科技示范园监测设施评价等。

第一节 科技示范园坡面水土保持监测

坡面水土保持监测是人们利用科学的技术手段和方法,对坡面产生的水土流失、影响因素、危害状况和水土保持措施及其效益进行有效的监视和检测。

一、坡面水土流失监测

通过坡面水土流失监测,可以有效探索防治措施和途径。降水和地表水流对坡面物质的作用强度受多种因素制约,概括为侵蚀动力与影响因素。通过对黄土丘陵沟壑区典型坡面实施水土流失监测,计算分析监测结果,能够掌握区域坡面水土流失的基本规律,发现影响流失的主导因素,有针对性地采取防治措施并构成防治体系,控制和削弱水土流失的发生和发展。

(一)坡面水土流失监测目标

在黄土丘陵沟壑区第一副区,坡面是指峁边线以上地带。为了研究这一区域降雨径流对地表土壤的冲刷、输移及沉积规律,探求土壤侵蚀各个因素与水土流失的定量关系,建立产流产沙预报模型,为黄土高原丘陵沟壑区以及黄河粗泥沙集中来源区水土保持及其综合治理措施配置提供科学依据。

(二)坡面水土流失监测发展过程

1. 起步阶段(1954~1960年)

20世纪50年代以前,由于坡面水土流失监测刚刚起步,坡面水土流失观测小区极少,坡面治理措施也较少,主要采用了次暴雨坡面水土流失调查的方法。

2. 试验阶段(1961~1985年)

黄委绥德水保站在黄土丘陵沟壑区第一副区不同暴雨区和产、汇流区比较认真地布设了一批观测坡面监测小区,最多时布设了76个,人员发展为60多人,以探求该区域的坡面水土流失规律,虽然曾进行了调整和缩减,但是基本的观察小区坚持进行监测,刊印了一批基本资料。这些宝贵的资料不仅使绥德水保站深受其益,而且不少单位专家学者也受益匪浅。

3. 完善阶段(1986～2005年)

1986年经专家考察,在未治理小流域桥沟坡面布设了上半坡、下半坡和全峁坡径流小区,1988年又在上半坡增加布设了2m坡和5m坡径流小区。该阶段进行了全面系统的坡面水土流失监测,径流小区涵盖黄土高原丘陵沟壑区地貌坡面的不同坡度、不同坡长、不同坡型,成为距今最为完善的最大的露天坡面径流场。

4. 提高阶段(2006～2011年)

到2006年,桥沟坡面径流场观测设施、设备已运行了20多年,部分设施、设备损坏严重,利用科技示范园作为平台,对其进行了修复、改造和更新,并开展了观测资料的初步分析。

(三)坡面水土流失监测区建设

坡面水土流失影响因素主要包括自然因素和人为因素。自然因素主要包括地貌、气候、植被、土壤及其地表组成物质等4个因素,在黄土丘陵沟壑区坡面水土流失监测中这4个因素都需考虑。人为因素主要考虑的是耕作因素。

科技示范园坡面水土流失监测主要观测的项目是降水量、蒸发量、径流总量、冲刷总量,局部小区对有机质、团粒结构、土壤含水量以及泥沙变化过程进行了观察,并记载了植被度、细沟侵蚀情况等。在坡面上共布设了5个径流小区,1个雨量站。

1. 径流小区

主要在桥沟的坡面上布置了2m整坡、5m整坡、上半坡、下半坡和全峁坡等5个水土流失监测径流小区(径流场),从峁顶到沟沿线进行了水土流失的监测。具体情况见表4-1。

表4-1 桥沟不同地貌类型径流场基本情况

场号	径流场类别	坡度(°)	坡向	坡长(m)		平均宽(m)	面积(m²)		土壤	测验设施	观测起始年份
				水平	倾斜		水平	倾斜			
1	2m整坡	18°00′	西	19.4	20.4	2	38.8	40.8	老黄土	分水箱加径流池	1988
2	5m整坡	18°00′	西	19.4	20.4	5	97	102	老黄土	分水箱加径流池	1988
3	上半坡	18°00′	西	19.4	20.4	10	194	204	马兰黄土	分水箱加径流池	1986
4	下半坡	23°54′	西	18.1	19.8	10	181	198	马兰黄土	分水箱加径流池	1986
5	全峁坡	22°00′	西	45.6	49.2	10	456	492	马兰黄土	分水箱加径流池	1986

2. 雨量站

用于径流小区雨量监测的站点是桥沟5号雨量站,其详细情况见表4-2。

表4-2 桥沟不同地貌类型径流场雨量站

编号	雨量站	位置	仪器型号	观测方式	观测起始年份
1	桥沟5号	半山腰	SJ1型虹吸式雨量计	人工	1986

(四)坡面水土流失监测初步分析成果

黄土丘陵沟壑区坡面水土流失状况主要包括侵蚀方式、数量特征及动态变化三个方面。侵蚀方式主要有雨滴溅蚀、薄层水流冲击、细沟侵蚀,监测要阐明侵蚀方式及组合。

水土流失特征主要是径流量、泥沙量及以此推算出的侵蚀强度、径流系数和模数,以及它们在不同坡面特征下的差异等。对桥沟小区同时开展泥沙颗粒、养分流失、污染物等监测和分析。侵蚀动态变化是指坡面侵蚀过程中的时空变化,它既与侵蚀动力有关,也与坡面特征有关,需要进行长期的监测工作才能探索出动态的变化。

1. 坡面土壤侵蚀方程

黄委绥德站通过多年的观测、试验和研究工作,应用经验型多元回归的方法探求性地提出了坡面土壤侵蚀方程,方程式见式(4-1):

$$M_S = 0.504\ 9R^{0.560\ 9} \times p_A^{1.300\ 9} \times \theta^{0.203} \times L^{0.063} \times \varphi^{-0.305\ 9} \tag{4-1}$$

式中　M_S——坡面年均土壤侵蚀模数,t/km^2;

　　　R——降雨侵蚀力,即最大 15 min 时段雨强与雨滴动能的乘积,J·mm/(m^2·min);

　　　p_A——前期土壤含水率(%);

　　　θ——坡度(°);

　　　L——坡长,m;

　　　φ——植被度(%)。

2. 阶段性初步分析成果

通过对 1986~2006 年坡面径流小区土壤侵蚀量的分析,初步得出这一阶段上半坡、下半坡和全峁坡的年均土壤侵蚀模数分别为 1 630 t/km^2、1 860 t/km^2、2 054 t/km^2(见表4-3)。

表4-3　桥沟坡面水土流失径流场多年平均土壤侵蚀模数测验成果

年份	冲刷量(t/(km^2·a))		
	上半坡	下半坡	全峁坡
1986	1 170	1 550	931
1987	149	147	39
1988	5 104	1 947	11 918
1989	0	0	0
1990	3 885	2 885	5 592
1991	8 455	12 103	6 858
1992	3 105	3 555	5 283
1993	111	204	218
1994	1 715	2 784	2 638
1995	3 633	3 673	2 873
1996	3 056	3 621	2 595
1997	1 591	2 999	1 576
1998	211	255	116
1999	315	502	280
2000	169	137	102
2001	537	775	496

年份	冲刷量(t/(km² · a))		
	上半坡	下半坡	全郧坡
2002	0	0	0
2003	0	0	0
2004	605	911	777
2005	80	126	157
2006	348	889	676
多年平均土壤侵蚀模数	1 630	1 860	2 054

由以上分析计算成果可以看出:坡面单位面积水土流失量随着面积和坡长的增加而增大,下半坡比上半坡侵蚀量要大,坡度越陡侵蚀量越大。

二、科技示范园坡面水土保持效益监测

坡面水土保持效益监测是检验水土保持工作成效的技术手段。水土保持科学工作者通过科学试验与研究以及对群众多年来实施的水保措施加以归纳,提出区域的水土保持防治措施,这些措施对水土流失起到了防治和削弱的作用。但是,这些措施的可靠性和防治效果如何,要通过坡面水土保持措施及效益监测,实现由定型估计提升到定量评价,以准确阐明其实施效果、作用大小,为改进、提高措施质量,合理配置提供依据。

(一)坡面水土保持效益监测目标

探求各种坡面水土保持措施的蓄水保土效益方面的监测。蓄水保土效益是水土保持措施的直接效益,由减少水土流失量可以得出。坡面水土保持措施包括工程防治措施、林草植被措施、农业耕作措施。

(二)坡面水土保持效益监测发展过程

从 1954 年开始,黄委绥德站在辛店沟流域内开展了大量的牧草、林地、隔坡梯田、水平梯田等小区试验研究,分析了相应的减少清水径流深及冲刷模数情况,以及与坡耕地相应的减少清水径流深及冲刷模数的比值,总结出了坡面单项措施水土保持效益计算系数,为水土保持坡面单项措施蓄水保土效益计算提供了科学的依据。

(三)坡面水土保持效益监测区建设

辛店沟流域在工程措施中有反坡梯田、水平梯田等水土保持效益监测小区,林草措施有油松、侧柏、柠条、草地、草灌混交、乔灌混交、桑树、枣树等效益监测小区,同时设计有坡耕地、荒坡地、休闲地等对照小区。

辛店沟流域内曾经开展了多方面的水土保持效益监测小区,随着试验研究项目的结束有不少已经完成了监测要求,但是作为黄委绥德站坡面水土保持监测永久小区在育林沟设置了 7 个,分别是乔木混交、灌木、乔木、农地、荒地、休闲地和草地(见表 4-4)。2007年开展科技示范园建设时,根据项目要求又增加了 2 个小区,分别是草灌混交、乔灌混交(见表 4-5),同时在辛店沟流域内小石沟增加了水平梯田小区(见表 4-6)。

表 4-4　辛店沟流域育林沟不同措施径流场基本情况

场号	坡度(°)	坡向	树种	坡长(m) 水平	坡长(m) 倾斜	平均宽(m)	面积(m²) 水平	面积(m²) 倾斜	整地方式	株行距(m×m)	径流池面积(m²)	陆坡面积(m²)	控制面积(m²)	测验设施
1	31	北偏西14°	油松+侧柏	20	23.34	10	200	233.4	反坡梯田	1.0×1.5	4	3.25	207.25	石板池
2	29	北偏西16°	柠条	20	22.87	10	200	228.7	坡地	0.75×1.5	4	0	204	石板池
3	25	北偏西12°	油松	20	22.07	10	200	220.7	反坡梯田	1.0×1.5	4	0	204	石板池
4	25	北偏西14°	农地	20	22.07	5	100	110.4	坡地		1.94	0	101.94	石板池
5	25	北偏西14°	荒坡	20	22.07	5	100	110.4	坡地		1.95	0	101.95	石板池
6	32	北偏西24°	休闲地	20	23.58	5	100	117.9	坡地		2	0	102	石板池
7	32	北偏西24°	草地	20	23.58	5	100	117.9	坡地		1.86	0	101.86	石板池

表 4-5 辛店沟流域育林沟径流场基本情况

场号	坡度(°)	坡向	树种	坡长(m) 水平	坡长(m) 倾斜	平均宽(m)	面积(m²) 水平	面积(m²) 倾斜	整地方式	株行距(m×m)	径流池面积(m²)	控制面积(m²)	测验设施
1	32	北偏西24°	草地	20	23.58	5	100	117.9	坡地		5.00	104.00	混凝土板池
2	25	北偏西14°	荒坡	20	22.07	5	100	110.4	坡地		5.00	104.00	混凝土板池
3	29	北偏西16°	柠条	20	22.87	5	100	119.3	坡地	0.75×1.5	5.00	104.00	混凝土板池
4	25	北偏西14°	农地	20	22.07	5	100	110.4	坡地		5.00	104.00	混凝土板池
5	32	北偏西24°	休闲地	20	23.58	5	100	117.9	坡地		5.00	104.00	混凝土板池
6	32	北偏西	苜蓿+紫穗槐	20	23.58	5	100	117.9	坡地		5.00	104.00	混凝土板池
7	31	北偏西14°	油松+侧柏	20	23.34	5	100	115.2	鱼鳞坑	1.0×1.5	5.00	104.00	混凝土板池
8	25	北偏西	侧柏+紫穗槐	20	23.58	5	100	117.9	鱼鳞坑	2.0×1.5	5.00	104.00	混凝土板池
9	25	北偏东12°	油松	20	22.07	5	100	110.4	反坡梯田	1.0×1.5	5.00	104.00	混凝土板池
10	31	北偏西14°	油松+侧柏	20	23.34	10	200	233.4	反坡梯田	1.0×1.5	4.00	207.25	石板池
11	29	北偏西16°	柠条	20	22.87	10	200	228.7	坡地	0.75×1.5	4.00	204.00	石板池
12	25	北偏西12°	油松	20	22.07	10	200	220.7	反坡梯田	1.0×1.5	4.00	204.00	石板池

表 4-6 辛店沟流域小石沟不同措施径流场基本情况

场号	坡度(°)	坡向	措施	坡长(m) 水平	坡长(m) 倾斜	平均宽(m)	面积(m²) 水平	面积(m²) 倾斜	整地方式	株行距(m)	径流池面积(m²)	陡坡面积(m²)	控制面积(m²)	测验设施
1	13	北偏西6°	梯田	20	20.5	10	200	205	梯田		1×5	5.00	205	径流池
2	23.5	北偏西6°	经济林	20	21.8	10	200	218	梯田		1×5	5.00	205	径流池
3	27.5	北偏西5°	全坡	97	109.4	28.65	2 779	3 134	梯田				2 779	三角槽

(四)坡面水土保持效益监测成果和初步分析

（1）根据黄委绥德站多年系列观测资料，以牧草、地埂、林地、隔坡梯田相应的减少清水径流深及冲刷模数与水平梯田相应的减少清水径流深及冲刷模数的比值，作为牧草、地埂、林地、隔坡梯田的拦蓄能力，折合成梯田拦蓄能力，用于蓄水保土效益的计算，见表4-7。

表4-7　单项治理措施拦蓄能力折合梯田拦蓄能力

措施名称	牧草	地埂	林地	隔坡梯田	水平梯田
减水效益折合值	0.3	0.5	0.7	0.9	1
减沙效益折合值	0.6	0.35	0.9	0.7	1

（2）坡面不同措施蓄水拦沙监测在2008年初建设完后开始，运行正常。2008年9月18日降水量29.5 mm，产流1次；2009年7月8日、7月17日、7月20日，降水量分别为37.8 mm、30.0 mm、52.6 mm，产流3次。由于观测系列太短，无法进行效益分析，但可以反映出不同措施的拦蓄效益，观测成果详见表4-8～表4-11，从表中观测数据可以看出，土壤侵蚀量和径流量由低到高措施基本是乔木、混交、荒地、灌木、草地、农地、休闲地。

表4-8　辛店沟流域育林沟径流场观测成果（2008年9月18日，降水量29.5 mm）

径流场编号	布设措施	径流池面积（m²）	水深（m）	洪水量（m³）	含沙量（kg/m³）	输沙量（kg）	径流场面积（m²）	单位面积侵蚀量（t/km²）
1	草地	5	0.06	0.30	15.2	4.6	100	45.6
2	荒地	5	0.05	0.25	9.63	2.4	100	24.1
3	柠条(灌木)	5	0.05	0.25	10.3	2.6	100	25.8
4	农地	5	0.08	0.40	78.7	31.5	100	314.8
5	休闲地	5	0.13	0.65	185	120.3	100	1 202.5
6	草灌混交	5	0.03	0.15	8.9	1.3	100	13.4
7	乔木混交	5	0.04	0.20	7.52	1.5	100	15.0
8	乔灌混交	5	0.03	0.15	6.95	1.0	100	10.4
9	乔木	5	0.02	0.10	1.12	0.1	100	1.1

表 4-9　辛店沟流域育林沟径流场观测成果(2009 年 7 月 8 日,降水量 37.8 mm)

径流场编号	布设措施	径流池面积(m²)	水深(m)	洪水量(m³)	含沙量(kg/m³)	输沙量(kg)	径流场面积(m²)	单位面积侵蚀量(t/km²)
1	草地	5	0.05	0.25	8.42	2.1	100	21.1
2	荒地	5	0.05	0.25	4.90	1.2	100	12.3
3	柠条(灌木)	5	0.06	0.30	5.78	1.7	100	17.3
4	农地	5	0.07	0.35	9.41	3.3	100	32.9
5	休闲地	5	0.08	0.40	7.52	3.0	100	30.1
6	草灌混交	5	0.07	0.35	4.90	1.7	100	17.2
7	乔木混交	5	0.06	0.30	4.42	1.3	100	13.3
8	乔灌混交	5	0.06	0.30	3.86	1.2	100	11.6
9	乔木	5	0.06	0.30	3.22	1.0	100	9.7

表 4-10　辛店沟流域育林沟径流场观测成果(2009 年 7 月 17 日,降水量 30.0 mm)

径流场编号	布设措施	径流池面积(m²)	水深(m)	洪水量(m³)	含沙量(kg/m³)	输沙量(kg)	径流场面积(m²)	单位面积侵蚀量(t/km²)
1	草地	5	0.04	0.20	5.31	1.1	100	10.6
2	荒地	5	0.05	0.25	4.14	1.0	100	10.4
3	柠条(灌木)	5	0.04	0.20	5.15	1.0	100	10.3
4	农地	5	0.06	0.30	6.35	1.9	100	19.1
5	休闲地	5	0.08	0.40	6.03	2.4	100	24.1
6	草灌混交	5	0.05	0.25	3.15	0.8	100	7.9
7	乔木混交	5	0.05	0.25	5.47	1.4	100	13.7
8	乔灌混交	5	0.05	0.25	3.63	0.9	100	9.1
9	乔木	5	0.05	0.25	3.47	0.9	100	8.7

表 4-11　辛店沟流域育林沟径流场观测成果(2009 年 7 月 20 日,降水量 52.6 mm)

径流场编号	布设措施	径流池面积(m²)	水深(m)	洪水量(m³)	含沙量(kg/m³)	输沙量(kg)	径流场面积(m²)	单位面积侵蚀量(t/km²)
1	草地	5	0.19	0.95	38.5	36.6	100	365.8
2	荒地	5	0.06	0.30	4.67	1.4	100	14.0
3	柠条(灌木)	5	0.12	0.60	14.5	8.7	100	87.0
4	农地	5	0.22	1.10	229.9	252.9	100	2 528.9
5	休闲地	5	0.32	1.60	15.5	24.8	100	248.0
6	草灌混交	5	0.10	0.50	3.18	1.6	100	15.9
7	乔木混交	5	0.12	0.60	19.7	11.8	100	118.2
8	乔灌混交	5	0.12	0.60	4.35	2.6	100	26.1
9	乔木	5	0.08	0.40	3.31	1.3	100	13.2

第二节　科技示范园沟道水土保持监测

沟道水土保持监测主要指沟沿线以下沟谷坡水土流失监测和淤地坝拦蓄效益监测等,主要用于监测沟谷地的水土流失情况和水土保持效益。

一、科技示范园沟道水土流失监测

在科技示范园桥沟小流域布设了 2 个谷坡监测小区和 1 个全坡监测小区,进行沟道水土流失监测。

(一)沟道水土流失监测内容

科技示范园沟道水土流失监测的主要项目是降水量、径流总量、输沙量,对于有机质、团粒结构、土壤含水量以及泥沙变化过程进行了观察,并记载了植被度、细沟侵蚀情况等。在沟谷共布设径流小区 3 个、雨量站 1 个(与坡面监测同一个雨量站)。

(二)沟道水土流失监测建设

在沟谷共布设径流小区 3 个(见表 4-12),3 个小区均采用三角槽测流方式来实现径流量监测,泥沙采用取样法来测量;雨量站 1 个(与坡面监测同一个雨量站)。

表 4-12　桥沟不同地貌类型径流场基本情况

场号	径流场类别	坡度(°)	坡向	坡长(m) 水平	坡长(m) 倾斜	平均宽(m)	面积(m²) 水平	面积(m²) 倾斜	土质	测验设施	观测起始年份
1	全坡长	32°18′	西	98.9	117	25.2	2 492	2 948	马兰黄土、老黄土	三角槽	1986
2	新谷坡	39°00′	西	55.6	71.5	28.5	1 584	2 038	马兰黄土、老黄土	三角槽	1987
3	旧谷坡	40°06′	西	53	69.3	19.3	1 024	1 337	马兰黄土、老黄土	三角槽	1986

(三)沟道水土流失监测初步分析成果

根据监测结果(见表4-13),可知全坡长年均侵蚀模数达到 7 370 t/km²,新谷坡年均侵蚀模数为 1 841 t/km²,旧谷坡年均侵蚀模数为 3 981 t/km²。通过分析计算成果可以看出:沟道单位面积水土流失量随着面积和坡长的增加而增大。

表4-13　桥沟不同地貌类型径流场逐次径流泥沙测验成果

年份	冲刷量(t/km²)		
	全坡长	新谷坡	旧谷坡
1986	78		2 056
1987	513	347	1 136
1988	17 966	2 241	7 946
1989			
1990	25 953	1 368	14 545
1991	12 709	3 396	7 625
1992	10 218	2 664	2 193
1993	360	542	472
1994	18 831	915	1 504
1995	20 292	9 869	14 359
1996	7 853	2 626	4 010
1997	8 401	2 223	2 806
1998	145	186	205
1999	280	472	707
2000	501	77	144
2001	849	1 418	
2002			
2003			
2004	142	942	
2005	201	175	12
2006			
总侵蚀量	125 292	29 461	59 720
系列	17	16	15
年均侵蚀模数	7 370	1 841	3 981

二、科技示范园沟道水土保持效益监测

科技示范园沟道水土保持效益监测主要是淤地坝拦蓄效益监测。

(一)沟道水土保持效益监测内容

通过小流域坝系拦沙蓄水监测，认识和掌握淤地坝对流域水沙的拦截、调节和蓄存机理，以及小流域水沙在坝系中的演进过程，揭示坝系相对稳定的规律；量化小流域坝系水沙来源指标，为淤地坝工程规划、设计、施工、运行管理，河道水资源的优化配置与合理利用，以及坝地防洪保收技术提供科学的依据。

(二)沟道水土保持效益监测建设

根据洪水泥沙在淤地坝内的淤积规律(坝前淤积较坝尾淤积薄，坝前蓄水较坝尾蓄水深)，从坝前到淤积末端，以控制淤积体平面变化为原则，按相邻间距小于淤积总长度 $1/6 \sim 1/10$ 布设若干个断面，测量断面间的间距。在每一断面布设若干个测点(能控制淤积断面起伏)，并在各高程监测站点布设带有水位标尺的水泥桩，测量各监测站点的高程和测点间的水平距离。汛前将带有水位标尺的水泥桩布设在监测站点上，记录下各个监测站点的原始高程数据。

(三)沟道水土保持效益监测初步分析成果

由于科技示范园流域面积都较小，不便布置沟道水土保持监测的内容，因此选择在王茂沟流域内布置沟道水土保持监测工作。

1.王茂沟流域基本情况

王茂沟流域位于陕西省绥德县城北 11 km，是无定河中游左岸的韭园沟流域一级沟道，流域面积 5.97 km²，地理位置位于东经 110°20′26″ ～ 110°22′46″，北纬 37°34′13″ ～ 37°34′3″，主沟道长 3.75 km，沟道平均比降 2.7%，沟壑密度 4.31 km/km²，流域海拔在 940 ～ 1 188 m。流域沟道侵蚀主要位于沟沿线以下，以浅沟、切沟、悬沟和陷穴等侵蚀为主，在较陡的谷坡或接近沟头的陡崖部分，疏松的黄土层受外界因素影响，内部抗剪强度减小，土体失去稳定平衡，将伴随着滑坡、崩塌、泻溜三种侵蚀，分布范围虽然比较小，但是侵蚀速度较快。沟道的年平均侵蚀模数为 23 170 t/km²。

2.监测点布设

对王茂沟流域内王茂沟 1 号、2 号骨干坝，黄柏沟、马地嘴中型淤地坝和何家峁、死地嘴小型淤地坝共 6 座淤地坝进行汛前、次暴雨结束后(汛后)的高程监测网点数据收集。将各监测淤地坝分为上、中、下 3 个断面，每一断面分左、中、右布置 3 个观测点，在各高程监测点布设带有水位标尺的水泥桩，测量上述 6 座监测坝各个淤积断面的控制网点高程。黄柏沟淤地坝高程监测网点布设示意图见图 4-1。

3.计算方法

1)数据的获取与计算

次暴雨后，到选定的监测淤地坝所在地进行实地监测，利用各监测站点水泥桩上的水尺读数，读取次暴雨后监测淤地坝的各个监测站点上的水面高程 Z_j，然后采用平均淤积高程法，计算出所监测淤地坝的淤积量。

具体计算公式如下：

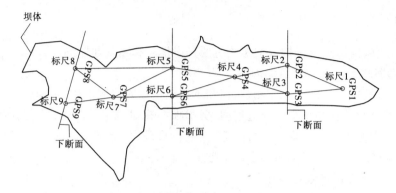

图 4-1　黄柏沟淤地坝高程监测网点布设示意图

$$Z_i = 1/2B_i \sum (Z_j + Z_{j+1}) \Delta B_j \qquad (4-2)$$

$$Z = 1/2L \sum (Z_i + Z_{i+1}) \Delta L_i \qquad (4-3)$$

式中　Z——坝区淤积面的平均高程，m；

$\quad\quad Z_i$——第 i 断面的平均淤积高程，m；

$\quad\quad Z_j$——第 i 断面第 j 测点的水面高程，m；

$\quad\quad \Delta L_i$——相邻断面的间距，m；

$\quad\quad L$——坝前到淤积末端的长度，m，$L = \sum \Delta L_i$；

$\quad\quad \Delta B_j$——同断面相邻测点间的水平距离，m；

$\quad\quad B_i$——第 i 断面淤积面的宽度，m，$B_i = \sum \Delta B_j$。

由原始库容曲线查得与高程 Z 对应的库容，即为次暴雨后监测淤地坝的总库容 $W_{总}$。

若干天后，监测淤地坝内的蓄水排干，利用各监测站点水泥桩上的水尺读数，读取次暴雨后监测淤地坝的各个监测站点的淤积高程 Z_j，然后采用平均淤积高程法，计算出所监测淤地坝的淤积库容。

各断面的平均高程和水面的平均高程计算公式同式(4-2)、式(4-3)。

利用汛前动态测量收集的监测淤地坝的淤地面积和汛前淤地坝的平均淤积高程，然后用次暴雨结束后(汛后)的平均淤积高程与汛前监测淤地坝的平均高程差乘以汛前监测淤地坝的淤地面积，就可以计算出次暴雨结束后(汛后)的监测淤地坝的淤积量，也即监测淤地坝的拦沙量。计算公式为：

$$W_{淤} = Z_i F_i \qquad (4-4)$$

式中　$W_{淤}$——各监测淤地坝的淤积量；

$\quad\quad Z_i$——各监测坝平均淤积高程；

$\quad\quad F_i$——各监测坝的淤地面积。

2）解算数据与淤积量的计算

根据上述控制测量外业观测步骤和内业基线解算过程，2005 年对王茂沟流域的 6 座监测淤地坝进行监测，监测汛前的高程数据与淤积量的计算表格见表 4-14 ~ 表 4-16。

表 4-14　王茂沟流域淤地坝淤积监测记载

（单位：m）

监测年份	坝名	水尺	断面1			断面2			断面3			断面间距		断面间间距					
			Z11	Z12	Z13	Z21	Z22	Z23	Z31	Z32	Z33	L12	L23	B112	B123	B212	B223	B321	B323
2005	王茂沟1号	零点	0	0	0	0	0	0	0	0	0	310	220	21	23	15	18	12	10
		监测	0	0	0	0.	0	0	0	0	0	310	220	21	23	15	18	12	10
	王茂沟2号	零点	0	0	0	0	0	0	0	0	0	180	160	28	31	22	20	11	12
		监测	0	0	0	0	0	0	0	0	0	180	160	28	31	22	20	11	12
	马地嘴	零点	0	0	0	0	0	0	0	0	0	52.0	68.0	20	22	13	15	8.0	7.0
		监测	0	0	0	0	0	0	0	0	0	52.0	68.0	20	22	13	15	8.0	7.0
	死地嘴1号	零点	0	0	0	0	0	0	0	0	0	52.0	58.0	25.0	21.0	12.0	15.0	8.0	6.0
		监测	0	0	0	0	0	0	0	0	0	52.0	58.0	25.0	21.0	12.0	15.0	8.0	6.0
	黄柏沟1号	零点	0	0	0	0	0	0	0	0	0	52.0	58.0	9.0	10.0	8.0	9.0	5.0	6.0
		监测	0	0	0	0	0	0	0	04	0	42.0	68.0	9.0	10.0	8.0	9.0	5.0	6.0
	何家峁	零点	0	0	0	0	0	0	0	0	0	50.0	56.0	15.0	16.0	8.0	9.0	5.0	5.0
		监测	0.	0	0	0	0.	0.	0	0	0	50.0	56.0	15.0	16.0	8.0	9.0	5.0	5.0

表 4-15 王茂沟流域淤地坝淤积监测记载

（单位：m）

监测年份	坝名	水尺	断面 1			断面 2			断面 3			断面间距		断面间间距					
			Z11	Z12	Z13	Z21	Z22	Z23	Z31	Z32	Z33	L12	L23	B112	B123	B212	B223	B321	B323
2005	王茂沟 1 号	零点	0	0	0	0	0	0	0	0	0	310	220	21	23	15	18	12	10
		监测	0	0	0	0	0	0	0	0	0	310	220	21	23	15	18	12	10
	王茂沟 2 号	零点	0	0	0	0	0	0	0	0	0	180	160	28	31	22	20	11	12
		监测	0	0	0	0	0	0	0	0	0	180	160	28	31	22	20	11	12
	马地嘴	零点	0	0	0	0	0	0	0	0	0	52.0	68.0	20	22	13	15	8.0	7.0
		监测	0	0	0	0	0	0	0	0	0	52.0	68.0	20	22	13	15	8.0	7.0
	死地嘴 1 号	零点	0	0	0	0	0	0	0	0	0	52.0	58.0	25.0	21.0	12.0	15.0	8.0	6.0
		监测	0	0	0	0	0	0	0	0	0	52.0	58.0	25.0	21.0	12.0	15.0	8.0	6.0
	黄柏沟 1 号	零点	0	0	0	0	0	0	0	0	0	42.0	68.0	9.0	10.0	8.0	9.0	5.0	6.0
		监测	0	0	0	0	0	0	0	0	0	42.0	68.0	9.0	10.0	8.0	9.0	5.0	6.0
	何家峁	零点	0	0	0	0	0	0	0	0	0	50.0	56.0	15.0	16.0	8.0	9.0	5.0	5.0
		监测	0	0	0	0	0	0	0	0	0	50.0	56.0	15.0	16.0	8.0	9.0	5.0	5.0

表 4-16 王茂沟流域淤地坝淤积监测成果

监测年份	监测坝名	控制面积 (km²)	淤积面积 (hm²)	年（汛期）径流量 (万 m³)	历年最大淤积厚度 (m)	平均淤积厚度 (m)	历年最大水深 (m)	平均水深 (m)	历年淤积量 (m³)	历年剩余库容 (万 m³)
2005	王茂沟 1 号	2.894	4.76	0	0	0	0	0	0	0
	王茂沟 2 号	2.973	4.37	0	0	0	0	0	0	0
	马地嘴	0.501	1.45	0	0	0	0	0	0	0
	死地嘴 1 号	0.615	2.45	0	0	0	0	0	0	0
	黄柏沟 1 号	0.163	0.39	0	0	0	0	0	0	0
	何家峁	0.067	0.27	0	0	0	0	0	0	0

第三节 科技示范园小流域监测

一、水土流失监测

(一)科技示范园小流域监测概念

流域是一个封闭的地形单元,也是一个水文单元。人们经常把流域作为一个生态经济系统进行经营和管理。

小流域水土保持监测是指以小流域为单元,以水土流失过程、水土保持活动及其环境因子变化为对象而进行周期性和连续不断的观测过程,目的是获得水土流失的变化规律,并据此进行水土流失预报或估算,以及水土保持效益监测。辛店沟小流域属综合治理示范园,主要进行水土保持效益监测。桥沟属非治理小流域,主要进行水土流失监测。

(二)监测历史及发展过程

1986年开始在未治理小流域桥沟布设测流断面,进行降雨、径流、泥沙等监测,同时调查了地形地貌、植被类型和盖度、土壤及地貌组成情况。

(三)科技示范园小流域监测内容

对非治理桥沟小流域进行降雨、径流、泥沙等监测,对科技示范园小流域进行降雨、径流、泥沙、治理措施等监测,进而分析科技示范园小流域治理措施拦洪减沙效益。

(四)监测初步分析成果

1.科技示范园雨量站布设情况

1)雨量站布设分析

分析现在所布设的雨量站是否合理。降雨量是分析流域及坡面和沟道产水产沙的主要参数,也是分析各项水保措施拦蓄指标的重要参数。根据不同观测目标的需要,在桥沟小流域布设了4个雨量站,观测每次降雨过程及降雨量。雨量站布设情况详见表4-17。

表4-17 科技示范园雨量站基本情况

编号	雨量站	位置	仪器型号	监测起始年份
1	裴家峁沟1	测站脑畔	自记雨量计	1986
2	裴家峁沟2	一支沟半山腰	自记雨量计	1986
3	裴家峁沟3	二支沟半山腰	自记雨量计	1986
4	裴家峁沟5	径流场半山腰	自记雨量计	1986

2)合理分析

(1)桥沟流域雨量站布设。

桥沟流域面积 0.45 km²,根据项目观测的不同要求,共布设雨量站4个,1号站为大断面水沙观测提供降雨资料,2号站为一支沟水沙观测提供降雨资料,3号站为二支沟水沙观测提供降雨资料,5号站为大型径流场水沙观测提供降雨资料。通过对 2006～2010

年 4 个雨量站实测汛期雨量、年最大日降水量、年最大次降水量与均值比较分析,发现与均值相差大都小于 5% ,其中包含观测仪器的系统误差和人工摘录过程中的允许误差。从分析表(见表 4-18 ~ 表 4-22)中可以看出:汛期雨量与均值最大相差值为 5.2% ,年最大日降水量与均值最大相差为 4.9% ,年最大次降水量与均值最大相差为 5.0% 。

表 4-18 2006 年桥沟流域雨量站分析表

统计时间		汛期雨量	年最大日降水量	年最大次降水量
降水量 (mm)	1 号	340.1	63.2	63.2
	2 号	345.1	59.8	59.8
	3 号	318.6	62.4	62.4
	5 号	322.9	60.2	60.2
	平均值	331.7	61.4	61.4
与均值 比较 (%)	1 号	2.5	2.9	2.9
	2 号	4.0	−2.6	−2.6
	3 号	−3.9	1.6	1.6
	5 号	−2.7	−2.0	−2.0

表 4-19 2007 年桥沟流域雨量站分析表

统计时间		汛期雨量	年最大日降水量	年最大次降水量
降水量 (mm)	1 号	308.6	41.0	64.1
	2 号	298.1	38.7	64.7
	3 号	287.6	38.8	68.2
	5 号	291.1	37.9	63.3
	平均值	296.4	39.1	65.1
与均值 比较 (%)	1 号	4.1	4.9	−1.5
	2 号	0.6	−1.0	−0.6
	3 号	−3.0	−0.8	4.8
	5 号	−1.8	−3.1	−2.8

表 4-20　2008 年桥沟流域雨量站分析表

统计时间		汛期雨量	年最大日降水量	年最大次降水量
降水量（mm）	1号	307.2	35.9	35.9
	2号	297.8	34.1	34.6
	3号	294.1	34.6	34.6
	5号	285.3	34.1	34.7
	平均值	296.1	34.7	35.0
与均值比较（%）	1号	3.7	3.5	2.6
	2号	0.6	−1.7	−1.0
	3号	−0.7	−0.2	−1.0
	5号	−3.6	−1.7	−0.8

表 4-21　2009 年桥沟流域雨量站分析表

统计时间		汛期雨量	年最大日降水量	年最大次降水量
降水量（mm）	1号	408.6	62.8	91.9
	2号	430.5	65.4	94.1
	3号	421.5	65.1	94.4
	5号	406.8	62.7	89.8
	平均值	416.9	64	92.55
与均值比较（%）	1号	−2.0	−1.9	−0.7
	2号	3.3	2.2	1.7
	3号	1.1	1.7	2.0
	5号	−2.4	−2.0	−3.0

表 4-22　2010 年桥沟流域雨量站分析表

统计时间		汛期雨量	年最大日降水量	年最大次降水量
降水量（mm）	1号	192.5	51.5	53.4
	2号	202.3	51.5	51.5
	3号	212.1	51.5	53.3
	5号	199.4	48.4	49.3
	平均值	201.6	50.7	51.9
与均值比较（%）	1号	−4.5	1.5	2.9
	2号	0.4	1.5	−0.8
	3号	5.2	1.5	2.7
	5号	−1.1	−4.5	−5.0

通过以上分析,汛期雨量4个雨量站5年与均值相差平均值为2.56%,年最大日降水量与均值相差平均值为2.15%,年最大次降水量与均值相差平均值为2.14%,都小于10%,在允许误差范围内。依据2006~2010年资料分析,桥沟流域设置雨量站1个,可以满足降雨监测的要求。

(2)辛店沟流域雨量站布设合理性分析。

辛店沟布设雨量站2个,在把口站布置1个自记雨量站,在育林沟径流场附近布设1个标准筒雨量站。

标准筒雨量站只能观测到雨量,无法观测过程。在发生暴雨的情况下,需要绘制暴雨等值线图,该点暴雨量可以通过查等值线图获得。因此,对于标准筒雨量站可以考虑设置为自记雨量站或撤销该站。

2. 示范园桥沟小流域"94·8·4"洪水分析

近年来,随着我国经济社会的发展,国家生产建设项目增多,桥涵、路基、工矿企业等的小流域洪水计算增多,特别是党中央提出的新农村建设中的城镇化,急需小流域级别的洪水计算和预测预报。在榆林市各类工程建设过程中,洪水计算分析采用《榆林地区实用水文手册》(1987年)和《水土保持治沟骨干工程技术规范》(SL 289—2003)提供的四种计算方法,其计算结果设计洪峰流量、设计洪水总量、设计洪水过程成果相差很大。因此,为了提出适宜于本区域的洪水计算方法,采用桥沟流域1994年8月4日实测洪水资料对其进行了分析论证。

不同计算方法介绍如下。

1)不同时段设计暴雨量计算

《陕西省中小流域设计暴雨洪水图集》和《榆林地区实用水文手册》提供了不同时段年最大20 min、1 h、3 h、6 h、12 h、24 h点雨量均值等值线图及相应时段点雨量变差系数等值线图。

不同时段设计暴雨量采用下式计算:

$$H_p = k_p H \tag{4-5}$$

式中　　H_p——不同频率不同时段设计暴雨量,mm;

　　　　k_p——不同频率对应的模比系数;

　　　　H——年最大不同时段暴雨量均值,mm。

暴雨点面关系:治沟骨干工程控制面积大都小于30 km²,故点设计暴雨量作为流域的设计面雨量。

2)设计洪峰流量计算

(1)面积相关法。

《榆林地区实用水文手册》提供了洪峰流量汇水面积相关法,公式如下:

$$Q_N = C_N F^n \tag{4-6}$$

式中　　Q_N——重现期为N的洪峰流量,m³/s;

　　　　C_N、n——重现期为N的地理参数、指数,项目区处于Ⅰ区,由《榆林地区实用水文手册》洪峰流量—汇水面积相关参数、指数表查得;

　　　　F——汇水面积,km²。

（2）综合参数法。

《榆林地区实用水文手册》根据水文、气象、地貌及土壤等自然地理特点，综合给出本区多因素经验公式，形式如下：

$$Q_N = C_N h_6 \alpha \xi \beta F^n \tag{4-7}$$

式中　Q_N——设计重现期为 N 的洪峰流量，m^3/s；

　　　　h_6——设计重现期为 N 的设计流域 6 h 面雨量，mm；

　　　　ξ——流域形状系数，$\xi = F/L$，L 为沟道长度，km，F 为汇水面积，km^2；

　　　　C_N、α、β、n——参数、指数，查《榆林地区实用水文手册》综合参数法经验公式分区
　　　　　　　　　　　Ⅰ区参数、指数表。

（3）1/3 推理公式法。

$$Q_p = 0.278h/\tau F \tag{4-8}$$

$$\tau = 0.278L/(mJ^{1/3}Q_p^{1/3}) \tag{4-9}$$

式中　Q_p——设计频率最大洪峰流量，m^3/s；

　　　　h——净雨深，mm，在全面汇流时代表相应于 τ 时段的最大净雨，在部分汇流时代
　　　　　　　表单一洪峰对应的面平均净雨；

　　　　F——流域面积，km^2；

　　　　τ——流域汇流历时，h；

　　　　L——沿主沟道从出口断面至分水岭的最长距离，km；

　　　　m——汇流参数；

　　　　J——沿流程 L 的平均比降（以小数计）。

净雨深 h、汇流参数 m、汇流历时 τ 的推求方法如下：

设计暴雨雨型：根据不同频率设计雨量进行分配、造型。

净雨推求：采用"入渗曲线法"扣损推流。包括前期影响雨量 P_a、入渗率及土壤含水量关系曲线 f—S、产流过程及净雨过程计算等，在《榆林地区实用水文手册》中查算。

汇流计算：包括汇流参数 m 查算、汇流历时 τ 及洪峰流量 Q_p 推求。在《榆林地区水文手册》中查算出汇流参数 m 后，按 $\tau = 0.278L/(mJ^{1/3}Q_p^{1/3})$ 假定 Q_p，计算并绘制 Q—τ 曲线，同时根据净雨过程绘制 Q—τ 曲线，两条曲线的交点所对应的纵坐标即为所求的洪峰流量 Q_p，横坐标即为汇流历时 τ。

（4）1/4 推理公式法。

水利行业标准《水土保持治沟骨干工程技术规范》（SL 289—2003）中的推理公式：

$$Q_p = 0.278h/\tau F \tag{4-10}$$

$$\tau = 0.278L/(mJ^{1/3}Q_p^{1/4}) \tag{4-11}$$

以上公式意义同前，计算方法同《榆林地区实用水文手册》中的推理公式法。

3）设计洪水总量

设计洪水总量的推求采用以下两种方法：

根据水利行业标准《水土保持治沟骨干工程技术规范》（SL 289—2003），不同频率洪水总量按下式计算：

$$W_p = 0.1ah_pF \qquad (4\text{-}12)$$

$$W_p = 0.1aH_pF \qquad (4\text{-}13)$$

式中 W_p——不同频率对应的洪水总量,万 m^3;

a——洪水总量径流系数;

H_p——频率为 p 的不同时段暴雨量,mm;

h_p——频率为 p 的不同时段暴雨径流深,mm;

F——流域面积,km^2。

式(4-12)适用于经验公式计算,式(4-13)适用于推理公式计算。

4)设计洪水过程线推算

根据水利行业标准《水土保持治沟骨干工程技术规范》(SL 289—2003),采用概化三角形法推算设计洪水过程线,洪水总历时计算公式如下:

$$T = t_1 + t_2 = 5.56W_p/Q_p \qquad (4\text{-}14)$$

式中 T——洪水总历时,h;

t_1——涨水历时,h;

t_2——退水历时,h;

W_p——设计洪水总量,万 m^3;

Q_p——设计洪峰流量,m^3/s;

5.56——单位换算系数。

三角形顶点位置由涨水历时 t_1 和洪水总历时 T 的比值 at_1 控制,$at_1 = t_1/T$,其值为 0.1~0.5。用推理公式计算成果时,由于面积较小,涨水历时 $t_1 \approx \tau$。

5)桥沟"94·8·4"实测洪水成果

(1)基本情况。

桥沟是裴家峁沟下游的一级支沟,属非治理沟,流域面积 0.45 km^2,汇流比降 0.117,主沟长 1.40 km,平均宽 0.32 km,不对称系数 0.23,沟壑密度 5.4 km/km^2,流域内有较大支沟两条,呈长条形。

(2)实测洪水成果(详见表 4-23)。

表 4-23 桥沟小流域 24 h 降雨、洪峰流量、洪水总量、洪水过程线实测成果

降雨时间	降雨量 (mm)	降雨历时 (h)	洪峰流量 (m^3/s)	洪水总量 (万 m^3)	涨水历时 (min)	总历时 (h)	说明
1994 年 8 月 4 日	140.9	24	20.8	2.714	13 12 14 20 12	1.1 1.4 1.6 0.4 1.4	复式洪峰

(3)降水量频率确定。

①由实测值计算频率。

实测资料为 1986~2008 年 23 年系列,调查 1977~1986 年 24 h 降雨,没有发生过比

"1994·8·4"洪水大的,系列为31年。根据经验频率公式计算:

$$P_i = 1/(31+1) \times 100\% = 3.13\%$$

分析结果为桥沟流域"94·8·4"降雨频率为3.13%,重现期为30年一遇。

②由《暴雨图集》计算频率。

桥沟流域多年平均最大24 h降雨量为57 mm。变差系数C_v值为0.64。由$C_s = 3.5C_v$查的20年一遇K_p值为2.28,30年一遇K_p值为2.49。

因此,20年一遇的降雨量为

$$H_{24} \cdot p = 2.28 \times 57 = 130.0(\text{mm})$$

30年一遇的降雨量为

$$H_{24} \cdot p = 2.49 \times 57 = 141.9(\text{mm})$$

分析结果为桥沟流域"94·8·4"降雨量为140.9 mm,频率为3.33%,重现期为30年一遇。

(4)不同计算方法设计成果验证分析。

①验证计算。

以24 h暴雨为设计时段,采用不同计算方法推求相应频率设计洪水与实测暴雨洪水特征值及进行过程对比,详见表4-24和图4-2。

表4-24 24 h桥沟实测与设计降雨、洪峰流量、洪水总量、洪水过程线对比分析表

项目	降雨时间	降雨量 (mm)	降雨历时 (h)	洪峰流量 (m³/s)	洪水总量 (万 m³)	涨水历时 (min)	总历时 (h)	说明
实测	1994年 8月4日	140.9	24	20.8	2.714	13 12 14 20 12	1.1 1.4 1.6 0.4 1.4	复式洪峰
设计	1/4 推理公式法	141.7	24	19	2.77	16.8	0.83	
设计	1/3 推理公式法	141.7	24	21	2.77	13.2	0.75	
设计	面积相关法	141.7	24	31	2.54	6.9	0.46	
设计	综合参数法	141.7	24	34	2.54	6	0.41	

②验证分析。

从以上计算可知:面积相关法和综合参数法计算出的设计洪水成果与实测比较,设计洪峰流量明显偏大,不宜用于洪水计算分析。

1/4推理公式法计算出的设计洪水成果与实测比较,设计洪峰流量偏小,也不宜用于洪水计算分析。

1/3推理公式法计算出的设计洪水成果与实测比较,采用最大24 h暴雨时段设计洪水的拟合效果最为理想,洪峰流量、洪水总量、涨水历时的拟合精度分别为99%、98%和91%。

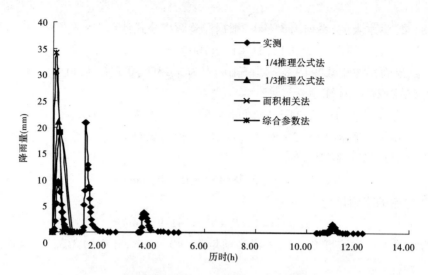

图 4-2　实测与设计过程比较分析图

由上可知,在黄土丘陵沟壑区各类生态工程项目和生产建设项目建设过程中,洪水分析计算时,推荐采用 1/3 推理公式法:

$$Q_p = 0.278h/\tau F$$
$$\tau = 0.278L/(mJ^{1/3}Q_p^{1/3})$$

这样进行设计洪峰流量、设计洪水总量和设计洪水过程计算较为合理。

3. 汇流参数 m 的复核验证

在时间序列上,《榆林地区实用水文手册》和《陕西省中小流域设计暴雨洪水图集》(1985 年)中的 m 值系利用 1981 年以前的资料综合分析确定的,本次采用加入 1981 年以后的实测雨洪资料复核验证。在分析范围上,推理公式法主要适用于小流域的汇流计算,而小流域实测资料十分缺乏,水文站控制集水面积大都在 300 km² 以上,为了弥补资料的不足,当时水文手册扩大了分析范围,对全省流域面积在 1 000 km² 以下的测站资料都进行了分析。为避免应用小面积参数值的盲目性,本次重点加入小流域实测资料进行复核验证。

1)单场雨洪资料的选择

(1)在选择资料时遵循以下原则:

①选择小流域内雨量分布比较均匀,各站主雨峰基本相对应,暴雨中心位置较少移动的降雨场次。

②降雨所形成的洪水过程为单峰型或者容易分割开的复式洪峰。

③雨峰和洪峰对应较好,避免两者时差过长,或有雨峰而无洪峰、有洪峰而无雨峰等类型的资料。

④以实测大洪水和较大洪水为主。

根据以上原则,挑选水土流失试验小流域 2 个测站的 6 次暴雨洪水资料,作为复核汇流参数 m 值的依据。

(2)单站实测暴雨洪水汇流参数 m 值的复核。

单站实测暴雨洪水汇流参数 m 值采用推理公式反推,即:

$$m = 0.278L/(\tau J^{1/3}Q_m^{1/3}) \tag{4-15}$$

式中　m——汇流参数;

　　　Q_m——最大洪峰流量,从实测洪水资料中得到,m^3/s;

　　　τ——流域汇流历时,h;

　　　L——沿主沟道从出口断面至分水岭的最长距离,km;

　　　J——沿流程L的平均比降(以小数计)。

其推求过程为:流域平均雨量计算→径流量(净雨量)h_R计算→产流历时及其时段净雨量的确定→用h_R/t_c来判别汇流条件(全面汇流、部分汇流)→确定汇流形式→建立$h_t/t—t$关系曲线→应用图解法求解τ值。

下面以黄丘一副区桥沟小流域1994年8月4日实测雨洪水为例说明汇流参数m值的分析方法。

桥沟小流域1994年8月4日实测雨洪水最大洪峰流量为20.814 m^3/s。地理参数见表4-25。

表4-25　桥沟小流域地理参数

面积(km^2)	汇流长度(km)	汇流比降
0.45	1.40	0.117

(3)汇流历时τ的推求:

①流域平均雨量计算:采用算术平均法,选择流域内有代表性的自记雨量过程按比例分配流域平均雨量,即为流域平均降雨过程。

②径流量(净雨量)h_R计算:在实测洪水过程线图上,采用直线斜割法,割除深层地下水及潜流,然后量算,即为地面径流量。起割点为洪水明显起涨点,终点则一般控制在退水拐点,当拐点位置难以确定时,用终点流量为净洪峰流量的10%左右控制,见图4-3、表4-26。

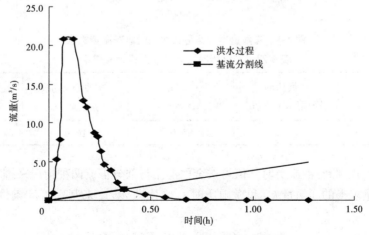

图4-3　洪水过程及基流分割线

表 4-26　净雨计算成果

径流量(m^3)	潜流量(m^3)	净雨量(m^3)	净雨深(mm)
13 407	1 738	11 669	25.9

③产流历时及其时段净雨量的确定:根据流域平均降雨过程由最大降雨强度开始,依次计算时段累计雨量,建立累计雨量与相应历时的关系曲线,如图4-4所示。在纵坐标轴上自原点截取等于净雨量 h_R 之点,向曲线作切线,切点的横坐标即为产流历时 t_c,纵坐标即为产流历时内的降雨量 H_{tc}。由图可知,H_{tc} 减去 h_R 即为产流期的入渗量 μt_c,再除以产流历时 t_c,即为产流期的平均入渗率 μ。见表4-27。用产流历时内各时段的降雨量减去时段入渗量,即为相应时段的净雨量。时段净雨量的总和应与地面径流量 h_R 相等。

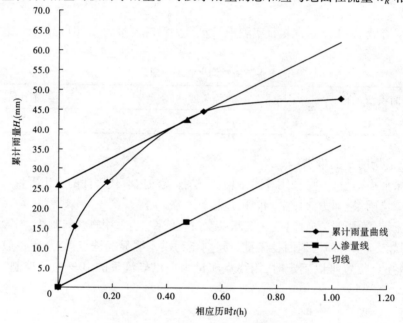

图4-4　降雨量累计雨量曲线及时段净雨量推求

表 4-27　产流历时及时段净雨量计算成果

产流历时内的 降雨量(mm) H_{tc}	产流历时 (净雨历时) t_c (h)	净雨量 h_R (mm)	产流期内入渗量 μt_c (mm)	平均入渗率 μ (mm/h)
42.5	0.47	25.9	16.6	35.3

④汇流形式判断:汇流历时 τ 值可按全面汇流与部分汇流两种情况来推求,根据已知的地面径流量求得的净雨量 h_R 和净雨历时 t_c 之比即 h_R/t_c 来判别汇流条件。由推理公式:

$$Q_m = 0.278 h_\tau F/\tau \tag{4-16}$$

可以求出与本次洪峰流量相应的时段最大平均净雨强度为 $h_\tau/\tau = Q_m/0.278F$。

当 $h_R/t_c < h_\tau/\tau = Q_m/0.278F$ 时,为全面汇流;当 $h_R/t_c > h_\tau/\tau$ 时,属部分汇流。本场

洪水汇流形式判断见表4-28。

表4-28　1994年8月4日实测雨洪水汇流形式判断表

h_R/t_c	$Q_m(\mathrm{m^3/s})$	$F(\mathrm{km^2})$	系数	$Q_m/0.278F$
55.2	20.8	0.45	0.278	166

由表4-28可知 $h_R/t_c < Q_m/0.278F$，为全面汇流。

⑤汇流历时 τ 值的图解推求：通过分析判断，本场洪水为全面汇流，则由推理公式求得汇流历时 τ 为：

$$\tau = 0.278h_r F/Q_m \tag{4-17}$$

但上式中 h_r 为未知量，因此要应用图解法求解 τ 值，具体方法如下：

将式（4-17）转换为

$$h_r/\tau = Q_m/0.278F \tag{4-18}$$

对于每次洪水，等式右端为已知量，等式左端为 τ 时段的最大平均净雨强度。对每次净雨过程，从最大净雨强度开始，向前后相邻时段从大到小连续累加，并除以相应历时 t，建立 h_r/t—t 关系曲线，如图4-5所示。在纵坐标轴上截取一点等于 $Q_m/0.278F$，由该点作平行线，与曲线交点的横坐标值即为汇流历时 τ。

本例求得 $\tau = 0.11$ h。

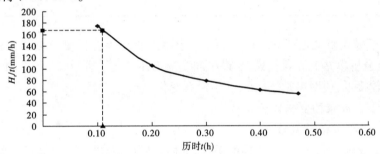

图4-5　h_t/t—t 关系曲线

（4）汇流参数 m 值的复核验证。

将 τ 值代入式（4-14），即可求得该次洪水的汇流参数 m 值，见表4-29。

表4-29　汇流参数 m 值计算表

m	$L(\mathrm{km})$	J	$Q_m(\mathrm{m^3/s})$	$\tau(\mathrm{h})$	指数	系数
2.63	1.40	0.117	20.814	0.11	0.33	0.278

注：$m = 0.278L/(\tau J^{1/3} Q_m^{1/3})$。

应用上述方法，分析了黄丘一副区桥沟和裴家峁小流域1981年以后的6场暴雨洪水的汇流参数 m 值，结果见表4-30。

表 4-30　试验小流域单站场次洪水汇流参数计算成果(1981 年以后)

站名	洪次	面积 (km^2)	河长 (km)	比降 (‰)	面雨量 (mm)	净雨量 (mm)	汇流历时 (h)	m
桥沟	1992 年 8 月 2 日	0.45	1.40	117	29.8	5.8	0.10	4.34
	1994 年 8 月 4 日	0.45	1.40	117	48.0	25.9	0.11	2.63
	1996 年 7 月 1 日	0.45	1.40	117	39.9	10.5	0.12	3.47
裴家峁	1994 年 8 月 4 日	39.3	11.0	12.2	77.1	34.9	0.99	2.04
	1996 年 7 月 1 日	39.3	11.0	12.2	48.9	11.5	0.51	4.34
	2000 年 7 月 4 日	39.3	11.0	12.2	23.5	5.6	0.61	4.69

　　与《榆林地区实用水文手册》(1987 年)和《陕西省中小流域设计暴雨洪水图集》(1985 年)中利用 1981 年以前的资料分析确定的单站场次的 m 值复核对比,结果见表 4-31。

表 4-31　陕北地区单站场次洪水汇流参数复核表

时间序列	站数	流域面积 (km^2)	分析场次	汇流参数 m		
				最大	最小	平均
水文手册 1981 年以前	17	0.9 ~ 1 808	51	6.10	1.36	3.67
本次 1981 年以后	2	0.45 ~ 39.3	6	4.69	2.04	3.59

　　表 4-31 反映出陕北地区暴雨历时短、峰型尖瘦、汇流参数的变化幅度大的特点和一般规律,本次分析单站汇流参数最大、最小的变幅仍在水文手册(1981 年以前)的范围内,平均值也比较接近,说明单站场次的 m 值没有变化。

　　2)地区综合 m 值的复核验证及结论

　　(1)地区综合 m 值的复核验证。

　　汇流参数反映了洪水峰、量比值的关系,前面分析说明该区峰、量关系不稳定,一般各次洪水的 m 值不同。因此,水文手册在进行汇流参数综合时,首先根据汇流参数的区分,直接建立汇流参数与流域特征参数及净雨量的关系 $m = f(\theta_1, h_R)$。用偏相关法推得各分区的综合公式,列入表 4-32。

表 4-32　陕北、渭河北汇流参数综合公式表

陕西暴雨洪水图集			榆林水文手册	综合公式	说明
分区	副区	小区			
陕北 I	I 西		IV 区	$m = 2.6\theta_1^{0.325} h_R^{-0.41}$	$h_R > 90$ 时采用 90
	I 北	I 北 - 1	I 区	$m = 4.95\theta_1^{0.325} h_R^{-0.41}$	$h_R > 90$ 时采用 90
		I 北 - 2	II 区	$m = 4.2\theta_1^{0.325} h_R^{-0.41}$	$h_R > 90$ 时采用 90
	I 南		III 区	$m = 3.6\theta_1^{0.325} h_R^{-0.41}$	$h_R > 90$ 时采用 90

表 4-32 系由 1981 年以前的资料综合得到的,本次采用 1981 年以后的资料进行复核验证。途径是对水文手册查算的 m 值根据单站实测洪水的洪峰流量进行还原验算,以检查其计算精度。下面仍以黄丘一副区水土流失试验 1 号小流域 1994 年 8 月 4 日实测雨洪水为例说明地区综合 m 值的复核验证方法。

①水文手册 m 值的查算:由于 1 号小流域位于水文手册汇流分区 Ⅱ 区,采用 $m = k\theta^{0.325}h_R^{-0.41}$,查算结果见表 4-33。

表 4-33 水文手册 m 值的查算结果

m	k	θ	h_R(mm)(洪峰净雨)	指数	指数
1.70	4.2	3.74	25.9	0.325	-0.41

②汇流历时 τ 的计算:采用 $\tau = 0.278L/mJ^{1/3}Q_p^{1/3}$,计算结果见表 4-34。

表 4-34 汇流历时 τ 的计算结果

τ(h)	系数	L(km)	m	J	Q_p(m³/s)	指数
0.17	0.278	1.40	1.70	0.117 0	20.8	0.33

③洪峰流量 Q 的计算:采用 $Q = 0.278h/\tau F$,计算结果见表 4-35。

表 4-35 洪峰流量 Q 的计算结果

Q(m³/s)	系数	h(mm)	汇流历时 τ(h)	面积 F(km²)
19.0	0.278	25.9	0.17	0.45

④计算洪峰流量与实测洪峰流量对比:见表 4-36。计算洪峰流量与实测洪峰流量对比表明,相对误差为 8.5%,小于原水文手册中规定的计算洪峰流量与实测洪峰流量的相对误差不超过 20% 的合格标准。

表 4-36 计算洪峰流量与实测洪峰流量对比结果

计算洪峰流量(m³/s)	实测洪峰流量(m³/s)	误差(m³/s)	相对误差(%)	是否合格
19.0	20.8	-1.8	-8.5	合格

根据上述方法,对黄丘一副区桥沟、裴家峁沟小流域 1981 年以后的 6 场暴雨洪水的地区综合汇流参数 m 值进行了复核验证,结果见表 4-37。在复核验证的 6 场洪水中,其中 5 场合格,合格率为 83.3%。

表 4-37 地区综合汇流参数 m 值复核验证结果

站名	洪次	汇流方式	计算洪峰流量(m³/s)	实测洪峰流量(m³/s)	误差(m³/s)	相对误差(%)	是否合格
	1992 年 8 月 2 日	全面汇流	5.2	6.2	-0.93	-15.0	合格
1 号	1994 年 8 月 4 日	全面汇流	19.0	20.8	-1.77	-8.5	合格
	1996 年 7 月 1 日	全面汇流	7.8	7.0	0.79	11.3	合格

站名	洪次	汇流方式	计算洪峰流量(m³/s)	实测洪峰流量(m³/s)	误差(m³/s)	相对误差(%)	是否合格
2 号	1994 年 8 月 4 日	全面汇流	435.4	283.0	152.4	53.9	不合格
	1996 年 7 月 1 日	全面汇流	207.2	216.0	−8.8	−4.1	合格
	2000 年 7 月 4 日	部分汇流	105.2	101.0	4.2	4.16	合格

注:原水文手册规定:计算洪峰流量与实测洪峰流量的相对误差不超过 20% 为合格标准。

(2)汇流参数 m 值复核验证综合分析结论。

通过上述对单站实测暴雨洪水汇流参数 m 值的分析和地区综合 m 值的复核验证,分别点绘出水文手册 1981 年以前 51 场和本次 1981 年以后 6 场暴雨洪水单站实测 m 值和单站地区综合 m 值的关系,见图 4-6。

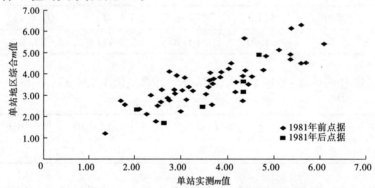

图 4-6　汇流参数 m 值复核综合分析图

1981 年以后的点据分布在 1981 年以前的点群中,说明本区各站场次洪水产汇流特性没有显著变化。采用水文手册地区综合汇流参数 m 值是可靠的。

因此,汇流参数 m 可以采用下式查算:

$$m = k\theta_1^{0.325} h_R^{-0.41} \tag{4-19}$$

式中　m——汇流参数;

θ_1——流域特征参数,$\theta_1 = L/(JF)^{1/3}$;

h_R——净雨量,mm,$h_R > 90$ mm 时采用 90 mm;

k——分区系数,从表 4-38 中查取。

表 4-38　汇流参数计算 k 值综合表

分区	Ⅰ区	Ⅱ区	Ⅳ区
项目区范围	佳芦河以北	无定河中、下游,包括小川河片、丁家沟—白家川区间	无定河大理河上游(青阳岔片)、清涧河、延河源头
k	4.95	4.20	2.60

二、水土保持效益监测

(一) 监测目的

通过小流域综合治理的水沙监测与非治理小流域的水沙监测,计算分析小流域综合治理水土保持效益。

(二) 小流域水土保持效益监测建设

在综合治理辛店沟小流域沟口布设把口站,在非治理小流域桥沟沟口布设把口站。

(三) 监测初步分析成果

将科技示范园"94·8·4"洪水桥沟与辛店沟径流泥沙进行对比分析。我国气象部门一般采用的降雨强度等级划分标准为:大暴雨,12 h雨量大于等于70 mm,或24 h雨量大于等于100 mm。1994年8月4日桥沟流域实测次暴雨量为165.7 mm,辛店沟流域实测次暴雨量为184.7 mm,属大暴雨。

1. 实测暴雨雨情

由表4-39可知:桥沟8月3~5日共有洪水4次,一次最大雨量为92.3 mm,其雨强为32.6 mm/h,总雨量为165.7 mm;辛店沟8月3~5日共有洪水2次,一次最大雨量为156.7 mm,其雨强为19.8 mm/h,总雨量为184.7 mm。

表4-39 桥沟、辛店沟流域实测暴雨雨情

洪水编号	施测日期		雨情		
	月	日	雨量(mm)	历时	平均强度(mm/h)
桥沟流域					
3	8	3	25.8	2 h 49 min	8.9
4	8	4	92.3	2 h 50 min	32.6
5	8	4~5	31.1	2 h 34 min	12.1
6	8	5	16.5	1 h 11 min	13.9
合计			165.7		
辛店沟流域					
4	8	3	28.0	3 h 29 min	8.0
5	8	4~5	156.7	7 h 54 min	19.8
合计			184.7		

2. 实测径流、泥沙成果

由表4-40、表4-41可知:治理沟道辛店沟"94·8·4"暴雨中单位面积的径流量为31 663 m³/km²,单位面积土壤流失量为5 648 t/km²,非治理沟桥在这次暴雨中单位面积的径流量为61 953 m³/km²,单位面积土壤流失量为28 180 t/km²,从这组数字明显看出,治理沟道从径流量和侵蚀量都远小于非治理沟道。

表 4-40 桥沟、辛店沟流域实测径流、泥沙成果

洪水编号	施测日期 月	施测日期 日	洪水总量(m³) 浑水	洪水总量(m³) 清水	洪水历时 合计	洪水输沙量 t	洪水输沙量 m³	流量(m³/s) 最大	流量(m³/s) 平均	含沙量(kg/m³) 最大	含沙量(kg/m³) 平均
桥沟流域　控制面积 0.45 km²											
3	8	3	722.0	580.6	1 h 44 min	190.8	141.4	0.756	0.116	297	264
4	8	4	22 410	14 540	2 h 36 min	10 610	7 864	20.8	2.39	635	474
5	8	4～5	3 439	2 350	1 h 42 min	1 470	1 089	3.84	0.562	546	427
6	8	5	1 308	1 004	1 h 56 min	410.2	303.8	1.70	0.188	416	314
合计			27 879			12 681					455
辛店沟流域　控制面积 1.77 km²											
4	8	3	540	526.6	2 h 34 min	18	13.56	0.318	0.059	55.6	33.9
5	8	4～5	55 450	48 050	21 h 18 min	9 979	7 392	10.7	0.723	514	180
合计			55 990			9 997					179

表 4-41　桥沟、辛店沟流域实测径流、泥沙成果

洪水编号	施测日期		单位面积径流量（m³/km²）		径流系数（%）		单位面积土壤流失量	
	月	日	浑水	清水	浑水	清水	t/km²	m³/km²
桥沟流域　控制面积 0.45 km²								
3	8	3	1 604	1 290	6.22	5.00	424	314
4	8	4	49 800	32 310	54.0	35.0	23 570	17 470
5	8	4～5	7 642	5 222	24.6	16.8	3 267	2 420
6	8	5	2 907	2 231	17.6	13.5	912	675
合计			61 953		37.4		28 173	
辛店沟流域　控制面积 1.77 km²								
4	8	3	305	298	1.09	1.06	10	8
5	8	4～5	31 358	27 140	20.0	17.3	5 638	4 176
合计			31 663		17.1		5 648	

3. 用 1/3 推理公式法推求洪水

1）计算方法介绍

（1）由设计暴雨推求洪峰流量。

推理公式：

$$Q_p = 0.278hF/\tau$$
$$\tau = 0.278 \cdot L/(mJ^{1/3}Q_p^{1/3})$$

式中各符号含义同前。

（2）由净雨深推求洪水总量。

设计洪水总量的推求，采用下述方法：

采用水利行业标准《水土保持治沟骨干工程技术规范》（SL 289—2003），根据降雨径流深计算：

$$W_p = ah_pF \tag{4-20}$$

式中　W_p——不同频率对应的洪水总量，万 m³；

　　　a——单位换算系数，取 0.1；

　　　h_p——频率为 p 的不同时段暴雨径流深（净雨深），mm；

　　　F——流域面积，km²。

2）桥沟和辛店沟计算成果与实测比较

这次洪水的洪峰流量的计算见表 4-42 和表 4-43，可以看出，非治理沟道桥沟洪峰流量为 20.8 m³/s，比治理沟道辛店沟洪峰流量 10.7 m³/s 大了很多，表明水土保持治理具有重要作用。

表 4-42　桥沟 24 h 实测与设计降雨历时、洪峰流量历时、洪水总量对比分析表

项目		降雨量 （mm）	降雨历时 （h）	洪峰流量 （m³/s）	洪水总量 （万 m³）	说明
实测	1994 年 8 月 4 日	140.9	24	20.8	2.714	复式洪峰
设计	推理公式	143.3	24	21	2.76	概化三角形
实测占计算(%)		98.3		99	98.3	

表 4-43　辛店沟计算成果与实测比较表

项目		降雨量 （mm）	降雨历时 （h）	洪峰流量 （m³/s）	洪水总量 （万 m³）	说明
实测	1994 年 8 月 4 日	144.8	24	10.7	5.60	复式洪峰
设计	推理公式	143.3	24	56	13	概化三角形
实测占计算(%)		101.05		19.11	43.08	

4. 水文计算

1）用面积比拟推求洪峰流量

设计洪水推求按照面积比拟法，计算公式为：

$$Q_{pi} = \left(\frac{F_i}{F_c}\right)^{2/3}\left(\frac{H_i}{H_c}\right)Q_{pc} \tag{4-21}$$

式中　Q_{pi}、Q_{pc} ——项目河段和参证站的设计洪峰流量，m³/s；

F_i、F_c ——项目河段集水面积、参证站集水面积，km²；

H_i、H_c ——项目河段、参证站年最大 24 h 点雨量均值，mm。

2）用洪量模数推求洪水总量

通过计算得到表 4-44 和表 4-45，从水土保持角度可以看出治理沟明显优于非治理沟。

表 4-44　用洪量模数推求洪水总量

流域名称	流域面积 （km²）	实测洪水总量 （万 m³）	推算洪水总量 （万 m³）	拦蓄洪水总量 （万 m³）	洪量模数 （万 m³/km²）
桥沟	0.45	2.79			6.2
辛店沟	1.77	5.60	10.97	5.37	3.16

表 4-45　用输沙模数推求输沙总量

流域名称	流域面积 （km²）	实测输沙量 （万 m³）	推算输沙量 （万 m³）	拦沙总量 （万 m³）	输沙模数 （万 m³/km²）
桥沟	0.45	0.94			2.09
辛店沟	1.77	0.74	3.7	2.96	0.42

5. 成果分析

1) 削峰效益

辛店沟流域的削峰效益:由推理公式计算洪峰流量为 56 m^3/s,由面积比拟法计算洪峰流量为 52 m^3/s;取均值 54 m^3/s。实测洪峰流量为 10.7 m^3/s,减小峰量为 43.3 m^3/s,削峰 80.2%。

2) 拦洪效益

辛店沟流域的拦洪效益:由净雨深计算洪水总量为 13 万 m^3,由洪量模数推求的洪水总量为 10.97 万 m^3;取均值 12 万 m^3。实测洪水总量为 5.60 万 m^3,减小洪量为 6.40 万 m^3/s,占总量的 53.33%。

3) 减沙效益

辛店沟流域的减沙效益:用输沙模数推算的输沙量为 3.7 万 m^3,实测值 0.74 万 m^3,减少 2.96 万 m^3,占总量的 80%。

由分析可以得知,通过 1954～1994 年 40 多年的治理,辛店沟流域的水土保持功能得到了很大的提高,百年一遇洪水到来后,单位面积径流量和单位面积土壤流失量明显降低,实测洪峰得到显著削弱,洪量模数和输沙模数明显下降,水土流失明显得到了控制,径流得到拦蓄,泥沙得到保持,生态环境得到了明显的改善。

第四节　新技术的应用及发展趋势

一、新技术在水土保持监测中的应用

(一)地理信息系统在监测中的应用

1. 研究建立典型小流域坝系监测方法及评价系统的基本框架

主要分析研究现有的地理信息系统在水土保持监测及评价系统应用的深度、目前基本的框架、应用水平等。选用美国 ESRI 公司的产品 ArcGIS 8.0 作为本系统的地理信息系统,应用 Intergraph 公司的图像处理软件 I/RASC 对 IKONOS 或 QuickBird 卫星遥感影像进行图像拼接和图像投影变换等。然后将图像调入到 ArcView 和 ARC/INFO 中处理。通过 ArcView 扩展模块直接接收 GPS 数据,实时修改小流域数据,如图 4-7 所示。

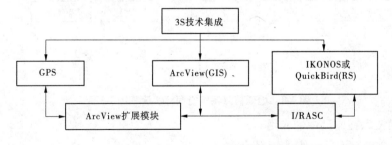

图 4-7　3S 技术小流域监测集成图

以韭园沟内王茂沟小流域为典型小流域建立坝系监测评价系统。基本情况如下:王茂沟流域面积 5.97 km²，流域多年平均侵蚀模数为 1.8 万 t/km²，是黄土丘陵沟壑区第一副区的韭园沟内一条典型小流域。从 1953 年开始至今，黄委绥德水土保持科学试验站经过了 60 多年的科学研究、示范推广、治理等，取得了大量国家、省、部、委的科研成果，同时在本流域共建成淤地坝 42 座，经过 50 多年的"小坝并大坝，扩大坝地面积，提高坝地利用率，增设骨干控制坝，以库容制胜"，合并为 22 座坝，其中：骨干坝 2 座，大、中型淤地坝 5 座，小型淤地坝 15 座。可淤坝地 27 hm²，建水浇地 4.89 hm²，梯田 142.26 hm²，造林 131.86 hm²，这些工程对保持水土特别是拦沙有显著的作用，形成了较为完善的水土保持淤地坝系统。

2. 应用 GIS 技术提取小流域基础地理空间信息

应用 GIS 获取王茂沟典型小流域基本地理信息，如坡度、坡向、沟壑密度、坡长信息等。以 1:1 万地形图为信息源，经矢量化得到 1:1 万地形数据（含等高线及高程点），地形数据内插生成不规则三角网（TIN），再内插生成 5 m 级数字高程模型（DEM）。用 DEM 可以直接提取坡度专题信息、坡向专题信息、坡长专题信息、流域界线，得到流域面积，同时可以提取沟壑专题，通过计算得到沟壑密度。建立各种地理空间信息图层。

3. 应用分辨率卫星遥感影像提取水土保持坝系相关专题信息

采用美国高分辨率的 QuickBird 卫星影像，经过图像增强处理，分别提取水土保持坝系措施专题信息，如坝的数量、位置、淤地面积、淤积分布、淤积数量、坝地利用状况、水资源利用状况等。建立水土保持治理坝系措施相关专题图层，进一步建立小流域的坝系监测方法。

地理信息系统空间分析流程图如图 4-8 所示。

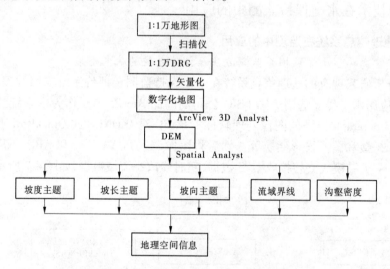

图 4-8 地理信息系统空间分析流程图

（二）遥感技术在监测中的应用

1. 利用高分辨率遥感影像进行判读

首先将购买来的高分辨率影像、由黄河上中游管理局提供的中分辨率影像进行图像的拼接、投影转换和图像增强处理，然后在王茂沟实地进行遥感解译标志的建立，在室内进行淤地坝数量、淤积面积、位置、坝地利用状况、淤地坝分布等判读,进而利用 GIS 建立各图层(骨干坝、大中型淤地坝、小型淤地坝、坝地利用等图层),建立坝系监测方法。

2.利用地理信息系统进行判读

利用地理信息系统建立行政、地形地貌、水系等图层。将 1∶1 万地形图扫描到计算机中,建立数字高程模型,采用地理信息系统建立行政及地形地貌等图层(如行政村、坡度、坡长、坡向、沟壑密度等)。

(三)GPS 在监测中的应用

GPS 技术在水土保持监测中,在宏观方面,可建立 GPS 控制网,在控制网的基础上,进行控制点测量,为卫星遥感技术的定向提供加密点,也可以用于宏观区域和重点区域水土保持信息的采集、提取;在微观方面,可利用 GPS 技术监测水土保持措施图斑内容、几何量算、措施质量等,如梯田、淤地坝、乔木林、灌木林、人工种草等措施的面积监测。同时,可以进行水土流失实时监测,如沟头前进、沟底下切、沟岸扩张的速度,甚至可以监测典型样点水土流失量等。本次坝系监测主要应用于流域高程网点控制测量和淤地坝面积以及淤地坝淤积监测。

1.控制测量

1)测量仪器

本次投入 9600 型 GPS 仪器 1 套(3 台套),其静态相对定位精度为(5 mm + 1 ppm),动态水平精度优于 1 m,高程精度为 ±(10 mm + 2 ppm)。

采用软件是南方测绘仪器公司的 9600 型 GPS 测量系统 GPSADJ 专用基线处理与 CADR14 平差软件。

普通水准仪、DJ6 – 1 光学经纬仪各 1 台。

2)利用资料及坐标系

(1)王茂沟流域 1∶10 000 的地形图。

(2)王茂沟流域内国家三角点东山圪塔Ⅲ级点、流域附近魏家焉国家三角点魏家焉Ⅱ级点。

(3)坐标系统采用 WGS – 84 坐标系进行无约束平差,然后进行 1954 北京坐标系转换,高程采用 1956 黄海高程。

3)控制网的建立

(1)选点埋石。

对王茂沟及其附近的国家三角点进行勘查,共勘测 5 个点,最后确定流域内东山圪塔一个国家三级控制点,流域外魏家焉 1 个国家二级控制点,两控制点相距 6.7 km,两标石完好无损。为了便于王茂沟流域淤地坝监测,在王茂沟黑兔焉及 1 号、2 号坝增设了 3 个控制点,高舍沟增设 1 个控制点。

根据监测设计要求,流域内共埋设 D 级 GPS 点标石 3 座,流域附近埋设 1 座。标石规格为 20 cm × 20 cm × 100 cm。GPS 点位选在土质坚实、交通便利、方便使用、便于长期保存的地方。

(2)GPS 野外观测测量。

为了使观测数据可靠精确,以免造成人力、物力、资金的不必要浪费,依照国家 GPS

的有关规范进行设计实施。观测方案按设计书的要求进行,利用魏家焉和王茂沟东山圪塔国家三角点与 4 个 GPS 点联合构网进行观测,网中最长边 6.2 km,最短边 0.7 km,平均边长 3.5 km。

4)基线解算

(1)基线解算采用南方测绘软件 GPSADJ4.0 基线处理软件。将野外采集的原始数据 STH 观测文件转换为标准的 RINEX 观测文件,此文件可在不同的路径下任意选择。读入观测文件后进行向量解算及网平差。

(2)基线解算时参考 1992 年国家 GPS 测量规范。

(3)闭合环检验。

所有基线组成闭合环,闭合环总数 4 个,同步环总数 4 个,闭合环最大节点数 3 个。各坐标分量闭合差的限差按下式规定:

$$Wx \leqslant 3\sqrt{n}\delta, Wy \leqslant 3\sqrt{n}\delta, Wz \leqslant 3\sqrt{n}\delta, WS \leqslant 3\sqrt{3n}\delta, \delta = \sqrt{a^2 + (bD)^2}$$

其中,$a = 10, b = 5$。闭合环相对闭合差 0 ~ 1 ppm 3 个,1 ~ 2 ppm 1 个,优于国家规范的等级限差。

(4)平差计算及精度。

GPS 基线向量网首先进行了 WGS - 84 坐标系三维自由网平差。在平差计算时,利用魏家焉(W001)和王茂沟东山圪塔(D101)1954 北京坐标系 3°分带三角点为起算点进行二维约束平差计算。中央子午线经度采用 111°。计算结果见环闭合差报告(见表 4-46)。

表 4-46 同步闭合环表

环号	环总长(m)	相对误差(ppm)	ΔX(mm)	ΔY(mm)	ΔZ(mm)	Δ 边长(mm)
1	16 293.39	0.2	0.862	2.833	1.668	3.399
2	10 986.911	0.7	0.286	- 2.753	- 7.678	8.162
3	6 675.029	1.2	1.368	- 6.530	- 4.790	8.214
4	4 165.603	0.1	0.018	0.244	- 0.214	0.325

WGS - 84 坐标系下经自由网平差的结果:三维自由网平差见表 4-47 和表 4-48。单位权中误差为 0.015 852 m。

表 4-47 平差后 WGS - 84 坐标和点位精度

ID 状态	X	Y	Z	X 偏移(mm)	Y 偏移(mm)	Z 偏移(mm)	点名
D101 固定	- 1 761 710.267	4 745 811.507	3 868 924.980	0.000	0.000	0.000	D101
G011	- 1 757 066.248	4 747 103.479	3 868 996.389	0.658	1.252	0.584	G011
W001	1 757 774.632	- 4 743 763.680	3 873 129.013	0.818	1.688	0.750	W001
W002	- 1 759 421.809	4 745 139.782	3 870 388.353	0.531	1.162	0.636	W002
D102	- 1 761 132.167	4 744 912.278	3 869 973.455	1.045	2.168	1.380	D102
WW01	- 1 761 001.398	4 744 518.064	3 870 522.181	0.693	1.389	0.793	WW01
WW03	- 1 761 001.398	4 744 518.064	3 870 522.187	1.055	2.205	1.402	WW03

表 4-48　平差后 WGS - 84 坐标和点位精度

ID 状态	X	Y	H	X 偏移(mm)	Y 偏移(mm)	Z 偏移(mm)	点名
D101 固定	37. 343 145 641	110. 215 621 743	1 188. 373	0. 000	0. 000	0. 000	D101
G011	37. 344 125 534	110. 184 048 623	912. 788	0. 658	1. 252	0. 584	G011
W001	37. 372 454 431	110. 195 484 033	1 147. 883	0. 818	1. 688	0. 750	W001
W002	37. 353 726 669	110. 203 830 429	951. 065	0. 531	1. 162	0. 636	W002
D102	37. 351 905 578	110. 214 688 379	1 000. 327	1. 045	2. 168	1. 380	D102
WW01	37. 354 136 840	110. 214 747 793	1 006. 165	0. 693	1. 389	0. 793	WW01
WW03	37. 354 136 855	110. 214 747 793	1 006. 169	1. 055	2. 205	1. 402	WW03

当前坐标系统:1954 北京坐标系,见表 4-49。

采用网配合法进行转换,单位权中误差为 0. 000 844 m,见表 4-50。

表 4-49　1954 北京坐标系点位精度

基线名	相对误差	距离(m)
D101——G011	1:1 038 413	4 812. 432
D101——W001		6 110. 997
G011——W001	1:1 155 416	5 354. 675
W002——D101	1:549 116	2 787. 720
W002——D102	1:1 819 009	1 773. 718
W002——G011	1:3 842 422	3 367. 269
D101——WW01	1:369 511	2 166. 119
W002——WW01	1:1 816 431	1 701. 719
D102——WW03	1:705 657	688. 088
W002——WW03	1:1 745 171	1 701. 719

表 4-50　平差后 1954 北京坐标系坐标

ID	X 坐标	Y 坐标	rms(mm)	点名
D101	4 160 599. 360	443 915. 030	0. 000	D101
G011	4 160 935. 347	439 114. 341	0. 741	G011
W001	4 165 956. 470	440 974. 680	0. 000	W001
W002	4 162 641. 486	442 017. 372	0. 811	W002
D102	4 162 068. 430	443 695. 968	1. 268	D102
WW01	4 162 756. 243	443 715. 217	0. 937	WW01
WW03	4 162 756. 248	443 715. 217	1. 268	WW03

参数拟合高程 109.276 507 m,内符合精度中误差 ±206.972 mm,得到表 4-51 ~
表 4-53。

表 4-51　拟合后高程残差

点号	正常高 (高程)(m)	大地高 (m)	正常高 (拟合)(m)	差值(m)	拟合精度 (mm)
D101	1 188.500	1 079.370	1 188.646	0.146	146.351
W001	1 148.300	1 038.877	1 148.154	−0.146	146.351

表 4-52　1954 北京坐标系拟合高程

ID	正常高(高程)(m)	大地高(m)	拟合精度(mm)	点名
G011	913.061	803.785	146.351	G011
W002	951.337	842.060	146.351	W002
D102	1 000.600	891.323	146.351	D102
WW01	1 006.438	897.161	146.351	WW01
WW03	1 006.441	897.164	146.351	WW03

表 4-53　坐标及拟合高程

点号	坐标 X	坐标 Y	高程(m)	点名
D101	4 160 599.360	443 915.030	1 188.500	D101
W001	4 165 956.470	440 974.680	1 148.300	W001
D102	4 162 068.430	443 695.968	1 000.600	D102
G011	4 160 935.347	439 114.341	913.061	G011
W002	4 162 641.486	442 017.372	951.337	W002
WW01	4 162 756.243	443 715.217	1 006.438	WW01
WW03	4 162 756.248	443 715.217	1 006.441	WW03

从以上基线解算精度及网平差精度来看:GPS 平面测量最弱边相对中误差为 0.84
ppm,平差计算精度远远优于设计书和相应国家 GPS 测量规范的要求。这说明本次 GPS
网布网合理,观测安排科学,数据处理和平差严密。

通过实地选点埋石、野外观测、内业基线解算,在王茂沟小流域王茂沟黑兔焉及 1 号、
2 号坝建立三角控制网。GPS 测量控制网见图 4-9。

5)控制测量结果分析

可以看出,WGS − 84 坐标系下三维自由网平差,基线解算最差边相对误差1:745 851,
精度达 1.3×10^{-6},1954 北京坐标系下,采用网配合法进行转换,基线解算最差边相对误
差1:369 511,精度达 2.7×10^{-6},基线解算完全符合《GPS 测量基本技术要求规范》。高

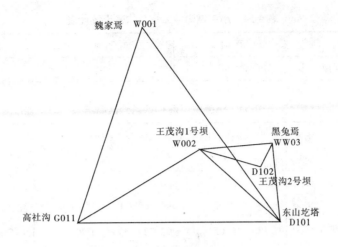

图 4-9　小流域 GPS 测量控制网

程精度通过已知点正常高与大地高拟合,内符合精度中误差 ±206.972 mm,拟合精度为 ±146.351 mm。为了了解 GPS 所测同一点高差对淤积厚度的影响,对黑兔焉(WW01、WW03 点)控制点进行不同时期两次测量。从测量结果看,WGS-84 坐标系下两次测量高程差 4 mm,1954 北京坐标系下,两次测量高程差 3 mm,完全可以满足淤地坝淤积监测要求。

2.小流域 GPS 沟道工程动态监测

采用 2 台 GPS 接收机同时作业观测,其中 1 台作为基准站,1 台作为流动站,流动站与基准站相距小于 15 km。流动站在起始点静止初始化 10 min,然后从起点开始流动,在运动过程中,按预先设定的时间间隔自动观测,自动记录数据。在移动过程中保持同步观测 4 颗以上的卫星,并且保持连续跟踪,在待测点观测 1 个以上的历元(默认值 5 s),实现了"STOP AND GO"的测量过程,定位精度(相对基准点)可达 1 cm。观测工作结束后,将储存在采集器的数据文件传输到计算机中进行后处理。处理后直接输出坐标成果并显示所有的航迹线。数据经过处理可方便地进入 CAD 进行图形编辑,数据成果可导入 mapInfo 等 GIS 系统,主要应用于勘界测量和面积测量。

为了摸清该流域目前的水土流失情况和淤地坝的淤积情况等,本次对流域 22 座淤地坝的布局、数量、淤地面积、淤地坝分布、淤积量、坝地利用以及各淤地坝之间的关系等进行监测。结合流域坝系特征,将流域分为上、中、下三个断面,在各断面选取有代表性的王茂沟 1 号、2 号骨干坝,黄柏沟、马地嘴中型淤地坝和何家峁、王塔沟小型淤地坝共 6 座淤地坝进行监测。

1)GPS 差分动态监测

动态相对定位模式主要应用于地籍勘测和面积测量,利用 GPS 差分动态相对定位模式的这一特点,用 7 d 时间对王茂沟小流域的 22 座淤地坝汛前数量、淤积面积进行监测。监测结果见表 4-54、表 4-55。

表 4-54　小流域沟道工程总体建设统计表

类型	骨干坝	中型坝	小型坝
已建成工程数量（座）	2	5	15

表 4-55　小流域坝系 GPS 差分监测结果

编号	坝名	坝高（m）	控制面积（km²）	淤地面积（亩）	泥面平均高程（m）	泥面距坝顶（m）	回淤长度（m）	淤积面纵比降（%）
1	王茂庄 1 号坝	19.8	2.89	47.76	950.09	1.57	876.20	0.23
2	王茂庄 2 号坝	30.0	2.97	47.66	989.79	12.2	560.0	0.21
3	黄柏沟 2 号坝	15.0	0.18	6.05	992.73	1.82	155.51	0.28
4	康河沟 2 号坝	16.5	0.32	5.62	1 003.6	3.62	158.59	0.30
5	马地嘴坝	8.0	0.50	24.26	998.26	4.82	296.67	0.29
6	关地沟 1 号坝	23.0	1.14	43.88	1 012.58	8.62	472.88	0.26
7	死地嘴 1 号坝	8.93	0.62	15.41	1 014.31	2.30	164.42	0.31
8	黄柏沟 1 号坝	13.0	0.34	5.79	978.95	3.52	217.30	0.32
9	康河沟 1 号坝	12.0	0.06	6.4	990.72	1.62	158.91	0.29
10	康河沟 3 号坝	10.5	0.25	4.99	1 013.88	0.20	196.83	0.31
11	埝堰沟 1 号坝	13.5	0.86	10.86	993.68	8.56	226.87	0.28
12	埝堰沟 2 号坝	6.5	0.18	29.91	999.89	0.30	389.50	0.25
13	埝堰沟 3 号坝	9.5	0.46	18.39	1 005.53	5.35	224.87	0.30
14	埝堰沟 4 号坝	13.2	0.24	8.62	1 018.22	0.30	140.65	0.33
15	麻圪凹坝	12.0	0.16	10.72	1 011.67	0.20	233.62	0.27
16	何家峁坝	5.2	0.07	6.3	991.44	1.55	192.46	0.34
17	死地嘴 2 号坝	16.0	0.14	38.7	1 029.93	0.40	542.5	0.24
18	王塔沟 1 号坝	8.0	0.35	9.28	1 037.86	0.35	200.84	0.29
19	王塔沟 2 号坝	4.0	0.29	9.5	1 041.45	0.46	164.57	0.30
20	关地沟 2 号坝	10.5	0.10	3.63	1 021.18	1.50	120.0	0.33
21	关地沟 3 号坝	12.0	0.05	22.61	1 030.77	2.40	356.55	0.28
22	背塔沟坝	13.2	0.20	10.61	1 034.66	0.30	243.39	0.30
合计			5.87	386.95				

2）高程网点布设

根据洪水泥沙在淤地坝内的淤积规律（坝前淤积较坝尾淤积薄），对流域内王茂沟 1 号、2 号骨干坝，黄柏沟、马地嘴中型淤地坝和何家峁、王塔沟小型淤地坝共 6 座淤地坝进行汛前、次暴雨(汛期)结束后的高程监测网点数据收集。将各监测淤地坝分为上、中、下三个断面,在各断面布设高程控制监测网点,并在各高程监测点布设带有水位标尺的水泥桩(便于验证 GPS 监测数据),然后利用流域已建立的三角控制网点,测量上述 6 座监测坝各个淤积断面的控制网点高程。黄柏沟淤地坝高程监测网点布设见图 4-1。

利用 GPS 对淤地坝汛前以及次暴雨(汛期)结束后的面积和高程进行监测测量,计算出汛前以及次暴雨(汛期)结束后的平均淤地面积和平均淤积厚度,然后计算出次暴雨(汛期)结束后的坝地淤积量。

3)测量结果分析

GPS 差分动态相对定位模式,定位精度(相对基准点)可达 1 cm。根据对 100 m² 的地块进行实际量算与 GPS 差分动态相对定位模式的多次测量结果,GPS 差分动态测量面积误差在 ±0.45%,完全可以满足淤地坝的面积测量要求。在实际测量过程中,其几何精度因子 PDOP 一般都在 2~6,定位精度较高。但在部分沟道测量中,其定位精度有的超过分米级,特别是后差分动态测量时,在沟道狭窄的地方,几何精度因子 PDOP 有的超过了 7,甚至达到 10,定位精度较差,当然这不能满足水土流失动态监测对精度的要求。造成这种精度差异除仪器本身的原因外,还有一个重要的原因,即与黄土丘陵沟壑区地面开阔度对 GPS 接收机接收卫星信号强弱的影响有关。因此,通过用其他测量仪器(全站仪)进行修测和补测。

(四)自动化遥测系统在水土流失观测中的应用

1. 数字雨量计

2006 年结合"黄丘一副区典型小流域原型观测建设项目",从重庆华正水文仪器有限公司(水利部重庆水文仪器厂)引进了 JDZ-1 型数字雨量计。该雨量计采用 AT89C51 单片机作实时控制,存储容量 128 kB。降雨时每 5 min 存储一次数据,并实时打印记录。利用笔记本计算机现场提取数据,采用直流 6 V 电源供电,功耗低,有利于仪器的野外使用。计算机对原始数据进行曲线打印处理并转换成 Excel 格式,在电子表格中进行数据处理和资料整编,完全能符合水文观测规范要求。

2. 径流、泥沙自动化监测系统建设研发过程

黄委绥德水保站在 5 条典型小流域布设有 7 个径流、泥沙观测站,过去全部是人工观测,不仅浪费人力、财力,而且在大暴雨情况下观测工作人员极不安全。为此,在 2006 年进行了桥沟大断面、一支沟、二支沟、试验场和韭园沟 5 个测流断面的 4 套自动化监测系统的建设和研发工作。

在桥沟大断面、一支沟、二支沟、试验场建成 3 套(其中桥沟大断面和桥沟一支沟共用 1 套)自动化观测系统,采用中国农业大学和中国科学院水土保持研究所开发研制的 LTW-1 型水土流失自动监测系统。该系统由工作管理、数据采集存储器、含沙量测量传感器、配合量水堰使用的水位测量传感器、数据远程传输设备、供电设备、专门用于小流域的泥沙流量监测仪和计算机控制管理软件组成,对测流断面产生的径流量、泥沙含量、降雨过程进行实时在线连续自动测量。流量测量水深小于 20 mm 时,采用水阻式液位计测量,水深等于大于 20 mm 时,采用斜拉式水位计测量,利用软件模型公式自动换算出流量。含沙量采用红外光透射、连续重力感应相结合的方法测量。韭园沟径流站自动化监

测系统由南京戴维科技有限公司设计。测量系统由水阻式电子水尺水位仪、电波流速仪、数据电台和电源系统等组成,中心测站设备由数据接收电台和计算机及数据测量软件等组成。小水(水深$H \leqslant 1.5\text{ m}$)时用水阻式电子水尺水位仪自动测量三角量水槽水位,由计算机利用三角量水槽水位与流量的关系式换算流量。大水(水深$H > 1.5\text{ m}$)时用溢洪道观测,采用非接触式电波流速仪观测流速,用电子水尺观测水位,由计算机根据水文流量计算方法计算出流量。观测项目主要有水位、流量(含沙量暂时由人工观测),实现了水土流失的自动化远程观测。

3. 结论

(1)雨量资料的观测由自记式改成了数字式,变人工操作为自动记录存储打印,实时传输,节约了人力和开支,提高了观测资料的精度。

(2)水位流量资料的观测由人工观测记录改为实时在线连续自动测量,采用 GPRS 和数据接收电台远程传输。工作人员在办公室就能实时在线采集径流过程。

(3)在泥沙资料的收集方面,首次在黄土丘陵沟壑区第一副区典型小流域使用红外光透射和连续重力感应相结合的办法进行含沙量测量,攻克了高含沙地区含沙量自动测量难关,节省了大量人工沙样采集、处理及数据整编工作量,消除了人工处置过程中的系统误差。

(4)在资料整编方面,将远程传输接收的资料利用数据管理分析软件形成各种相关的曲线及报表,再根据已率定的断面测流公式和计算机整编程序,生成水文规范要求的所有成果,节省了大量人工整编资料的工作量。

(5)在资料保存方面,将整编成果采用电子文本的格式录入典型小流域原型观测数据库,有利于管理,方便查阅。

二、水土保持监测发展趋势

黄委绥德水土保持科学试验站自 20 世纪 50 年代初建立以来,布设了一系列雨量站、径流站和径流场,进行降雨、径流和泥沙等项目的观测试验,积累了大量的原始观测资料。这些宝贵的资料在水土流失规律、治理措施的试验研究和水土保持生态建设规划及设计等方面得到了广泛的应用,对黄土高原治理和促进区域经济发展起到了积极的作用。黄委绥德站的一线职工,工作条件艰苦,生活环境恶劣,常常为了获得一个数据顶着大风、冒着暴雨,有时人身安全也受到威胁。在观测过程中既费人力,也费财力,而且资料精度无法保证。在新时期,随着社会经济的持续发展、黄河治理的客观需求及水土保持科学研究的不断深入,对水土流失原型观测工作提出了新的更高的要求。为此,我们完成了水土流失自动化监测系统的建设,更新了观测设备,改进了观测手段,完善了观测内容,提高了观测精度,减轻了劳动强度,基本上能够适应目前水土流失规律研究工作的要求。

第五节　科技示范园监测设施评价

科技示范园监测已纳入国家级水土保持监测网络,为水利部和黄委监测公告提供原始资料,为模型黄河、模型黄土高原建设提供基础支撑,特别是为国家级项目即黄河粗泥沙集中来源区拦沙工程洪水设计提供了原始数据的支撑,为水土流失规律研究、水土保持效益分析提供了基础数据支撑,为黄土丘陵沟壑区第一副区开发性项目工程建设洪水水文计算提供基础数据支撑。具体作用体现在以下几个方面。

一、基础设施建设效果评价

科技示范园区对原有观测站点进行了恢复重建和观测基地设施维修,初步解决了观测网站传统观测项目的调试、规范了观测内容和维持正常观测运行等问题。通过几年的运行,结合现阶段水土保持研究、生产实践和区域水土流失监测公报等需求,基本上能够满足当前水土流失监测的需求,建立了完整的观测体系,积累了大量的原始观测数据资料,初步形成了坡面监测、沟道监测和小流域监测的全面、协调、统一的水土保持监测平台。但是也存在一些专业观测设备、数据采集设施落后和缺乏数据分析等问题。

二、雨量站观测设施建设效果评价

科技示范园辛店沟 2 个雨量站,1980 年建站,桥沟流域 4 个雨量站,1986 年建站,都采用天津气象仪器厂生产的 DSJ2 型虹吸式自计雨量计观测。2007 年通过技术改造升级,每个雨量站增加了 1 台水利部重庆水文仪器厂生产的 JD01A 型翻斗式(0.05 mm)数字雨量计,采用 6 V 直流电源或将交流电降压转化为直流电供电,采用 AT89C51 单片机实时控制,存储容量 128 kB,观测精度为 0.1 mm,降雨时每 5 min 记载存储一次数据,并实时记录,采用便携式计算机现场提取已储存的雨量数,采集回传的原始数据可转换为 Excel 格式数据在电子表格中进行数据处理。通过单次降雨误差比测分析,次降雨在 0.01～4.00 mm/min,误差为 ±4%,小于允许误差(±5%);日降雨量和月降雨误差均在允许误差范围内,即日降雨误差 =(日降雨次数×0.1) +(日降雨量×0.04),次降雨起止时间与自记雨量计保持一致。但运行中存在以下问题:一方面,由于雨量计盛雨器进水口太细,粗细只有 2.5 mm,强降雨时进水口注水速度赶不上降雨承接雨量速度,容易出现盛雨器溢水现象,而且黄丘一副区雨前一般多风,一旦枯枝落叶或昆虫随风掉入盛雨器底部,容易出现进水口堵塞,设备无法进行工作;另一方面,由于没有专用供电线路,均采用当地农用电转化为 6 V 直流电源供电,农用电断电随机性强,有时强降雨农电往往关闭,一旦出现断电设备无法工作,即使来电也要重新设置才能正常采集数据,所以数字雨量计 4 年来一直未获取连续完整的一年度降雨量数据,数字雨量计还不能完全取代自记雨量计。

三、径流泥沙观测设施建设效果评价

科技示范园项目建设了桥沟大断面、桥沟一支沟、桥沟二支沟、试验场等 4 个卡口径流观测站,这些站的主要观测项目有水位、流量、含沙量。

桥沟泥沙观测站是裴家峁流域下游右岸的一级支沟布设的径流泥沙观测站。设站目的是研究丘一区小流域径流泥沙来源、水土流失规律,建立具有物理成因的产流产沙模型。该流域为自然沟道,沟口控制流域面积 0.45 km²,流域沟口在布设径流泥沙观测站的基础上,在一支沟(控制流域面积 0.034 km²)和二支沟(控制流域面积 0.072 km²)分别

建立了2个径流泥沙观测站。建站以来,这3个站一直维持原设计为人工观测,沟口站为三角槽量水堰,一支沟和二支沟1986~2006年为巴歇尔量水堰。根据多年观测,巴歇尔量水堰过洪后容易出现堰槽底部淤积,为此,2006年改造为三角槽,并改造了观测房,增加了测桥设施,人工观测正常、顺利。2005年利用科技示范园项目又进行了3个断面的自动化设备建设,引进了中国农业大学和中国科学院水利部水保所开发的自动水位观测径流量和固定部位泥沙取样测量的自动化观测设备。根据设备运行和实地试验观测,自动水位设备(水位浮子传感器)运行基本正常,在三角槽底部安装6.0 cm粗的PVC塑管采集洪水水样,收集到洪水分析箱,采用近红外线照射原理分析泥沙含量。根据与人工测量洪水含沙量比较,该套设备抽取洪水样本时,一方面其洪水入口和PVC管道容易阻塞,另一方面随着洪水水位变化,不同部位含沙量不同,而该设备含沙样抽取不变,所以根据实际运行其设备取沙代表性和合理性都有待进一步完善。

辛店沟流域沟口站是无定河流域中游左岸的一级沟道沟口水沙站,布设目的是观测小流域综合治理与各类单项措施水土保持效益。1979年建设了巴歇尔量水堰,人工观测至今。2007年利用科技示范园项目对沟口径流泥沙观测站进行自动化设备建设,引进了中国农业大学和中国科学院水保所开发的自动水位观测径流量和固定部位泥沙取样测量的自动化观测设备,其设备运行和实地试验观测与桥沟相同,测验泥沙存在一定的问题,需要进一步研究完善。

四、径流场观测设施建设效果评价

黄土丘陵沟壑区第一副区径流场小区集中布设于辛店沟和桥沟流域,在辛店沟育林沟布设乔木、灌木、乔木混交、草地、农地、荒地、休闲地、乔灌混交和草灌混交等9个标准小区。辛店沟小石沟选择布设梯田、经济林措施和全坡长径流小区各1个,在非治理小流域桥沟内布设无措施全坡长、全陡坡、上半坡、下半坡、2 m坡、5 m坡、新谷坡和旧谷坡等8个径流小区。通过两个流域不同类型径流小区对比观测,分析研究治理措施的减水减沙效益。

辛店沟育林沟径流小区于1983年建设,主要观测坡面林业措施拦泥拦沙效益,一直观测至2006年。该径流场小区建设规格不规范,有面积200 m^{2}和100 m^2、坡度25°~31°几种类型,径流池用石板围砌,漏水现象严重。2007年利用科技示范园项目对径流场地进行规范化改造建设,将小区面积统一规范建设为100 m^2,小区坡度进行统一,径流池用水泥混凝土,并完善了观测房、观测道路、供电线路和径流池排水设施。小区布设措施类型也根据当地最常见的水土保持措施进行完善,基本达到了单项水土保持措施标准小区规范化建设。

桥沟非治理小流域内布设无措施8个不同地貌径流场,1986年建设完成并观测至2010年,2006年以前8个径流小区洪水测验设施均采用径流池和分水箱,小区挡水板采用石板围堰。经过多年观测运行,挡水板破损严重,全坡长、新谷坡和旧谷坡往往出现径流池泥沙溢满现象,无法获取设计要求精度的洪水资料。2007年利用科技示范园项目对以上8个径流小区挡水板用C15混凝土预制板进行改造,将全坡长、新谷坡、旧谷坡量水设施改建为三角槽,全陡坡、上半坡、下半坡、2 m坡、5 m坡5个径流小区继续采用径流池和分水箱测验设施人工观测洪水泥沙,目前能够满足设计规定的数据观测要求。

五、气象园观测设施建设效果评价

辛店沟气象园在 2003 年 8 月根据《气象探测环境的技术规定》(气业发〔1998〕58号)技术规范,建设了降雨、空气温度、空气湿度、风速、风向实时数据传输小气象站,并实施观测。由于场地位置高,建设标准低,2005 年系统被雷击后观测停止。2008 年 5 月借助辛店沟科技示范园项目进行了改造建设,在保留原有观测指标的基础上,增加了土壤温度、土壤水分和蒸发三项指标,全部观测指标均为实时数据接收,专业气象软件采集,需要在现场应用计算机回收气象数据。

第五章　辛店沟科技示范园电子地图研发

辛店沟水土保持科技示范园经过 60 年的积累,形成了大量试验及观测资料,均以数字、文本、图形、影像形式保存于资料室中,这种形式不方便人们对资料的及时有效应用,各种媒体资料缺少系统高效的整理整编,存储、管理、使用未能形成快速、经济、安全、便于交流的应用服务平台,不便于信息的共享和安全使用;试验研究成果缺乏形象直观的展示,不利于科研成果的推广应用。因此,采用先进的"3S"技术及电子地图的技术手段,构建辛店沟数字小流域平台,改造和提升辛店沟的技术信息管理、试验观测和分析模拟手段是十分必要和迫切的。开展建设辛店沟示范园 2 km² 电子地图开发项目是以地理信息系统、海量存储、虚拟仿真等技术为主要手段,借助宽带网络以及自动测报传输网络,构建辛店沟示范园范围的基础信息服务平台,实现园区内各类数据信息的有效存储与共享,并建立一套信息查询、统计、输出以及三维模拟显示的应用服务系统。本章内容包括电子地图集成技术、系统总体设计、系统功能模块和系统使用说明等。

第一节　电子地图集成技术

一、系统集成

电子地图系统采用面向对象的设计,利用当前成熟的插件技术,建立客户端框架和中间件框架,使每一个组件从提供的接口类继承之后进行开发,编译形成的程序集(DLL)、中间件组件只需要放置到规定的目录,系统就会自动载入。这样易实现系统的集成。

本系统需要从自动观测数据库(自动化观测系统数据库)和原型观测数据库中提取数据,因此需要建立现有自动观测数据库、原型观测数据库和本电子地图数据库之间的接口,保证系统数据库能够从自动观测数据库中提取实时观测数据,能够将自动观测数据库中的成果数据及时写入到本电子地图数据库中,并且能够从原型观测数据库中读取历史观测成果数据。

(一)集成的任务及原则

1. 集成的任务

(1)辛店沟流域基础资料的整理和入库:包括历史基础地理图、专题图的矢量化,水保属性资料的整理与入库,其中长系列水文资料的整理以能满足地理信息系统软件调试要求为准、土地利用资料以具有影像资料的 2004 年数据为准进行入库,成果则选择具有代表性的成果进行标准化处理后入库。

(2)建成辛店沟流域专业数据库:进行辛店沟科技示范园区 1∶1 000 数字地形图的测绘;制作 1∶1 000 高程模型;购置并解译辛店沟最新的卫星影像资料;进行数据库设计、数据检查、属性关联。

（3）建成辛店沟基础地理信息系统。

（4）完成应用系统的开发建设：在基础地理信息平台上，开发基础数据及文档入库与管理子系统、基础地理信息查询子系统、辛店沟科技示范园三维仿真演示等系统。

2. 集成的原则

1）分布式

采用分布式系统，可利用中间件封装业务逻辑，减轻服务器的运算压力；封装大数据量的运算，减少将不必要的数据传输到客户端，避免网络瓶颈。

随系统用户数量、生产数据的不断增加，可随时利用中间件群集、负载平衡，使系统具备良好的性能和可伸缩性。

2）组件化

采用面向对象 OOP 的思想，采用组件化开发，每类用户分别封装一个客户端组件和中间件组件，做到高内聚、低耦合，来有效地解决模块之间的衔接问题。

利用组件化，将系统最基础、最常用的模块从具体业务中抽离出来，开发为公共组件，奠定框架复用的基础。

3）插件化

为了使系统的集成容易实现，软件架构必须具有很高的扩展性。采用面向对象的设计，利用当前成熟的插件技术，建立客户端框架和中间件框架，使每一个组件从提供的接口类继承之后进行开发，编译形成的程序集（DLL）、中间件组件只需要放置到规定的目录，系统就会自动载入。

4）智能客户端

由于 GIS 的图形化、高交互性、大数据量，因此对文档数据建库管理、基础地理信息系统、三维演示 3 个系统必须采用 C/S 模式，对图形发布系统采用 B/S 模式。

在整个系统采用分布式的基础上，按照 MVC 的开发模式，业务逻辑被封装在中间件，因此专业应用、三维演示在选择客户端模式 Browser 和 Client 上主要注重以下几点：

（1）丰富的界面，高交互性（如及时灰化按钮、鼠标拖放和右键单击）。

（2）和中间件的交互，客户端对数据应有缓存处理，以减少交互次数。

（3）打印要求，可设置不同的字体、页边距以及纸张大小，尤其是分页（纵向、横向）。

（4）软件的部署、升级。

目前 Browser 浏览器模式的主要优势是简单升级的方式和可避免客户端的安装。

系统采用 Net 的 ClickOnce 发布技术，实现软件的 Web 安装、自动升级，解决了以前 Client 的最大缺点，同时加上已有的优点，因此本系统选择采用智能客户端。

（二）接口架构及开发模式

1. 接口架构

（1）由本系统从自动观测数据库中提取实时观测数据；自动观测数据库能够将成果数据及时写入到本系统数据库中。

（2）由本系统从原型观测数据库中提取历史观测成果数据（见图 5-1）。

2. 接口开发模式

（1）接口程序主要由运行在系统数据库中的存储过程构成。

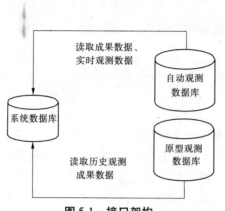

图 5-1　接口架构

（2）因为自动观测数据库、原型观测数据库及系统数据库运行在同一个局域网内，因此为了保证接口的简练和运行效率，可以在系统数据库中建立指向自动观测数据库和原型观测数据库的 Oracle 数据库连接，由接口程序直接访问数据库连接，写入数据（见图 5-2）。

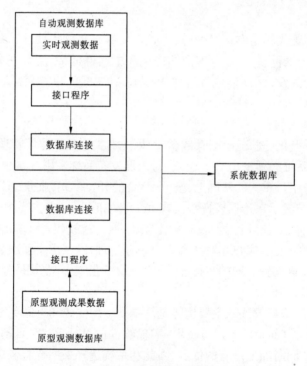

图 5-2　接口开发模式

二、系统配置

（一）网络结构

信息技术的发展，可以使整个世界通过网络构成一个整体。从黄河水土保持工程辛店沟科技示范园工程建设的工作内容和管理特点上来讲，系统需要考虑如下几个方面的连接：

(1)内部局域网的连接；

(2)与上级管理部门广域网的连接；

(3)与 Internet 的连接；

(4)自动测报站点与信息中心服务器的连接。

目前,网络架构基本完成,已实现了与内部局域网、Internet 以及遥测站点信息采集设备的网络连接。本项目通过新增购置服务器、输入输出设备对已建成的网络环境稍微改造即可。图 5-3 为网络拓扑结构。

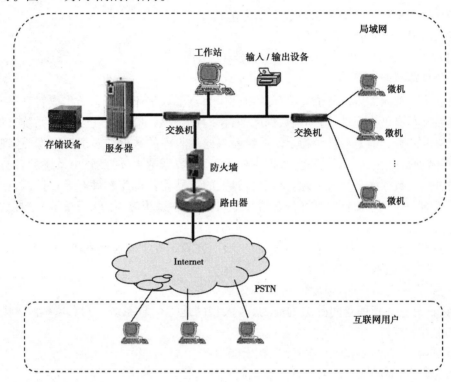

图 5-3　网络拓扑结构

(二)软件环境

1. GIS 软件平台

GIS 是水土保持信息化工程建设的重要技术支撑,保证 GIS 技术与数据库技术、计算机技术、通信技术的发展保持同步,提供成熟的接口技术来确保辛店沟信息系统中各子系统间的信息共享。GIS 系统平台软件的选择尤为重要。

国际、国内 GIS 系统平台软件产品琳琅满目,但是,从系统的可伸缩性、可扩展性,海量数据管理能力,空间建模、空间分析能力,系统的开放性,信息的网络发布能力,应用技术的成熟性、可交流性等方面分析,并基于与数字水土保持工程的统一和衔接,采用美国 ESRI 公司的 ArcGIS 系列软件作为该项目 GIS 系统平台软件。

GIS 软件可分为后台服务和前端服务,后台服务一般借助于 GIS 系统提供的功能完成图形数据的管理要求,前端服务主要应用于客户端,为用户提供一个应用数据的窗口。本系统将使用 ArcInfo 和 ArcSDE 两个软件作为系统后台(Server)软件,其优势在于能按照用户需求合理地管理大规模甚至超大规模的空间数据库,为系统前端提供高效的空间数据和复杂的空间分析服务;采用 ArcObjects(组件开发工具包)组件进行开发,提供给最终用户(或工作人员)友好的界面和简便、通用的操作手段来管理维护空间数据。ArcIMS是一个具有多层结构的 Browser/AppServer 网络地理信息系统平台,通过安装于后台服务器中,可将空间数据通过浏览器进行发布。因此,本系统采用的 GIS 软件产品主要包括以下几个:

(1)ArcGIS 9.3(包括 ArcView、ArcEditor、ArcInfo 和 ArcObjects 组件);

(2)ArcGIS Engine(包括开发包和运行包);

(3)ArcSDE(空间数据库引擎);

(4)ArcGIS Server 9.3(空间信息发布)。

2. 数据库平台

辛店沟示范园 2 km² 电子地图开发项目作为整个数字流域信息的集成管理平台,必须保证系统具有可扩充性,特别是数据库平台一旦形成后,应保证在今后的系统升级、扩充中能够保持数据的兼容性及稳定性。目前将建设入库的数据涉及遥感影像、地理地形图、多媒体、属性信息等多种类型,数据库分类繁多,数据量大,因此整个系统的各类信息必须通过大型数据库系统来管理。目前世界上的商品化数据库软件有近百种,这些软件在适用范围、安全性、价格等方面都有很大差别,结合本系统应用的实际需要,选择数据库系统时应注意以下几点:

(1)稳定性高,在各行各业得到广泛的应用,在稳定性方面得到成功的验证;

(2)具有海量数据管理能力;

(3)查询检索效率高、速度快;

(4)具有存储管理空间数据的能力,与大型的地理信息系统平台(本方案选择 Arc-GIS)有很好的接口;

(5)具有较强的多媒体信息存储、检索能力;

(6)具有可靠的数据库安全性控制机制;

(7)能够支持 Web 访问,系统易于维护。

3. 开发平台

按照以上要求,采用 Visual Studio 2005、ArcGIS Engine 9.3、ArcGIS Server 9.3、ArcSDE、Flex Developer、Oracle 9i、IIS 6.0 等软件实现本项目。本项目 Oracle 9i 数据库存储空间数据和各类专题数据,通过 ArcSDE 空间数据库引擎连接数据库,通过 ArcGIS Engine 开发 C/S 的基础地理信息子系统和文档入库管理子系统;通过 ArcGIS Server 发布地图服务,利用 Flex 开发图形浏览的客户端程序——图形发布子系统;通过 Skyline 开发三维演示子系统,实现地形和站点的浏览。图5-4 为系统架构。

(三)硬件环境

为了满足辛店沟水土保持科技示范园电子地图建设及运行的需要,根据遥感、监测、试验研究及历史等多数据源、海量数据交换的特点,硬件平台建设需要以下设备:

(1)性能良好、功能强大、数据存储空间较大的数据服务器。服务器最低配置为主频 2.7 GHz 以上,硬盘空间 180 GB 以上,内存 2 GB 以上。

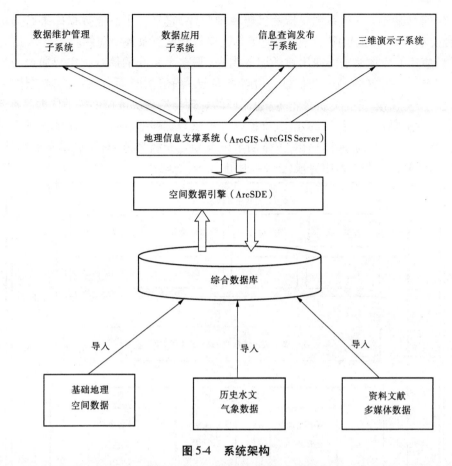

图 5-4　系统架构

（2）运行速度快，能够处理海量数据，能处理遥感影像图像，且可以显示查询、分析结果的应用服务器及图形工作站。

（3）一套完整的数据输入输出设备，包括便携式 GPS 和微型计算机、大幅面工程扫描仪、大幅面彩色绘图仪、小幅面彩色激光打印机等。

三、总体布局设计

（一）总体布局

辛店沟示范园 2 km² 电子地图开发项目建设主要由四部分组成：数据采集体系、数据存储体系、信息服务支撑体系以及应用服务体系（见图 5-5）。

（1）辛店沟数据采集体系包括各比例尺基础地形图、水土保持专题图件、遥感影像、多媒体资料以及历史水文、泥沙等属性数据。以上数据资料形成运行化的数据支持体系。

（2）数据存储体系是整个系统的核心，也是整个系统的数据管理与输入输出交换中心。整个系统运行的所有基础数据、主题数据以及成果数据均存储在统一的数据库系统中，各类数据按照统一的标准进行分类存储。系统数据库主要分为基础地理图形库、水保专题图形库、水保资料属性库以及多媒体库等多个子库，这些子库之间通过关键字进行连接，实现各类数据的关联。

（3）信息服务支撑体系主要指信息服务中间件,它专注于商业数据库平台与地理信息平台技术本身,为上层应用开发提供工具化接口和地图服务中间件。

（4）应用服务体系是面向用户的服务窗口,是整个系统的体现。用户通过应用服务体系提供的各种功能完成各类信息的检索查询、专题图输出、研究成果的多媒体展示、水土流失的预测预报、效益分析评价等,为流域的管理与治理决策提供科学依据。本系统近期建设目标主要为基础数据的建库、维护以及提供数据服务功能。在功能设计上主要包括数据维护、信息查询、制图输出、三维演示以及专题分析功能,对于更复杂的趋势预测、分析功能则放在后期工程中完成(图 5-5 中虚线表示部分)。

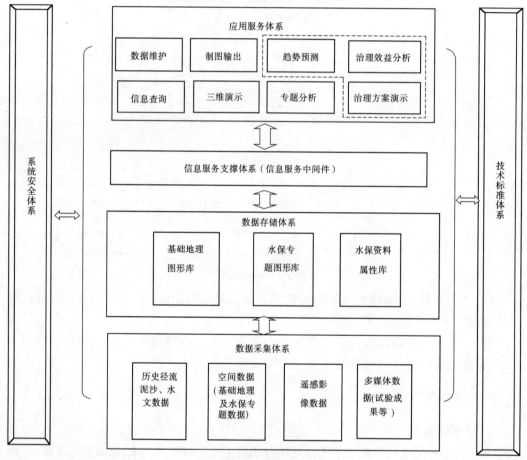

图 5-5　总体布局

（二）数据库子系统

（1）基础数字地形图数据子库(包括辛店沟流域 1:1 000 地形图);

（2）影像数据子库(包括分辨率为 0.61 m 的辛店沟流域 QuickBird 影像);

（3）专题图数据子库(包括辛店沟流域地质图、地貌图、土壤图及不同时期土地利用图、水文测站位置图、断面图、雨量站分布图、多年平均降雨量等值线图等);

（4）气象水文数据子库(包括辛店沟流域设站至今的降雨、径流、泥沙原始观测资料,以及利用自动化观测系统传输回来的观测资料);

（5）成果多媒体数据子库（包括辛店沟60年来开展试验研究所取得的100多项科研成果、科教片及纪录片、发表的470多篇论文，以及所积累的其他文献、图片和多媒体资料）。

（三）功能子系统

（1）文档入库管理子系统：对28类观测数据根据指定模板结构上传至数据库，将doc、pdf格式的文档上传至FTP服务器，将多媒体数据和专题图数据上传至FTP服务器。

（2）基础地理信息子系统：提供对基础地理信息的查询定位、图形编辑、专题统计、打印输出等功能。

（3）三维演示子系统：提供三维地貌巡视、站点信息查询、路线飞行等功能。

（4）图形发布子系统：提供地形图、影像、专题图发布、查询定位等功能。

第二节　系统总体设计

系统总体设计的目标是完成对辛店沟治理以来的观测数据、科研成果、文献资料的计算机管理、分析模拟显示，建立电子地图，为辛店沟水土保持工作提供辅助向导作用。具体包括对数据的入库、管理、查询、模拟演示。

一、设计的原则

辛店沟科技示范园2 km² 电子地图建设遵循"整体布局、统一设计、分步实施"原则，紧密结合水土保持科研与治理需求，既要满足近期科技试验园区数据试验、展示的需要，又要为今后开展"模型黄土高原"建设以及决策服务系统建设提供基础框架。系统建设过程中坚持实用性、可靠性与安全性、先进性、分步实施、标准化和开放性的基本原则。

（一）实用性原则

系统建设从实际出发，尽量采用成熟的先进技术，兼顾未来发展趋势，量力而行。以经济实用为主，又适当超前，为以后更新留有余地。系统主要以辛店沟流域60年来积累的数据管理为重点，以数据的采集、建库以及应用服务为核心，为水土保持科研、规划、示范和管理提供数据支持，保持系统功能的实用性。

（二）可靠性与安全性原则

采用先进的系统安全措施，严格信息使用的权限管理和具有严密的系统操作规程，使系统设计及建设根据要求达到相应安全级别，确保系统长期安全、可靠运行。

（三）先进性原则

以应用为驱动，在充分利用现有设施和资源的条件下，力求高起点，既满足近期需求，又适应长远发展的需要。系统的软、硬件及相关专题成果应达到国内先进水平，以满足系统对网络、数据库、水资源决策管理等方面的需求。

（四）分步实施原则

以应用为先导，需求为牵引，坚持"整体布局、分项实施、逐步完善"的原则。

（五）标准化和开放性原则

充分考虑现代信息技术的飞速发展，采用开放式的网络体系结构、网络协议以及国际广泛使用的 GIS 和数据库软件系统,以适应未来功能升级的要求,使系统具有开放性、兼容性、扩展性;项目建设应优先选择符合开放性和国际标准化的产品和技术。在应用开发中,数据规范、指标代码体系、接口标准都应该遵循国家、水利部及"数字黄河"规范要求。

二、系统总体框架和部署

(一)总体框架

系统在处理空间数据时,采用 C/S 两层结构和 ArcSDE 数据引擎,在处理属性数据时,采用 C/As/S 三层架构。

在功能上,图形发布系统是一套独立的体系,但基础地理信息系统在显示属性数据时,可利用图形发布系统已经开发出来的网页。

图 5-6 为总体框架。

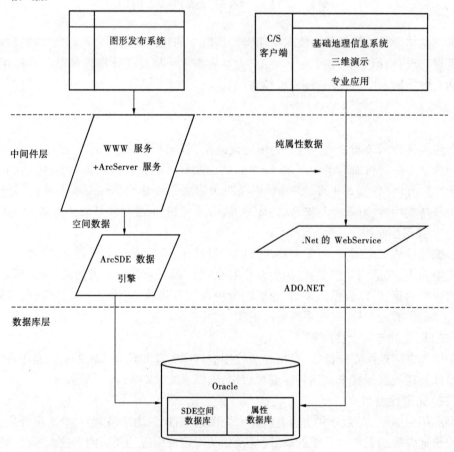

图 5-6 总体框架

(1)中间件框架,用 WebService 封装与客户端的通信传输,用数据访问层封装与Oracle 的数据传输,并管理所有封装业务逻辑组件(见图 5-7)。

(2)客户端框架,包括文档入库管理系统、基础地理信息系统、图形发布、三维演示 4大组件(见图 5-8)。

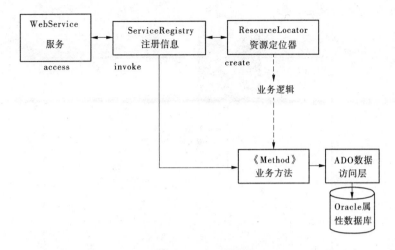

图 5-7　中间件框架

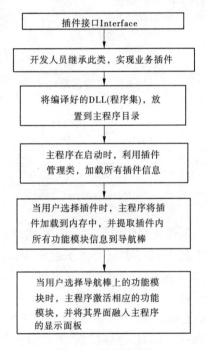

图 5-8　客户端框架

(二) 系统部署

系统部署按照图 5-9 形式完成。

三、分项设计

(一) 空间数据库

空间数据库子系统是一个连接数据采集和 SDE 空间数据库的桥梁,负责将 1∶1 000 的矢量地形图,以及 QuickBird 遥感影像图、DEM 数据,以个人版的 GeoDatabase 和文件格式,按照《SDE 空间数据库初步设计说明书》的 SDE 数据库结构,进行数据的建库。

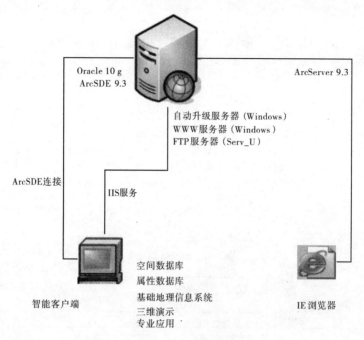

图 5-9　系统部署

图 5-10 为空间数据库功能结构。

图 5-10　空间数据库功能结构

数据加载实现将地形图、影像从文件加载到系统中,并通过系统设置的符号化规则显示,以供操作人员通过视图工具、图形工具进行人工检查,同时系统进行自动检查,最后确认数据正确,进行数据入库,在入库的同时进行数据处理。

(1)通过"加载矢量 GeoDatabase"、"加载影像 GeoTiff/Raster"实现数据从文件→Map-Control,通过"移出图层",实现 MapControl→移出,从整体上实现了数据的加载、卸载。

(2)自动检查是基于有规律的项目,系统根据"系统设置"中设置的条件,针对当前载入 MapControl 的空间数据,进行图层、字段类型、字段内容、投影的检查,并将检查结果通知用户。

(3)视图工具是最基本的辅助用户看图的工具,通过地图的浏览,结合其他资料(例如纸质地图、调绘报告等),人为检查要素是否有丢失、错误、变形等。

(4)查询定位是辅助用户对关心的数据进行人为检查的一种手段。

(5)图形工具是通过长度、面积的度量,进行数据精度的检查。

(6)对经过检查,确认无错误的数据,通过矢量数据入库和栅格数据入库,将空间数据由个人版 GeoDatabase 和影像文件、符号库文件导入到 SDE 空间数据库,并通过设置最优的空间格网、建立金字塔、数据压缩等处理满足地面工程子系统的应用要求。

（7）系统设置为数据自动检查和入库提供配置参数：SDE 连接参数、图层对应表、符号对应表。

（二）属性数据库

属性数据库子系统是一个连接属性数据采集、整理和 Oracle 属性数据库的桥梁，负责将 28 种属性表、文档资料以及多媒体数据，分别利用本地的 Access 表格、PDF 文档或 Word 文档、jpg 图片或 mpeg 视频文件，按照要求进行数据建库。图 5-11 为属性数据库功能结构。

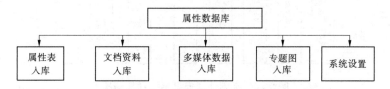

图 5-11　属性数据库功能结构

本系统负责将整理好的属性表批量导入到 Oracle 数据库中，将文档资料、多媒体数据以及专题图上传到 FTP 服务器中。

（1）属性表入库是将 28 类属性表（Access 表格）批量导入到 Oracle 数据库中，具备对错误入库的数据表进行编辑、删除功能。

（2）文档资料入库是将文档资料（PDF 文档或 Word 文档）上传到 FTP 服务器中，具备对上传错误的数据进行编辑、删除功能。

（3）多媒体数据入库是将视频、音频、图片文件上传到 FTP 服务器中，具备对错误上传的数据进行编辑、删除功能。

（4）专题图入库是指将各种专题图件（jpg 格式）上传到 FTP 服务器中，具备对错误上传的专题图进行编辑、删除功能。

（5）系统设置模块为属性数据入库提供配置参数：存储结构管理。

（三）基础地理信息子系统

基础地理信息子系统是对已经入库的空间数据和专题数据进行管理、分析、统计、输出的应用系统，基础功能是以基本地形图、影像图为背景，直观地表现专题要素（测站、试验小区）在地面的分布情况，辅助用户快速、准确定位地形要素、专题要素，最终以满足辛店沟示范园数据试验、展示的需要，为今后开展"模型黄土高原"建设以及决策服务系统建设提供基础框架。图 5-12 为基础地理信息系统功能结构。

（1）工作空间管理，是保存系统的当前状态，包括当前位置、打开关闭的图层等，以便用户下次进入系统时，能迅速地恢复到上次的工作状态。

（2）视图工具和图形工具，是辅助用户看图的最基本的工具。

（3）地图打印，是提供地图输出的途径，包括两种方式：一是通过打印机/绘图仪打印出纸质地图，二是输出位图。

（4）图形编辑，是提供给业务人员对专题要素进行图形编辑的工具。

（5）属性管理，是与图形编辑相结合的工具，实现对专题要素的属性信息进行显示、编辑的工具。

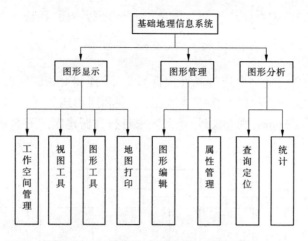

图 5-12　基础地理信息系统功能结构

（6）查询定位，是通过属性查找图形的性质和统计（通过图形查属性）。

（7）统计，是对各要素进行汇总、分类等工具。

（四）图形发布子系统

图形发布子系统是提供给全局用户通过互联网查看辛店沟示范园 2 km² 电子地图的基本地形信息、专题信息和各测站实时观测数据、历史数据的工具。图 5-13 为图形发布系统功能结构。

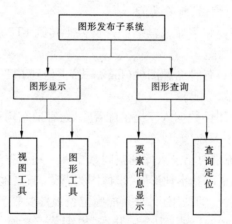

图 5-13　图形发布系统功能结构

（1）视图工具和图形工具是辅助用户看图的最基本的工具。

（2）要素信息显示，是提供一种只读的要素属性，供所有用户使用。显示的要素包括地形图和其他专题图（含多媒体信息、实时观测数据）。

（3）查询定位的设计原则、要求与基础地理信息系统基本一致。

（五）三维演示子系统

三维演示子系统是以遥感影像图、数字高程模型（DEM）或矢量地形图为底图，进行模拟飞行的工具。使用该工具，用户可以直观、动态地查看流域内地形、地貌信息，以及各测站、试验小区在空间的分布状况。图 5-14 为三维演示系统功能结构。

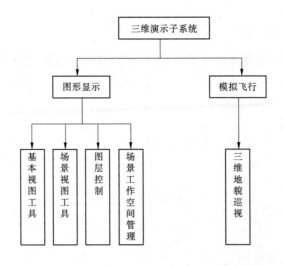

图 5-14　三维演示系统功能结构

利用基本视图工具可调整地图显示范围,通过这些工具可以辅助用户查看不同详细程度的地形图信息;利用场景视图工具可调整场景视图的视野、视角,可以进行目标定位、模拟分析,通过缩放、导航、飞行、目标定位等操作,可查看流域内仿真三维场景图。

(六)专业应用系统

专业应用子系统是对已经入库的属性数据及实时观测数据库中的数据进行查询、检索、统计分析的工具。图 5-15 为专业应用系统功能结构。

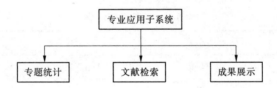

图 5-15　专业应用系统功能结构

(1)专题统计是根据用户输入或选择的统计条件,系统通过多种方式(表格、统计图/曲线)显示统计结果。

(2)文献检索是根据用户输入的检索条件,对文献资料进行相关检索操作。

(3)成果展示是通过播放 Flash 动画或其他多媒体文件,对水土流失治理成果进行过程模拟。

第三节　系统功能模块

系统功能模块,是对属性数据库子系统、基础地理信息子系统、三维演示子系统、图形发布子系统功能模块的介绍。

一、属性数据库子系统功能模块

本设计最终实现的属性数据库子系统必须满足功能、性能、接口和用户界面、附属工具程序的功能要求以及设计约束条件等。功能模块包含模块结构图、模块清单、用例图、类图等内容。

(一)模块结构图

属性数据库子系统包括属性表入库、文档资料管理、多媒体资料管理、专题图管理等模块,其模块结构见图 5-16。

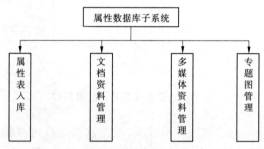

图 5-16 属性数据库子系统模块结构

(二)模块清单

1.主界面模块

主界面模块分为主界面和资源模块,包括 THm_Main、Resources 2 类,并编制了相关的文件,详见表 5-1。

表 5-1 主界面模块表

编号	模块名称	类	文件
11000	主界面	THm_Main	THm_Main. cs
	资源	Resources	Resources. resx

2.属性表入库模块

属性表输入库分为 THm_ImportAttributeData、Pb_V_ImportTable、Pb_C_ImportTable、Pb_C_Excel_n 4类,并编制相关的文件,文件存放在 GIS\THMap\ImportData 目录下,详见表 5-2。

表 5-2 属性表入库模块表

编号	模块名称	类	文件
1100201	属性表入库	THm_ImportAttributeData	Pb_V_ImportTable. cs
		Pb_V_ImportTable	Pb_V_ImportTable. cs
		Pb_C_ImportTable	Pb_C_ImportTable. cs
		Pb_C_Excel_n	Pb_C_Excel_n. cs

3. 文档资料管理模块

文档资料管理模块又分为文档资料入库模块和文档资料编辑模块,文档资料入库模块分为 THm_ImportDoc、Pb_V_ImportDoc、Pb_C_ImportDoc 3 类,并编制相关文件;文档资料编辑模块分为 THm_EditDoc、Pb_V_EditDoc、Pb_C_EditDoc 3 类,并编制相关文件。文件存放在 GIS\THMap\ImportData 目录下,详见表 5-3。

表 5-3 文档资料管理模块表

编号	模块名称	类	文件
1100301	文档资料入库	THm_ImportDoc	Pb_V_ImportDoc. cs
		Pb_V_ImportDoc	Pb_V_ImportDoc. cs
		Pb_C_ImportDoc	Pb_C_ImportDoc. cs
1100302	文档资料编辑	THm_EditDoc	Pb_V_EditDoc. cs
		Pb_V_EditDoc	Pb_V_EditDoc. cs
		Pb_C_EditDoc	Pb_C_EditDoc. cs

4. 多媒体数据管理模块

多媒体数据管理模块又分为多媒体数据入库模块和多媒体数据编辑模块;多媒体数据入库模块分为 THm_ImportMltMedia、Pb_V_ImportMltMedia、Pb_C_ImportMltMedia 3 类,并编制相关文件;多媒体数据编辑模块分为 THm_EditMltMedia、Pb_V_EditMltMedia、Pb_C_EditMltMedia 3 类,并编制相关文件。文件存放在 GIS\THMap\ImportData 目录下,详见表 5-4。

表 5-4 多媒体数据管理模块表

编号	模块名称	类	文件
1100501	多媒体数据入库	THm_ImportMltMedia	Pb_V_ImportMltMedia. cs
		Pb_V_ImportMltMedia	Pb_V_ImportMltMedia. cs
		Pb_C_ImportMltMedia	Pb_C_ImportMltMedia. cs
1100502	多媒体数据编辑	THm_EditMltMedia	Pb_V_EditMltMedia. cs
		Pb_V_EditMltMedia	Pb_V_EditMltMedia. cs
		Pb_C_EditMltMedia	Pb_C_EditMltMedia. cs

5. 专题图管理模块

专题图管理模块又分为专题图入库模块和专题图编辑模块;专题图入库模块分为 THm_ImpThMap、Pb_V_ImpThMap、Pb_C_ImpThMaP 3 类,并编制相关文件;专题图编辑模块分为 THm_EditThMap、Pb_V_EditThMap、Pb_C_EditThMap 3 类,并编制相关文件。文件存放在 GIS\THMap\ImportData 目录下,详见表 5-5。

表 5-5　专题图管理管理模块表

编号	模块名称	类	文件
1100401	专题图入库	THm_ImpThMap	Pb_V_ImpThMap. cs
		Pb_V_ImpThMap	Pb_V_ImpThMap. cs
		Pb_C_ImpThMap	Pb_C_ImpThMap. cs
1100402	专题图编辑	THm_EditThMap	Pb_V_EditThMap. cs
		Pb_V_EditThMap	Pb_V_EditThMap. cs
		Pb_C_EditThMap	Pb_C_EditThMap. cs

6. 存储结构管理

存储结构管理模块包括 THm_CCJG、Pb_V_CCJG 等 2 类,并编制了相关的文件,文件存放在 GIS\THMap\ImportData 目录下,详见表 5-6。

表 5-6　存储结构管理模块表

编号	模块名称	类	文件
1100601	存储结构	THm_CCJG	Pb_V_CCJG. cs
		Pb_V_CCJG	Pb_V_CCJG. cs

(三)用例图

为了便于系统的编制,编制了数据作业员、数据入库员等参与者,属性数据管理、文档资料管理、多媒体数据管理、专题图管理、数据入库、存储结构设置等用例图以及它们之间构成的用于描述属性数据库子系统功能的动态视图如图 5-17 所示。

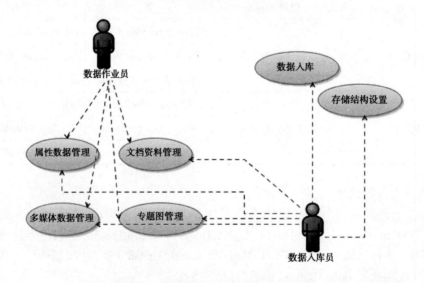

图 5-17　属性数据库子系统用例图

（四）类图

类图不仅是设计人员所关心的,也为实现人员所关注,建模工具也主要依据类图来产生代码(正向)工程。属性数据库子系统中心的类是主界面类 THm_Main。连接它的是属性表入库类 THm_ImportAttributeData、专题图入库类 THm_ImpThMap、多媒体数据入库类 THm_ImportMltMedia、文件资料入库类 THm_ImportDoc 4 种入库类,也连接了多媒体数据编辑类 THm_EditMltMedia、专题图编辑类 THm_EditThMap、文件资料编辑类 THm_EditDoc 3 种编辑类,以及存储结构管理类 THm_CCJG,详见图 5-18。

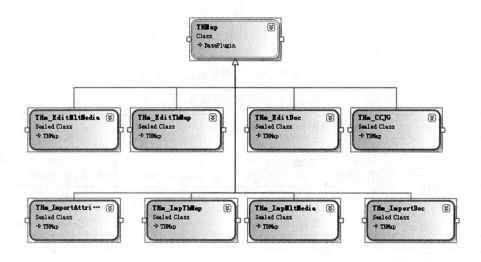

图 5-18　属性数据库子系统类图

二、基础地理信息子系统功能模块

本设计最终实现的基础地理信息子系统必须满足功能、性能、接口、用户界面、附属工具程序的功能以及设计约束等。

（一）模块结构图

基础地理信息子系统又叫图形管理子系统,由图形显示、图形管理、图形分析 3 部分组成。图形显示包括工作空间管理、视图工具、图形工具、地图打印 4 种模块,图形管理分为查询定位、图形编辑 2 种模块,图形分析分为分析和统计 2 种模块。其模块结构见图 5-19。

（二）模块清单

1. 主界面模块

主界面模块分为主界面、环境变量类和资源模块,包括 Gp_Main、Gp_C_Main、Gp_M_Environment、Resources 4 类,并编制了相关的文件,详见表 5-7。

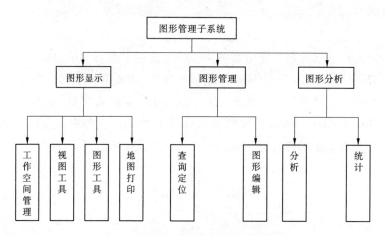

图 5-19 基础地理信息子系统模块结构图

表 5-7 主界面模块表

编号	模块名称	类	文件
1500001	主界面	Gp_Main	Gp_Main. cs
		Gp_C_Main	Gp_C_Main. cs
	环境变量类	Gp_M_Environment	Gp_M_Environment. cs
	资源	Resources	Resources. resx

2. 视图工具模块

视图工具模块包括索引图模块、缩放到图层模块,包括 Pb_Cs_BaseOverView、Pb_V_Toc、Pb_C_Toc 3 类,并编制了相关文件,详见表 5-8。

表 5-8 视图工具模块表

编号	模块名称	类	文件
1500201	索引图	Pb_Cs_BaseOverView	GIS\Pb_Window 目录下 Pb_Cs_BaseOverView. cs
1500202	缩放到图层		GIS\Pb_Window\GPP_Pub 目录下
		Pb_V_Toc	Pb_V_Toc. cs
		Pb_C_Toc	Pb_C_Toc. cs

3. 地图打印模块

地图打印模块又可以分解为版面视图工具、版面整饰工具、打印等3个模块,由 Page_ZoomInTool、Pb_PageZoomOutTool、Page_ZoomInFxdCommand、Page_ZoomOutFxdCommand、Page_PanTool、Page_FullCommand、Page_UndoDrawCommand、Page_RedoDrawCommand、Pb_C_SetPageScale 和 Pb_PageSelectTool、PageTextTool、Pb_V_InsertText、PageScaleTool、Pb_V_InsertScale、PageScaleTextTool、Pb_V_InsertScaleText、PageArrowTool、Pb_V_InsertArrow、

PageInsertGridCommand、Pb_V_InsertGrid 以及 Pb_V_PageLayout、Pb_C_PageLayout、Pb_V_PageSet、Pb_V_SelectMapNumber、Pb_C_SelectMapNumber、Pb_V_PageLayout、Pb_C_PageLayout、IPb_Export、Pb_Export、Pb_ExportBmp、Pb_ExportJpg、Pb_ExportPng、Pb_ExportTiff、Pb_ExportGif、Pb_ExportEmf、Pb_ExportPdf、Pb_ExportSvg、Pb_ExportFactory 38 类组成,并编制了相关的文件,版面视图工具模块文件存放在 GIS\Pb_PanZoom\PageLayout 目录下,版面整饰工具和打印模块的文件存放在 GIS\Pb_Win\Export 目录下,详见表5-9 ~ 表5-11。

表 5-9　版面视图工具模块表

编号	模块名称	类	文件
1500411	版面放大	Page_ZoomInTool	Pb_PageZoomIn. cs
1500412	版面缩小	Pb_PageZoomOutTool	Pb_PageZoomOut. cs
1500413	版面中心放大	Page_ZoomInFxdCommand	Pb_PageArrow. cs
1500414	版面中心缩小	Page_ZoomOutFxdCommand	Pb_PageArrow. cs
1500415	版面漫游	Page_PanTool	Pb_PagePan. cs
1500416	版面全图	Page_FullCommand	Pb_PageArrow. cs
1500417	版面前一视图	Page_UndoDrawCommand	Pb_PageArrow. cs
1500418	版面后一视图	Page_RedoDrawCommand	Pb_PageArrow. cs
1500419	版面显示比例	Pb_C_SetPageScale	Pb_C_SetPageScale. cs

表 5-10　版面整饰工具模块表

编号	模块名称	类	文件
1500420	选择元素	Pb_PageSelectTool	Pb_PageSelectTool. cs
1500421	文字放置和修改	PageTextTool	Pb_Rectangle. cs
		Pb_V_InsertText	Pb_V_InsertText. cs
1500422	比例尺放置和修改	PageScaleTool	Pb_Rectangle. cs
		Pb_V_InsertScale	Pb_V_InsertScale. cs
1500423	比例尺文字放置和修改	PageScaleTextTool	Pb_Rectangle. cs
		Pb_V_InsertScaleText	Pb_V_InsertScaleText. cs
1500424	指北针放置和修改	PageArrowTool	Pb_Rectangle. cs
		Pb_V_InsertArrow	Pb_V_InsertArrow. cs
1500425	插入格网	PageInsertGridCommand	Pb_PageCommand. cs
		Pb_V_InsertGrid	Pb_V_InsertGrid. cs

表 5-11　打印模块表

编号	模块名称	类	文件
1500430	打印选定区域地图	Pb_V_PageLayout	Pb_V_PageLayout. cs
		Pb_C_PageLayout	Pb_C_PageLayout. cs
1500431	图面尺寸设置	Pb_V_PageSet	Pb_V_PageSet. cs
1500440	打印标准分幅地形图	Pb_V_SelectMapNumber	Pb_V_SelectMapNumber. cs
		Pb_C_SelectMapNumber	Pb_C_SelectMapNumber. cs
		Pb_V_PageLayout	Pb_V_PageLayout. cs
		Pb_C_PageLayout	Pb_C_PageLayout. cs
1500450	地图输出位图	IPb_Export	Pb_Export. cs
		Pb_Export	
		Pb_ExportBmp	
		Pb_ExportJpg	
		Pb_ExportPng	
		Pb_ExportTiff	
		Pb_ExportGif	
		Pb_ExportEmf	
		Pb_ExportPdf	
		Pb_ExportSvg	
		Pb_ExportFactory	

4. 查询定位模块

查询定位模块分为地形信息查询、测站查询、试验小区查询 3 个模块,包括 Pb_V_QueryGeoInfo、Pb_C_QueryGeoInfo、Pb_V_QueryStationInfo、Pb_C_QueryStationInfo、Pb_V_QueryWellInfo、Pb_C_QueryWellInfo 6 类,并编制了相关文件,文件存放在 GPP\SearchFind 目录下,详见表 5-12。

表 5-12　查询定位模块表

编号	模块名称	类	文件
1500501	地形信息查询	Pb_V_QueryGeoInfo	Pb_V_QueryGeoInfo. cs
		Pb_C_QueryGeoInfo	Pb_C_QueryGeoInfo. cs
1500504	测站查询	Pb_V_QueryStationInfo	Pb_V_QueryStationInfo. cs
		Pb_C_QueryStationInfo	Pb_C_QueryStationInfo. cs
1500505	试验小区查询	Pb_V_QueryWellInfo	Pb_V_QueryWellInfo. cs
		Pb_C_QueryWellInfo	Pb_C_QueryWellInfo. cs

5. 图形编辑模块

图形编辑模块分为试验小区管理、测站管理、选择、线选择、多边形选择、取消选择、移动要素、删除要素 8 个模块，包含 Pb_V_Well、Pb_C_Well、Pb_V_Station、Pb_C_Station、SelectTool、SelectByLineTool、SelectByPolygonTool、UnSelectCommand、MoveFeatureTool、DelFeatureCommand 10 类，并编制了相关文件，文件存放在 GPP\Edit 目录下，详见表 5-13。

表 5-13　图形编辑模块表

编号	模块名称	类	文件
1500601	试验小区管理	Pb_V_Well	Pb_V_Well. cs
		Pb_C_Well	Pb_C_Well. cs
1500604	测站管理	Pb_V_Station	Pb_V_Station. cs
		Pb_C_Station	Pb_C_Station. cs
1500605	选择	SelectTool	Pb_SelectTool. cs
1500606	线选择	SelectByLineTool	Pb_SelectTool. cs
1500607	多边形选择	SelectByPolygonTool	Pb_SelectTool. cs
1500608	取消选择	UnSelectCommand	Pb_SelectTool. cs
1500609	移动要素	MoveFeatureTool	MoveFeatureTool. cs
1500610	删除要素	DelFeatureCommand	DelFeatureCommand. cs

6. 统计模块

统计模块分为区域统计、径流站信息查询统计、雨量站信息查询统计、水库信息查询统计、土坝信息查询统计 5 个模块，包含 Pb_V_StatisticsRegion、Pb_C_StatisticsRegion、Pb_V_FlowAccQuery、Pb_V_MaxRainfall、Pb_V_ReserviorFillup、Pb_V_DamSinkQuery 6 类，并编制了相关的文件，文件存放在 GPP\SPS 目录下，详见表 5-14。

表 5-14　统计模块表

编号	模块名称	类	文件
1500901	区域统计	Pb_V_StatisticsRegion	Pb_V_StatisticsRegion. cs
		Pb_C_StatisticsRegion	Pb_C_StatisticsRegion. cs
1501101	径流站信息查询统计	Pb_V_FlowAccQuery	Pb_V_FlowAccQuery. cs
1501201	雨量站信息查询统计	Pb_V_MaxRainfall	Pb_V_MaxRainfall. cs
1501301	水库信息查询统计	Pb_V_ReserviorFillup	Pb_V_ReserviorFillup. cs
1501401	土坝信息查询统计	Pb_V_DamSinkQuery	Pb_V_DamSinkQuery. cs

7. 分析模块

分析模块分为坡度分级统计、专题图制作 2 个模块，包含 Pb_C_SlopeClassify、Pb_V_SlopeClassify、Frm_EaqulInteral、Frm_Naturalbreak、Frm_LandUse、Pb_V_MakeThMap、Pb_C_

MakeThMap 7 类,并编制了相关的文件,文件存放在 GPP\Analyse 目录下,详见表5-15。

表5-15　分析模块表

编号	模块名称	类	文件
1501701	坡度分级统计	Pb_C_SlopeClassify	Pb_C_SlopeClassify. cs
		Pb_V_SlopeClassify	Pb_V_SlopeClassify. cs
		Frm_EaqulInteral	Frm_EaqulInteral. cs
		Frm_Naturalbreak	Frm_Naturalbreak. cs
		Frm_LandUse	Frm_LandUse. cs
1501801	专题图制作	Pb_V_MakeThMap	Pb_V_MakeThMap. cs
		Pb_C_MakeThMap	Pb_C_MakeThMap. cs

(三)用例图

为了便于系统的编制,编制了业务科、工程部和规划部门等参与者,高级功能中包含统计、分析2种用例,公用功能中包含工作空间管理、视图工具、图形工具、地图打印、查询定位5种用例,管理功能中包含图形编辑、属性管理、规划设计3种用例,以及它们之间构成的用于描述属性数据库子系统功能的动态视图,如图5-20所示。

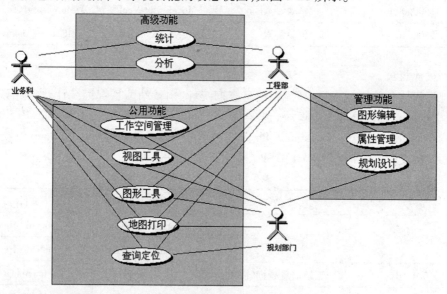

图5-20　基础地理信息子系统用例图

(四)类图

类图不仅是设计人员所关心的,也为实现人员所关注,建模工具也主要依据类图来产生代码(正向)工程。基础地理信息子系统包含 GIS、GPP、PluginSDK 3 种模块,系统关联的共有6个包、7类,详见图5-21。

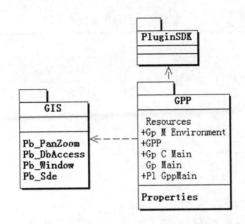

图 5-21　基础地理信息子系统类图

三、三维演示子系统功能模块

本设计最终实现的三维显示子系统必须满足功能、性能、接口和用户界面、附属工具程序的功能以及设计约束等。

(一)模块结构图

三维演示子系统由视图显示、视图设置、三维地貌巡视 3 部分组成。其中,视图显示包括场景视图工具、图层控制 2 种模块,视图设置包括垂直夸张系数设置、透明度设置、方位角设置、高度角设置、对比度设置 5 种模块,三维地貌巡视只有 1 个模块。其模块结构见图 5-22。

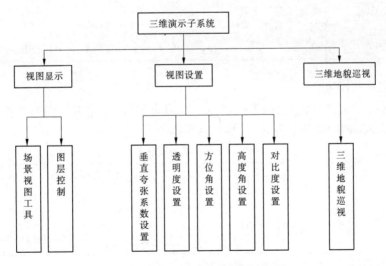

图 5-22　三维演示子系统模块结构

(二)模块清单

1. 主界面模块

主界面模块分为主界面、环境变量类和资源模块,包括 TDGIS_Main、TDGIS_C_Main、TDGIS_M_Environment、Resources 4 类,并编制了相关的文件,详见表 5-16。

表 5-16　主界面模块表

编号	模块名称	类	文件
1500001	主界面	TDGIS_Main	TDGIS_Main. cs
		TDGIS_C_Main	TDGIS_C_Main. cs
	环境变量类	TDGIS_M_Environment	TDGIS_M_Environment. cs
	资源	Resources	Resources. resx

2. 视图显示模块

(1) 场景视图工具模块。

场景视图工具模块包括查询、三维工具模块,包含 Pl_Indentify、Pb_V_ScanIdentifydia-log、Pb_C_ScanIdentify、Pb_C_ScanBaseToolBar、Pb_C_ScanViewTool 5 类,并编制了相关文件,详见表 5-17。

表 5-17　场景视图工具模块表

编号	模块名称	类	文件
1500201	查询	Pl_Indentify	TD_Co_Window. cs
		Pb_V_ScanIdentifydialog	Pb_V_ScanIdentifydialog. cs
		Pb_C_ScanIdentify	Pb_C_ScanIdentify. cs
1500202	三维工具		文件存放在 TDGIS\SceneViewTool 目录下
		Pb_C_ScanBaseToolBar	Pb_C_ScanBaseToolBar. cs
		Pb_C_ScanViewTool	Pb_C_ScanViewTool. cs

(2) 图层控制模块。

图层控制模块包括 Pb_V_ScnToc、Pb_Cs_ScnToc 2 类,并编制了相关文件,文件保存在 GIS\Pb_Window\GPP_Pub 目录下,详见表 5-18。

表 5-18　图层控制模块表

编号	模块名称	类	文件
1500301	图层控制	Pb_V_ScnToc	Pb_V_ScnToc. cs
		Pb_Cs_ScnToc	Pb_Cs_ScnToc. cs

3. 视图设置模块

(1) 垂直夸张系数设置模块。

垂直夸张系数设置模块包括 TD_SetExagFactor、Pb_V_SetExagFactor 2 类,并编制了相关文件,文件存放在 TDGIS\ViewSet 目录下,详见表 5-19。

表 5-19　垂直夸张系数设置模块表

编号	模块名称	类	文件
1500401	垂直夸张系数设置	TD_SetExagFactor	TD_Co_Window. cs
		Pb_V_SetExagFactor	Pb_V_SetExagFactor. cs

（2）透明度设置模块。

透明度设置模块包括 TD_SetTransparency、Pb_V_SetTransparency、Pb_C_SetTransparency 3 类,并编制了相关文件,文件存放在 TDGIS\ViewSet 目录下,详见表 5-20。

表 5-20　透明度设置模块表

编号	模块名称	类	文件
1500423	透明度设置	TD_SetTransparency	TD_Co_Window. cs
		Pb_V_SetTransparency	Pb_V_SetTransparency. cs
		Pb_C_SetTransparency	Pb_C_SetTransparency. cs

（3）方位角设置模块。

方位角设置模块包括 TD_SetAzimuth、Pb_V_SetAzimuth、Pb_C_SetAzimuth 3 类,并编制了相关文件,文件存放在 TDGIS\ViewSet 目录下,详见表 5-21。

表 5-21　方位角设置模块表

编号	模块名称	类	文件
1500440	方位角设置	TD_SetAzimuth	TD_Co_Window. cs
		Pb_V_SetAzimuth	Pb_V_SetAzimuth. cs
		Pb_C_SetAzimuth	Pb_C_SetAzimuth. cs

（4）高度角设置模块。

高度角设置模块包括 TD_SetAltitude、Pb_V_SetAltitude、Pb_V_SetAltitude 3 类,并编制了相关文件,文件存放在 TDGIS\ViewSet 目录下,详见表 5-22。

表 5-22　高度角设置模块表

编号	模块名称	类	文件
1500450	高度角设置	TD_SetAltitude	TD_Co_Window. cs
		Pb_V_SetAltitude	Pb_V_SetAltitude. cs
		Pb_V_SetAltitude	Pb_V_SetAltitude. cs

（5）对比度设置模块。

对比度设置模块包括 TD_SetContrast、Pb_V_SetContrast、Pb_C_SetContrast 3 类,并编制了相关文件,文件存放在 TDGIS\ViewSet 目录下,详见表 5-23。

表 5-23 对比度设置模块表

编号	模块名称	类	文件
1500440	对比度设置	TD_SetContrast	TD_Co_Window.cs
		Pb_V_SetContrast	Pb_V_SetContrast.cs
		Pb_C_SetContrast	Pb_C_SetContrast.cs

4.三维地貌巡视模块

三维地貌巡视主要的模块就是路径飞行模块,包括 TD_FlyBy_asa_File、Pb_V_FlyBy_asa_File、Pb_C_FlyBy_asa_File 3 类,并编制了相关的文件,文件存放在 TDGIS\Animation 目录下,详见表 5-24。

表 5-24 三维地貌巡视模块表

编号	模块名称	类	文件
1500601	路径飞行	TD_FlyBy_asa_File	TD_Co_Window.cs
		Pb_V_FlyBy_asa_File	Pb_V_FlyBy_asa_File.cs
		Pb_C_FlyBy_asa_File	Pb_C_FlyBy_asa_File.cs

四、图形发布子系统功能模块

本设计最终实现的图形发布子系统必须满足功能、性能、接口和用户界面、附属工具程序的功能以及设计约束等。

(一)模块结构图

图形发布子系统由图形显示、图形查询、属性数据查询 3 部分组成。其中,图形显示包括视图工具、图形工具 2 种模块,图形查询包括要素信息显示与定位、查询定位 2 种模块,属性数据查询包括文献资料检索、成果展示 2 种模块。其模块结构见图 5-23。

(二)模块清单

1.登录模块

登录模块分为登录界面、资源模块,包括 login.java、Db 2 类,并编制了相关的文件,详见表 5-25。

表 5-25 登录模块表

编号	模块名称	类	页面
1500001	登录界面	login.java	login.jsp
	资源	Db	db.txt

2.主界面模块

主界面模块分为 Map 显示主界面、属性查询、专题信息、图层控制等模块,包括 map-command.java、controlModel.java、maptag.java、controlParam.java、controlModel.java、map-

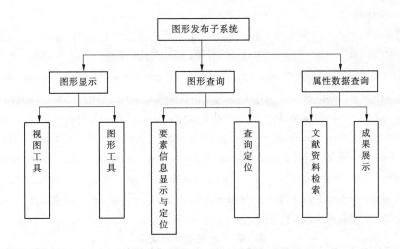

图5-23 图形发布子系统模块结构

command. java、miscommand. java、rscommand. java、rs. javav、controlParam. java、controlMod-el. java、rscommand. java、dwr. java、controlParam. java、controlModel. java、mapcommand. java、rscommand. java 17 类,并编制了相关的文件,详见表5-26。

表5-26 主界面模块表

编号	模块名称	类	页面
1500101	Map 显示主界面	mapcommand. java(地图控制类) controlModel. java(控制类) maptag. java(标签类)	main. jsp(地图显示) Menu. jsp(菜单展示) ToolBar. html(视图工具)
1500102	属性查询	controlParam. java(后台数据业务控制类) controlModel. java(前端功能控制类) mapcommand. java(控制类入口) miscommand. java(参数转发控制类) rscommand. java(结果输出控制类) rs. javav(结果集标签类)	result. jsp(结果列表) zdmenu. jsp(详细结果导航菜单) outresult. html(详细结果展示)
1500103	专题信息	controlParam. java(后台数据业务控制类) controlModel. java(前端功能控制类) rscommand. java(结果输出控制类) dwr. java(结果输出视图类)	dtree. jsp(详细结果导航菜单) outresult. html(详细结果展示)
1500104	图层控制	controlParam. java(后台数据业务控制类) controlModel. java(前端功能控制类) mapcommand. java(地图控制类) rscommand. java(结果输出控制类)	Pb_V_Toc. cs Pb_C_Toc. cs Pb_DataManager. cs

3. 地图操作模块

地图操作模块包括地图放大、地图缩小、地图中心放大、地图中心缩小、地图漫游、地图全图、地图前一视图、地图后一视图、地图移动、地图属性显示、地图测距、地图测面、地图图例、地图刷新模块，包含 mapcommand. java、FunctionModel. java、mapcommand. java、FunctionModel. java、mapcommand. java、FunctionModel. java、mapcommand. java、Function-Model. java、mapcommand. java、FunctionModel. java、mapcommand. java、FunctionModel. java、mapcommand. java、FunctionModel. java、mapcommand. java、FunctionModel. java、mapcommand. java、FunctionModel. java、mapcommand. java、FunctionModel. java、mapcommand. java、FunctionModel. java、mapcommand. java、FunctionModel. java、mapcommand. java、FunctionModel. java、mapcommand. java、FunctionModel. java 28 类，并编制了相关文件，文件存放在 GIS\Pb_PanZoom\PageLayout 目录下，详见表5-27。

表 5-27　地图操作模块表

编号	模块名称	类
1500411	地图放大	mapcommand. java(控制类) FunctionModel. java(模型类)
1500412	地图缩小	mapcommand. java(控制类) FunctionModel. java(模型类)
1500413	地图中心放大	mapcommand. java(控制类) FunctionModel. java(模型类)
1500414	地图中心缩小	mapcommand. java(控制类) FunctionModel. java(模型类)
1500415	地图漫游	mapcommand. java(控制类) FunctionModel. java(模型类)
1500416	地图全图	mapcommand. java(控制类) FunctionModel. java(模型类)
1500417	地图前一视图	mapcommand. java(控制类) FunctionModel. java(模型类)
1500418	地图后一视图	mapcommand. java(控制类) FunctionModel. java(模型类)
1500419	地图移动	mapcommand. java(控制类) FunctionModel. java(模型类)
1500420	地图属性显示	mapcommand. java(控制类) FunctionModel. java(模型类)
1500421	地图测距	mapcommand. java(控制类) FunctionModel. java(模型类)
1500422	地图测面	mapcommand. java(控制类) FunctionModel. java(模型类)
1500423	地图图例	mapcommand. java(控制类) FunctionModel. java(模型类)
1500424	地图刷新	mapcommand. java(控制类) FunctionModel. java(模型类)

4. 属性查询与定位模块

属性查询与定位模块包括地形信息查询、测站查询、试验小区查询模块，包含 control-Param. java、controlModel. java、mapcommand. java、miscommand. java、rscommand. java、rs. java 6 类，并编制了相关文件，文件存放在 GPP\SearchFind 目录下，详见表 5-28。

表 5-28　属性查询与定位模块表

编号	模块名称	页面	共用类
1500501	地形信息查询	result. jsp（结果列表）	controlParam. java（数据模型类）
1500502	测站查询	result. jsp（结果列表） zdmenu. jsp（详细结果导航菜单） outresult. html（详细结果展示）	controlModel. java（前端功能控制类） mapcommand. java（控制类入口） miscommand. java（参数转发控制类） rscommand. java（结果输出控制类）
1500503	试验小区查询	result. jsp（结果列表）	rs. java（结果集标签类）

5. 专题信息模块

专题信息模块主要包括成果展示、文献资料、多媒体、专题图、径流站、雨量站、水库、淤地坝 8 个模块，包含 controlParam. java、controlModel. java、rscommand. java、dwr. java 4 类，并编制了相关的文件，文件存放在 GPP\PipeManager 目录下，详见表 5-29。

表 5-29　专题信息模块表

编号	模块名称	页面	共用类
1500201	成果展示	dtree. jsp（详细结果导航菜单） outresult. html（详细结果展示）	
1500202	文献资料	dtree. jsp（详细结果导航菜单） outresult. html（详细结果展示）	
1500203	多媒体	dtree. jsp（详细结果导航菜单） outresult. html（详细结果展示）	
1500204	专题图	dtree. jsp（详细结果导航菜单） outresult. html（详细结果展示）	controlParam. java （后台数据业务控制类） controlModel. java （前端功能控制类） rscommand. java （结果输出控制类） dwr. java （结果输出视图类）
1500205	径流站	above. jsf（结果列表） zdmenu. jsp（详细结果导航菜单） outresult. html（详细结果展示）	
1500206	雨量站	above. jsf（结果列表） zdmenu. jsp（详细结果导航菜单） outresult. html（详细结果展示）	
1500207	水库	above. jsf（结果列表） zdmenu. jsp（详细结果导航菜单） outresult. html（详细结果展示）	
1500208	淤地坝	above. jsf（结果列表） zdmenu. jsp（详细结果导航菜单） outresult. html（详细结果展示）	

6. 图层控制模块

图层控制模块包含 controlParam. java、controlModel. java、rscommand. java、dwr. java 4类,并编制了相关的文件,文件存放在 GPP\PipeManager 目录下,详见表 5-30。

表 5-30　图层控制模块表

编号	模块名称	共用类	页面
1500601	图层控制	controlParam. java(后台数据业务控制类) controlModel. java(前端功能控制类) rscommand. java(结果输出控制类) mapcommand. java(地图控制类)	

第四节　系统使用说明

前面三节介绍了电子地图集成技术、系统总体设计、系统功能模块,本节主要从文档入库子系统、基础地理信息子系统、三维演示子系统和图形发布子系统 4 个子系统说明本电子地图系统的使用。

一、文档入库子系统

文档入库子系统的主要功能是负责将 28 类水文观测成果表、文档资料、专题图以及多媒体数据,分别以本地 Access/Excel 小型数据库格式或其他的文件格式,按照所设计的属性数据库结构,进行数据的建库。本节根据数据源的特点和最终数据库结构,说明属性数据库的流程,并说明每一个模块的功能、详细操作步骤以及各模块之间的关联等。

(一)属性表入库

(1)用户点击"数据入库"—"属性表入库"菜单,如图 5-24 所示。

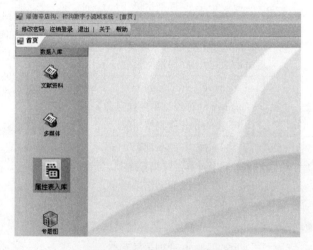

图 5-24　属性表入库导航棒图

(2)系统展示出属性表入库界面,如图5-25所示。

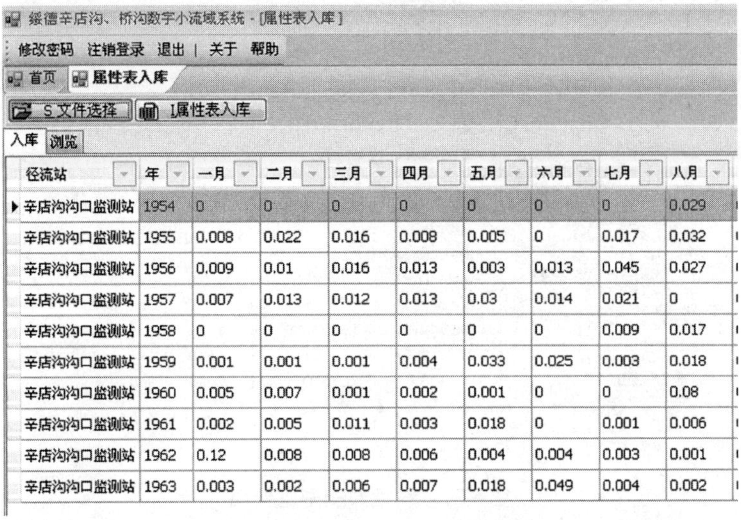

图5-25 属性表入库界面

(3)点击 [S文件选择] 按钮,系统会显示文件选择对话框,如图5-26所示。

图5-26 文件选择对话框

(4)选择"打开",系统将当前选中数据库中的数据在界面下方的数据列表中显示出来;选择"取消",则将当前对话框关闭,不做任何处理。

(5)点击 [属性表入库] ,将当前数据库中的相应数据进行删除,将选中的数据存储到数据库中。

(6)点击 [浏览] 按钮,系统会显示出属性数据浏览界面,如图5-27所示。

(7)点击界面左侧列表中的表名,界面右侧则会显示当前数据库中选中报表的所有数据。

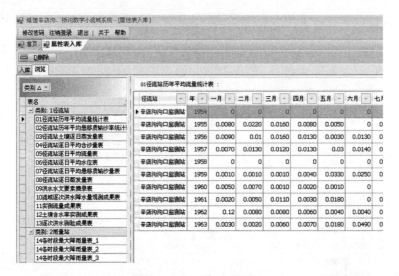

图 5-27　属性数据浏览界面

(8) 选中一条记录,点击 ▭ D删除 按钮,系统会将当前选中的记录从数据库中删除,并提示删除成功。

(二) 文献资料入库及编辑

1. 文献资料入库

(1) 在导航棒中点击"数据入库"—"文献资料"菜单。如图 5-28 所示。

(2) 系统展示出文献资料入库界面,如图 5-29 所示。

(3) 鼠标点击 文档选择 按钮,系统会显示出文档文件选择对话框,供用户选择要上传的文件,如图 5-30 所示。

(4) 选中扩展名为 pdf 的文档,如果点击"打开"按钮,则系统界面上会显示被选中文件的路径以及文件的名称,如果点击"取消"按钮,系统则不做任何操作。

图 5-28　文献资料
入库导航棒图

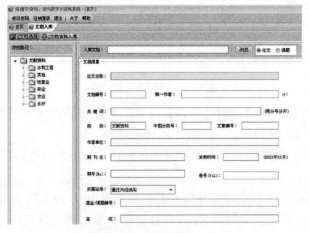

图 5-29　文献资料入库界面

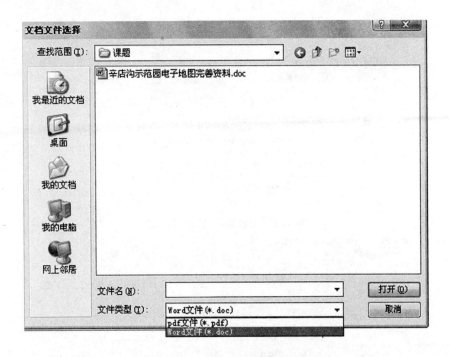

图 5-30　文档文件选择对话框

（5）在系统界面的左侧显示用户当前可以选择的目录,点击鼠标左键选择目录。

（6）将文件加载到系统中后,在系统界面右侧的界面中填写好相关内容,点击 ⊞|文档资料入库 按钮,进行文件上传。

2.文献资料编辑

（1）在导航棒中点击"文献资料"菜单,如图 5-31 所示。

（2）系统展示出文献资料编辑浏览界面,如图 5-32 所示。

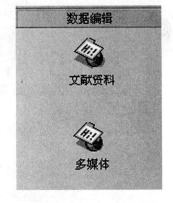

（3）鼠标点击界面左侧的路径树列表,当用户选中一个路径的时候,界面右侧就会显示出这个路径下所存在的文件。

（4）选中一条数据,点击 ⊟|文档资料删除 ,系统就会将当前选中的文档从数据库中删除,并提示成功删除。

图 5-31　文献资料编辑导航棒图

（5）选中一条数据,点击 ▶E文档资料修改 ,就会显示文档信息的编辑界面,同时系统会把当前选中文档的原有详细信息显示在界面中,方便用户修改,如图 5-33 所示。

（6）将所要修改的内容填写完毕,如果点击"保存"按钮,则系统会将用户修改的数据保存到数据库中;如果点击"取消"按钮,系统则返回浏览界面,并不对数据库进行任何操作。

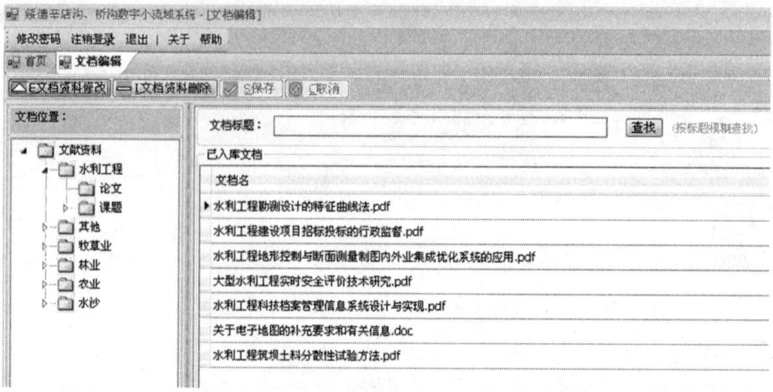

图 5-32　文献资料编辑浏览界面

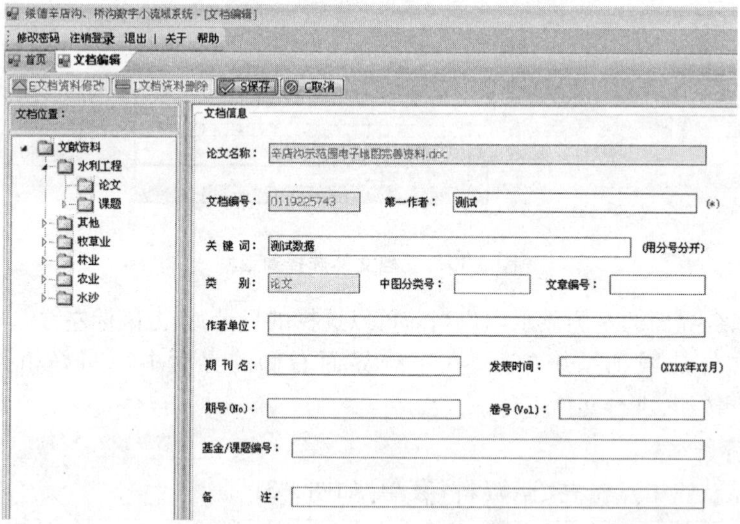

图 5-33　文档资料属性修改界面

（三）多媒体资料入库及编辑

1. 多媒体资料入库

（1）在导航棒中点击"数据入库"—"多媒体"菜单，如图 5-34 所示。

（2）系统展示出多媒体资料入库界面，如图 5-35 所示。

（3）鼠标点击 S文件选择 按钮，系统会显示出多媒体选择对话框，供用户选择要上传的文件。

（4）选中扩展名为 JPG 的文件，如果点击"打开"按钮，则系统界面上会显示被选中文件的路径以及文件的名称，如果点击"取消"按钮，系统则不做任何操作。

（5）在系统界面左侧的树状结构列表中显示用户当前可以选择的目录，点击鼠标左键选择目录。

（6）将文件加载到系统中后，在系统界面（见图 5-35）右侧的界面中填写好相关内容，点击 I多媒体入库 按钮，文

图 5-34　多媒体资料
入库导航棒图

图 5-35　多媒体资料入库界面

件上传成功后进行提示。

2.多媒体资料编辑

（1）在导航棒中点击"数据编辑"—"多媒体"菜单,如图 5-36 所示。

（2）系统展示出多媒体资料编辑浏览界面,如图 5-37 所示。

（3）鼠标点击界面左侧的路径树列表,当用户选中一个路径的时候,界面右侧就会显示出这个路径下所存在的多媒体文件。

（4）如果用户选择的当前路径下有很多的多媒体文件,可以在图 5-38 中填写好要查看多媒体文件的相关内容,点击"浏览"按钮。这样界面中只会显示与要查看的内容有关联的文件,大大方便了用户查找指定的多媒体文件。

图 5-36　多媒体资料编辑导航棒图

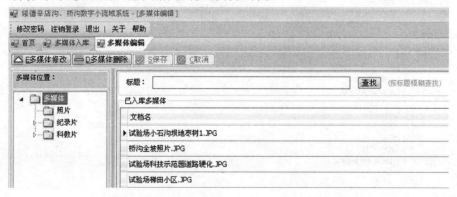

图 5-37　多媒体资料编辑浏览界面

（5）选中一条数据,点击 ▭D多媒体删除 ,系统就会将当前选中的多媒体数据从数据库

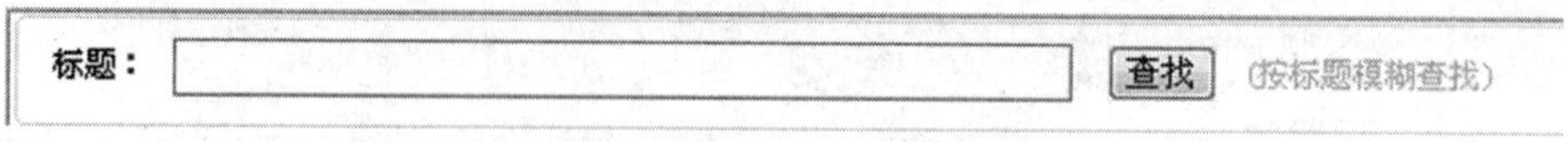

标题:		查找	（按标题模糊查找）

图 5-38 多媒体资料查找功能

中删除,并提示成功删除。

(6)选中一条数据,点击 △E多媒体修改 ,就会显示多媒体信息编辑界面,同时系统会把当前选中多媒体文件的原有信息显示在界面中,方便用户修改,如图 5-39 所示。

图 5-39 多媒体信息编辑界面

(7)将所有做的修改内容填写完毕,如果点击"保存"按钮,则系统会将修改的数据保存到数据库中;如果点击"取消"按钮,系统将返回浏览界面,不对数据库进行任何操作。

(四)专题图资料入库及编辑

1.专题图资料入库

(1)在导航棒中点击"数据入库"—"专题图"菜单,如图 5-40 所示。

(2)系统展示出专题图资料入库界面,如图 5-41 所示。

(3)鼠标点击 S文件选择 按钮,系统会显示出专题图选择对话框,供用户选择要上传的文件。

图 5-40 专题图资料
入库导航棒图

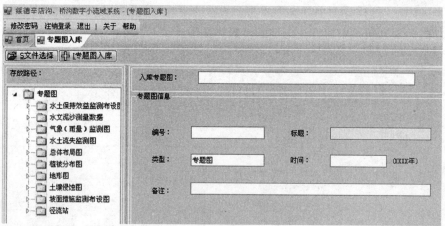

图 5-41 专题图资料入库界面

(4)选中扩展名为 BMP 的文件,如果点击"打开"按钮,则系统界面上会显示被选中文件的路径以及文件的名称,如果点击"取消"按钮,系统则不做任何操作。

(5)在系统界面的左侧的树状结构列表中显示用户当前可以选择的目录,点击鼠标左键选择目录。

(6)将文件加载到系统中后,在系统界面(见图5-41)右侧的界面中填写好相关内容,点击 按钮,进行文件上传。

2. 专题图资料编辑

(1)在导航棒中点击"数据编辑"—"专题图"菜单,如图5-42所示。

(2)系统展示出专题图资料编辑浏览界面,如图5-43所示。

(3)鼠标点击界面左侧的路径树列表,当用户选中一个路径的时候,界面右侧就会显示出这个路径下所存在的专题图文件。

图 5-42 专题图资料编辑导航棒图

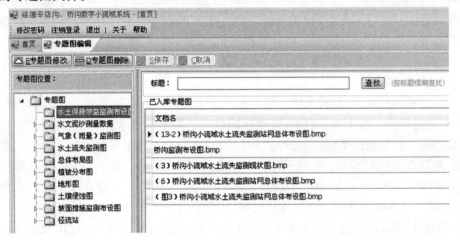

图 5-43 专题图资料编辑浏览界面

(4)如果选择的当前路径下有很多的专题图文件时,可以在图5-44中填写好要查看专题图文件的相关内容,点击"浏览"按钮。这样界面中只会显示与要查看的内容有关联的文件,大大方便了用户查找指定的专题图文件。

| 标题: | 查找 | (按标题模糊查找) |

图 5-44 专题图文件查找功能

(5)选中一条数据,点击 ——D专题图删除,系统就会将当前选中的专题图数据从数据库中删除,并提示成功删除。

(6)选中一条数据,点击 △E专题图修改,系统就会显示专题图信息编辑界面,同时系统会把当前选中专题图文件的原有详细信息显示在界面中,方便用户修改,如图5-45所示。

图 5-45　专题图信息编辑界面

(7)将所有做的修改内容填写完毕,如果点击"保存"按钮,则系统会将修改的数据保存到数据库中;如果点击"取消"按钮,系统将返回浏览界面,不对数据库进行任何操作。

二、基础地理信息子系统

电子地图开发项目的主要功能是对已经入库的空间数据和专业生产数据进行管理、分析、统计、输出等。基础功能是以基本地形图、影像图为背景,直观地表现辛店沟示范园的分布情况,辅助用户快速、准确定位径流站、雨量站、水库、淤地坝等,最终以满足黄河水土保持绥德治理监督局对辛店沟的整体治理、监控、监督为目标。本部分内容根据最终使用者的业务特点,结合数据结构,设计数据管理、分析、统计、输出的流程,并说明每一个模块的功能以及详细操作步骤等。

(一)图层控制

系统显示的图层树,共有 3 级。根节点有 5 个:测站专题图、地形图、数字高程模型、索引图、遥感影像。每个根节点下,按照相同性质的要素再建节点,2 级节点下才是真正的要素图层。地形图的节点,同时控制着 1:10 000 和 1:1 000 两种比例尺地形图数据的显示。通过设置视野范围,实现不同比例尺地形图的显示。例如:当地图比例尺大于 1:10 000(比例尺分母小于 10 000,接近 1 000)时,就不显示 1:10 000 比例尺的地形图内容,只显示 1:1 000 比例尺地图。同样,当地图比例尺小于 1:1 000(比例尺分母大于 1 000,接近 10 000)时,就不显示 1:1 000 比例尺地形图内容,只显示 1:10 000 比例尺地图。每一个节点上有两个打钩(CheckBox)选项,一个控制加载、卸载,一个控制要素可选。使用要求:只要节点的加载项打钩,保存工作空间时,系统就会将此图层信息保存到工作空间 Mxd 文件中,下次打开工作空间时,就会自动加载。关联模块:新建工作空间、打开工作空间两个模块。打开工作空间,加载工作空间内保存的图层信息,系统自动将图层显示树对应节点的加载、显示项设置打钩状态。

(1)在左侧的图形管理栏中,可对测站专题图、地形图、数字高程模型、索引图和遥感影像要素的显示和选择进行设置,如图 5-46 所示。

(2)对显示栏中的测站要素打钩,在工作空间中就可看到相应的测站要素。对选择栏中的试验小区打钩,在工作空间中就可以对试验小区要素进行相关的操作(见图 5-47)。

(二)视图工具

使用视图工具可以实现地图要素的浏览、要素信息查看、要素选择以及长度、面积度量等。

1. 地图放大

(1)用户点击视图工具棒上的按钮。

(2)鼠标左键在地图控件中点下,按住鼠标左键在地图控件中拖动,系统同步画一个矩形框,松开鼠标左键。

2. 地图缩小

(1)用户点击视图工具棒上的按钮。

(2)鼠标左键在地图控件中点下,按住鼠标左键在地图控件中拖动,系统同步画一个矩形框,拖动鼠标到任意位置,松开左键。

3. 地图中心放大

(1)用户点击视图工具棒上的按钮。

(2)以当前显示范围的中心点为中心,放大为原来的1/2。

4. 地图中心缩小

(1)用户点击视图工具棒上的按钮。

(2)以当前显示范围的中心点为中心,缩小为原来的1/2。

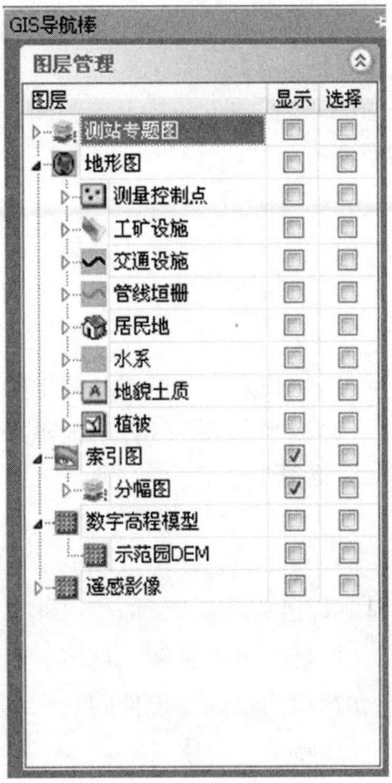

图 5-46 图层管理设置

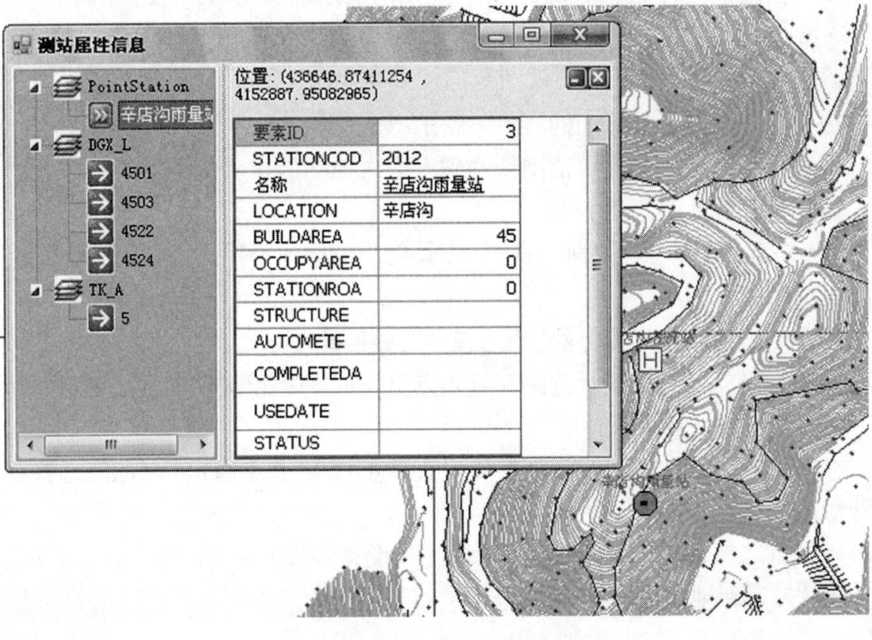

图 5-47 用属性工具查看测站属性信息

5. 地图漫游

(1)用户点击视图工具棒上的按钮。

（2）鼠标左键在地图控件中点下，按住鼠标左键在地图控件中拖动到任意位置，松开鼠标左键。

（3）鼠标按下与按上若为同一点，系统不做任何处理；否则，将地图由鼠标按下的点移动到按上的点。

6. 地图全图

（1）用户点击视图工具棒上的按钮 ⊕ 。

（2）系统设置地图的显示比例为地图控件的范围。

7. 地图上半屏

（1）用户点击视图工具棒上的"上半屏"按钮 ⬆ 。

（2）以当前地图控件的显示高度为准，地图的显示范围向上移动一半高度。

8. 地图下半屏

（1）用户点击视图工具棒上的"下半屏"按钮 ⬇ 。

（2）以当前地图控件的显示高度为准，地图的显示范围向下移动一半高度。

9. 地图左半屏

（1）用户点击视图工具棒上的"左半屏"按钮 ⬅ 。

（2）以当前地图控件的显示高度为准，地图的显示范围向左移动一半高度。

10. 地图右半屏

（1）用户点击视图工具棒上的"右半屏"按钮 ➡ 。

（2）以当前地图控件的显示高度为准，地图的显示范围向右移动一半高度。

11. 地图前一视图

前提条件：此工具只有在地图视图范围发生变化时才可用。

（1）用户点击视图工具棒上的"前一视图"按钮 ◀ 。

（2）系统将当前地图的显示范围恢复到上一次地图的显示范围。

12. 地图后一视图

前提条件：此工具只有在"前一视图"工具使用过后才可用，并且可用次数受"前一视图"工具使用次数限制。

（1）用户点击视图工具棒上的"后一视图"按钮 ▶ 。

（2）系统将当前地图的显示范围恢复到点击"前一视图"之前的地图的显示范围。

13. 地图缩放到当前图层

（1）在"图层管理"窗口中，用户在需要查看的图层上点击鼠标右键，选择弹出菜单"缩放到当前图层"。

（2）系统获取鼠标按下的图层的空间范围，设置地图控件的显示范围为获取的图层的空间范围，并刷新地图控件。

14. 属性信息查看

（1）用户点击视图工具棒上的"属性信息查看"按钮 ⓘ 。

（2）鼠标左键在地图中点击要素，系统弹出"属性查看"窗口，窗口中列出用户所选元素的属性信息表，点击表格中的链接，可查看要素的详细信息，如图5-48所示。

图 5-48　查看要素的详细信息

（3）鼠标左键在左侧列表树上单击，图中对应的要素闪烁，鼠标在不同的要素之间转换，右侧表格中的属性信息也相应地发生变化，同时该要素闪烁。

（4）点击 编辑 按钮，可对专业生产要素（测站、雨量站、试验小区）进行编辑，如图 5-49 所示。点击 删除 按钮，可删除当前所选专业生产要素。系统弹出询问对话窗口，提示用户是否确认删除要素，单击"是"按钮，删除要素，单击"否"按钮，返回。

图 5-49　专业生产要素编辑界面

15. 量算长度

(1)用户点击视图工具棒上的"量算长度"按钮 ⏣。

(2)鼠标左键在地图中画线,系统实时计算所画折线的总长度,以及当前线段的长度,并显示在状态栏上,如 当前线段长：87.0525464086796 线段总长：254.353229597812 。

(3)双击鼠标结束画线。

16. 量算面积

(1)用户点击视图工具棒上的"量算面积"按钮 ⏣。

(2)鼠标左键在地图中画多边形,鼠标双击确认多边形完成,系统计算所画多边形的面积（单位：m^2）、周长（单位：m）,并将结果显示在状态栏上,如 当前多边形周长：495.96590330216 面积：14788.7117116395 。

（三）地图打印及输出

1. 打印当前区域地图

用户先在地图显示区中设置打印区域,点击"打印当前区域地图"菜单,系统弹出打印窗口,用户调整打印参数,对当前版面地图（包括图框、标题、比例尺、指北针等）进行整饰,系统打印当前版面地图。

(1)用户点击"打印当前区域地图"菜单,如图5-50所示。

(2)系统弹出打印窗口（见图5-51）。

(3)利用视图工具调整地图显示的范围,利用版

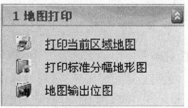

图 5-50 "打印当前区域地图"菜单

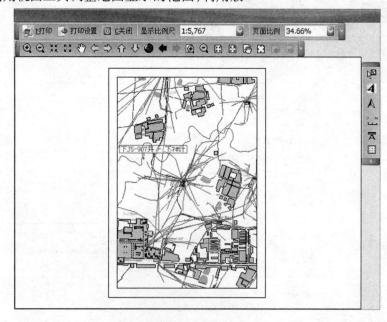

图 5-51 打印窗口

面视图工具调整版面布局,利用版面整饰工具对版面作相应的修饰。同时,也可修改显示比例尺和页面比例。

(4)点击 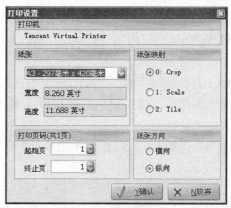 打印设置按钮,出现如图 5-52 所示的对话框,对纸张类型、打印页码、纸张映射、纸张方向进行选择,确认后改变当前的打印设置。

打印设置中的几点说明:

①系统只识别操作系统默认的打印机,打印设置中的打印机如果不匹配,就要将当前使用的打印机设置为默认打印机。操作:开始—设置—打印机和传真中修改打印机的默认设置,右键单击需要设置为默认打印机的打印机,点击下拉框中的"设为默认打印机"。

图 5-52　打印设置窗口

②自定义纸张大小:右键单击默认打印机,点击下拉框中的"属性",打开属性对话框,选择高级面板中的打印默认值,打开对话框,选择纸张面板的自定义纸张大小,打开对话框,在此设置自定义纸张大小。

(5)点击 Y确认按钮完成打印设置。点击 N放弃按钮取消当前操作。

(6)点击 打印按钮将当前区域地图打印输出。

(7)点击 关闭按钮,退出当前模块。

2.版面视图工具

在地图打印模块中,通过版面视图工具来调整版面布局。限制条件:版面视图工具只在地图打印模块中出现。

1)版面放大

(1)用户点击版面视图工具棒 上的按钮 。

(2)鼠标左键在版面地图中按下,按住鼠标左键在版面地图控件(PageLayout)中拖动,系统同步画一个矩形框,松开鼠标左键。

(3)如果鼠标左键按下与松开在同一点,则以鼠标按下点为中心,版面放大为原来的1/2;如果鼠标左键按下与松开不在同一点,地图以鼠标拖动过程中产生的矩形框为范围进行放大。

2)版面缩小

(1)用户点击版面视图工具棒 上的按钮 。

(2)鼠标左键在版面地图中按下,按住鼠标左键在版面地图控件(PageLayout)中拖动,系统同步画一个矩形框,松开鼠标左键。

(3)如果鼠标左键按下与松开在同一点,则以鼠标按下点为中心,版面缩小为原来的

1/2;如果鼠标左键按下与松开不在同一点,地图以鼠标拖动过程中产生的矩形框为范围进行缩小。

3)版面中心放大

(1)用户点击版面视图工具棒 [工具棒图标] 上的按钮 [按钮图标]。

(2)以当前版面显示范围的中心点为中心,放大 2 倍。

4)版面中心缩小

(1)用户点击版面视图工具棒 [工具棒图标] 上的按钮 [按钮图标]。

(2)以当前版面显示范围的中心点为中心,缩小为原来的1/2。

5)版面漫游

(1)用户点击版面视图工具棒 [工具棒图标] 上的按钮 [按钮图标]。

(2)鼠标左键在版面地图中按下,按住鼠标左键在版面地图控件(PageLayout)中拖动。

(3)如果鼠标左键按下与松开在同一点,系统不做任何处理;否则,将地图由鼠标按下的点移动到按上的点。

6)版面全图

(1)用户点击版面视图工具棒 [工具棒图标] 上的按钮 [按钮图标]。

(2)设置版面的显示比例为 PageLayout 的全部范围。

7)版面前一视图

(1)用户点击版面视图工具棒 [工具棒图标] 上的按钮 [按钮图标]。

(2)系统将当前版面的显示范围恢复到上一次版面的显示范围。

8)版面后一视图

(1)用户点击版面视图工具棒 [工具棒图标] 上的按钮 [按钮图标]。

(2)系统将当前版面的显示范围恢复到点击"前一视图"之前的版面的显示范围。

9)版面显示比例

(1)当版面控件的显示范围发生变化时,系统获取当前地图控件的显示比例尺,写入版面显示比例尺下拉框 [页面比例 34.66% 下拉框]。

(2)用户在显示比例尺下拉框中选择或输入新的显示比例尺之后,输入回车,系统以当前 PageLayout 的显示中心点为准,按照设置的比例进行显示。

3.版面整饰工具

在地图打印模块中,通过版面整饰工具来增加、编辑版面整饰元素:文字、比例尺、指北针、格网等。限制条件:版面整饰工具只在地图打印模块中出现。

1)选择页面要素工具

(1)用户点击右侧版面整饰工具棒上的按钮 [按钮图标]。

(2)鼠标左键在版面地图中按下,按住鼠标左键在版面地图控件(PageLayout)中拖动,系统同步画一个矩形框,松开鼠标左键。

(3)如果鼠标左键按下与松开在同一点,则以鼠标按下点为中心,进行点状检索;否则以拖动的矩形框为范围进行元素检索。

（4）将被选中的元素，显示其边框，如图 5-53 所示。

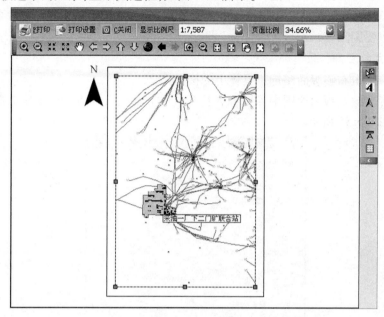

图 5-53　显示边框

2）文字放置和修改

（1）用户点击右侧版面整饰工具棒上的按钮 **4**。

（2）鼠标左键在版面地图中需要插入文字的位置按下或拖动，系统将弹出插入文字界面，如图 5-54 所示，输入文字，修改文字大小默认为小字体（宋体 10 号）。

图 5-54　插入文字界面

（3）点击"自定义"单选框，弹出字体选择对话框，可对文字字体进行自定义设置。点击"确定"按钮，完成文字字体设置。

（4）点击 ✓ Y确认 按钮，完成插入文字设置。点击 ✗ N放弃 按钮，取消当前操作。

（5）如果需要移动插入的文字的位置，点击右侧版面整饰工具棒上的 按钮，选择要移动的文字元素，然后拖动到需要放置的位置。

（6）如果要对该文字元素进行编辑，则在该元素位置点击鼠标右键，将弹出菜单，点击"属性"可对该文字元素的相关信息进行修改。

（7）如果要删除该元素，点击"删除"即可。

3）比例尺放置和修改

（1）用户点击右侧版面整饰工具棒上的按钮。

（2）鼠标左键在版面地图中需要插入比例尺的位置按下或拖动，系统将弹出插入比例尺界面，如图5-55所示。

图5-55　插入比例尺界面

（3）点击比例尺样式下拉框，如图5-56所示，选择比例尺样式。

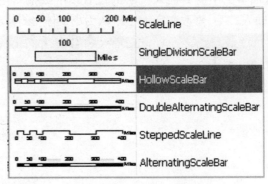

图5-56　选择比例尺样式

（4）分别通过点击比例尺下拉框和标签位置下拉框来设置比例尺单位。

（5）单击 宋体 10，弹出字体设置对话窗口，供用户设置比例尺字体，设置完成后点击"确定"按钮，退出字体设置对话窗口。

（6）单击 ■ Wind...，弹出颜色下拉框，供用户选择字体颜色。

（7）点击 √ Y确认 按钮，完成插入比例尺设置。点击 × N放弃 按钮，取消当前操作。

（8）如果需要对插入的比例尺进行位置移动，点击右侧版面整饰工具棒上的 按钮，拉框选择要移动的比例尺元素，然后拖动到需要放置的位置。

（9）如果要对该比例尺元素进行编辑，则在该元素位置点击鼠标右键，将弹出菜单，点击"属性",可对该比例尺元素的相关信息进行修改。

（10）如果要删除该元素,点击"删除"即可。

（11）如果要调整比例尺元素的大小,则点击右侧版面整饰工具棒上的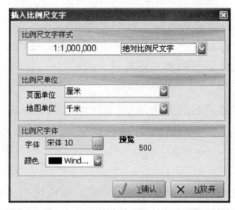按钮,选择要移动的比例尺元素,鼠标移至该元素边界,按住鼠标左键,然后拖动,再松开鼠标左键,即可完成元素大小调整。

4）比例尺文字放置和修改

（1）用户点击右侧版面整饰工具棒上的按钮�。

（2）鼠标左键在版面地图中需要插入比例尺文字的位置按下或拖动,弹出如图5-57所示的界面。

图5-57 插入比例尺文字界面

（3）点击下拉框设置比例尺文字样式。

（4）点击下拉框设置比例尺单位,点击下拉框设置比例尺文字字体和颜色。

（5）点击 √Y确认 按钮,完成插入比例尺文字设置。点击 ×N放弃 按钮,取消当前操作。

（6）如果需要对插入的比例尺文字进行位置移动,点击右侧版面整饰工具棒上的 按钮,拉框选择要移动的比例尺文字元素,然后拖动到需要放置的位置。

（7）如果要对该比例尺文字元素进行编辑,则在该元素位置点击鼠标右键,将弹出菜单,点击"属性",可对该比例尺文字元素的相关信息进行修改。

（8）如果要删除该元素,点击"删除"即可。

（9）如果要调整比例尺文字元素的大小,则点击右侧版面整饰工具棒上的按钮,选择要移动的比例尺文字元素,鼠标移至该元素边界,按住鼠标左键,然后拖动,再松开鼠标左键,即可完成元素大小调整。

5）指北针放置和修改

（1）用户点击右侧版面整饰工具棒上的按钮人。

（2）鼠标左键在版面地图中需要插入指北针的位置按下或拖动,弹出如图5-58所示的界面。

（3）点击下拉框,弹出指北针样式,供用户选择。

（4）点击下拉框设置指北针尺寸、角度和颜色。

图 5-58　插入指北针界面

（5）点击 <kbd>√ Y确认</kbd> 按钮,完成插入指北针元素。点击 <kbd>× N放弃</kbd> 按钮,取消当前操作。

（6）如果需要移动插入的指北针的位置,点击右侧版面整饰工具棒上的■按钮,选择要移动的指北针元素,然后拖动到需要放置的位置。

（7）如果要对该指北针元素进行编辑,则在该元素位置点击鼠标右键,将弹出菜单,点击"属性",可对该指北针元素的相关信息进行修改。

（8）如果要删除该元素,点击"删除"即可。

（9）如果要调整指北针元素的大小,则点击右侧版面整饰工具棒上的■按钮,选择要移动的指北针元素,鼠标移至该元素边界,按住鼠标左键,然后拖动,再松开鼠标左键,即可完成元素大小调整。

6）插入格网

（1）用户点击右侧版面整饰工具棒上的按钮■,弹出如图 5-59 所示的界面。

图 5-59　插入格网界面

（2）点击 <kbd>√ Y确认</kbd> 按钮,完成插入公里格网（见图 5-60）。点击 <kbd>× N放弃</kbd> 按钮,取消当前操作。

（3）如果要对插入的格网进行编辑,点击右侧版面整饰工具棒上的按钮■,将弹出如图 5-59 所示的界面,点击 <kbd>2经纬网</kbd> 标签可插入经纬网。

（4）通过设置选择框 <kbd>□自动计算间距</kbd> 来确定是由系统自动计算格网间距还是由用户指定格网间距。

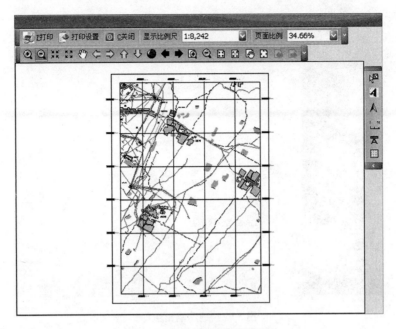

图 5-60　插入公里格网效果图

（5）如果要删除已经插入的格网,点击 [C清除] 按钮即可。

4.地图输出位图

将当前视图内的图形输出为图片。限制条件:输出的位图格式,基于 ArcGIS 所支持的格式:BMP、EMF、PDF、EPS、JPG、TIF、ArcPress。对 PDF 格式,用户机器上还必须安装相应的 Adobe Reader 软件。

（1）用户点击“地图输出位图”菜单,如图 5-61 所示。

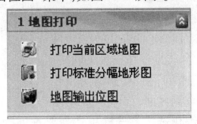

图 5-61　“地图输出位图”菜单

（2）系统弹出地图输出窗口,如图 5-62 所示。

（3）点击输出格式下拉框,弹出下拉框内容列表供用户选择输出位图的格式,如图 5-63所示。

（4）在地图输出窗口的右下方配置位图输出参数（分辨率、颜色以及是否为 Interlace 模式）。

（5）点击[浏览]按钮,弹出文件保存对话窗口,供用户选择位图文件存放位置,单击“保存”按钮。

（6）确认无误后点击[+E输出] 按钮,将地图输出为位图。

（7）单击[C关闭]按钮,退出“地图输出位图”模块。

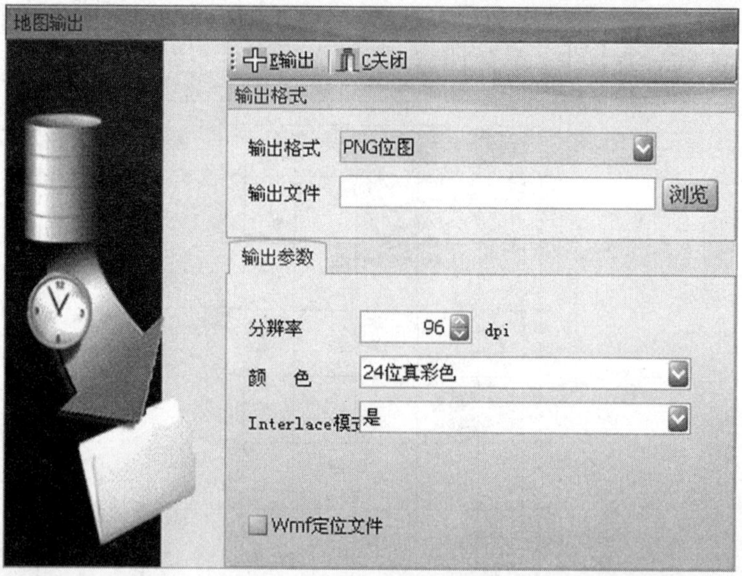

图 5-62　地图输出窗口

（四）查询定位

1. 地形信息查询

地形信息查询是基于 1:10 000/1:1 000 地形图（运行时用户选择），用户输入一个地名、道路名、河流名、湖泊名（准确/模糊），系统自动列出与之匹配的地形要素，用户双击记录，系统定位地图。在选择图层时，可对图层内要素进行细化选择，例如道路细分为公路、铁路、桥梁。限制条件：本模块是对指定图层的 NAME 字段进行查询，因此查询结果的准确性与地理信息组提供的原始数据质量存在很大关联。

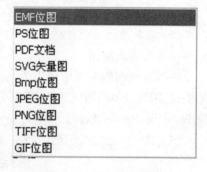

图 5-63　选择输出格式

（1）用户点击"地形信息查询"菜单，如图 5-64 所示。

（2）系统弹出地形信息查询界面，如图 5-65 所示。

（3）选择图层并在要素细化选择复选框里选择要查询的地物类别，例如要查水系层的唐河，单击 ⚫水系 ，在要素细化选择复选框里选择前两项。

（4）在地名文本框里输入待查询的地名，单击 准确查询 按钮。如果待查询的图层没有载入，系统将出现提示对话框（见图 5-66）。

（5）单击"是"按钮，右侧数据网格中将列出查询结果。单击"否"按钮，将取消查询。

（6）如果不清楚待查询地物要素的名称，可使用模糊查询方式。例如要查询某水库，但不知道淤地坝名称，可以利用模糊查询，查询所有淤地坝，然后在查询结果里选择。

（7）在数据网格中选择某条记录，双击该记录或者单击 定位 按钮，在地图中定位并闪烁该记录对应的地物要素。

（8）单击记录在地图中闪烁的地物要素。

（9）单击 关闭 按钮，退出地形信息查询模块。

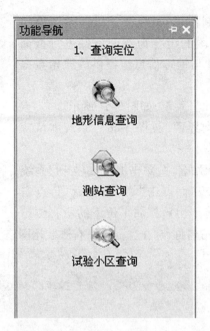

图 5-64　"地形信息查询"菜单

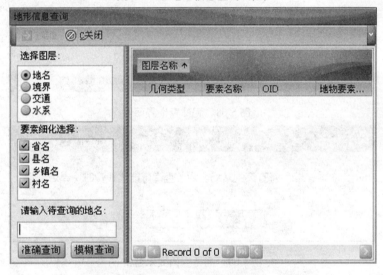

图 5-65　地形信息查询界面

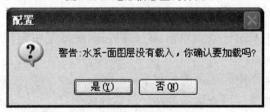

图 5-66　提示对话框

2. 测站查询

用户选择测站类型,输入测站名称等参数,系统自动列出与之匹配的测站,用户双击记录,系统定位地图。限制条件:本模块是以测站图层的 NAME 字段及其他属性字段的组合为查询条件进行查询的,因此查询结果的准确性与地理信息组提供的原始数据质量存在很大关联。

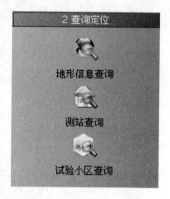

图 5-67　"测站查询"菜单

(1)用户点击"测站查询"菜单,如图 5-67 所示。

(2)系统显示测站查询界面(见图 5-68),系统默认待查询的测站类型为径流测站。

(3)如果用户不输入测站名称,单击 模糊查询 按钮,系统将弹出提示窗口(见图 5-69)。点击"否"按钮返回,点击"是"按钮,右侧数据网格将列出该权属单位下的所有测站记录。用户也可以输入测站名称,单击 模糊查询 ,右侧数据网格中将列出查询记录。

图 5-68　测站查询界面

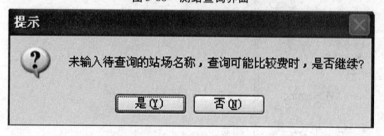

图 5-69　测站查询提示窗口

(4)如果知道待查询站点的名称,如辛店沟,直接输入测站名称,单击 准确查询 按钮,即可准确匹配出符合此查询条件的测站记录(见图 5-70)。

(5)在数据网格中双击记录或单击 ➡ E定位 按钮,在地图中定位并闪烁该记录对应的测站。

(6)单击记录在地图中闪烁的测站记录。

(7)点击测站名称链接可查看该测站记录的详细信息。

(8)单击 高级查询设置选项>> 链接进入高级查询设置界面(见图 5-71)。

(9)单击 ◁ B上一步 按钮,返回测站查询界面。

(10)单击 重新设置 按钮,重新进行高级查询条件设置。

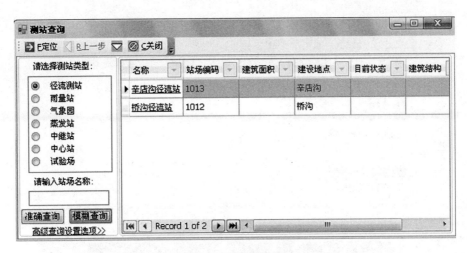

图 5-70 测站查询结果

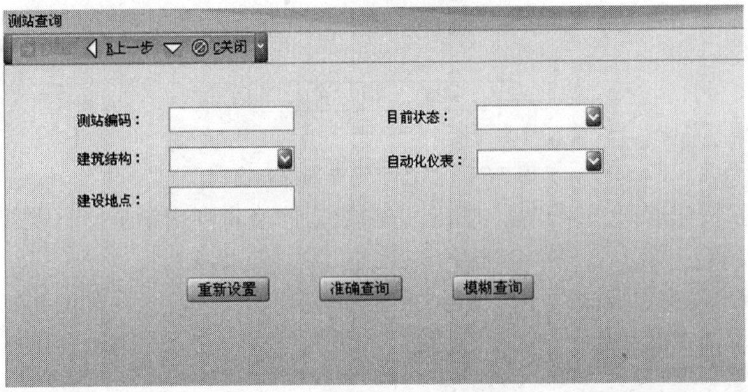

图 5-71 高级查询设置界面

(11)单击 ⊘ C关闭 按钮,退出测站查询模块。

3.试验小区查询

通过用户输入试验小区名称等参数,系统自动列出与之匹配的试验小区记录,用户双击记录,系统定位地图。限制条件:本模块是对试验小区图层的 NAME 字段及其他字段进行查询,因此查询结果的准确性与地理信息组提供的原始数据质量存在很大关联。

(1)用户点击"试验小区查询"菜单,如图 5-72 所示。

(2)系统显示试验小区查询界面(见图 5-73),系统默认待查询的试验小区类型为坡度试验、植被盖度试验、下垫面试验、断面试验。

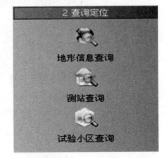

图 5-72 "试验小区查询"菜单

点击"否"按钮返回,点击"是"按钮,右侧数据网格将列出该测点单位下的所有试验小区记录。

如果用户不输入试验小区编号,单击 模糊查询 按钮,系统将弹出提示窗口(见图 5-74)。

图 5-73 试验小区查询界面

图 5-74 试验小区查询提示窗口

点击"否"按钮返回,点击"是"按钮,右侧数据网格将列出试验小区类型为当前所选类型的试验小区记录。

(3)如用户没有设置试验小区编号,系统将列出所有试验小区,如图 5-75 所示。

图 5-75 查询结果

(4)如果知道待查询试验小区的编号,设置完成后,单击 准确查询 按钮,即可准确匹配出符合此查询条件的试验小区记录(见图 5-76)。

(5)在数据网格中双击记录或单击 定位 按钮,在地图中定位并闪烁该记录对应的试验小区。

(6)单击记录在地图中闪烁的试验小区记录。

(7)单击 高级查询设置选项>> 链接进入高级查询设置界面(见图 5-77)。

(8)单击 上一步 按钮,返回试验小区查询界面。

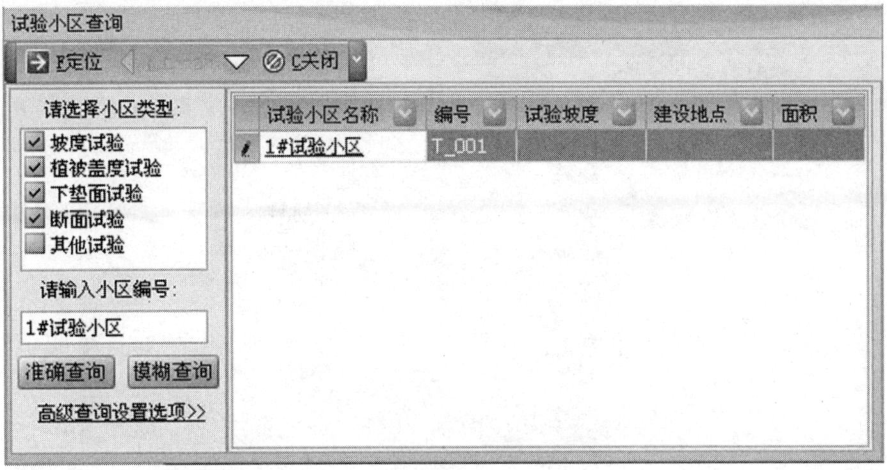

图 5-76 准确查询结果

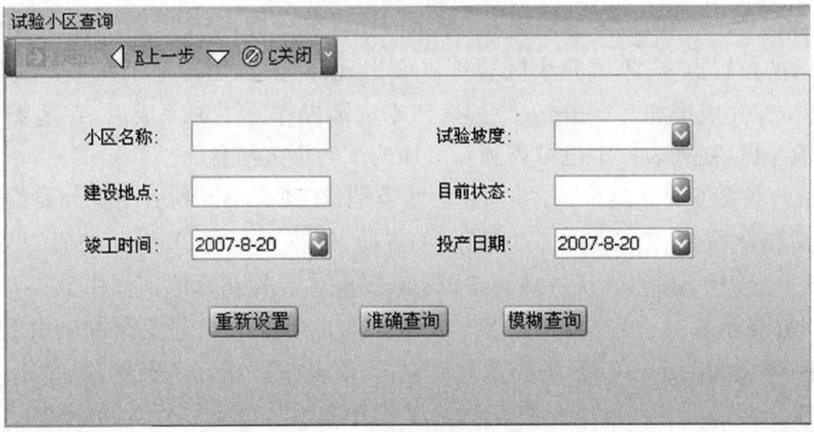

图 5-77 高级查询设置界面

(9)单击 重新设置 按钮,重新进行高级查询设置。

(10)单击 ⊘ C关闭 按钮,退出试验小区查询模块。

(五)图形编辑

1. 试验小区管理

图 5-78 "试验小区管理"菜单

用户管理试验小区信息的增加、编辑、删除操作,系统将修改信息保存到 SDE 空间数据库。限制条件:必须先由资料室,用专业应用子系统增加新试验小区的基础资料之后才能使用此功能增加井。

(1)用户点击"试验小区管理"菜单,如图 5-78 所示。

(2)系统显示试验小区管理界面(见图 5-79),系统默认的试验类型为坡度试验。

(3)双击数据网格中的记录可在地图中定位并闪烁试验小区要素,单击记录可闪烁试验小区要素,点击试验小区号链接可查看此试验小区的详细信息。

图 5-79　试验小区管理界面

（4）如果要增加新试验小区，可选择试验小区类别，点击 ➕A增加 按钮，输入小区编号、输入 X 坐标、Y 坐标（或点击 X坐标 链接，单试验小区管理界面消失，用鼠标在图中要增加新试验小区的位置点下，单试验小区管理界面出现，并位置坐标记录在坐标文本框），点击 ✓Y确认 按钮完成增加。点击 ✕N放弃 按钮则取消操作。增加完成后，在地图中可看到相应的试验小区，在列表框中也可查到新增加的试验小区信息。

（5）如果需要编辑试验小区，可选择小区类别，在现有小区列表中找到要编辑的小区记录，点击 △E编辑 按钮，出现如图 5-79 所示的界面，修改 X 坐标、Y 坐标的值（小区号不能修改）。点击 ✓Y确认 按钮确认所做的编辑，点击 ✕N放弃 按钮则取消操作。

（6）如果要删除井，可选择井类别，在现有单井列表中找到要删除的井记录，点击 ➖D删除 按钮，弹出如图 5-80 所示的提示对话窗口，单击"是"按钮进行删除，单击"否"按钮取消删除操作。

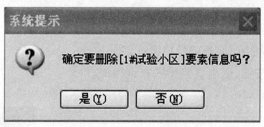

图 5-80　删除提示窗口

2. 测站管理

用户点击"测站管理"菜单，可对测站进行相应管理。

（7）单击 ⊘C关闭 按钮，退出单井管理模块。

（六）统计功能

1. 区域统计

用鼠标选择区域，高亮显示选中的统计区域内所有元素（地形要素和专业生产要素），同时分类统计各要素类（例如测站类型、测站附属物等）的数量，并显示统计图以及可以通过 Excel 表格导出的统计数据。限制条件：对专业生产要素，只能统计本厂管理的要素。

要素选取只针对处于显示、可选择的图层进行。

（1）用户点击 区域统计 菜单。系统显示区域统计界面（见图5-81）。

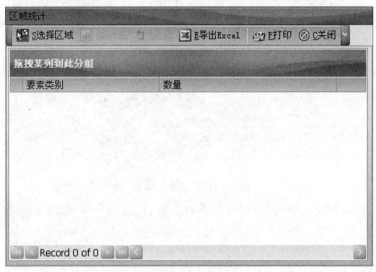

图5-81　区域统计界面

（2）单击 S选择区域 按钮，区域统计界面隐藏，用鼠标在地图中画矩形统计区域，区域统计界面出现，地图被选中的要素高亮显示，数据网格中出现区域统计结果，如图5-82所示。

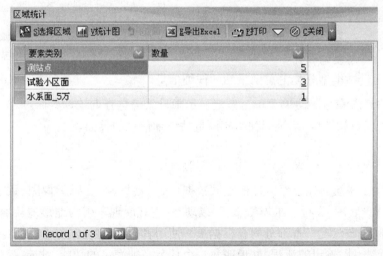

图5-82　区域统计结果

（3）点击 V统计图 按钮，查看柱状统计图表（见图5-83）。

利用 可对统计图表进行相关操作，单击 B返回 按钮，返回到区域统计界面。

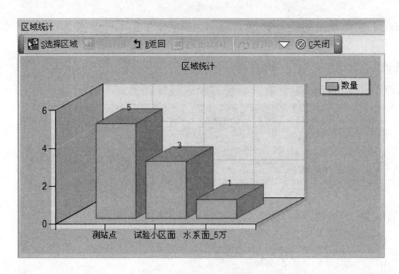

图 5-83　柱状统计图表

（4）点击 ![导出Excel] 按钮,弹出文件保存对话窗口,选择保存位置后,点击"保存"按钮保存,将区域统计结果输出为 Excel 文件。

（5）点击 ![打印] 按钮,将区域统计结果打印输出。

2.径流站信息查询统计

系统按照径流站的类型分类汇总径流站的详细信息。

（1）用户点击 ![径流站信息查询统计] 菜单。系统显示径流站信息查询统计界面(见图 5-84)。

（2）点击 ![水库出口测站] 链接,系统会弹出有测站详细信息的界面。

图 5-84　径流站信息查询统计界面

3.雨量站信息查询统计

系统按雨量站类型分类汇总雨量站的详细信息。

（1）用户点击 ![雨量站信息查询统计] 菜单。系统显示雨量站信息查询统计界面。

（2）点击雨量站链接,系统会弹出有雨量站详细信息的界面。

三、三维演示子系统

三维演示子系统是以已经入库的空间数据(矢量地形图、遥感影像图、数字高程模型(DEM))为背景底图,进行三维模拟飞行,以动态、直观展现辛店沟地形地貌信息,以及专题要素的空间分布状况。本部分内容根据最终使用者的业务特点,结合数据结构,设计数据管理、分析、统计、输出的流程,并说明每一个环节必须满足的功能、性能、接口和附属工具程序的功能以及设计约束等。

主要使用的功能模块有工作空间管理、视图工具、视图设置、三维地貌巡视。

使用本系统可以完成的主要工作是:利用图形显示模块提供的功能,便于地貌的缩放浏览,导航定位需要查看的专业生产要素(径流站、雨量站、水库、淤地坝),通过点击链接,显示专业生产要素的相关生产信息及站点信息、多媒体信息等;利用工作空间管理模块提供的功能,便于加载管理空间图层与行业专题图;利用视图设置管理模块功能,实现对场景的渲染和三维地貌的巡视。

(一)图层控制

实现各种图层的加载卸载、显示隐藏。系统显示的图层树,共有 2 级。根节点有 3 个:测站专题图、数字高程模型、遥感影像。每个根节点下,按照相同性质的要素再建节点,2 级节点下才是真正的要素图层。每一个节点上有一个打钩(CheckBox)选项,表示控制加载卸载。使用要求:只要节点的加载项打钩,保存工作空间时,系统就会将此图层信息保存到工作空间 sxd 文件中,下次打开工作空间时,就会自动加载。关联模块:打开工作空间模块。打开工作空间,加载工作空间内保存的图层信息,系统自动将图层显示树对应节点的加载、显示项设置打钩状态。

在左侧的图形管理栏中,可对测站专题图、数字高程模型和遥感影像要素的显示和选择进行设置,如图 5-85 所示。

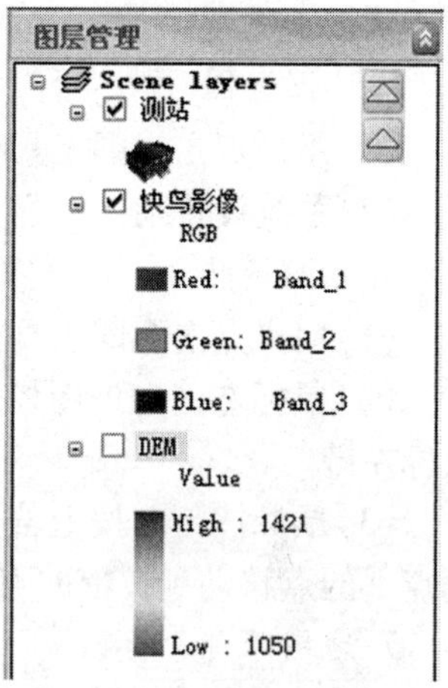

(二)视图工具

1. 地图放大

(1)用户点击视图工具棒上的按钮 ⊕。

(2)鼠标左键在地图控件中按下,按住鼠标左键在地图控件中拖动,系统同步画一个矩形框,松开鼠标左键。

(3)如果鼠标左键按下与松开在同一点,则以鼠标按下点为中心,地图放大为原来的 1/2;如果鼠标左键按下与松开不在同一点,地图以鼠标拖动过程中产生的矩形框为范围进行放大。

2. 地图缩小

(1)用户点击视图工具棒上的按钮 ⊖。

(2)鼠标左键在地图控件中按下,按住鼠标左键在地图控件中拖动,系统同步画一个矩形框,拖动鼠标到任意位置,松开左键。

(3)如果鼠标左键按下与松开在同一点,则以鼠标按下点为中心,地图缩小为原来的 1/2;如果鼠标左键按下与松开不在同一点,地图以鼠标拖动过程中产生的矩形框为范围进行缩小。

3. 地图滑动缩放

(1)用户点击视图工具棒上的按钮 ▦。

(2)鼠标左键在地图控件中按下,按住鼠标左键在地图控件中上下滑动。

(3)鼠标按下与按上若为同一点,系统不做任何处理;否则,鼠标上滑将放大地图,鼠标下滑将缩小地图。

图 5-85　图层管理界面

4. 地图漫游

（1）用户点击视图工具棒上的按钮 。

（2）鼠标左键在地图控件中按下，按住鼠标左键在地图控件中拖动到任意位置，松开鼠标左键。

（3）鼠标按下与按上若为同一点，系统不做任何处理；否则，将地图由鼠标点下的点移动到按上的点。

5. 地图全图

（1）用户点击视图工具棒上的按钮 。

（2）系统设置地图的显示比例为地图控件的范围。

6. 地图旋转

（1）用户点击视图工具棒上的"旋转"按钮 。

（2）鼠标左键在地图控件中按下，按住鼠标左键在地图控件中拖动到任意位置，松开鼠标左键。

（3）鼠标按下与按上若为同一点，系统不做任何处理；否则，将地图的视野角度由鼠标点下的点移动到按上的点。

7. 地图跟踪

（1）用户点击视图工具棒上的"跟踪"按钮 。

（2）鼠标左键在地图控件中按下，按住鼠标左键在地图控件中拖动，系统按照用户设置的飞行方向、飞行速度进行三维地貌巡视。

8. 目标定位

（1）用户点击视图工具棒上的"目标定位"按钮 。

（2）用户在地图控件中点击鼠标左键，系统将当前点下目标定位到地图中央。

9. 点击滑动

（1）用户点击视图工具棒上的"点击滑动"按钮 。

（2）用户在地图控件中点击鼠标左键，系统将自动滑动一段距离查看地图视野。

10. 缩放到目标

（1）用户点击视图工具棒上的"缩放到目标"按钮 。

（2）用户在地图控件中点击鼠标左键，系统自动缩放地图，并将当前点下目标定位到地图中央。

（三）视野设置

1. 透明度设置

用户设置三维演示的空间视野参数操作，设置透明度来渲染飞行效果。

（1）用户点击"透明度设置"菜单，如图5-86所示。

（2）系统显示透明度设置界面（见图5-87），系统默认的透明度值为零，通过滑动 或在 中输入参数值来改变透明度。

（3）点击 按钮完成增加。点击 按钮则取消操作。

2. 对比度设置

用户设置三维演示的空间视野参数操作，设置对比度来渲染飞行效果。

图 5-86 "透明度设置"菜单

（1）用户点击"对比度设置"菜单,如图 5-88 所示。

图 5-87 透明度设置界面

图 5-88 "对比度设置"菜单

（2）系统显示对比度设置界面(见图 5-89)。

（3）系统默认的对比度值为 50,通过滑动 或在 对比度： 中输入参数值来改变对比度。

（4）点击 按钮完成增加。点击 按钮则取消操作。

3. 垂直夸张系数设置

用户设置三维演示的空间视野参数操作,设置垂直夸张系数来渲染飞行效果。

（1）用户点击"垂直夸张系数设置"菜单,如图 5-90 所示。

（2）系统显示垂直夸张系数设置界面(见图 5-91)。

（3）在垂直夸张系数文本框中输入参数值。

（4）点击 A应用 按钮完成增加。点击 C取消 按钮则取消操作。

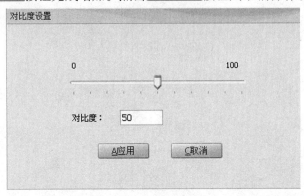

图 5-89　对比度设置界面

图 5-90　"垂直夸张系数设置"菜单

图 5-91　垂直夸张系数设置界面

4.方位角设置

用户设置三维演示的空间视野参数操作,设置方位角来渲染飞行效果。

（1）用户点击"方位角设置"菜单,如图 5-92 所示。

图 5-92　"方位角设置"菜单

（2）系统显示方位角设置界面（见图5-93）。

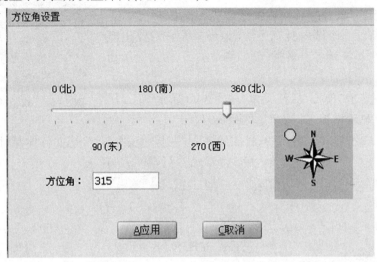

图5-93　方位角设置界面

（3）系统默认的方位角值为315，通过滑动  或在 方位角：315 中输入参数值来改变方位角。

（4）点击 A应用 按钮完成增加。点击 C取消 按钮 则取消操作。

5. 高度角设置

用户设置三维演示的空间视野参数操作，设置高度角 来渲染飞行效果。

（1）用户点击"高度角设置"菜单，如图5-94所示。

（2）系统显示高度角设置界面（见图5-95）。

（3）系统默认的高度角值为30，通过滑动 或在 太阳高度角：30 中输入参数值来改变高度角。

（4）点击 A应用 按钮完成增加。点击 C取消 按钮 则取消操作。

图5-94　"高度角设置"菜单

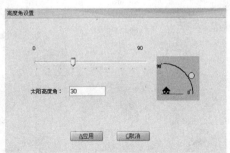

图5-95　高度角设置界面

(四)模拟飞行

用户可选择飞行路径,设置飞行时间间隔,模拟飞行浏览区域地貌特征与区域内所有元素(地形要素和专业生产要素),同时分类统计各要素类(例如测站类型、测站附属物等)的数量、分布特征。

图 5-96 "模拟飞行"菜单

(1)用户点击"模拟飞行"菜单,如图 5-96 所示。

(2)系统显示模拟飞行界面(见图 5-97)。

(3)选择飞行路径,设置飞行时间间隔,点击 输出到Avi 按钮,弹出文件保存对话窗口。

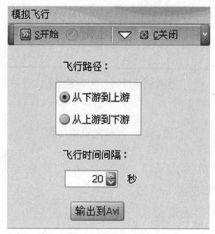

图 5-97 模拟飞行界面

(4)点击 S开始 按钮,模拟飞行窗口隐藏,地图窗口按照所设置的参数模拟飞行。模拟飞行如图 5-98 所示。在飞行中,通过点击 暂停 按钮暂停模拟飞行,点击 E停止 按钮或按键盘上的 Esc 键退出模拟飞行。

(5)点击 C关闭 按钮,关闭模拟飞行窗口。

图 5-98 模拟飞行

四、图形发布子系统

图形发布子系统是对已经入库的空间数据和专题数据进行输出显示的 Web 应用系统。基础功能是以基本地形图、影像图为背景,直观地表现专题要素在地面的分布情况,辅助用户快速、准确地查询相关数据。本部分内容主要介绍每一个模块的功能以及详细操作步骤等。

主要使用的功能模块有工作空间管理、视图工具、查询定位、统计、分析、地图打印。

使用本系统可以完成的主要工作是:利用查询定位模块提供的功能,定位需要查看的专业生产要素(径流站、雨量站、水库、淤地坝),通过点击链接,显示专业生产要素的相关生产信息及站点信息、多媒体信息等;利用查询、统计模块提供的功能,绘制坡度图与行业专题图;利用试验小区管理、测站管理模块提供的功能,将后期新增的专业生产要素入库。

(一)用户登录

(1)在普通的浏览器(如 IE、FireFox、Netscape 等)的地址栏中输入辛店沟科技示范园网址(http://10.81.3.103/xdg),便可以登录辛店沟科技示范园系统,如图 5-99 所示。

图 5-99 辛店沟科技示范园登录界面

(2)登录和匿名。

①输入正确的用户名和密码,单击 登录 ,就可以进入系统界面。

②不需要输入用户名和密码,单击 匿名 ,就可以进入系统界面。

(3)用户登录后的系统界面如图 5-100 所示。

(二)视图工具

使用视图工具可以实现地图要素的浏览、要素信息查看、要素选择以及长度、面积度量等。

图 5-100　登录后的系统界面

1. 地图放大

(1)用户点击视图工具栏上的按钮🔍。

(2)鼠标左键在地图控件中按下,按住鼠标左键在地图控件中拖动,系统同步画一个矩形框,松开鼠标左键。

(3)如果鼠标左键按下与松开在同一点,则以鼠标按下点为中心,地图放大2倍;如果鼠标左键按下与松开不在同一点,地图以鼠标拖动过程中产生的矩形框为范围进行放大。

2. 地图缩小

(1)用户点击视图工具栏上的按钮🔍。

(2)鼠标左键在地图控件中按下,按住鼠标左键在地图控件中拖动,系统同步画一个矩形框,拖动鼠标到任意位置,松开左键。

(3)如果鼠标左键按下与松开在同一点,则以鼠标按下点为中心,地图缩小为原来的1/2;如果鼠标左键按下与松开不在同一点,地图以鼠标拖动过程中产生的矩形框为范围进行缩小。

3. 地图全图

(1)用户点击视图工具栏上的按钮🌐全图。

(2)系统设置地图的显示比例为地图控件的范围。

4. 地图中心放大

(1)用户点击视图工具栏上的按钮🎯中大。

(2)以当前显示范围的中心点为中心,放大2倍。

5. 地图中心缩小

(1)用户点击视图工具栏上的按钮 。

(2)以当前显示范围的中心点为中心,缩小为原来的1/2。

6. 地图漫游

(1)用户点击视图工具栏上的按钮 。

(2)鼠标左键在地图控件中按下,按住鼠标左键在地图控件中拖动到任意位置,松开鼠标左键。

(3)鼠标按下与按上若为同一点,系统不做任何处理;否则,将地图由鼠标按下的点移动到按上的点。

7. 地图上半屏

(1)用户点击视图工具栏上的"上半屏"按钮 。

(2)以当前地图控件的显示高度为准,地图的显示范围向上移动一半高度。

8. 地图下半屏

(1)用户点击视图工具栏上的"下半屏"按钮 。

(2)以当前地图控件的显示高度为准,地图的显示范围向下移动一半高度。

9. 地图左半屏

(1)用户点击视图工具栏上的"左半屏"按钮 。

(2)以当前地图控件的显示高度为准,地图的显示范围向左移动一半高度。

10. 地图右半屏

(1)用户点击视图工具栏上的"右半屏"按钮 。

(2)以当前地图控件的显示高度为准,地图的显示范围向右移动一半高度。

11. 地图前一视图

前提条件:此工具只有在地图视图范围发生变化时才可用。

(1)用户点击视图工具栏上的"前一视图"按钮 。

(2)系统将当前地图的显示范围恢复到上一次地图的显示范围。

12. 地图坐标和屏幕坐标显示

(1)鼠标在地图控件中任意移动。

(2)在鼠标移动的同时,鼠标在地图上的地图坐标显示在主界面的状态栏 地图坐标: 404768.363604 , 3622125.859296 上,鼠标在屏幕上的坐标也显示在状态栏 -- 屏幕坐标: 773 , 441 上(地图坐标的后面)。

(三)图层控制

使用图层控制工具可以实现各种图层的显示和隐藏。用户可根据自己的需要选择系统列出的图层。系统包含土地利用图、基础地形图、影像图和地理位置图。

单击 土地利用图 基础地形图 影像图 地理位置图 上的按钮,选择哪个按钮,按钮上标注的图层即可居中显示。图5-101为选择"土地利用图"后的界面。

(四)发布基本内容

1. 单位概况

介绍辛店沟科技示范园的概况。

225

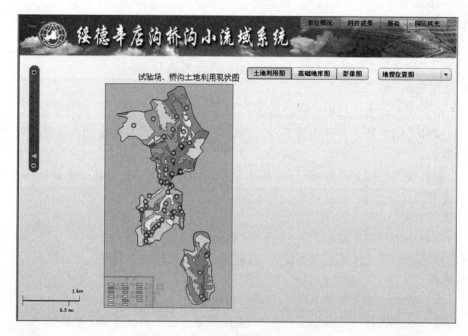

图 5-101 选择"土地利用图"后的界面

点击菜单"单位概况",即打开单位概况页面,然后就可以像翻阅普通书籍一样查看辛店沟示范园的概况,如图 5-102 所示。

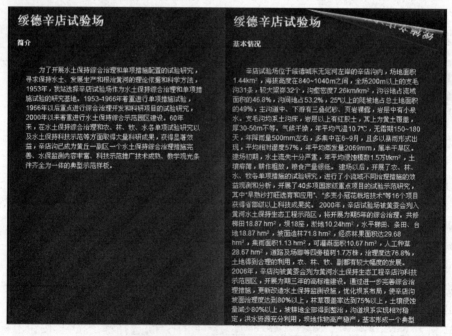

图 5-102 辛店沟试验场基本情况

2. 科技成果

介绍辛店沟示范园 60 年所取得的科技成果。

点击菜单"科技成果",页面即翻转到科技成果版面,然后就可以翻阅辛店沟示范园

60 年取得的科技成果,如图 5-103 所示。

序	项目名称	起止时间	主要内容	获奖时间	获奖级别	获奖情况	获奖等额	证书号
1	水土保持试验研究成果推广	1944—19	有关水土保持微地貌工程规划布设、施工等试验成果	1982	国家	国家科委、		(82)417
2	小流域综合治理	1953—19	以辛店沟小石沟、董圈沟为典型试验示范小流域,进行	1985	国家	国家自然科		
3	旱熟沙打旺选育和应用	1980—19	以旱熟高产为目标,对原品种采用60C0—r射线照射	1989/198	国家/部	国家发明奖	三等奖	09901—0
4	坝地坝成果推广	1953—19	以董圈沟流域坝系为典型,重点推广坝系规划布设,	1985	部	水电部自然		
5	小冠花引种栽培试验(项	1979—19	通过引种栽培试验,确定其优良的保持水土作用,效	1982/198	部	黄委会/农牧	四等奖/二等	(82)11
6	水土保持试验研究成果汇	1980—19	调查总结绥德站以来的主要水土保持试验研究成果。	1982		黄委	二等奖	
7	王茂沟坝系规划布设和利	1953—19	通过对王茂沟坝系发展过程、减水减沙、粮食增产效	1982		黄委	三等奖	
8	小冠花引种试验报告	1979—19	通过栽培试验分析研究,确定小冠花抗寒抗旱、耐瘠	1982		黄委	四等奖	
9	沙打旺种籽繁育及其在陕	1979—19	通过试验示范研究,总结出沙打旺在本区的繁育经验	1982		黄委	五等奖	(82)20
10	火炬树引种试验	1978—19	通过进行引种育苗和造林试验,确定该树种在本区的	1982		黄委	四等奖	
	辛店试验场水土保持治理	1954—19	根据多年的治理实践,总结出有效的水土保持治理措	1983		黄委	四等奖	

图 5-103　科技成果浏览界面

3. 电子展览

介绍辛店沟示范园的电子展览室情况。

点击菜单"展板",即打开辛店沟科技示范园电子展览页面,然后就可以翻阅辛店沟示范园近年来所取得的成果,如图 5-104 所示。

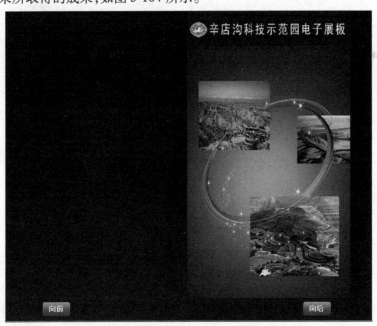

图 5-104　辛店沟科技示范园电子展览

4. 园区风光

介绍辛店沟示范园的园区风光照片。

点击菜单"园区风光",即打开园区风光页面,系统提供了 3 种方式浏览辛店沟示范园的园区风光。点击下方的 ▪ ▪ 切换图片播放模式,如图 5-105 所示。

图 5-105   辛店沟科技示范园园区风光

第六章　辛店沟科技示范园试验研究与推广

辛店沟流域作为黄土丘陵沟壑区第一副区(简称黄丘一副区)水土流失的典型代表,浓缩了黄土高原水土保持60多年的发展历程,记载了水土保持工作从无到有、从试验探索到示范推广、从单项措施到全面治理的整个变化过程。先后围绕水土保持综合治理模式、水土流失规律、淤地坝建设等方面开展了40多项试验研究工作,取得10多项省部级以上科技成果奖。总结提出了"以小流域为单元,山水田林路统一规划,工程措施与植物措施相结合,治沟与治坡相结合"的综合治理方略和经验,并结合当地自然气候和不同地形地貌,因地制宜地发展水保生态林草和经济林果品种,曾塑造出"黄土高原典型治理模式——小石沟'三道防线'治理模式",建成了陕北第一块山地果园、第一座淤地坝,为黄丘一副区乃至整个黄土高原的治理与开发提供了成熟的技术支持和成功经验,科技成果转化率达80%以上,取得了显著的经济效益、社会效益和生态效益。进入21世纪,辛店沟被列为新世纪黄土高原地区首批建设的"水土保持科技示范园区"之一,重点开展了水土保持综合治理措施体系和水土流失监测等方面的技术研究,融入了大量新理念、新技术,进一步增强了辛店沟科技综合能力,使辛店沟坡面治理达到81.14%以上,林草覆盖率达到75.91%以上,土壤侵蚀减少80%以上,坡耕地得到全面整治,沟道坝系基本实现相对稳定,洪水资源充分利用,坝地作物高产稳产。辛店沟拥有国内规模较大、布局科学合理的综合治理典型和水土流失原型监测小区、水土保持措施效益监测小区,拥有较为完善的沟道坝系,而且拥有一批重要的科研成果,因此辛店沟成为黄丘一副区的一个措施系统全面、科技含量高的水土保持科技示范样板。

第一节　综合治理试验研究与推广

一、小流域规划治理方略

(一)背景

1953年初期,辛店沟被选定为水土保持试验基地后,在开展水土保持单项措施试验研究的同时,开展了流域综合治理的探索与实践。当时本着从发展山区生产,根治黄河的要求出发,以农林牧综合发展的原则为指导,寻求黄土丘陵沟壑区的土地合理利用和充分利用水沙资源、防治水土流失的有效综合治理途径和方法,结合黄土丘陵沟壑区地形地貌的复杂性、水沙运行规律的特殊性及当地农民生产生活需求,大胆提出了从整个流域出发,进行统一规划治理的构想,并开展了具体的治理实践工作。通过不断摸索、试验、总结,辛店沟的水土保持工作从无到有,从低级到高级,从单项到综合,治理效益较为显著,创造了陕北黄土丘陵沟壑区小流域综合治理的样板。20世纪70年代,以小流域为水土保持治理单元在黄土丘陵沟壑区得到了普遍推广和应用,并取得显著成效。

(二)规划指导思想、原则及规划内容

针对黄土丘陵沟壑区地形破碎、千沟万壑、类型复杂、水土流失严重、农业生产落后等现状,通过60多年的试验研究,提出了小流域规划治理的指导思想:根据当地社会经济及自然情况,以小流域为单元,采取综合治理措施,防治水土流失,保护水土资源,提高土地生产力;建设以梯田、坝地为主的基本农田,提高农业产量,实现粮食自给自足;实施林、果、草,建立林牧业基地,进行综合开发,提高流域社会、经济、生态效益。规划的原则是:因地制宜,因害设防,层层拦蓄,综合治理,把治沟与治坡、植物措施与工程措施、单项措施和综合措施有机结合,从峁顶到沟底形成综合防护体系。

依据当时国民经济发展的要求,规划的内容主要包括农、林、牧、副规划,劳动力规划,效益规划等,首先确保农村基本农田,选集中连片、坡度较缓、土质较好的耕地为农田,对地块小、坡度陡的耕地有计划、有步骤地发展经济林果,适当退耕还林还草,发展农村商品经济。在规划的缓坡农耕地内,兴修梯田、隔坡梯田和地埂。在有条件的沟谷打坝淤地,扩大良田。对造成水土流失的坡耕地、荒地及其他用地,布设相应的治理措施,确定小流域的生产发展方向,防治水土流失,保护、改良和合理利用水土资源,提高生产力,充分发挥小流域经济、生态效益。

二、小流域综合治理试验研究与实践

(一)试验研究发展过程

辛店沟流域始终以科学试验为先导和基础,不断深化流域治理,在小流域综合治理方面取得了多项试验研究成果,为黄土丘陵沟壑区防治水土流失、减少入黄泥沙、发展当地生产起到了典型引导作用。大概经历了以下几个阶段。

20世纪50年代:起步阶段。1953年首选辛店小石沟流域为试验点,开展了水土保持综合治理方法及治理措施配置等方面的试验研究工作。该阶段提出了"由上而下的防冲治理与自下而上的沟壑控制拦泥蓄水发展灌溉"的基本思路,即:25°以下的坡地建立农区及水果区,26°~35°坡地建立人工草地和干果区,30°以上及峁顶布设林区。畜牧发展以舍饲为主。当时提出的技术路线虽不完全正确,但为当时治理工作的开展指明了方向,开启了小流域综合治理的第一步。

到1957年,提出发展农业生产应"全面规划,农林牧综合发展",解决粮食问题的关键是蓄水保土发展水利,种草发展畜牧解决肥料,配合草、树、蚕桑合理利用土地。突破性地改变地埂为水平梯田,开始推行水保耕作法,大面积推广草木樨、洋槐、苹果。

20世纪60年代:发展阶段。通过不断的试验研究,水土保持治理技术路线渐趋成熟,较完整地提出从单一农业经济过渡到农、林、牧、副综合发展的思路,治理方法是综合治理、连续治理、沟坡兼治、以农为主,建牧促农,以林促牧,大力兴建基本农田,提高单位面积产量。同时,在措施的布局上提出"梁峁坡面兴修田间工程,造林种草,沟谷坡种草及沟谷兴修小淤地坝,沟谷底兴建大中型淤地坝的三道防线"。

20世纪70~90年代:总结阶段。"三道防线"内容更加完善,较明确地提出以小流域为单元,进行综合治理,实行工程措施与植物措施、水土保持耕作措施相结合,治坡与治沟相结合等一套水土保持技术路线。该流域农、林、牧、副业全面发展的方向和综合治理的

方法,为黄土丘陵沟壑区大面积的小流域治理提供了科学依据,发挥了典型引路作用。通过治理,小石沟流域水土流失基本得到控制,土地利用及产业结构趋于合理,经济收入明显上升,人民群众生活水平有所提高,人均纯收入、粮食年拥有量等主要指标均高于当地水平。

2000～2010年:提高阶段。辛店沟被黄委列为"黄河水土保持生态工程韭园沟示范区建设项目"中重要示范基地,将辛店沟的水土保持综合治理工作提到了更高标准、更加规范的试验研究阶段。通过规模化建设,建立一个集科学试验、科研推广、综合治理于一体,具有可持续发展潜力的典型试验示范基地。

2010年以后:科技示范阶段。鉴于治理度相对较高、治理措施相对较好、沟道淤地坝建设较为完善,辛店沟再次被列入"黄河水土保持生态工程辛店沟科技示范园"建设。利用辛店沟拥有的水土保持综合治理措施体系、水土流失监测及水土保持效益监测场地、设施和设备优势,开展了水土保持综合治理试验区、水土流失监测区、成果展示区等功能区建设。开展了集水土保持综合治理、水保监测、科技示范推广为一体的水土保持科技示范样板建设,大力推动了黄土丘陵沟壑区第一副区的水土保持生态环境建设,为有效控制区域水土流失,改善生态环境,实现当地社会、生态、经济的全面、可持续发展奠定了基础。

(二)试验研究成效

1.治理模式研究

20世纪50～80年代,在辛店沟的小石沟开展了小流域综合治理模式的试验研究。在措施配置上探索提出了"三段五级制"的布局方案,即把整个流域划分为梁峁坡、沟谷坡、沟道三段和梁峁顶、梁峁坡、峁边线、沟谷坡、沟道五级,因地制宜,分别采取不同的方法进行治理试验。

梁峁顶:环绕小流域顶部的顶地,水蚀比较轻微,但风蚀严重,土壤干旱瘠薄。为控制径流起点,保护农田,在小流域顶部营造峁林防护林带,树种采用洋槐、侧柏、榆树、柠条、紫穗槐等进行混交,林缘种植灌木,当时共试验营造林带长564 m。

梁峁坡:梁峁顶以下的延伸地带,是农业生产的重要基地。一般坡度在10°～35°,坡长15～30 m,以细沟、浅沟、坡面切沟为主要侵蚀方式。在这一区域开展了坡地梯田化试验,选择土质好、土层厚、大块连片的农耕地,按坡度大小,将15°以下的修成10 m左右的宽梯田,20°左右的修成5 m左右宽的一般梯田,作为基本农田或栽植经济林木。当时试验修梯田6.8 hm²。梯田埂顶或宽梯田埂坡栽植黄花菜或紫穗槐。25°以上的梁峁陡坡种植牧草,作为牲畜的饲草基地。

峁边线:配置了峁边生物保护带,种植苜蓿、柠条,固定峁坡,削减坡面径流,防止沟缘崩塌、沟坡扩张和沟头延伸等。同时,峁边种植灌木、牧草,作为"三料"。

沟谷坡:峁边线以下坡脚线以上地段,土壤侵蚀最严重,针对土壤侵蚀最严重、地貌最破碎的部位,采取修建水平沟、水平阶、反坡梯田、鱼鳞坑等营造洋槐、榆树等乔木树种,陡坡处种植柠条、紫穗槐等灌木,形成块状混交林和人工改良牧场。

沟道:在沟道建淤地坝7座,当时淤填坝地1.6 hm²。坝地全部成为稳产高产田。

20世纪80～90年代,为了进一步验证"三段五级制"的合理性和可行性,在进行措施配置试验研究的同时,开展了治理效益的对比分析试验。将小石沟流域与未治理的青阳峁沟进行对比试验。经对 1959～1981 年 6 年年径流泥沙进行对比分析,小石沟减少径流 92.8%,减少泥沙 98.4%,各项措施的拦蓄能力在 150 mm 的情况下,达到洪水泥沙不出沟(见表 6-1)。由于各项措施的有机配置和农林牧用地的合理布局,改变了粮食生产的基本条件,促进了农业生产的不断发展。基本农田从无到有,一般占到耕地面积的 22%～37%,人均 0.1～0.13 hm²,粮食平均亩产由 20 kg 提高到 200 kg 以上,人均产粮由 250 kg 提高到 550 kg 左右(见表 6-2)。通过小石沟的治理实践,初步形成了水保林草防护体系,实行带、片、网相结合,有效地改善了区域生态环境。经过综合措施配置,到 1990 年,小石沟流域共修梯田 8.35 hm²,其中果园 6.68 hm²,打坝 7 座,淤成坝地 1.60 hm²,营造乔木林 0.93 hm²,灌木林 3.53 hm²,路旁植树 1 500 株,发展人工草地 1.47 hm²,改良牧荒坡 3.12 hm²,营造峁边生物保护带 3 158 m(见表 6-3)。

表 6-1　小石沟与非治理沟年径流泥沙对比表

年份	小流域	流域面积（km²）	汛期降雨量（mm）	单位面积径流量（m³/km²）	单位面积冲刷量（t/km²）	削减数	
						径流（%）	泥沙（%）
1959	青阳峁	0.38	508	53 650.0	38 450.0		
	小石沟	0.23	535	10 300.0	1 250.0	80.8	96.7
1960	青阳峁	0.38	231.8	9 680.0	7 070.0		
	小石沟	0.23	251.9	379.4	58.2	96.1	99.2
1961	青阳峁	0.38	460.4	11 166.8	1 315.8		
	小石沟	0.23	422.1	463.5	100.7	95.8	92.3
1962	青阳峁	0.38	—	—	—		
	小石沟	0.23	306.2	183.3	8.2		
1963	青阳峁	0.38	—	—	—		
	小石沟	0.23	296.6	0	0		
1964	青阳峁	0.38	577.6	29 783.2	18 672.0		
	小石沟	0.23	517.6	32.2	2.6	99.9	100
1980	青阳峁	0.38	427.5	25 750	13 290		
	小石沟	0.23	385.4	0	0	100	100
1981	青阳峁	0.38	516.6	24 121	11 129		
	小石沟	0.23	442.1	0	0	100	100
平均	青阳峁	0.38		25 691.8	14 967.8		
	小石沟	0.23		1 862.5	235.2	92.8	98.4

注:1965～1979 年缺统计资料;1982～1984 年未产生径流。

表 6-2　小石沟治理前后粮食产量对比表

年份	流域面积（km²）	人口	粮田面积（hm²）		总产（万 kg）		亩产（kg）		人均产粮（kg）
			合计	其中"三田"	合计	其中"三田"	合计	其中"三田"	
1953	0.23	16	13.33		0.4		20		250
1984	0.23	32	5.6	5.6	1.75	1.75	208	208	547

表 6-3　小石沟治理前后土地利用情况对比表

地类		1953 年		1958 年		1966 年		1984 年		1985～1988 年		1989 年		1990 年	
		面积 (hm²)	占总面积 (%)	面积 (hm²)	占总面积 (%)	面积 (hm²)	占总面积 (%)	面积 (hm²)	占总面积 (%)	面积 (hm²)	占总面积 (%)	面积 (hm²)	占总面积 (%)	面积 (hm²)	占总面积 (%)
农耕地	合计	14.93	65.0	10.33	44.9	8.07	34.2	4.40	19.1	5.13	22.3	3.80	16.5	3.27	14.2
	坝地			0.66		0.80		1.60		1.60		1.60		1.60	
	水平梯田					3.07		2.80		3.53		2.20		1.67	
	隔坡梯田					0.53									
	地埂			1.40		2.47									
	坡地	14.93		8.27		1.20									
林地	合计	1.60	7.0	3.13	13.9	7.20	32.2	4.47	19.4	4.47	19.4	4.47	19.4	4.47	19.4
	乔木林			0.87		3.02		0.93		0.93		0.93		0.93	
	灌木林	1.60		2.32		4.18		3.53		3.53		3.53		3.53	
	果园			1.33	5.8	1.45	6.3	4.81	20.9	4.80	20.9	6.15	26.7	6.68	29.0
草地	合计	0.33	1.4	3.01	13.1	2.28	9.9	5.32	23.2	4.59	19.9	4.59	19.9	4.59	19.9
	人工草地	0.33		0.95		1.99		1.47		1.47		1.47		1.47	
	改良荒坡			2.07		1.28		3.85		3.12		3.12		3.12	
	荒陡坡	4.33	18.8	3.33	14.5	2.00	8.7	1.33	5.8	1.33	5.8	1.33	5.8	1.33	5.8
	非生产地	1.80	7.8	1.80	7.8	2.00	8.7	2.67	11.6	2.67	11.6	2.67	11.6	2.67	11.6
总计		23.00	100.0	23.00	100.0	23.00	100.0	23.00	100.0	23.00	100.0	23.00	100.0	23.00	100.0

小石沟流域经过多年的综合治理,其措施配置合理,兴建淤地坝、梯田、造林种草均有明显的水土保持效益,水土流失得到有效控制,流域生态环境明显改善。粮食年均产量成倍增长,人均产值收入连年翻番,增加了经济收入。试验形成的"三段五级制"治理模式成功有效,"三道防线"理论得到广大科技工作者的认可,迅速在黄丘一副区进行了广泛的推广应用。到1985年,先后有20多个省市5 000多名专家学者参观学习小石沟的治理经验。"小流域综合治理成果"1985年获得国家自然科学进步奖。"黄河流域小流域综合治理和大面积水土保持措施的研究、推广"1986年获国家科技进步二等奖。"三道防线"治理模式至今指导着黄土高原丘陵沟壑区的水土保持治理实践。

2. 科技示范园建设卓有成效

进入21世纪,在摸清和掌握辛店沟自然资源、水土流失特点及社会经济的基础上,本着高标准、高科技、高质量的建设原则,开展了水土保持生态工程示范区和水土保持科技示范园建设。以"三道防线"治理模式为基础,以坝系建设为中心,以市场经济为导向,突出主导产业,建立一个农、林、副社会效益、生态效益、经济效益三大效益协调发展的水土保持综合治理的新模式。根据这个模式具体进行各项防治措施的配置、布设及数量和时间的分配安排。利用模糊聚类分析法对土地适宜性进行评价;采用多目标线性规划方法对土地资源进行规划;根据水土流失特点及社会发展情况建立水土流失综合防治体系、水土保持支持服务体系等,打造了一批水土保持综合治理精品,建成了高科技、标准化的综合治理示范区、试验监测区和示范推广区等,进一步提高了辛店沟治理的科技含量,同时提升了辛店沟支持和服务水土保持科学研究的能力和水平,增强了可持续发展能力。切实把辛店沟的综合治理工作提升到了一个全新的试验研究阶段,使其具有集坝系工程示范、综合治理、科研监测、教学观摩、科技示范辐射为一体的园区功能和发展潜力。

科技示范园综合治理本着高效率、高起点、高质量的原则,注重生态效果,注重蓄水保土作用,进一步突出水土保持在区域生态改善、产业开发、经济发展中的作用。充分利用其现有基础条件,提升标准,调整结构,优化组合,强化治理。根据园区不同地貌特征,结合当地自然气候条件,先后开展水土保持各项措施的高效整合、沟道坝系优化布局和坝地高效利用模式试验等,发展适宜水保生态林和经济林果品;建设标准化的梯田、苗圃,集中连片形成一定规模的高产经济林示范区,对水保林和牧草采用适地适树适草,宜林则林、宜草则草的建设原则,进一步完善治理措施,提高现有治理标准,抓重点,创精品,树典型,对条件成熟的荒坡林草措施,实施封禁,实现自然修复,为黄丘一副区乃至黄土高原综合治理与开发提供了比较成功的技术措施和示范模式。示范园建设期末,完成综合治理面积116.84 hm^2,治理程度达到81.14%,林草覆盖率达到75.91%,坡耕地得到全面整治,达到了水利部科技示范园对治理标准的要求。

为了科学、合理地评价分析科技示范园综合治理成效,同步开展了服务于模型黄土高原的水土流失监测体系、水土保持措施效益监测体系、沟道坝系监测体系和科技成果展示系统的建设,为有效监测和评价流域综合治理成效提供重要依据。开展小流域水土流失监测布设,探索黄土丘陵沟壑区小流域产水产沙规律;开展各类水土保持措施蓄水拦沙监测布设,探索黄土丘陵沟壑区水土保持各类措施蓄水减沙作用及机制;开展沟道淤地坝系的监测布设,探索黄土丘陵沟壑区淤地坝系建设的拦蓄和减蚀作用。这些监测体系的布设,为"模型黄土高原"建设提供了技术支持。同时,为了展示科技示范园的建设成果,总结水土保持生态工程建设成效,利用图片影像、文档资料、实物标本等各类信息,开展成果展示厅建设,形象展示示范园林草植被建设、农林果业丰产栽培技术、沟道坝系建设模型、水土流失规律、水土保持效益监测成果;尝试利用自动化遥测系统实时监控示范园水文气象的动态变化过程,通过地理信息软件系统和多媒体手段展现示范园各类水土保持生态模式和沟道淤地坝的建设过程和效果。引进了新技术,研发了辛店沟电子地图系统,使数据库结构、操作方法、查询方法、显示界面、对水土流失及水土保持的专业功能查询和成果输出与国家技术标准对接,最大程度地整合黄土高原丘陵沟壑区科技示范园水土保持治理和试验研究的各类资料,模拟科技示范园现状及各种设施情况,建立了资料搜索查询系统,实现地理信息系统的空间模拟和信息提取,为今后的科学研究和科研成果共享提供了一个重要平台。

通过高标准、高质量的示范园区建设,科技示范园各项水土保持措施发挥了显著的拦蓄、增产、经济和生态效益。地表植被明显增加,拦蓄了地表径流,防止了水土流失,有效遏制了沟头延伸、沟谷下切和沟岸扩张,每年能保土 7 920 t,保水 10 516 m³,经计算年内累计保土 192 793 t,保水 294 454 m³。保土效益达到 80% 以上,保水效益达到 80% 以上。项目实施后,流域林草覆盖率由原来的 64.27% 提高到 75.91%,区域生态系统功能增强,抗御自然灾害的能力提高,生态环境明显改善。累计治理面积为 116.84 km²,治理程度达到 81.14%。通过兴修坝地和梯田、营造经济林和水保林,减少了水土流失,改善了农业生产条件,提高了粮食单产,建设期末年增产 16.07 万元,其中,农业增产值 2.13 万元,林业增产值 11.88 万元,人工草地增产值 2.06 万元。

辛店沟科技示范园坚持可持续发展理念,围绕试验、研究和生态建设,满足经济社会发展、生活质量提高对生态系统和环境质量的要求,示范园的建设融入了新的技术手段,有效提高了抵御自然灾害的能力,改善了区域生态环境,而且引进了"人与自然和谐相处"新的治理理念,进一步提高了小流域综合治理的水平和成效,成为新时期流域治理的新典范,成为人与自然和谐相处的亮点。

三、示范推广

(一)示范推广区域及内容

以小石沟流域为单元的综合治理取得的初步成效切实为黄丘一副区的水土保持工作起到了典型引导作用,为黄土丘陵沟壑区大面积开展小流域治理提供了科学依据。1953 年以来,与辛店沟同步开展综合治理措施配置试验的绥德王茂沟小流域也取得了明显成效，为有效推广以小流域为单元的综合治理模式注入了新的动力。王茂沟是陕西绥德韭园沟中游左岸的一条支沟，流域面积 5.97 km²。从 1953 年至 1986 年开展了水土保持综合治理工作，基本农田由零发展为 124.53 hm²，林草面积达到 277.4 hm²，总产粮 34.633 万 kg，总产值 36.728 万元，拦泥效益 96.4%，林草覆盖度提高到 46.5%。辛店沟、王茂沟等小流域综合治理实践证明，在黄土丘陵沟壑区开展水土保持工作以小流域为单元，按照"三道防线"理论进行综合配置，符合自然规律和经济发展规律。因此，黄委绥德水保站先后在榆林地区的清涧红旗沟，米脂高西沟、泉家沟等 8 条小流域 30 多个试验点开展了综合治理示范推广。米脂高西沟、清涧红旗沟等一批治理典型在小石沟、王茂沟等典型治理的引导下，因地制宜地发展起来。20 世纪 70 年代以来，以小流域为水土保持治理单元在黄土丘陵沟壑区得到了普遍推广和应用，并取得显著成效，得到了水利部、黄委领导和专家的认可。1980 年开始，水利部、黄委在黄河中游不同类型区连续开展了三期水土保持小流域综合治理试点工作，涉及陕西、山西、内蒙古 3 个省区 109 条小流域，进一步试验小流域综合治理措施的合理配置，其措施配置模式基本上以"治坡、固沟"为中心，根据实际情况，示范推广了辛店沟的"三道防线"的治理模式，即：梁峁坡以上，结合水保整地，植树种草，兴修梯田，形成了第一道防线。其中，内蒙古的小流域，结合人口密度小的特点，第一道防线以林草为主，布设灌草结合的混交林带，水平梯田为辅。陕西、山西的小流域以水平梯田为主，既保持了水土，又解决了粮食问题。沟坡上，以灌草为主，选择耐干旱、耐瘠薄、根系发达、固土能力强的草树种，稳定沟坡、控制沟沿发展，形成第二道防线，沟底以工程措施为主，支毛沟修筑谷坊，栽植杨树、柳树等耐水速生树种，成为沟底防护林。主沟道修筑淤地坝、小水库等工程措施，发展基本农田，控制沟道下切，形成第三道防线，使整个流域形成了一个完整的水保措施防护体系。通过开展水土保持小流域综合治理试点工作，"三道防线"的治理模式在黄河中游地区的不同水土流失类型区得到了进一步的推广和应用，树立了不同类型区的综合治理样板，探索出了区域水土保持措施的综合配置模式，辛店沟流域治理模式为推动黄河中游地区治理工作奠定了重要基础。

(二)取得的效益

以小流域为单元进行综合治理，其措施配置模式在黄河中游地区得到了大面积的示范推广，取得了显著的治理成效。其中，陕西省绥德县郝家桥流域面积 44.59 km²，经过 1979～1985 年几年时间的治理，基本农田由 8.4 km² 增加为 10.03 km²，造林由 2.29 km² 增加为 9.47 km²，种草由 0.09 km² 增加为 0.10 km²，治理程度由 24.17% 提高到 43.96%。粮食总产由 36.42 万 kg 增加为 210 万 kg。农、林、牧、副总产值由 54 万元增加为 99.2 万元。山西省中阳县高家沟流域、内蒙古准格尔旗纳林沟等示范流域，经过以小流域为单元的综合治理试验后，均取得了显著成效(见表 6-4～表 6-6)。进一步证实了以辛店沟流域为典型代表流域的综合治理模式为黄河中游的水土保持工作树立了典型与样板，发挥了重要的示范推广作用。

表 6-4 典型小流域综合治理前后措施对比表

流域名称	流域面积 (km²)	1979 年治理前								1985 年治理后							
		梯田 (km²)	坝地 (km²)	水地 (km²)	小计 (km²)	造林 (km²)	种草 (km²)	措施合计 (km²)	治理程度 (%)	梯田 (km²)	坝地 (km²)	水地 (km²)	小计 (km²)	造林 (km²)	种草 (km²)	措施合计 (km²)	治理程度 (%)
陕西省绥德县郝家桥	44.59	7.12	1.00	0.28	8.40	2.29	0.09	10.78	24.17	8.55	1.13	0.35	10.03	9.47	0.10	19.6	43.96
山西省中阳县高家沟	14.1	2.63	0.16	0	2.79	2.55	0	5.34	37.9	2.85	0.31	0	3.16	3.81	0.17	7.14	50.6
内蒙古准格尔旗纳林沟	18.09	0	0	0	0	0.56	0.48	1.04	5.7	0.01	0.32	0	0.33	6.21	2.01	8.55	47.3

表 6-5 典型小流域治理前后粮食生产及经济收益对比表

流域名称	流域面积 (km²)	1979 年治理前						1985 年治理后					
		粮食总产 (万 kg)	亩产粮食 (kg)	人均粮食 (kg)	总产值 (万元)	人均收入 (元)	亩均收入 (元)	粮食总产 (万 kg)	亩产粮食 (kg)	人均粮食 (kg)	总产值 (万元)	人均收入 (元)	亩均收入 (元)
陕西省绥德县郝家桥	44.59	36.42	8.4	75	54	55.2	4.04	210	403.1	75.7	99.2	95.2	7.42
山西省中阳县高家沟	14.1	48.4	53.2	200	27.77	85.2	22.9	97.5	375	127.2	77.4	214	72.5
内蒙古准格尔旗纳林沟	18.09	13.65	558	311	10.00	76	1.23	19.23	416	77.7	31.94	346	5.89

表 6-6　典型小流域治理前后经济结构对比表

流域名称	1979 年治理前					1985 年治理末				
	农业产值（万元）	林业产值（万元）	牧业产值（万元）	副业产值（万元）	总产值（万元）	农业产值（万元）	林业产值（万元）	牧业产值（万元）	副业产值（万元）	总产值（万元）
陕西省绥德县郝家桥	38.0	1.0	1.3	13.7	54	66.0	3.0	4.0	26.2	99.2
山西省中阳县高家沟	15.49	5.74	5.70	0.76	27.69	31.20	22.49	21.71	2.00	77.4
内蒙古准格尔旗纳林沟	6.09	0.35	2.25	1.31	10.00	7.39	4.32	16.30	3.93	31.94

第二节　淤地坝试验研究与推广

一、研究概述

新中国成立以来,随着水土保持事业的发展,辛店沟作为水土保持试验研究的基地之一,同样也开展了淤地坝的试验研究与实践。1953 年起,选择在辛店沟内鸭叨沟流域,由下游向上游,由支沟向毛沟,开展了淤地坝建设试验。根据各个时期的工作需要,采取试验、示范、推广相结合等不同形式,先后开展了淤地坝规划布局、设计技术、坝体结构、施工技术、坝地盐碱化防治、坝系相对稳定、监测技术、管理技术等基础理论和应用技术的研究,总结提出了"因地制宜、全面规划、大小结合、骨干控制、蓄种相间、轮蓄轮种、计划淤排"和防洪、拦泥、生产相结合的坝系建设与坝系利用原则,取得了大量的研究成果。1957 年与黄河水利科学研究所(现黄河水利科学研究院)合作,试验成功了水力冲填筑坝技术,这一技术在黄河中游地区得到了迅速的推广应用,大大地加快了淤地坝建设的速度。经过 60 多年的试验研究与实践,辛店沟内的小石沟、鸭叨沟流域的淤地坝已形成相对稳定的坝系,显现出了拦泥淤地和增产效益,与韭园沟流域坝系一并成为黄丘一副区的坝系典型实体样板。进入 20 世纪 90 年代,黄委绥德水保站由单坝研究转入坝系的试验研究,先后主持完成了"黄丘一副区坝系规划布设与利用研究"、"多沙粗沙区沟道流域淤地坝坝系相对稳定研究"等多项国家、省部级项目,从而掀起了以小流域为单元的坝系建设高潮,进一步促进了淤地坝、骨干坝的建设速度。进入 21 世纪,淤地坝试验研究的主攻方向转入坝系安全监测评价、管理技术及管理机制的研究与探索,相继开展了"黄河多沙粗沙区坝系工程安全评价方法研究"、"小流域坝系监测方法及评价系统研究"和"黄河水土保持生态工程韭园沟示范区水土保持综合防治体系及管理机制研究"等研究课题,均取得了重要的研究成果。因此,"淤地坝成果推广"1985 年获水电部自然科学进步奖,"淤地坝坝地盐碱化改良试验"和"坝地盐碱化防治"1986 年均获黄委四等奖,"黄土丘陵沟壑区小流域坝系相对稳定及水资源开发利用研究"2009 年获陕西省科技进步二等奖,"小流域坝系监测方法及评价系统研究"2007 年获得中国水土保持学会首届科学技术奖,"黄河多沙粗沙区坝系工程安全评价方法研究"、"黄河水土保持生态工程韭园沟示范区水土保持综合防治体系及管理机制研究"2008～2009 年分别获得黄河上中游管理局科技进步二等奖、创新成果二等奖。这些技术成果为黄土丘陵沟壑区乃至更广区域的淤地坝建设与发展提供了重要的技术依据。

二、试验研究发展过程

淤地坝作为水土保持的一项重要措施,对抬高沟道侵蚀基准面、防治水土流失、改善当地生活生产条件、建设高产稳产田、促进当地群众脱贫致富等方面有着十分重要的意义,因此淤地坝的建设及试验研究等工作得到了迅速的发展。其发展过程大致经历了 5 个阶段。

(一)试建及示范研究阶段(1952～1957 年)

1952 年,黄委绥德水保站成立后,以辛店沟、韭园沟为重要的试验基地,积极开展了筑坝淤地试验。辛店沟内鸭峁沟、小石沟流域作为试验区,进行边试建边示范推广。之后两年,榆林地区绥德、米脂、佳县、吴堡 4 县筑坝 214 座,一般坝高 5～10 m,单坝控制面积 0.5 km² 以下。1953 年后,淤地坝在晋、陕、蒙得到大面积推广,筑坝淤地技术得到普及。

(二)大发展阶段(1958～1980 年)

在筑坝试建示范取得经验的基础上,1958 年开始在黄丘一副区内大力推广淤地坝的建设经验。同时,国家也加大了对淤地坝建设的投资力度,掀起了筑坝的高潮,而且通过前阶段试建成功,群众看到筑坝的好处,建立了以沟坝为中心的基本农田。黄委绥德水保站在淤地坝施工试验中,不断进行技术革新,较多地采用了爆破松土、拖拉机碾压、水枪冲土、水中倒土、水坠法筑坝技术,使淤地坝有了突破性进展,建坝工效成倍提高,成本大幅度下降。1963 年底,辛店沟已建设淤地坝 14 座,淤出坝地 2.87 hm²,变荒沟为良田。据当时观测记载,辛店沟当时种植玉米 0.44 hm²,亩产达 444 kg。鸭峁沟每亩坝地可拦泥 800～1 000 m³。试验提出的"上坝蓄水,下坝种地,沿坝地一侧开挖排洪渠系,修筑围堤、种植适宜作物"等防洪保收措施得到了进一步的推广应用。1968～1980 年,陕西省榆林、延安地区共修淤地坝 2.76 万座,可淤地 3.3 万 hm²。仅 1973～1975 年新增坝地 1.17 万 hm²。这段时期淤地坝的发展数量、坝系布设和施工技术都有较大突破,而且在拦泥、淤地、增产效益上卓有成效。

(三)以治沟骨干工程为支撑的坝系建设新阶段(1981～1992 年)

这一时期,淤地坝建设速度比 20 世纪 70 年代减缓,但更加注重筑坝技术、效益的研究。绥德站在认真总结 30 年筑坝淤地经验教训的基础上,对淤地坝的坝系规划、工程结构、设计洪水标准和防洪保收、建坝顺序和规模、拦洪蓄水淤泥生产相结合、坝地水土资源高效利用、生产管理和维修养护等方面进行了大量研究,取得了重要成果。结合辛店沟、韭园沟的淤地坝试验,提出了在沟道中兴建治沟骨干工程,以提高工程总体防洪能力。通过试验实践总结提出的"以坝保库、以库保坝"、"小多成群有骨干"等经验逐步成为共识。1986 年以来,经国家计委批准立项,开始在黄河中游多沙粗沙区进行治沟骨干工程建设,提高了设计标准,不仅有拦泥库容,而且有防洪库容,因此真正起到了"上拦下保"的控制作用,充分发挥了拦泥、淤地、防洪、保收等综合效益。1986~2002年,黄土高原地区共建设治沟骨干工程1 528座,淤成坝地32.0万 hm²,保护川台地1.87万 hm²。其中,黄丘一副区建设859座,占治沟骨干工程总数的56.22%;控制面积56 815 km²,占总控制面积的56.86%;库容94 386万 m³,占总库容的62.36%;拦泥库容55 602万 m³,占总拦泥库容的65.46%。通过兴建治沟骨干工程,提高了坝系的整体防洪标准。

(四)坝系相对稳定建设研究阶段(1993~2002年)

进入20世纪90年代中期,淤地坝试验研究逐步转向了小流域沟道坝系的稳定研究。一方面通过加大治沟骨干工程建设提高坝系的防洪标准,另一方面提出以小流域为单元,沟坡兼治,并提出了坝系稳定的研究方向。这一阶段重点开展了国家"八五"攻关课题"黄河中游多沙粗沙区快速治理模式研究及试点"、"九五"水保科研基金课题"黄土丘陵沟壑区小流域坝系相对稳定及水资源开发利用研究"、韭园沟示范区建设科研项目"韭园沟示范区沟道坝系相对稳定布局评价及水资源利用研究"等课题(项目),以沟道坝系为主要研究对象,重点开展坝系相对稳定、沟道坝系水土资源开发利用等方面的研究,提出了坝系稳定概念,分析研究了坝系相对稳定标准、条件及定量方法,提出了坝系水资源开发利用途径,并将研究区域和领域进一步扩大。通过试验示范,相继建设了韭园沟、碾庄沟、洪水沟等一批具有典型代表性的小流域坝系相对稳定样板,对坝系建设起到了积极的典型示范作用。

(五)坝系安全监测评价及管理机制研究阶段(2003~2006年)

21世纪初期,黄土高原地区的淤地坝已累计达12万余座,已建坝系工程的安全监测、效益评价以及运行管理等一系列问题引起了水保科技工作者的高度关注,并成为这一时期试验研究的重点内容。绥德站相继开展了"十五"治黄专项"黄河多沙粗沙区坝系工程安全评价方法研究"、水行专项"小流域坝系监测方法及评价系统研究"、韭园沟示范区建设科研项目"韭园沟示范区工程建设综合防治措施体系与管理机制研究"等,提出了坝系工程安全评价指标体系,研究建立了典型小流域坝系监测方法及评价系统的基本框架,填补了坝系安全监测方法及评价研究领域的空白。同时,在坝系建设的过程中,实行了"三项制度"改革,即建设项目法人制、工程监理制、项目招投标制,为坝系建设走向科学化、规范化、制度化提供了重要的依据。

三、试验研究的主要内容及成果推广

(一)坝系规划布局研究

1953~1963年的10年间,辛店沟内的鸭吻沟流域作为流域坝系建设的主要试验区,开展了坝系规划布局的探索性研究。鸭吻沟在绥德县城东辛店沟内的上游段,坝控流域面积1.16 km²,沟长1 980 m,沟壑密度4.9 km/km²。其土壤、地质、地貌均代表典型的黄土丘陵沟壑区。1953年修筑一号坝,1954年修筑二号坝、第三试验沟坝、青阳吻坝,1955年修筑三号坝,1959年、1960年分别修筑了走路渠坝和白草圪坝,形成了最早的较为完整的坝系,坝系布设如图6-1所示。在试验研究的过程中,将一条沟道中的坝分为主坝与腰坝,拦截上游的洪水,保护坝地安全生产。并研究提出了"坝系"的概念。本着"全面规划,小多成群,蓄种相间,计划淤排"的原则,不断进行试验,不断完善规划。同时,开展了

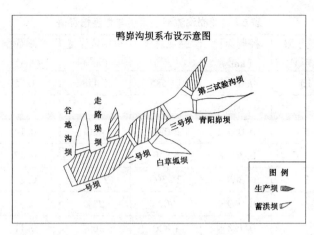

图 6-1　鸭蚱沟坝系布设示意图

蚱坡、沟谷坡的水土保持综合治理。1963 年底，治理面积占流域面积的 32.9%（见表 6-7）。经统计，10 年间，鸭蚱沟流域坝系共拦泥 52 412 m^3，1957 年以后洪水泥沙不出沟，坝地拦泥 11.81 万 m^3/ hm^2（见表 6-8）。鸭蚱沟坝系规划做到了统筹兼顾，蓄种相间，计划淤排，有效提高了坝地利用率，在水土保持效益和生产方面均收到了显著效果，基本实现了防洪、拦泥、生产三结合，为坝系建设及坝地有效利用提供了极为宝贵的经验。因此，鸭蚱沟流域坝系作为一个试验典范，受到了更多科技工作者的关注。围绕淤地坝试验研究的发展需要，黄委绥德水保站进一步扩大了试验推广范围，相继在韭园沟流域的王茂沟、想她沟、关帝沟、墕墕沟以及牛栏沟流域的孙家沟等典型小流域开展了坝系规划原则、规划布设类型、规划布设优化技术、工程结构、建坝密度、建坝时序等方面的试验研究。进一步研究提出了坝系规划的"因地制宜，全面规划，小多成群，大小结合，蓄种相间，轮蓄轮种，计划淤排"原则；提出了规划布设的"坝系控制"和"单一高坝控制"两种类型；在坝系布局上提出"全面利用，以排为主"和"蓄种相间，蓄排结合"两种形式；在建坝顺序上提出了支毛沟由下到上、干沟由上到下或上下结合等办法。

表 6-7　鸭蚱沟流域治理情况统计表

坝名	控制面积（km^2）	综合治理面积（km^2）	治理程度（%）	淤地面积（hm^2）
一号坝	0.099 7	0.038 7	38.8	1.15
二号坝	0.045 6	0.020 8	45.6	0.44
三号坝	0.059 2	0.039 8	67.2	0.14
第三试验沟坝	0.301 8	0.147 0	48.7	0.47
青阳蚱坝	0.368 8	0.068 0	18.4	0.81
白草圳坝	0.069 9	0.005 7	8.2	0.05
走路渠坝	0.108 8	0.060 3	55.5	0.11
谷地沟坝	0.106 2	0.001 7	1.6	0.13
合计	1.16	0.382	32.9	3.30

表 6-8　鸭岇沟流域坝系历年拦泥情况表

坝名	修筑年限 （年）	控制面积 （km²）	拦泥总量 （m³）	每年拦泥量 （m³）	淤地面积 （hm²）	每公顷拦泥量 （万 m³/hm²）
一号坝	10	0.099 7	14 585	1 458	1.15	1.27
二号坝	9	0.045 6	4 243	471	0.44	0.96
三号坝	5	0.059 2	2 080	416	0.14	1.49
第三试验沟坝	9	0.301 8	6 340	704	0.47	1.34
青阳岇坝	8	0.368 8	21 300	2 662	0.81	2.62
白草圳坝	3	0.069 9	702	234	0.05	1.50
走路渠坝	7	0.108 8	1 820	260	0.11	1.71
谷地沟坝	8	0.106 2	1 342	168	0.13	0.92
合计		1.16	52 412	6 373	3.30	11.81

20 世纪 70 年代中后期,黄河中游地区连续发生暴雨洪水毁坝事件,在总结 20 年淤地坝建设经验和洪水毁坝教训的基础上,提出坝系中应增加控制性骨干淤地坝,即骨干坝。结合试验研究,1979 年将王茂沟坝系规划原则改为"因地制宜,全面规划,骨干控制,滞洪排清,全面利用,一次设计,分期加高,防洪、拦泥生产相结合",这一规划布设与防洪保收原则,不仅体现了坝系中骨干坝的重要防洪能力,反映出淤地坝的结构以两大件为主,以便于滞洪排清,而且反映出坝系建设的目标是长期发挥防洪、拦泥和生产效益,以便实现相对稳定。

进入 20 世纪 80 年代,坝系研究由以建实体模型、总结经验为主转入以理论研究为主的阶段。1983 年,黄委绥德水保站应用正交试验分析法,对小流域坝系的布坝密度、骨干坝位置、泄水建筑物形式(结构组成)、打坝顺序及建坝时间间隔等进行优化研究;1987 年黄委第一期水保基金,研究提出了不同类型区小流域坝系规划的方法及总体布局;20 世纪 90 年代,利用非线性规划技术,以建坝高度和建坝时间为决策变量进行优化规划研究,建立优化规划模型,既可进行小流域已有坝系的优化规划,又可进行空白沟道坝系的优化规划。这些研究成果为淤地坝的规划和深入研究提供了十分重要的技术依据。

（二）筑坝技术研究

淤地坝的施工技术主要是针对土坝施工而言的,传统的施工方式主要有人工夯实和机械碾压两种,从 20 世纪 50 年代开始,黄委绥德水保站与黄委水科所等单位联合开展了筑坝技术的探索研究。结合黄土丘陵沟壑区沟壑多且深度大和黄土分布广且质地均匀等特殊条件,1958 年选择辛店沟、韭园沟流域进行了筑坝试验,率先提出了水力冲填筑坝技术。该技术主要是利用机械提水或自流引水等方法,将山坡上的黄土冲成泥浆,沿人工控制的小渠道而冲积为坝体。其主要技术要点是:水坠坝施工期的稳定计算、确定边墙的宽度和质量、掌握好泥浆的浓度、控制好冲填速度、做好排水措施、定期观测。由于采用了水中倒土、土中倒水、引水拉土等方法,提高了坝身填土工效和质量,而且成本低,操作简单,便于推广利用,因此该试验成果为水力冲填技术的深化研究奠定了重要基础。1973 年黄委与陕、晋两省共同组成陕晋水坠坝试验研究工作组正式开展研究,1979年成立黄河流域水坠坝试验研究协调小组,在许多课题研究中,黄委绥德水保站都是主要研究单位。由此,水坠筑坝技术在黄河流域乃至全国进行普遍推广。在短短几年内,有关的科研成果达80余项,其中"水坠坝设计要点"、"水坠坝施工须知"及"水坠坝技术规范"等,1978年获全国科学大会科技成果奖,1981年获国家科委和国家农委"水坠坝的研究与推广"奖,1985年获国家科技进步二等奖。黄委绥德水保站的"淤地坝成果推广"1985年获水电部自然科学进步奖。水坠筑坝技术在黄土高原地区全面推广应用。

20世纪90年代初期,黄委绥德水保站对砒砂岩筑坝材料进行了试验研究。为了探索砒砂岩作为筑坝材料的可行性,对砒砂岩区的黄土、沟床沙、红砒砂岩风化物、白砒砂岩风化物等4种筑坝材料进行了物理和力学性质、化学成分测试分析以及冻融对力学性质影响的测定试验,并在黄河一级支流皇甫川三级支沟敖包焉沟上游段修建了一座试验坝,在施工过程中,进行了爆破松动试验、运料方法探索、碾压等试验,同步开展了取样测试,获取了大量第一手资料。经过试验研究与实践,充分证明利用砒砂岩筑坝的可行性和必要性,为当前砒砂岩类型区大规模开展淤地坝工程建设提供了科学依据。

(三)坝系相对稳定研究

20世纪60年代初,人们受天然聚湫对洪水泥沙全拦全蓄、不漫不溢现象的启发,提出了淤地坝相对平衡的概念,即当坝体达到一定高度、坝地面积与坝控流域面积的比例达到一定数值后,淤地坝对洪水泥沙将能长期控制而不影响坝地作物生长,洪水泥沙在坝内被消化利用,达到产水产沙与用水用沙的相对平衡。

随着淤地坝的发展,不少小流域沟道已形成坝系,由单坝相对平衡逐步发展成为坝系相对平衡。1986年,各地在认真总结筑坝淤地经验教训的基础上,为提高防洪标准,经国家计委批准立项,开始在黄河中游多沙粗沙区建设治沟骨干工程。由于有正规的设计,库容比较大(一般大于50万 m^3),不仅有拦泥库容,而且有防洪库容,能够起到"上拦下保"的控制作用,充分发挥拦泥、淤地、防洪、保收等综合效益,在多次暴雨袭击下,未发生垮坝现象。在晋西、陕北一些小流域形成的坝系,已接近相对稳定。随着沟道坝系规模的不断发展壮大,小流域坝系相对稳定这一问题又引起有关方面的广泛关注。1991年黄河水利委员会原主任龚时旸提出要对坝系相对稳定问题进行深入研究。1992年国家将坝系相对稳定研究列入"八五"科研攻关项目,1997年又将其列入黄河水利委员会基金项目继续深入研究。

"八五"期间,"坝系相对稳定课题"攻关组,在多沙粗沙区选择陕西省绥德县韭园沟、王茂沟,米脂县榆林沟,山西省离石县王家沟,汾西县康河沟,内蒙古准格尔旗西黑岱等6条典型小流域坝系进行了研究。韭园沟、王茂沟流域坝系是基于辛店沟流域坝系建设发展起来的规模更加宏大的流域坝系。黄委绥德水保站位于多沙粗沙区腹地,作为课题攻关的主要研究单位之一,积极参与了各项研究工作。通过典型流域坝系的调查分析,提出了沟道坝系相对稳定的含义,对坝系相对稳定的条件、标准及定量方法等进行了较为深入的研究,取得了重要的研究成果,为今后坝系相对稳定的深化研究奠定了基础。从坝系发展要求的建坝密度、设计洪水标准、泄水建筑物形式、建坝顺序、排列水平(建坝间隔年限)等问题入手,通过多种设计方案和一系列的量化处理及对比分析,研究提出防洪能力大、拦泥多、淤地快、利用早、收获大、投资少的坝系优化布设方案,建立了坝系优化模型。1979～1985 年,黄委绥德水保站在王茂沟及黄土圪等五个流域坝系,进行坝系防洪保收观测试验,通过分析总结,提出在年均侵蚀模数 1.8 万～2.0 万 t/km^2 的地区,坝地面积相对稳定指标为流域面积的 1/20,坝地高秆农作物的耐淹深不超过 0.8 m,耐淹时间为 5～7 d,耐淤厚度不超过 0.3 m/次。

"九五"期间,黄河水利委员会基金课题"黄土丘陵沟壑区小流域坝系相对稳定及水资源开发利用研究"立项,以"八五"攻关课题研究成果为基础,对坝系相对稳定进行了更加深入的研究。在黄丘一副区选择 6 条小流域进行实地考察、试验观测,并运用系统工程、系统动力学理论对坝系相对稳定形成过程、成立条件、优化布局、水土资源开发利用、运用管理模式、小流域坝系样板建设等进行了系统研究。首次对黄土丘陵沟壑区 16 条小流域沟道坝系形成过程资料,分陕西北部、山西西部、内蒙古中西部 3 片,按坝系形成阶段进行了全面系统分析,将现有资料与实地考察、试验观测等方法取得的资料相互印证,补充完善,取得了充分、翔实的基础资料。在研究内容与方法上取得了新进展:一是采用概念开发、机理研究的手段,补充、完善了坝系相对稳定的含义,提出了新的坝系相对稳定概念和坝系相对稳定形成的条件;首次通过控制理论的方法,建立了坝系相对稳定网络规划模型,在规划阶段将坝系单坝组成、各坝的建设时间、坝间关系明确地表示出来,预先确定各坝的修建时差,明确关键坝库提前和推后建坝对后续坝修建和整个坝系建设产生的影响,作为坝系形成过程控制的理论依据。二是采用非线性规划模型与系统仿真模型相结合的方法,对韭园沟流域坝系进行了实体规划,为小流域坝系规划提供了借鉴;与过去的研究相比,增加了溢洪道因子,即考虑了水沙在坝系中的合理调配,使规划结果更加接近实际;首次对坝系防洪标准问题进行了研究,提出坝系相对稳定的防洪标准主要取决于在坝系中起控制作用的骨干工程的设计标准,坝系中骨干坝取相同设计标准是一种经济、安全的设计理念,此时对坝系的防洪标准研究可以转化为对坝系中骨干坝的防洪标准研究,并提出了韭园沟流域坝系防洪标准为 100 年一遇。三是通过对淤地坝减蚀机理的研究和试验观测,界定了淤地坝的减蚀范围,提出了淤地坝的直接减蚀量计算方法和间接减蚀量计算方法。四是按照系统原则、人本原则、责任原则和效益原则,采用对比法和调查统计法,确定了坝系持续发展运用管理模式及其评价指标。五是根据坝系相对稳定优化规划布局研究成果,提出了 3 条流域的坝系相对稳定规划。该项研究成果得到了有关专家和学者的认可,2009 年获陕西省科技进步二等奖。

(四)坝系监测方法及评价系统研究

进入 21 世纪,小流域坝系安全的监测与评价受到了高度关注,2002 年以来,黄委绥德水保站先后开展了黄委"十五"治黄专项科研课题"黄河多沙粗沙区坝系工程安全评价方法研究"和世界银行贷款项目"小流域坝系监测方法及评价系统研究"。

1. 黄河多沙粗沙区坝系工程安全评价方法研究

在充分调查黄河多沙粗沙区坝系工程现状的基础上,分析提出了影响淤地坝工程安全的主要因素,着重从坝系布设、工程配套、结构稳定、施工质量、筑坝材料、管理维护、坡面治理等方面分析病坝、险坝形成或加剧的机理,在此基础上首次建立黄河多沙粗沙区坝系工程安全评价指标体系。为了确保评价指标体系的科学性、准确性,课题组多次邀请黄委、黄河上中游管理局、黄委晋陕蒙监督局、山西省水保所、陕西省水保局和榆林市水务局以及本单位多年从事淤地坝试验研究的专家进行技术咨询和指标权重赋分,最终研究确定了4个层次、2个系统、14个指标的坝系工程安全评价指标体系,首次为黄河多沙粗沙区坝系工程的安全评价和病险坝的防治提供了理论依据和技术支撑。采用层次分析法,对黄河多沙粗沙区坝系工程的安全状况进行了分析评价,研究提出了骨干工程安全评价标准和坝系工程安全评价标准。骨干工程安全评价标准包括坝体完好程度、溢洪道完好程度、放水建筑物完好程度、次洪水淹水深度、年淤积厚度、剩余库容6个基础指标;坝系工程安全评价标准包括坝系骨干工程安全系数、坝系空间布局均衡系数、综合治理程度、相对稳定系数、拦泥安全系数、生产安全系数6个指标。详细确定了赋分标准和赋分依据,提出了系统的坝系工程安全评价理论,为定量解决黄河多沙粗沙区坝系工程安全问题奠定基础,为今后淤地坝的规划设计、建设、管理、病险坝防治等方面提供了科学的理论依据。课题组利用研究提出的坝系工程安全评价指标体系和评价方法,对韭园沟流域的骨干工程进行了全面、系统的分析和安全评价,研究提出韭园沟和洪水沟流域的坝系均处于基本安全状态,坝系相对稳定,与绥德站多年来的试验研究结论基本一致,充分证实了该评价指标体系和评价方法满足现阶段黄土高原小流域坝系安全评价的基本要求,可以推广应用到黄土高原小流域坝系安全评价中。

通过黄河多沙粗沙区坝系工程安全方法评价研究成果的推广,不仅对现状坝系的安全运行状况进行比较客观的评价,为当地水利水保部门的管理提供依据,而且为小流域坝系工程建设的规划、设计提供技术支撑,使得小流域沟道坝系工程建设更加充分地发挥防洪、拦泥淤地、发展农业生产的综合效益,促使小流域土地利用结构和农业产业结构合理调整,确保坡耕地退耕还林、退耕还草还牧,改善小流域生态环境,加快当地群众致富和新农村建设步伐。该课题2008年获得黄河上中游管理局科技进步二等奖,2009年获得黄河上中游管理局创新成果二等奖。研究成果在山西洪水沟流域进行了推广。

2.小流域坝系监测方法及评价系统研究

以陕西绥德小流域坝系为研究对象,以GPS定位监测技术原理、GIS空间数据管理技术原理、RS空间信息原理、和谐理论、层次分析法、小流域水土流失规律及水土保持原理为理论基础,经过研究、创新、分析、归纳,总结出小流域坝系监测方法和小流域坝系评价系统。通过试验研究,提出了小流域坝系监测的四种方法:①小流域坝系GPS监测法。控制测量:首先在用GPS将国家大地坐标(54坐标)控制点(Ⅱ级)建立控制网的基础上,利用静态控制将坐标点引入坝系监测小流域,作为坝系控制监测的控制坐标点,然后对每座监测淤地坝进行几何尺寸定位控制测量。碎部测量:利用引入小流域的大地坐标点(Ⅳ级),对监测坝淤积面积和淤积量进行差分动态监测。本项目的创新点在于将GPS应用于小流域坝系高程网点控制测量和淤地坝面积及淤地坝淤积监测。②小流域坝系GIS监测法。在制作监测流域数据高程模型(DEM)的基础上,利用GIS(ArcGIS和ArcView),将监测流域空间数据按点、线、面地理特性分层管理,进一步提取监测流域等高线、水系、坡度、坡长、坡向、淤地坝控制和区间面积等空间信息,并基于GIS进行淤地坝淤地面积和淤积体积量算,形成以GIS为核心的3S集成系统。其创新点在于利用DEM和GIS进行小流域坝系空间数据的提取、分析、计算及3S技术集成。③小流域坝系RS监测法。利用 0.61 m 分辨率的 QuickBird 影像,并叠加小流域数字高程模型(DEM),在建立解译标志的基础上,根据 RS 影像纹理色彩,首先提取监测流域的土地利用、植被覆盖度,用 DEM 数据提取坡度信息,根据以上三种信息综合判定监测流域的土壤侵蚀等级,建立监测流域水土保持现状数据库;然后判读出淤地坝的数量、位置、坝地利用情况、小流域水资源情况等。其创新点在于采用现代最高分辨率的 RS 影像对监测小流域进行了水土保持信息提取。④常规监测技术方法。将现有小流域淤地坝常规监测方法中的蓄水拦沙、淤地坝安全稳定、水文泥沙监测以及所涉及的生态(气象)监测、经济社会效益监测等方法进行归纳、总结,建立了小流域坝系监测方法的技术体系。该成果一方面分析总结了常规监测各类监测方法的技术要点、分类监测指标等,并对监测数据进行了系统的分析,另一方面首次归纳分类和建立了小流域坝系监测方法的技术体系,提出了小流域坝系监测评价系统,即:以和谐理论为前提,应用层次分析评价法,将小流域坝系庞大的各类监测数据,研究确定为 39 个评价指标,系统地分解为 4 个层次、2 大系统、6 个子系统,各个系统以和谐度进行分析评价,最终确定坝系小流域和谐度,进而得出定量的坝系小流域和小流域坝系的评价结果。其创新点在于从各类监测方法监测的数据成果中选取出 39 个评价指标,基于和谐理论、层次分析法对小流域坝系进行分析评价。该研究成果为小流域坝系建设进行系统监测和评价提供了系统可操作、先进实用的技术方法和评价理论体系,2006 年获得黄河上中游管理局创新成果二等奖,2007 年获得中国水土保持学会首届科学技术三等奖。研究成果得到了有关专家学者的关注,2006 年,榆林市水务局专门组织进行了调研,并邀请课题负责人进行了专题讲座。

(五)坝地利用研究

1953 年以来,辛店沟鸭岇沟流域作为流域坝系建设的主要试验区,在开展坝系建设、规划布局研究的基础上,同步开展了坝地利用的系统研究。20 世纪 50~60 年代,在辛店沟的鸭岇沟坝系中首次开展了坝地利用率、保收率的试验研究,进行了坝地与坡地的土壤养分、土壤含水量的对比试验和作物种植的对比分析,开展了坝地防洪措施的试验研究。通过试验研究与实践,充分证明了坝地产量为 3 750~4 500 kg/hm²,高的达 7 500 kg/hm² 以上,是坡耕地的 4~6 倍,是梯田的 2~3 倍。坝地产出的粮食已成为黄土丘陵沟壑区主要粮食来源之一。

进入 21 世纪初期,结合示范区项目建设,辛店沟的坝地利用研究主要围绕高效、经济、实用的科技示范园区建设进行了试验研究,有效带动了科技示范园经济林产业的快速发展。在辛店沟现有坝地开展了高效农业利用技术的示范与推广,在科技示范园内,建立克新 1 号洋芋、丹玉 13 号玉米和法国矮 15 号葵花三个高产优质新品种经济作物最佳种植模式示范园,面积 3 hm²。产量分别达 3.75 万 kg/hm²、1.2 万 kg/hm²、0.45 万 kg/hm²,较当地作物产量提高了 20% 以上,为区域坝地种植结构的优化配置提供了实践经验和科学依据;在示范区建立优质葡萄示范园,在调研、咨询的基础上,确定示范的红提、户太 8 号和京亚等优良品种和生产技术,并开展了优质葡萄丰产技术的试验示范,推广 1 hm² 红提、户太 8 号;在示范区建立优良红枣品种示范园 2 hm²,开展新品种引种试验、节水设施的试验布设和丰产栽接配套技术等方面的试验研究,在大苗移栽、嫁接及节水技术等方面取得了重要研究成果,为大面积枣树品种更新及推广提供重要理论依据和技术支撑;同时,利用鸭崌沟 2 号坝坝地,开展了优质苗木培育建设,布设侧柏、刺槐、紫穗槐、国槐等苗木,配置了较为先进的抽灌喷灌设施,年苗木出圃量达到 50 万株以上,为基地的逐步完善提供了重要的理论基础和生产实践经验,也为在不同小气候环境下苗木培育技术的成果创新提供重要的参考价值。"大苗移栽技术"获得黄委"三新"技术认证,该项成果 2005 年、2008 年分别获得黄河上中游管理局创新成果一等奖、科技进步二等奖。技术成果在陕北地区进行了大面积的推广应用。

第三节　坡改梯试验研究与推广

一、研究概述

陕北黄土丘陵沟壑区是黄河流域水土流失最严重的地区之一,也是粗泥沙的主要来源区。多年来的试验研究表明,黄土高原地区的水土流失以坡耕地最为严重,黄土高原耕地面积 834 万 hm² 中,坡耕地约占 65%,其中近 1/3 的耕地坡度大于 15°,近 10% 的大于 25°,60% 的坡耕地耕层浅薄,保水保土、保肥能力差,主要分布在陕北、晋西丘陵沟壑区梁峁坡,大部分地区的年均土壤侵蚀模数达 20 000 ~ 30 000 t/km²,每年流入黄河的泥沙有 40% ~ 60% 来自坡耕地。因此,坡耕地是泥沙的主要策源地,它的综合治理一直是水土保持的核心内容之一。1953 年,坡耕地治理试验与探索率先在辛店沟流域拉开序幕。黄委绥德水保站在充分调查总结群众经验的基础上,选择在辛店沟、韭园沟进行了坡地梯田化定点试验,首先开展坡地修地埂(坡式梯田)、水簸箕、防冲沟等措施的试验研究,进行了梯田断面设计、施工方法及增产等试验,以截短坡长,拦蓄泥沙,防止冲刷,增加生产。1957 年后,在坡式梯田试验研究的基础上,逐步开展隔坡梯田、水平梯田、埝窝套梯田等措施的试验研究与实践,进行了一次性修筑水平梯田的规划布设、施工方法和增产拦泥试验。在辛店沟兴修了陕北第一批水平梯田。为了加快治理速度,最大限度地提高治理效益,试验提出了坡耕地治理以新修梯田为主,因地制宜地将坡式梯田、隔坡梯田、埝窝、水簸箕、工程生物带状间作等措施有机结合利用,这一模式试验取得成功后,很快得到全面推广。20 世纪 70 年代,黄委绥德水保站在不断总结、试验、示范和推广中,结合当时施工机械的不断发展,又开展了机械修梯田试验研究,取得了较多成果资料,为黄土丘陵沟壑区坡耕地治理提出了一套完整的、科学的规划布设、设计标准、施工方法和生产利用等技术,并经大面积推广应用,切实起到了制止水土流失和发展农业生产的重要作用。因此,坡改梯成为陕北黄土丘陵沟壑区建设基本农田、保持水土的主要措施。开展的"黄河中游地区机械修梯田试验研究"1988 年获黄委重大科技成果奖,"陕北水平梯田断面问题研究"1990 年获黄河上中游管理局科技进步奖。

二、试验研究的主要内容及成效

(一)坡耕地水土流失的对比试验

黄土丘陵沟壑区土壤质地疏松,地表坡度大而破碎,降雨集中,且多暴雨,造成水土流失严重。据黄委绥德水保站 1954 ~ 1964 年测验资料分析,在总的泥沙和径流量中,坡耕地分别占 59.6% 和 61.2%。坡耕地径流得到控制后,谷坡径流和泥沙流失分别减少63.9% 和 69.9%。黄土丘陵沟壑区农耕地中 83% 是坡耕地,因此坡耕地整治是该区控制水土流失的重要环节。1953 年以来,黄委绥德水保站围绕坡耕地整治措施的实际情况,首先在辛店沟开展了不同坡度、不同坡长坡耕地水土流失的对比试验。在辛店沟布设了径流小区。通过辛店沟径流小区测验资料的分析,提出在较大的降雨情况下,水土流失量与地面坡度的大小、长短成正比。试验观测资料详见表 6-9、表 6-10。

表 6-9　辛店沟径流场 1956 年不同坡度水土流失量对比表

时间	区号	坡度	作物	耕作	径流量		冲刷量	
					m³/hm²	比例(%)	kg/hm²	比例(%)
1956 年全年	18.10	14°39′~14°41′	谷子、高粱+豇豆	点播	664.80	100	147 012	100
	8.12	20°22′~23°18′	谷子、高粱+豇豆	点播	908.94	131	191 901	131
	11.15	28°41′~29°3′	谷子、高粱+豇豆	点播	930.71	252	370 007	252
1956 年8 月 8 日	18.10	14°39′~14°41′	谷子、高粱+豇豆	点播	1 720.17	100	102 036	100
	8.12	20°22′~23°18′	谷子、高粱+豇豆	点播	206.08	117	119 861	117
	11.15	28°40′~29°3′	谷子、高粱+豇豆	点播	389.85	200	215 882	200

表 6-10　辛店沟径流场 1956 年不同坡长水土流失量对比表

时间	区号	坡度	坡长(m)	作物	耕作	径流量		冲刷量	
						m³/hm²	比例(%)	kg/hm²	比例(%)
1956 年全年	13.22	26°10′~27°50′	14	黑豆	点播	934.64	100	194 207	100
	14.21	26°14′~27°20′	20	黑豆	点播	966.51	103	244 499	126
	16.24	15°3′~14°15′	12	谷子	点播	930.28	100	152 469	100
	17.23	14°50′~16°17′	20	谷子	点播	930.87	101	277 780	149
1956 年8 月 8 日	13.22	26°10′~27°50′	14	黑豆	点播	313.25	100	84 400	100
	14.21	26°14′~27°20′	20	黑豆	点播	369.32	118	131 280	156
	16.24	15°3′~14°15′	12	谷子	点播	244.63	100	103 110	100
	17.23	14°50′~16°17′	20	谷子	点播	287.66	118	153 160	149

通过对比分析,坡度与径流量、冲刷量成正比。当坡度增加 1 倍时,径流量增加127%,冲刷量增加111%。当坡长增加40%~67%时,径流量增加1%~3%,冲刷量增加26%~40%。这充分证实了通过坡改梯能够减缓地面坡度,截短坡长,保持水土,制止或减少水土流失,促使土壤改良,增加生产。不同坡度、不同坡长坡耕地水土流失的对比试验为进一步推进坡改梯试验研究进程提供了重要的科学依据。

(二)坡改梯的试验研究与探索

1. 坡式梯田试验研究与推广

坡式梯田也称地梗,是利用径流冲淤与耕作翻土逐步加高地埂变坡地为梯田的一种方法,是1958年以前陕北地区水土保持工作中坡面治理的一项主要措施,也是由黄委绥德水保站技术人员在20世纪50年代初期首次试验成功的坡改梯的一种措施。1953年,在辛店沟进行了定点试验。在对辛店沟坡地进行典型调查的基础上,开展了坡式梯田的总体规划。试验提出了以坡度为规划的主要原则,同时兼顾坡向、土质等条件,从上到下,由缓到陡,并与其他水土保持措施相结合,提高效益。结合黄土丘陵沟壑区的土质粗松和坡耕地陡立等特点,试验总结提出了坡式梯田的坡度限制在25°以下,普遍分布在梁峁顶、峁坡及沟岸等各个部位。根据坡改梯控制水土流失的主要作用,试验提出了梯田的宽度、容量与断面等设计方法和设计标准,并开展了施工方法和增产拦泥试验,为黄土丘陵沟壑区坡式梯田的进一步试验、布设和推广提供了重要的技术依据。坡式梯田截短坡长,限制了集流面积,有效地控制了田间的水土流失。因此,坡式梯田在当时得到了大力推行。在陕西榆林、府谷等坡耕地坡度缓、地多人少的地方和吴堡、洛川等一些残塬区,大量地修筑了坡式梯田,不仅大大减少工程量,节约劳力,而且保持水土的效益也十分显著。经观测分析,坡式梯田在已淤80%的情况下,还可减少水土流失30%,同时,坡式梯田一般较坡地增产10%~30%。

2. 隔坡梯田试验研究与推广

隔坡梯田又称复式梯田,即根据梯田统一规划,将规划宽度坡地的1/2或1/3修成水平梯田,其余保留原坡地,这是为了加快治理速度,由地埂到水平梯田的过渡措施。1957年,黄委绥德水保站在辛店沟进行了隔坡梯田布设原则、主要形式及设计标准、施工方法等方面的试验研究,提出隔坡梯田要求地面坡度在11°~30°,土质好,土层厚,土地连片,耕作方便。根据区域各种土地类型及原坡面田间工程布置等情况,研究总结出隔坡梯田的三种主要形式:坡、平相间的隔坡梯田,梯田、地埂相间的隔坡梯田,复合式隔坡梯田。同时,开展了隔坡梯田的效益分析试验。1959年,在辛店沟15°~20°坡地上修筑了宽6~10 m的隔坡梯田0.4 hm²,在坡地段种植草木樨,水平部分种植谷子。经辛店沟观测试验,经历一次降雨95 mm,历时21 h,其中最大强度每分钟1.17 mm,水平田面全部拦蓄了坡面部分的径流和冲刷,增加了土壤肥力和水分,当年谷子亩产107 kg,超过一般坡地产量1倍以上。1960年以后,隔坡梯田在陕西榆林、延安等地进行了示范推广,证明其增产拦泥效益非常显著。子洲王家垭、绥德王茂庄的隔坡梯田较坡地平均亩产分别提高60%和100%。延安上砭沟1982年、1983年试验表明,隔坡梯田较坡地增产分别为21.9%和96%,土壤水分隔坡梯田较坡地提高4.3%~12.2%。平、坡比1:1和1:2的,径流减少91.6%,冲刷减少99.65%。平、坡比1:3的,径流减少77.3%,冲刷减少97.4%。

3. 水平梯田试验研究与推广

水平梯田是在坡耕地上沿等高线修筑成田面水平、台阶式田块,是坡改梯的高级形式。1957年,黄委绥德水保站在坡式梯田、隔坡梯田修筑的基础上,开始一次性修筑水平梯田的规划布设、施工方法和增产拦泥试验,研究提出梯田规划的原则、不同地形的施工方法和技术标准。专题研究了"陕北水平梯田断面问题",主要对田坎高与田坎侧坡、田坎高与土壤水分、田面宽与工作量、田面宽与耕作条件等方面的影响因素进行了试验分析,归纳出陕北黄丘区梯田的"最佳断面"设置标准(见表6-11),创造性地解决了水平梯田断面标准这一关键性技术问题。据试验分析,水平梯田一般年份,每公顷施农家肥15 000 ~ 22 500 kg,施化肥100 ~ 150 kg,粮食产量可稳定在2 250 ~ 3 000 kg,高产可达4 500 kg。按标准修筑水平梯田,在连续降雨120 mm的情况下,径流可全部拦蓄。水平梯田的试验成果得到了广大科技工作者和专家学者的认可,被陕西省科学技术学会和水电部水利电力出版社刊印成手册,为陕北黄土丘陵沟壑区的坡面治理提供了技术依据。之后,陕北地区兴修水平梯田发展迅速,目前已达到20万 hm²,成为本区域农业生产的基本农田。这项研究成果1990年获得黄河上中游管理局科技进步奖。

表6-11 陕北黄丘区水平梯田标准断面表

坡面坡度(°)	田坎高(m)	田坎侧坡(°)	田面宽度(m)	每亩土方量(m³)	田坎占地(%)
5	1.5 ~ 2.0	80	17 ~ 22.6	125 ~ 167	1.53
10	2.0 ~ 2.5	75	11 ~ 13.7	167 ~ 208	4.88
15	2.5 ~ 3.0	70	8.8 ~ 10.4	208 ~ 250	9.44
20	3.0 ~ 3.5	65	7.4 ~ 8.5	250 ~ 292	16.00
25	3.5 ~ 4.0	60	6.4 ~ 7.0	292 ~ 333	24.40

4.机修梯田试验研究与推广

1979 ~ 1980年,随着机械化的不断发展,黄委绥德水保站在辛店沟结合生产开展了机修梯田试验。根据机械施工的要求,进行了机修梯田断面设计标准和施工方法的试验研究,对开展试验的推土机、铲抛机等机械性能进行了测定分析,试验确定了推土运距与工效、推土机作业宽度与工效、推土机转弯半径等技术指标。同时,开展了"黄河中游机械修梯田试验研究",提出了一套科学、合理的机修梯田设计标准、施工方法和生产利用等技术成果,并进行了大面积推广应用。由于机修梯田效率高、造价低,1990年以后,机修梯田在陕北、晋西的黄土丘陵沟壑区进行了大面积的推广。该项研究成果1989年获得水利部科技进步四等奖,这些成果为提高梯田机械化施工工效、降低成本、加快坡面治理提供了重要的科学依据。

5.梯田丰产技术试验研究与推广

1959 ~ 1965年,绥德站在辛店沟进行了梯田丰产试验,先后开展不同年限修筑梯田土壤养分调查分析,不同耕作方式、不同施肥量、不同播种方式与产量的对比分析,开展了水平梯田的土壤水分分析研究,总结提出了"深耕改土,增施肥料,轮作倒茬,合理养地,选用良种,合理密植"等水平梯田改土增产的技术措施。试验布设冬麦2 hm²左右,平均亩产达115 ~ 175 kg,比周围冬麦亩产高2 ~ 3倍,为梯田的有效推广奠定了重要的技术基础。1973年,开展了梯田喷灌渠道防渗和梯田喷灌试验,进行了喷灌与畦灌的对比试验,3年平均喷灌比畦灌增产53.6%,喷灌比畦灌每立方米水能增产粮食7 kg,省水76.6%,成本低,保肥效果好,有效地提高了土地利用率,开启了节水灌溉高效利用试验研究的新起点。

三、坡改梯的发展形势及思路

目前,我国黄土高原地区现有耕地面积 83 万 hm²,坡耕地约占 65%,其中近 1/3 坡度大于 15°,10% 大于 25°。60% 的坡耕地耕层薄,保水、保土、保肥能力差,主要分布在陕北、晋西的黄土丘陵沟壑区。2011 年中央一号文件和中央水利工作会议指明了水利改革发展的前进方向,描绘了中国特色水利现代化的宏伟蓝图,明确了一系列支持水利的重大政策,将坡耕地整治作为水土保持最重要的措施提出。2012 年全国水利厅局长会议和全国水土保持工作会议先后提出:要加快坡耕地综合整治步伐,不断加大农田水利建设的力度,促进粮食持续增产、农民持续增收;要以坡耕地综合治理等工程为抓手,完成 5 万 km²防治任务、20 万 hm² 梯田建设任务。从经济社会发展和生态建设大局出发,制订科学规划,搞好顶层设计,全面完成坡耕地综合治理工程。因此,坡改梯建设被作为改善生态环境、促进农业生产的大事,仍将是一项长期而艰巨的任务。经过多年的试验总结,辛店沟在坡耕地规划、设计、施工等方面取得了丰硕成果和成功经验,按照"缓坡近村、近路、靠水源"的原则布设,注重集中连片、规模治理,达到建成一片、巩固一片、见效一片、带动一片的目标,形成了一批山、水、田、林、路统一规划,排灌、蓄水设施和生产道路配套的高标准典型,为今后大规模开展坡耕地整治提供了成功的模式,为有力推进坡改梯建设步伐提供了重要支撑和保障。水土流失严重的陕北黄土丘陵沟壑区的坡耕地改造工程刻不容缓,继续选择 5°～15° 的坡耕地为治理重点,提高坡改梯田建设标准,促进退耕还林还草,增加粮食产量。建设形式以土坎梯田为主,选择条件合适区域配套灌溉设施。在措施布设上,坚持综合治理,建好"山顶封禁、山坡综合整治、山脚固堤"三道防线,注重工程措施和植物措施结合,治沟和治坡结合,治理与保护结合,提高坡耕地治理成效。

第四节　植物措施试验研究与推广

一、研究概况

植物措施是水土保持的重要措施之一。20 世纪 50 年代初期,黄委绥德水保站开展了水土保持林、经济林的引种、配置和栽植技术的研究,取得了重要的试验成果,洋槐护坡林、柠条灌木林等都得到普遍推广,已成为当地绿化荒山荒坡的主要树种。为了提高造林成活率和促进林木的快速生长,20 世纪 80 年代后开展了"利用抗旱药物提高黄土高原造林成活率研究"、"黄土高原主要水土保持灌木研究"、"黄土高原抗旱造林技术研究"、"国家'948'水土保持优良植物引进"等数十项重大科研课题的研究,取得 7 项省部级科技进步成果奖,其中"利用抗旱药物提高黄土高原造林成活率研究"1991 年获国家科技成果奖,"黄土高原抗旱造林技术研究"1995 年获林业部科技进步一等奖,"榆林流动沙地飞机播种造林试验"1986 年获陕西省林业科技成果一等奖,"黄土高原主要水土保持灌木研究"1995 年获水利部科技进步三等奖。1954 年,先后从国内外引进葡萄品种 170 多个、苹果品种 20 多个,进行了果树上山的试验、示范与推广,在辛店沟建立了陕北第一块山地果园,现在其已成为区域经济发展的一个支柱性产业。在牧草试验方面,先后引进 150 多个品种,经过多年试验示范,选育出一批适宜本区生长的优良牧草,为黄土丘陵沟壑区建立人工草地,改良天然牧场提供了种植资源,对保持水土、解决"三料"、发展生产起了积极的推动作用。主持完成的"小冠花引种栽培试验"和"多变小冠花栽培技术研究"1985年获农牧渔业部自然科学进步二等奖,"早熟沙打旺选育和应用"1989年获国家发明四等奖。这些成果为黄丘一副区生态环境的改善和区域经济的发展提供了重要的理论依据,为科学技术的有效推广奠定了重要基础。

二、主要研究内容及成果

(一)林业措施的技术研究

1.火炬树引种试验

火炬树属漆树科漆树属,落叶灌木或小乔木,具有抗寒、耐旱、抗盐碱、根蘖力强、繁殖容易、郁闭早、水平根系发达等特点,是比较好的水土保持树种。因其秋叶鲜红、果穗红似火炬,又可作为四旁绿化的观赏树种。1978年秋,黄委绥德水保站为了探索火炬树在黄土丘陵沟壑区第一副区的适应性,特意从北京植物园引入该树种,1979年在辛店沟进行了不同立地条件下的育苗和造林试验。先后开展了干旱试验、林地土壤养分的测定分析和生物学特性的试验分析等,通过三年的试验分析表明:火炬树适宜在本地区生长,在土壤水分极差的冲风口、阳坡均能正常生长发育,表现出很强的适应性,具有一定的抗旱能力;而且火炬树喜肥,造林成活率比较高,最高可达90%左右,林冠下造林成活率较低,为50%。此外,该树种具有独特的观赏性,作为护岸林和四旁绿化的观赏树种较好。该树种在辛店沟试验场引种试验成功后,迅速在榆林、延安等地区得到示范推广。

2.柠条栽培技术研究

为了探索柠条在黄土丘陵沟壑区第一副区的最佳栽培技术,最大限度地发挥柠条林的综合效益,为根本改变本区自然面貌和经济状况提供科学依据,黄委绥德水保站从1963年开始,对柠条的种植和管理等进行试验研究。首先在辛店沟进行栽植试验。由于柠条的根系大,枝条稠密,林间杂草多,因此具有优良的保持水土、防风固沙的性能。据测定,有柠条的荒陡坡,较同类型的自然荒坡减少径流73%,减少冲刷86%。1964年7月5日,辛店沟一次降雨11.85 mm,柠条灌木林地流失泥沙17.1 t/hm²,较荒坡42.3 t/hm²减少59.6%,较农耕坡地81.3 t/hm²减少79.0%。据当时调查分析,1964年7月5日,韮园沟一次降雨130 mm,吴家畔南嘴沟柠条林地每亩侵蚀量仅0.72 m³,在同一地点未栽植柠条的荒陡坡上,平均每亩侵蚀量为2.3 m³,相当于柠条林地侵蚀量的3.2倍。同时,开展了放牧试验。据试验测定,若隔年平茬一次,则每亩每年可提供饲料810.5 kg。柠条林还具有促进荒陡坡杂草生长的作用。试验证明,荒陡坡上柠条林下杂草产量的多少,基本上与柠条林生长的好坏成正相关,柠条生长越好,单位面积上柠条林下杂草产量越高。1982年,立项进行了"柠条栽培技术研究",通过对柠条的生物特性及在不同地类的分布情况、生长情况进行分析调查,总结出柠条种子采收、播种及造林密度、抚育管理的具体措施。另外,采用刈割样株浸水法等对辛店沟不同立地条件的柠条林进行截持降雨的测定、渗吸水量测定、土壤渗透试验测定等,充分证实了柠条的树冠承接降雨、枯枝落叶吸水、林地土壤透水、根系固持土壤等作用,减少和分散了地表径流,减轻了土壤的冲刷侵蚀,达到了保持水土的目地。通过调查分析,柠条萌生力强,耐采食,据测定,其枝叶含粗蛋白 1.665 4%,粗脂肪 4.426 6%,柠条的产叶量高,种子含油,产籽量高等。实践证明,柠条也是农村致富的一条途径,把生态平衡效益和增加经济收入有机结合起来,成为加快本区造林步伐、快速绿化荒山荒坡、控制水土流失的重要措施。该成果在黄丘一副区的小流域综合治理实践中得到大面积推广,成效显著。

3. 榆林流动沙地飞机播种造林试验

为了试验找出能适应流沙的优良固沙植物种类及其适宜的播期、播量和确定不同植物种子的处理方法,解决在流沙剧烈飞蚀的情况下能获得较高保存率等问题,1973 年,根据水电部和农林部的指示,在陕西省农林局和黄委的主持下,黄委绥德水保站 1974～1978 年在榆林沙区进行飞播造林试验,连续飞播试验 5 年,共播 1 766.47 hm^2(重播 195 hm^2),包括花棒、踏郎、白沙蒿、墨沙、白柠条、柠条、沙打旺、沙米等 12 个树、草种,其中花棒、踏郎两灌木 544.67 hm^2。5 年的试验结果证明,踏郎、花棒是流沙地飞播比较成功的植物种,沙打旺适于在半固定沙地上飞播。播期的选择和初期成苗有密切关系,由一定幼苗密度构成的植物群体是抵抗飞蚀的有效方法,适当的种子处理方法可以解决种子位移问题,播区的严格封禁是保证试验成果的重要措施。此项研究成果为流动沙丘恢复植被、快速治沙提供了重要科学依据,1986 年获陕西省林业科技成果一等奖。

4. 利用药物提高黄土高原造林成活率研究

1986 年由北京林业大学主持、黄委绥德水保站作为主要完成单位,开展了利用药物提高黄土高原造林成活率研究。通过选用保水剂、磷酸二氢钾、腐殖酸钠、B9 等药物和当地常用造林树种为供试材料,将供试药物进行单独使用和配合使用,采用浇水、拌土、蘸浆、浸根等方式组成不同药物配方 28 个,在 4 个黄土侵蚀类型区(包括 3 个气候带)的甘肃榆中、陕西绥德、内蒙古东胜、河南宜阳试区,采取随机区组的方法进行田间对比试验,定期定位观测记载。通过对试验数据进行数理统计、非线性多元回归计算、方差分析等处理,以综合指标(平均造林成活率 80% 以上,高于常规造林成活率 20 个百分点且出现频率≥0.5,经方差分析具有显著差异,亩可节约造林费 10 元以上)为依据,筛选出 6 种具有应用价值的药物配方、用量及简便易行的使用方法,各配方平均造林成活率 80.7%～97.6%,比对照成活率提高 20.6～26.8 个百分点,并揭示出蒸降比与施用药物对造林成活率影响的规律。保水剂与几种药物分别配合使用提高造林成活率的研究,在国内尚属首次,研究成果经在甘、蒙等省(区)示范推广应用,技术实施可行,效益显著。该项成果 1994 年获得国家科技成果奖,为干旱、半干旱地区的造林技术的有效、快速提高提供了重要依据。

5. 黄土高原主要水土保持灌木研究

1987 年,由黄河水利委员会水保处主持、黄委绥德水保站作为主要参加单位,开展了"黄土高原主要水土保持灌木研究",在对榆林地区主要水土保持灌木树种的资源进行清查的基础上,开展黄丘区主要灌木树种适用造林技术及利用方向的试验研究,试验分析主要水土保持灌木树种综合效益。项目采用普查法和定点观测相结合的方法对榆林地区主要水保灌木树种自然资源状况进行全面清查,对其综合效益、水土保持效益、经济效益、适生特点、利用方向及造林技术等进行深入研究,为本地区选择优良的水土保持造林树种,营造高效的水土保持林,开发利用灌木资源提供科学依据,为当地人民群众脱贫致富创造了良好的条件。1995 年,该项成果获水利部科技进步三等奖。

6. 黄土高原抗旱造林技术

为了对黄土高原地区抗旱造林提供科学依据,达到快速绿化荒山荒坡,控制水土流失,黄委绥德水保站承担了林业部国家"七五"科技攻关课题"黄土高原抗旱造林技术研究"第四子课题"黄丘区不同树种苗期凋萎湿度的研究"。该试验研究采用我国自行研制的 OK—O 型植物气孔仪观测,对观测数据进行了分类整理,初步整理出单项因子的变化过程,在此基础上,找出因子之间的内在联系,通过统计分析,求出相关模型,并采用数理统计方法,分别进行整理计算。通过三年的试验,摸清了太阳辐射的日变化规律,找出了蒸腾强度与太阳辐射、地温、气温、相对湿度以及土壤含水率的相关关系,以 98% 的可靠度得出观测苗木的凋萎含水率,圆满地完成了该项试验。采用本技术普测该区造林树种的凋萎湿度,指导抗旱造林,为快速绿化荒山荒坡、控制水土流失起到积极有效的作用。1996 年,该项成果获得林业部科技进步一等奖。

7. 国家"948"水土保持优良植物引进

1997 年 6 月至 2001 年 7 月,针对黄土高原地区栽培植物单一、饲料短缺、水土流失严重等问题以及生态环境建设对植物种质资源的迫切需求,由黄委西峰水保站牵头主持,黄委绥德水保站、黄委天水水保站等单位共同完成了"国家'948'水土保持优良植物引进"项目。通过引进国外优良水土保持植物可丰富基因资源库,促进农林牧业发展和改善生态环境。该项目从美国引进 15 种乔、灌、草种并进行引种试验。在绥德辛店沟布设 2.13 hm²。在综合分析引进植物的生物学和生态学的基础上,对引进植物适应性、生态经济价值及栽培技术等诸多方面进行系统研究,用科学的种子处理与苗木抗逆性栽培方法解决了引进植物在新环境中的胁迫及适应性问题,总结了一套系统的抗性引种栽培技术,填补了国内空白。通过试验,筛选出多年生豌豆、牧场草、黄兰沙梗草、康巴早熟禾等在黄土高原地区表现优良、效益突出的 4 种草本植物。该项目先后在甘肃、陕西、山西、内蒙古、河南、江西、浙江等地建成高标准试验示范区 68 hm²,不仅丰富了黄土高原地区植物种质资源,而且这些植物具有产草量大、营养价值高、抗逆性强、容易繁殖等优点。该项目选育出的 4 种适宜在黄土高原地区生长的新品种牧草,实现了植物基因资源在区域内从无到有的突破,建立了一套完整的评价植物引种适宜性体系,强化了草本植物在植物生态体系中的作用,为真正实现林草复合、果草复合、粮草复合奠定了物质基础。将引种、栽培、生态经济效益等有效结合在一起进行系统研究,形成一个"主点—副点—面"的金字塔型研究、示范、推广体系,对于植物基因资源保存、促进农林牧业的蓬勃发展、改善生态环境等都具有十分重要的意义。该项目在总体研究和示范作用方面达到国内领先水平。2003 年,该项目获得黄委科技进步二等奖。推广项目于 2011 年获得陕西省科技进步三等奖。

8. 山坡地林草植被配置模式研究

1995 年,由黄河上中游管理局主持,黄委绥德水保站作为主要完成单位,开展了黄委水保基金课题"山坡地生态稳定与经济持续发展技术研究",进行了山坡地林草植被配置模式和山旱地生态农业建设模式的试验研究。黄土丘陵沟壑区山坡地面积占总面积的 80%,由于复杂的自然和历史原因,植被破坏严重,自然灾害频繁,生态失调,水土流失严重,农业产量低而不稳,因此开展山坡地水土保持林草植被配置和生态农业建设模式的试验研究在当时具有重要的现实意义。针对山坡地不同地形部位的特点,重点对林草配置方式、经营方法等进行调查研究,选择典型小流域进行定点详查,对经济高效、生物学特性稳定的林草植被模式进行分析,确定不同类型区林草植被最优配置模式及相应树种、草种。经过试验分析,因地制宜地提出了"人工草地营建模式"、"草灌带状间作模式"、"草田带状间作轮作模式"、"林粮带状间作模式"及"水土保持防护林建设模式"等,这些模式对加快黄土高原地区林草植被建设速度,促进山坡地的生态稳定与经济持续发展具有重要的现实意义。

(二)牧草引种选育栽培试验

1. 沙打旺种籽繁育研究

1979 年,黄委绥德水保站在辛店沟开展了沙打旺种籽繁育试验,并建立种籽繁殖基地,进行了种籽繁育和示范,在种籽繁殖和种植技术上取得了重要成果。通过试验研究,提出种籽繁殖的主要影响因素,即:种籽繁育与沙打旺生产特性、播种收籽时期、每亩种植密度及地形坡向等均有极大关系。沙打旺从出苗到现蕾开花需 130 d 左右,从开花到成熟要 50 d 时间,它的营养期长、繁殖期短,掌握生产特性是繁殖基础。从不同播期产草量、结实情况、出苗情况分析,每亩播量以 1.5 kg 为宜,沙打旺种籽小,顶土力弱,播种覆土深度以 1.5~2 cm 为宜,出苗土壤温度为 10 ℃,在干旱地区播种应早播等雨,其适宜收获期以种籽成熟一半为宜。种籽繁育的成功,为进一步推广沙打旺奠定良好的基础。实践证明,沙打旺在黄土丘陵沟壑区表现出适应性强,产草量、养分价值高,改土保土作用强,在该区具有广阔的发展前景。同时,通过该项试验,也为沙打旺的进一步示范推广奠定重要基础。

2. 早熟沙打旺选育和应用研究

黄丘一副区无霜期短,积温值低,原有沙打旺品种播种当年不结实或很少结实,严重影响种植面积的扩大,为了解决这个问题,1982 年,绥德站从辽宁科学院引进早熟沙打旺两个品种进行了栽植试验。根据沙打旺的特点,选择通气性良好、土层较厚的砂壤土或黄绵土。为了保证全苗,苗壮生长、当年结籽,该试验从整地、施肥、播种、锄草、定苗、培土、抚育、病虫害防治、采收、脱粒等具体栽培技术方面进行了系统的试验研究,总结提出一套适宜沙打旺生长繁殖的栽培技术。经过试验,该品种结实亩产比当地生产品种高 14 倍以上,第二年产籽比当地生产提高 1.76 倍以上,为该区加速推广和繁殖沙打旺种籽提供了科学依据。1986 年获农牧渔业部科技进步三等奖,1989 年获国家发明奖。

3. 小冠花引种栽培试验

小冠花是豆科小冠花属的多年生草木植物,原产欧洲。1979 年,黄委绥德水保站开展了小冠花引种栽培试验,从陕西农科院引种,在辛店沟进行了三年的栽培试验。开展山、川地试种观察对比试验,小冠花表现出抗旱、抗寒、耐瘠薄、产量高、再生力强、繁殖容易、繁殖力强、改良土壤肥地力作用大、营养价值高、适口性好等优点。通过成功的栽培试验,进一步验证了小冠花具有护坡护堤、保持水土的综合效益,是黄丘一副区优良的牧草和主要绿肥。通过试验,为小冠花在本区内的大面积推广提供了重要依据。1985 年,该项目获农牧渔业部自然科学进步二等奖。

4. 2 号、4 号沙打旺引种试验示范

1982 年,从辽宁省农科院引进 2 号、4 号沙打旺两个品系,以绥德生产品种作对照进行了小区试验和示范推广工作。试验小区布设在辛店沟梯田上,试验小区 10 m^2,重复 10 次,随机排列。通过两年多的试验示范,2 号、4 号沙打旺从出苗到现蕾、从出苗到初花、从出苗到盛花都早于绥德生产品种 31~118 d。当年开花结实,当年成穗率均在 83% 以上,第二年达到 93% 以上。平均亩产比绥德生产品种高 10 倍以上,而且表现单株成穗率高,生育期短,当年结实,种籽丰产,表明沙打旺既有显著的生态效益,又有较高的经济效益。沙打旺根系发达,产草量高,植被盖度大,具有良好的保持水土的作用。生长三年沙打旺,0~50 cm 土壤累计全氮增加 0.034%,全磷增加 0.033%,钾增加 1.7%,有机质减少 0.06%,速效氮减少 2.981%,磷减少 0.74%,改土作用较为明显。同时,比种植作物每亩收入 70 元增加 2~3 倍,发展了畜牧业,增加了草籽经济收入,为黄土丘陵沟壑持续发展沙打旺开拓了广阔的前景。该成果在黄丘一副区小流域综合治理中得到大面积推广,成效显著。

5. 陕北黄土丘陵沟壑区坡耕地几种豆科牧草轮作试验

从 1981 年开始,选择在辛店沟的南窑沟坡地布设了径流测验和改土增产效益区两大试验区,以沙打旺、紫花苜蓿和一、二年生白花草木樨四种豆科牧草轮作及当地粮豆轮作五种形式进行对比试验。通过定期定点采土样,进行有机质、全氮、全磷分析和土壤水分、含沙量等相关指标测定,对草田轮作土壤水分消长状态、草田轮作蓄水保土效益和特点及草田轮作培肥增产效益进行了试验分析。研究得出:沙打旺等多年生牧草是轮作优良牧草,轮作周期长短,一方面取决于土壤水分补充状况,另一方面取决于经济效益。从水分平衡、养分平衡和经济效益分析:本区紫花苜蓿、沙打旺采用九田轮作或十田轮作,二年生草木樨采用五田轮作,一年生草木樨采用三田轮作,是比较科学而合理的。牧草参加轮作蓄水保土,改良提高抗蚀性能相当大,培肥地力作用相当强,尤其是氮素增加特别显著,种植二年生草木樨、三年生沙打旺同是三年,每亩可增加氮素 18~19.5 kg,平均增产 50% 至 1 倍。实践证明:豆科牧草与农作物轮作,可培肥地力,提高农作物单位面积产量,种草期间可提供大量优质饲草,促进畜牧业发展。在地多人少的丘陵山区,特别对边远农地实行草田轮作,既可减少土壤侵蚀,有利于恢复生态平衡,还可获得较高的经济效益,是值得提倡和推广的一项措施。1993 年该项目获黄委科技进步二等奖。

6. 黄丘一副区土壤水分运动对牧草生长的影响

1987~1992 年,黄委绥德水保站针对黄丘一副区干旱缺水对牧草培肥保土保水等作用的影响,专门申请立项开展了土壤水分运动对牧草生长的影响研究。在辛店沟的坡耕地用塑料农膜将 2 m 深土体周围和底部包围起来,以切断和周围毛细管的联系,使水分来源只依靠天然降水,然后种植苜蓿,在自然条件下进行对比试验。通过对休闲地和苜蓿草地的土壤水分的变化特征进行对比分析,试验提出苜蓿不同生育期、不同茬次土壤水分的消耗变化情况,并研究提出了有效减少草地径流、保蓄降水的具体技术措施,为该区域牧草生长、提高其培肥保土保水作用提供了重要依据。

三、示范推广

在水土流失的治理中,植物措施占 70% 以上,成为水土保持的主要措施。黄委绥德水保站在水土保持植物措施的试验研究方面取得了重要的技术成果,提出了水土保持林、经济林的引种栽植技术、抗旱造林技术、水土保持优良植物引进技术、苹果栽培技术以及优良牧草选育栽培技术等多种水土保持技术,为黄丘区建立人工草地、改良天然牧场提供了依据,对保持水土、解决"三料"、发展生产起到了积极的推动作用,为黄土丘陵沟壑区生态环境的改善和区域经济的发展提供了重要依据。因此,这些技术成果的示范推广在水土保持工作中占有重要地位。水土保持林栽植及抗旱造林技术、水土保持优良植物引进技术在黄丘一副区的水土流失治理工作中发挥了重要作用,得到了大面积的推广应用,显著提高了水保林的保存率和生长速度。这些造林技术在黄土高原世界银行贷款项目中得到大力推广,取得显著效果,得到了世界银行官员的认可。20 世纪 50 年代初期的苹果栽培技术在黄河中游黄土高原地区的试验成功,刷新了该区没有苹果的历史。到 2000 年,黄土高原延安、太原、秦安等年降水量 500 mm 以上的地区种植苹果 66.7 万 hm²,成为重要的苹果产区,每年生产以苹果为主的果品超过 1 000 万 t。其中,陕西省近年在渭北旱塬和北部山区山坡地栽植苹果 40 万 hm²,果品年产量达 400 万 t,占全国苹果产量的 1/5。苹果已成为陕西省的重要支柱产业之一。小冠花、苜蓿等优良牧草选育栽植技术为黄土高原地区山坡地生态稳定与经济持续发展提供了技术支撑。

第五节　水资源合理利用试验研究与推广

一、研究概述

陕西省是一个严重缺水的省份,水资源匮乏,供需失衡,全省水资源总量 442 亿 m³,居全国第 18 位,但人均量 1 266 m³,仅为全国人均量的 1/2,占世界人均量的 1/8。近年随着西部大开发战略的实施以及能源基地建设速度的加快,陕西省工业用水增长较快,由 1980 年的 6.68 亿 m³ 增长到 2000 年的 12.66 亿 m³,净增了 5.98 亿 m³,年平均递增率为 4.4%;工业废水排放量大,2000 年工业废水排放量为 3.09 亿 m³,而且 80% 以上的污水未经处理就排放入江河湖库等水域,许多流往城镇的河流几乎成了污水排放渠。陕北黄土高原作为以煤田、天然气田及岩盐矿为基础的国家级能源密集型化工产业经济区,在面临难得机遇的同时,必然将承受水资源可持续发展的巨大压力。因此,在所有的生态影响因子中,水资源由于其战略资源的意义而上升为首要的资源问题,水已经成为当前制约国民经济发展的最大瓶颈。黄委绥德水保站结合水土保持单项措施配置和综合治理试验研究与实践,相应开展了水资源合理利用的探索与研究。通过实施加高淤地坝,增大防洪库容;完善排洪设施,确保水资源安全合理利用;加固与配套泄水建筑物等措施实现水资源良性循环;采用引洪漫地或垫土压碱等有效措施,防治坝地盐碱化;开展坝系相对稳定和水资源合理配置、高效科学利用的试验研究,最大限度地利用水资源,达到坝系农业稳产高产。2001 年以来,结合黄河水土保持生态工程韭园沟示范区建设,黄委绥德水保站开展了韭园沟示范区坝系相对稳定布局评价及水资源利用研究,试验提出了水资源可持续利用的条件、方向及坝系水资源合理利用的途径,对水资源优化利用和合理配置进行了有益的探索并取得阶段性成果,初步建立了从坡到沟的系统水资源利用模式。同时,开展了"黄土丘陵沟壑区集雨节水技术示范与研究",在辛店沟流域的高粱疙瘩和小石沟,结合辛店沟农林作物需水要求,开展了大型集雨场的示范建设与雨水集蓄效果研究,进行了低压管灌、渗灌及雨水集蓄节灌与覆膜保墒综合配套等技术的试验示范研究,取得了一系列重要成果,为建立高标准、高质量、高科技含量的典型样板和新技术试验示范推广中心提供了重要的技术依据。示范区建设项目实施末期,水土资源得到合理利用,坝系趋于相对稳定,生态环境得到明显改善。增加水浇地面积 38% 以上,提高单位面积产值 45 元以上,人口、资源、环境实现协调发展。群众生活得到基本改善,经济收入明显增加,粮食自给。

二、主要研究内容及成果

(一)水资源现状与供需分析研究

辛店沟、韭园沟是黄土高原丘陵沟壑区第一副区水土流失严重的具有典型代表性的小流域,也是黄河中游多沙粗沙主要来源区,以此开展水资源利用研究,对加速该区水土流失治理、改善生态环境、促进区域经济和社会发展至关重要。韭园沟内常流水为 78 L/s,水资源得不到充分利用,坝地产量不稳,盐碱化较为严重,灌溉渠系布设不合理,严重制约农业生产发展。

为了提高韭园沟水资源利用效率,黄委绥德水保站在对韭园沟水资源现状及特征进行详细调查研究的基础上,摸清了流域水资源总量为 277.14 万 m³,其中地表水 277.14 万 m³,浅层地下水 126.144 万 m³,重复量 126.144 万 m³。摸清了水资源的利用量及利用现状,经计算流域水资源可利用量 277.14 万 m³,偏枯年仅 127.24 万 m³,枯水年只有 108.65 万 m³。可控制水资源总量 44.03 万 m³,占可利用水资源量的 15.9%。流域实际用水量 39.99 万 m³,占可利用水资源量的 22.3%。流域实际用水量 39.99 万 m³,占设施控制量的 90.8%,水资源的利用直接受控制设施的制约。在此基础上,进一步分析了韭园沟的需水总量,研究确定了韭园沟生态需水量、生活需水量及农业灌溉需水量的概念、计算方法和标准,提出了韭园沟生态环境用水的研究方向。韭园沟 1999 年生态需水量 25.324 万 m³,2005 年生态需水量增加到 47.673 万 m³。1999 年生活需水量 16.791 万 m³,根据人口发展规划及蓄牧发展,2005 年生活需水量达到 19.619 万 m³。根据韭园沟建设,2005 年项目全面实施完成农灌面积将由 41.65 hm² 发展到 150.5 hm²,则灌溉需水量由 29.99 万 m³ 增加到 108.367 万 m³。对水资源供需进行了对比分析,1999 年流域总需水量 72.105 万 m³,设施供水能力仅 44.03 万 m³,流域供水能力不足而引起的缺水量为 28.075 万 m³。2005 年建设任务全面完成,流域总需水量达到 175.659 万 m³,建成蓄水塘坝 10 座,新增库容 80.587 万 m³,增加兴利库容 59.23 万 m³;蓄水池增加 12 个,有效库容增加 7.2493 万 m³,坡面集雨工程 120 处,需水量 0.65 万 m³。总增蓄水能力 67.129 万 m³,可控制水量 111.159 万 m³,供水缺口 64.5 万 m³。分析提出,随流域生态建设及社会经济的发展,需水短缺的状况将有进一步扩大的趋势。通过水资源现状及供需的合理分析,为深入开展水资源的优化配置奠定了重要基础。

(二)坝系水资源优化配置模式研究

水资源是制约当地生态恢复、经济发展的主要因子,而且矛盾愈来愈突出。如何利用有限的沟道水资源,是坝系持续发展必须解决的课题。同时这些有限的水资源又以灾害性洪水——水土流失形式出现,如何变灾为利、变洪为水,并有效地调配人类生产生活的需要,是沟道水资源开发利用研究的中心内容,其开发途径、利用技术和管理措施是研究的主体内容。黄委绥德水保站依托韭园沟建设,对沟道坝系水资源优化配置进行了专题研究。研究采用实地调查、水文气象资料观测、收集与理论分析计算相结合的方法,对淤地坝水资源利用现状进行了调查,运用坝系相对稳定原理对已形成的坝系布局进行了评价,总结了王茂沟等小流域坝系相对稳定布局模式、林碥沟道坝系水资源利用模式和韭园沟坝系建设经验,分析了韭园沟坝系建设运用存在的问题,对坝系的水资源开发利用途径进行了初步探讨,为流域水资源优化配置奠定了基础。

通过实地调查,在水资源利用方面,由于大部分坝系历史建设期没有统一科学的规划,相应的蓄水池、小水库等水资源利用工程不配套,沟道洪水资源得不到合理利用,丰水年坝地保收率低,枯水年干旱而产量低下。沟道洪水资源利用率直接影响坝系效益的发挥。而地下水资源在该区本身比较贫乏,沟道中的泉眼压埋淤死严重,不仅使极有限的地下水资源得不到合理利用,更严重的是使地下径流排泄不畅,造成严重的坝地盐碱化现象。韭园沟坝系中,有 36 hm² 的坝地因地下水造成坝地盐碱化而不能利用,占总坝地面积的 13%。陕北、晋西、内蒙古南部典型小流域坝系调查发现,小流域水资源的利用率均小于 10%。

紧密结合韭园沟实际,研究提出以沟道坝系相对稳定布局评价和沟道坝系水资源优化配置为目标,利用当前先进的遗传算法、人工神经网络、遗传算法与人工神经网络相结合等分析计算方法,对韭园沟沟道坝系相对稳定进行评价,对沟道水资源合理配置进行了研究。首次引入描述性数学模型,开辟了典型流域数学分析的新角度。本着"因地制宜,开源节流,合理开发,综合利用"的原则,以控制水土流失为前提,合理利用水资源为目标,解决干旱缺水问题,为流域发展提供良好的条件。根据流域水资源分布特点,满足水资源开发利用与社会、经济、环境协调发展要求,分析总结出示范区流域地表水地下水联合利用模式、雨水集蓄利用模式和节水灌溉利用模式等三种水资源优化配置合理利用模式及不同模式下的具体措施(见图 6-2),为流域水资源的高效利用提供了技术依据。

(三)洪水资源化分析研究

随着社会经济的发展和工业化、城市化进程的不断推进,人类社会的用水量与用水保证率需求显著提高。如何加大调蓄洪水的能力,有效控制洪水的范围、水深与淹没历时,减少淹没损失,促使地下水得到较多的回补,产生滞水、漫淤、冲亏、洗碱、淋盐和改善生态环境的综合效益,成为洪水资源化利用的一个目标。绥德站结合韭园沟建设需求,在水资源专题研究中对洪水资源化进行了分析研究,分析提出了示范区洪水灾害的特性及表现形式,并结合韭园沟、辛店沟流域洪水特性,进行了洪水资源化的具体实践。韭园沟流域洪水的特性表现为水的资源性、挟带泥沙可成地的资源性、含有大量腐殖质可成肥料的资源性,这些特性的开发利用就是洪水资源化的具体实践。韭园沟流域多年平均地表径流量 254.5 万 m³(采用系列为 1954~2001 年,韭园沟站),其中汛期径流量为 148.7 万 m³,

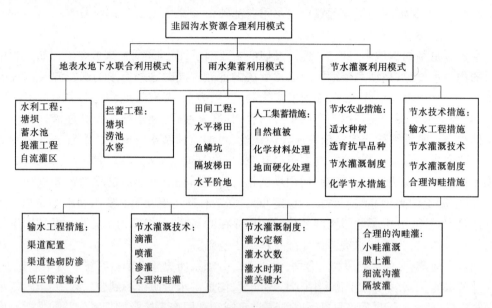

图 6-2　韭园沟流域水资源合理利用模式

而 1991~2000 年 10 年间监测到的洪水总量为 309.442 万 m³,年平均仅 30.94 万 m³,是 20 世纪 60 年代年洪水量的 23.5%,减少了 76.5%,这些都得益于沟道防洪拦泥坝系系统、洪水水资源转化系统、坡面雨水集流系统相互配合的成效,是韭园沟洪水转化利用实践对下垫面改变和自然因素共同作用的结果。韭园沟洪水资源化的主要突破和技术表现在以下方面:

(1)化洪为资源,在沟道沉沙成坝地,通过淤地坝拦洪排清。

(2)利用洪水在坝系中计划引洪漫淤,培肥地力,转化为坝地生产力。

(3)蓄滞洪水,调节水的年内分配,发挥池塘效应和灌溉效益。

其主要技术措施是:

(1)沟壑打坝,拦泥淤地。

(2)坝地计划淤漫,落淤排水。

(3)坝库结合,泥水分滞。

(4)配套灌渠,实现坝系农业水利化。

通过对比分析流域 1954~1976 年期间和韭园沟沟道坝系水利配套建设后洪水资源化利用率,提出了一套减灾治理—洪水资源化—水资源有效利用的发展模式。

韭园沟流域 1954~1976 年洪水资源化计算成果见表 6-12。

由表 6-12 可以看出:1954~1976 年洪水资源化利用率平均达到 24.2%,1976 年以前,流域洪水资源化利用率达到 40% 左右。

韭园沟通过 50 年防洪减灾的实践,发展坝地 270 hm²,同时,通过韭园沟沟道坝系水利配套建设,使洪水资源化并实现洪水利用率高达 80%,使水资源的坝系水利化成为可能。

(四)水资源可持续利用多目标分析研究

流域水资源的持续利用本质上就是要建立流域人口、水资源、环境与经济协调发展的关系。为了进一步研究探讨这种可持续发展关系,黄委绥德水保站首次对小流域水资源进行了可持续利用分析评价,研究提出了持续利用目标,并围绕经济效益目标、环境效益目标和社会效益目标等方面进行了原理分析,提出了不同时期水资源开发方式的限定关系和约束条件,以及流域水资源可持续开发利用模式、水资源保护措施和利用途径。利用黄河水土保持生态工程韭园沟蒲家洼和吴家畔集雨节灌系统,设计并提出了坡面和沟道水资源利用体系,在黄土丘陵沟壑区类似地区具有一定的示范作用。分析提出把所有的水事活动看作一个连续过程,这个过程的目的是在维持水的持续性和生态系统整体性条件下,支持流域人口、资源、环境与经济协调发展和满足代内与代际间用水的需求。必须把利用水资源的行为看成一个连续过程的整体;这个过程的任何时期水资源的开发利用必须在环境容量和水资源承载能力的限度内;在整个开发利用水资源过程中,实现经济效益、环境效益和社会效益的统一协调,从而实现人类社会与自然环境的协调发展;在代内与代际间公平分配水资源。其中,同时追求经济效益、环境效益和社会效益是水资源持续利用的根本目标。这些研究成果的提出,为今后黄河流域多沙粗沙区更广范围的典型流域水资源的利用研究提供了重要的科学依据。

表 6-12　韭园沟洪水资源化程度计算表

| 年份 | 清水地表径流量(万 m³) | | 洪水资源化利用率(%) |
	治理后实测	推算还原后	
1954	49.28	71.88	31.4
1955	0	10.84	100.0
1956	257.3	322.6	20.2
1957	34.48	43.44	20.6
1958	294.1	355.3	17.2
1959	289.5	306.4	5.5
1960	25.01	30.74	18.6
1961	284.1	335.6	15.3
1962	23.29	31.37	25.8
1963	99.42	120.8	17.7
1964	168.7	244.9	31.1
1965	9.692	17.52	44.7
1966	234.2	326.0	28.2
1967	238.3	322.5	26.1
1968	55.84	105.2	46.9
1969	26.21	54.68	52.1
1974	48.99	81.3	39.7
1975	41.26	92.6	55.4
1976	7.528	13.03	42.2
合计	2 187.2	2 886.7	24.2
平均	115.1	151.9	24.2

（五）雨水集蓄效果分析研究

雨水集蓄效果试验主要结合辛店沟示范区农林作物需水要求,进行了大型集雨场的示范建设与雨水集蓄效果研究。为了解决示范区两处面积分别为 9.6 hm^2 和 12 hm^2 的经济林和农坝地的灌溉问题,在辛店沟流域的高粱疙瘩和小石沟建了 1 号、2 号两个大型集雨工程,设计是根据果树生育期内花期和果实膨大期两次点浇、注水浇进行的,即按定额 75 m^3/hm^2 的 50% 保证率,需水量为 360 m^3 和 450 m^3,集雨工程建设在利用当地地形优势的基础上,根据集雨场和蓄水工程建设设计理论。在工程建设的基础上,对大型雨水集蓄工程和推广应用的混凝土水泥面、三合土面雨水集蓄开展了雨水集蓄效果的动态监测,收集了较为系统、全面的雨量与集雨效果的监测数据,对项目理论分析探讨和该项技术的推广应用奠定了理论依据。通过三年研究,分别对大型雨水集蓄、混凝土集雨与三合土集雨进行了次降雨的动态监测,收集到以上三种材料的起流次降雨系列资料。动态监测表明,在黄土丘陵区不同集雨面的雨水集蓄效果差异较大,而且一般雨量不产生径流,大于 15 mm 的降雨才产生一定的径流和集蓄。研究结果表明,大型雨水集蓄由于面积较大,而且为了工程建设安全收缩缝较多,输水管道较长,一般在 15 mm 以上降雨时其集蓄效果为 73%～96%,在雨强较大、历时较短时效果显著;小型混凝土集流面由于工程建设规模小,集流面处理精细,输水管道较近,一般在 15 mm 以上降雨时其集蓄效果为 80%～94%,效果最佳,三合土集流面由于防渗效果差,在前期无降雨条件下,一般 20 mm 以上降雨才产生径流,而且其集流效果只有 55%～65%,前期三合土含水量饱和度达 90% 以上时,其集流效果可达 80% 以上。

（六）节水灌溉技术的试验研究

1. 红枣低压管灌试验研究

结合雨水集蓄工程示范建设和 2.0 hm^2 红枣丰产示范园建设,在辛店沟平沟焉配套布设了 1.0 hm^2 低压管灌系统,主要进行了红枣节水灌溉条件、配合施肥以及不同品种引种下的成活率、生长情况、生物量和产量指标的对比监测,通过对实测数据的对比分析研究,取得了一系列动态成果数据,为该技术的大力推广应用提供了可靠的理论依据。项目引进布设了馒头枣、无核红、龙枣、金丝丰和早脆王 5 个新品种,开展了配合施肥和低压管灌对比试验研究。结果表明,肥料区比引种区成活率高 11%,节水灌溉区比肥料区成活率高 13%;生长发育指标更显示出节水灌溉的突出效果,充分说明了水分在黄土丘陵干旱区的重要性,对林木生长起着决定性的因素。

2. 大扁杏渗灌试验研究

结合辛店沟小石沟梁峁顶大型雨水集蓄工程建设和大扁杏示范园建设,建立了雨水集蓄渗灌研究布设区,具体开展了渗灌、大水穴灌和低压管灌 3 个试验处理,各处理小区面积均为 0.33 hm^2,浇灌均为低压自流方式。在大扁杏需水高峰期或严重的干旱期,进行树体非充分灌水,尤其在大扁杏发芽前后至开花前、幼果膨大期、果实白背期和结冻前四个需水关键期进行 4～5 次非充分灌水,试验分析了渗灌与其他灌溉方式下节水效果(见表 6-13)、土壤理化性状、试验区微气候环境(温度和湿度)、树体生长、果实性状及经济性状特征,探讨各种类型灌水措施下的土壤水环境、示范园小气候微环境、土壤理化性状以及大扁杏的生物指标和经济指标变化情况,为该区推广应用该技术措施提供了可靠的理论依据。

表 6-13　不同灌水方式节水效果

处理	渗灌	低压管灌	大水穴灌
年平均用水量（m³/hm²）	105.18	129.94	154.69
比穴灌节水效果（m³/hm²）	49.51	24.75	—
节水率（%）	32.01	16.00	—

试验结果表明,渗灌节水效果最好,与穴灌对比节水 32.01%,管灌节水 16.0%。管灌和穴灌由于直接灌溉于地表,受太阳辐射影响,直接消耗量较大,而渗灌输送于地下树体侧根周围,蒸发消耗少,比管灌节水 19.1%。

同时,对果实产品进行对比试验监测(见表 6-14)。渗灌节水增产效果极为显著,其每公顷平均果实产量 9 379.69 kg,单方水产量 89.18 kg/m³,比穴灌增产 20.67%,单方水果实增产 40.28 kg/m³,增产率 82.37%,每公顷节省 5 个工日,单位面积灌水周期缩短近2 d。管灌除节水效果明显外,增产效果不明显。

表 6-14　不同灌水方式大扁杏产品经济性状表

处理	平均产量 （kg/hm²）	增产 （kg/hm²）	增产率 （%）	单方水产量 （kg/m³）	对比增产 （kg/m³）	增产率 （%）	人工 （工日/hm²）	灌水周期 （d/hm²）
渗灌	9 379.69	1 814.96	20.67	89.18	40.28	82.37	2	0.625
管灌	8 128.36	563.63	7.45	62.55	13.65	27.91	4	1.5
穴灌	7 564.73	—		48.90	—		7	2.6

通过试验,进一步验证了渗灌技术的优越性:地表不见水、土壤不板结、土壤透气性较好、改善生态环境、节约肥料等。试验结果表明,渗灌水的田间利用率可达95%。传统穴灌节水 30%以上;渗灌可以调节果园小气候,尤其是在黄土高原适生的各类林果生育期内,自然气候干旱、高温,不仅水分满足不了树体生长发育的要求,而且较为恶劣的果园小气候和土壤环境对大扁杏以及其他果树生长产生不良影响,所以可通过合理的灌溉方式来改善果园小气候和土壤理化等微环境,促进果园增产增收、提高果品质量。从土壤生态的角度来看,渗灌不仅克服了其他地表灌溉造成的地表蒸发和水土流失等现象,能使土壤疏松、土壤肥力提高、地表温度增加,促进农林作物生长,提高农林作物产量,而且还对果园土壤和地下水资源起到了保护的作用,值得开发应用与大力推广。

3. 雨水集蓄节灌与覆膜保墒综合配套示范研究

利用红枣丰产示范园建设,结合当地春旱尤其是近年来春夏干旱延续时间达 3 个月以上的气候特点,项目在枣苗栽植后,利用雨水集蓄节灌,及时对树穴采取松土覆膜保墒措施,并进行了枣苗发芽率、成活率、生长量等建园效果的动态监测与对比研究,为枣树集约化快速建园的示范与推广提供了理论依据。经数据监测与分析,经过覆膜可以促进幼树发芽提前 20~30 d,提高幼树成活率 30%以上;生长量指标中新梢生长提高 26.8%,枣吊生长提高 18.4%。

三、示范推广

水资源利用研究成果在黄土丘陵沟壑区具有代表性和普遍性,对水土保持项目的前期工作如规划、可行性研究、设计有较好的借鉴应用价值。研究提出的"地表水地下水联合利用模式"、"雨水集蓄利用模式"和"节水灌溉利用模式"等水资源优化配置模式为黄土丘陵沟壑区的水资源高效利用提供了重要依据。尤其在辛店沟的坡面和沟道治理中研究成果得到了充分的应用,有效缓解了流域水资源短缺状况,使有效的水资源发挥了更大的效益,得到了合理高效的利用,值得在黄土丘陵沟壑区更广范围内进行推广应用。

通过雨水集蓄与高效利用技术的试验示范,研究提出的雨水集蓄和节水灌溉实用技术,分别在辛店沟、韭园沟蒲家洼和龙湾示范区等地进行了推广,形成了三个较大规模的推广示范区,实施技术工程 50 多处,其中推广建设集雨面积 31 780 m²,雨水集蓄设施容积达 5 844 m³,雨水集蓄利用方面主要是对附近枣树、杏树、梨树以及其他经济农作物的节水浇灌。通过雨水集蓄节水灌溉实用技术的大力推广,三年来实现雨水集蓄节水浇灌面积 300 hm²。浇灌的经济林果和农作物产量调查表明,其中经济林果产量提高了 45%以上,85%以上的示范园达到连年丰产,农作物产量提高 48%以上,增加直接的经济效益35%以上。根据课题跟踪调查,该项技术对周边农民具有极大的示范引导作用,在附近农区有较大的带动性,农民自发利用雨水集蓄高效节灌面积逐年增加,雨水集蓄利用技术对当地产生了极大的社会影响。

第六节　生态修复试验研究与实践

一、生态修复的背景及内涵

进入 21 世纪,我国社会经济的发展对水土保持生态建设提出了新的要求。如何加快水土流失防治步伐和植被恢复,尽快改变生态恶化的局面,是全社会关注的重大问题。国务院原总理朱镕基在"十五"计划纲要报告中指出"要注意发挥生态的自我修复能力"。全国政协原副主席钱正英在 2000 年考察黄河中游时提出"生态建设中最大的问题是植被恢复问题,大面积植被恢复要靠退耕、禁牧、飞播等措施"。水利部原部长汪恕诚多次强调要树立人与自然和谐相处的思想,依靠大自然的力量充分发挥生态的自我修复能力,加快植被恢复和生态系统的改善。因此,21 世纪初期,生态修复开始提出并进行了试点。生态修复的产生具有一定的客观条件和背景。

从 2000 年开始,水土保持生态修复工作引起了社会各界的高度关注和水保科技工作者的积极探索。实施生态修复就是依靠大自然的力量充分发挥生态的自我修复能力,加快植被恢复和生态系统改善,加快水土流失治理步伐,实现人与自然和谐共处。生态修复具有自身的科学内涵,就是在充分认识水土流失生态系统损害原因的基础上,依靠生态系统的自我选择、自我组织、自我适应、自我调节、自我发展的功能,并辅以科学合理的各类人工修补措施,加速恢复生态系统的顺向演替进程,达到水土保持目的,实现生态系统的良性循环。生态修复以大自然的自我修复为主,是通过对一个区域或一个小流域的严格管护,排除人为因素对其的干扰及破坏,使区域内的整个生态系统得到休憩,使其慢慢恢复生态群落结构及功能。生态修复是一个生态自我恢复、发展、提高的过程,生态系统的结构及其群落由简单向复杂、由单功能向多功能、由抗逆性弱向抗逆性强转变的过程。生态修复是一种新的水土保持措施,是水土保持新理念——保持人和自然和谐相处过程的具体体现。水土保持生态修复的前提是要消除或改善损害生态系统正常运行的主要障碍因子,如超载放牧、过量采伐、毁林毁草开荒、乱倒废土弃渣等人类不合理的活动。应坚持以大自然的自我恢复能力为主,实行人工补救措施为辅的原则,以加速恢复林草植被,减轻水土流失强度,改善生态环境,促进生态系统良性循环和社会经济的可持续发展。

二、生态修复试验研究与发展

(一)国家开展试点工作

经过几十年的水土保持实践,总结出了一套比较成熟的技术路线和成功经验。综合治理是水土保持的核心内容,其中包括封禁治理,在完成治理任务的同时,实施封山禁牧、封育保护措施,给林草植被以休养生息的机会,使其依靠自然的力量茁壮生长,加强蓄水保土、减少水土流失的效应。1998 年,陕西吴起县在黄土高原地区率先推出了"封山禁牧、舍饲养羊"政策。吴起县位于延安西北部,属黄土高原丘陵沟壑与沙漠的过渡地带,人口 12 万,面积 3 791.5 km²,耕地面积 12.37 万 hm²。全县水土流失面积 3 693 km²,占总面积的 97.4%,年均侵蚀模数达 1.57 万 t/km²。生态修复实施以来,封山禁牧成效显著,全县完成退耕还林(草)10.37 万 hm²,占总耕地面积的 83.83%。生态修复的成功实施,为区域生态修复的全面发展提供了宝贵经验,具有重要的借鉴和指导意义。通过试点探索,提出了多项值得学习的经验和措施。第一,以进促退,坚持"三位一体"求进,解决了退耕与稳粮的矛盾。第二,以调促退,调整产业结构,大力发展畜牧养殖业,解决了退耕与增收的矛盾。第三,以小促大,因地制宜,集中力量,搞好综合治理,大面积恢复保护植被,解决了干旱条件下植被生长问题。第四,搞活机制,运用市场经济的新机制,调动建设主体的积极性,解决了投入不足的问题。第五,统筹结合,搞好配套,坚持建设与保护相结合,积极推行禁牧舍饲,大力实施生态移民工程,解决了生态建设持续发展的问题。2003 年 4 月,陕西省在全省范围内推行封山禁牧措施,把生态修复工程推向了一个新高潮。据黄河上中游管理局遥感监测中心对陕北地区地表植被覆盖度变化监测结果,1997 年 7 月至 2002 年 7 月的 5 年间,陕北高覆盖度的植被面积在增加,而低覆盖度的植被面积在减少,其中延安市植被覆盖度大于 45% 的面积增加了 5 461 km²,榆林市植被覆盖度大于30% 的面积增加了 6 093 km²。实践证明,加大封育保护,实行轮封轮牧,封治结合,依靠生态的自我修复功能是费省效宏、加快水土流失治理速度、改善生态环境的有效途径。

(二)辛店沟生态修复探索与发展

辛店沟从 20 世纪 50 年代初期就开始了水土保持单项措施配置研究和小流域综合治理的实践探索,重点进行山水田林路的全面规划治理和措施配置研究,虽然当时没有生态修复这一概念,但实际上在综合治理的实践中,部分试验区采取了生态修复的"封山禁牧"等措施。在植物措施试验的过程中,对一定的试验区采取保护措施,实行封禁管理。通过补植补种适宜林草和必要的管护,加速林草植被的恢复。进入 21 世纪,随着国家对生态环境建设力度的加大,辛店沟被列入水土保持科技示范园建设项目,生态修复作为生态建设中速度最快、效益最好、成本最低的措施之一,被正式列入项目实施方案。在实施中,提出坚持以小流域为单元的综合治理,以治促封,封治结合,应用综合措施推进生态修复。在小流域治理中,把淤地坝建设和缓坡地修梯田作为重点,在解决群众基本粮食需求和农业结构调整的前提下,促进大面积的生态修复。

根据科技示范园水土流失特点,结合土地适宜性评价结果,在现有水保措施的基础上,形成以坝系建设为主体,工程措施、植物措施相结合的布置格局。梁峁顶主要种植灌木、人工草,形成生物防护带;梁峁坡主要兴修梯田和发展经济林果;沟谷坡以林草措施为主;沟底建设以坝系为主,适地发展谷坊、沟头防护工程,因地制宜发展小型拦蓄工程,实现沟道川台化和水利化;农坡地全部退耕还林还草。经过努力,把辛店沟建成农林牧用地合理,治坡和治沟有机结合的防治体系。同时,在辛店沟选择宜于生态修复的疏林地、陡荒坡地 998.21 hm^2,进行生态修复试验。结合科技示范园建设,开展综合防治措施配置的试验研究,从封禁治理、不同地貌部位的养分分布和对措施配置的要求、不同地貌部位的土壤水分对措施配置的要求、土壤侵蚀垂直分带规律及对水土保持措施的要求、水土保持措施的拦蓄效益、坡面治理与沟道治理的关系分析、大暴雨情况下水土保持的作用分析等 7 个方面对措施配置要求进行了分析,实地布设了监测点,分析了监测结果,绘制了水分监测曲线,深入分析了生态修复对土壤理化性状的影响。据试验分析,实施生态修复后,不同林地的土壤自然含水率有不同程度的提高,其中紫花苜蓿、刺槐地提高幅度最大,分别提高了 59.7%、55.4%,与农田相比,退耕还林地类平均提高了 48%。同时,退耕还林后,土壤的持水能力得到一定程度的提高,改善了孔隙结构,提高了土地的熟化程度。另外,还首次从流域治理的角度出发分析了生态修复的潜力和发展方向。

根据科技示范园的建设目标,在原有基础上,集中连片形成一定规模的高产经济林示范区;对水保林和牧草采用适地适树、宜林则林、宜草则草的建设原则,在进一步完善治理措施的基础上,提高现有措施的建设质量;本着高起点、高标准、高科技含量的原则,突出典型示范。

(三)辛店沟生态修复成效

辛店沟作为水土保持科技示范园,雨热同期,有较肥沃的黄土,为实施生态修复提供了良好的前提条件。辛店沟生态修复坚持以小流域为单元的综合治理,以退耕还林还草为契机,合理布设植被,恢复地表覆盖,做到工程措施与林草措施相结合,调整产业结构,优化资源配置,提高人民群众生活水平,建立人与自然和谐共处的生态新格局。根据自然地貌形态和土壤侵蚀特征,以峁边线、沟脚线将流域自上而下分为梁峁坡、沟谷坡和沟道。梁峁坡:坡度一般为 5°～35°,坡长 15～30 m,以细沟、切沟、坡面切沟为主要侵蚀方式,是农业和经济林果生产的主要基地;沟谷坡:坡度一般为 20°～45°,极陡处可达 70°以上,以滑坡、切沟、串珠状陷穴为主要侵蚀方式,是土壤侵蚀最严重的地段,在较完整的地块营造乔木林和人工草,陡坡发展灌木林;沟道:巩固沟槽,稳定沟坡,拦截坡面下泄的径流泥沙,修建淤地坝,发展高产稳产基本农田。

1. 人工种草,以草立业

生态修复十分有利于植被的快速恢复。据监测,一般对侵蚀劣地封禁 3 年后,植被盖度可由原来的40%左右提高到60%~70%。在生态修复中,提出了以"以草起步、草灌先行、草灌乔相结合"的主要思路,充分发挥种草的生态效益和经济效益。为进一步发挥牧草业的规模效益,将现有的10.67 hm² 农坡地改造为人工草地,品种为苜蓿。整地方法:种植人工草地的坡度约15°,经深翻后沿坡面等高线每40 m挖一条水平沟,总长度约4 800 m。然后沿等高线开穴,行距和穴距大致相等,上下行呈"品"字形排列。播种方法:采用穴播,20 000 穴/hm²,穴深0.15~0.20 m,穴径0.2~0.30 m,清除草根,春秋季节均可,播后覆土5 cm后压实,视墒情确定是否浇水,播种量22.5 kg/hm²。据测算,在山坡地种1 hm² 紫花苜蓿,可产干草33.33 kg,纯收入16.67 元/hm²。种优良牧草,纯收入可达26.67 元/hm² 左右,比种植玉米的效益高出50%以上。

2. 合理选择生态修复区,科学营建植被群落

为了提高示范园整体治理水平和蓄水保土能力,选择面积大、坡度陡、人工难治理且地面有残林、疏林和易遭受自然灾害、人为破坏和采伐迹地的地块全面封禁,总面积为16.38 hm²。采取全年封育、专人管护的方法,做好病虫害防治等管理工作。选定适宜的物种,从解决生态建设和农村"三料"问题出发,宜乔则乔、宜草则草,选择刺槐、紫穗槐、柠条、草木樨、胡枝子等适地物种,努力增加物种多样性。根据因地制宜、适地适树的原则,加大乔灌草尤其是灌草结构的植被群落建设,增加豆科、禾本科牧草的种植,减少乔木林的营建,避免纯林和卫生林的建设,提高植被成活率和保存率。据调查,3年刺槐与紫穗槐混交林比刺槐纯林多减少水土流失33%,且这种作用随着林龄的增加而提高。

3. 植物措施与工程措施并举,综合推进生态修复

在梁峁顶采用等高带状种植法,营建以柠条、沙棘、紫穗槐等为主的水保灌木防护林带,也可种植紫花苜蓿等多年生牧草;梁峁坡的阳坡兴建水平、反坡梯田,栽植苹果、大扁杏等经济树种,阴坡采取水平沟、"品"字形鱼鳞坑整地,栽种紫穗槐、沙棘等萌蘖性较强的灌木林,沟谷坡、沟道营造以刺槐、柠条和紫穗槐等为主的乔灌混交带。在小流域治理中,把淤地坝建设和缓坡地修梯田作为重点,在解决群众基本粮食需求和农业结构调整的前提下,促进大面积的退耕还林还草和植被恢复。

4. 优化农业生产结构,发展特色经济

本区农民收入微薄,农业生产主要是粗放性经营,生产加工链短,效益低下。为提高收入,毁林开荒、陡坡开荒、过度放牧、撂荒等现象十分普遍。因此,要全面开展生态修复,在以生态效益为中心的同时,必须兼顾经济效益,从调整产业结构、培育主导产业入手,发展特色经济,通过配套建设小型水利水保工程等辅助措施,保证人均基本农田0.13~0.20 hm²,解决当地农民吃饭问题。同时,结合当地产业发展实际需求,发展经济林、用材林、经济作物、牧草等,解决当地农民的经济收入问题,正确处理好生产、生活和生态的关系,促进农林牧各业生产方式的转变,实现群众脱贫致富和地方经济的持续健康发展,以确保陡坡退耕还林、封育管护等生态修复措施的顺利实施,保证实施后不反弹,为建立长期稳定平衡的生态系统奠定基础。

5. 强化人工辅助措施,增强生态系统的自我修复能力

生态修复措施属人与自然共处、协调一致的水土保持措施。黄土丘陵沟壑区第一副区属温带半干旱大陆性气候,长期的水土流失导致生态环境严重恶化,形成"春季干旱风

沙大,夏季燥热阵雨多,秋季凉爽短促,冬季干冷且漫长"的气候特征,严重制约着生态修复工作的发展,一般自然条件下仅恢复原状就需要 3～5 年。因此,要实现生态系统自我修复,提高抵御自然灾害的能力,必须因地制宜地采取一些人工辅助措施,改善修复条件,加快修复时间,增强修复质量、效益。

6.加大监管力度,增强保护生态意识

政策法规措施是实施生态修复的根本,也是生态修复的保证,没有严格的政策法规措施,就不能对生态修复区实行有效的保护,生态的自我修复也就无从谈起。修复区内全面推行陡坡退耕还林、舍饲养羊政策,制定管护制度,明确管护组织、责任,同时制定资金扶持、优先选择承包地等一系列的鼓励性政策,调动当地群众参与生态修复工作的积极性。全面启动监督管护网络,强化依法监督保护工作,加大对陡坡开荒、毁林开荒等水保违法案件的查处力度,增强全民水土保持意识,特别是生态修复区内群众的水土保持及生态意识。同时,对修复区内从事开发建设活动的单位和个人,严格执行水土保持"三同时"管理制度,确保损坏的植被得到及时恢复,造成的水土流失得到有效控制。

第七章　辛店沟科技示范园建设与运行管理

水土保持生态工程建设作为一个系统性的整体工程,在项目生命周期中将工程建设和运行管理有机结合起来,实现"建管结合、无缝交接",对于提高水土保持生态工程建设管理水平和实现运行期目标功能都有着十分重要的作用和意义。

黄河水土保持辛店沟科技示范园建设(以下称科技示范园建设)从设计原则和理念、建设终极目标的实现都充分贯彻了这一思想,它的建成将为黄土高原水保生态工程建设项目的可持续发展和全面推进生态文明和美丽中国建设提供丰富的经验。

第一节　科技示范园建设组织管理

一、科技示范园建设管理的目标与形式

管理是为了实现某种既定目的而进行的指令决策、计划制订、组织领导、协调指导、项目实施、风险控制的全部过程。

管理的终极目标是效率和效益。管理过程的主要对象是人。管理的本质是服务和协调,实现管理目标的核心是人。管理就是充分聚合项目实施过程中的各类资源,以最优的投入获得最佳的回报,最终实现项目建设的既定目标。

随着人类社会的不断发展和进步,管理过程的实现方式也在不断注入新的活力和内涵,传统意义上目标管理的局限性和狭隘性极大地束缚和制约着社会生产力的发展和提高,而项目规划具体、设计目标明确、采取措施得当的顶层设计理念正在改变传统意义上的水保生态工程规划和实施方案,它着重强调了从工程外业勘察规划、可研、立项、初步设计、施工、项目投入使用和日常管护等各个环节结构的完整性和目标一致性,尤其是对各个功能区相互衔接配合、目标结构统一协调,以及工程建成后的运行管理和后期整体效益的发挥提供了一种全新的设计理念。

科技示范园建设是 2004 年水利部决定在全国较大范围内广泛开展的水土保持综合治理项目,相对于传统的水保治理工程,它的科技含量着重体现为工程设计的前瞻性、工程建设的高效性、建设手段的先进性和工程效益的长期性等,并对周边区域乃至更大范围内具有长期的影响力和辐射带动作用,因此它对工程建设和运行期间的管理提出了更高的要求。

(一)管理目标

1. 管理目标设计

科技示范园建设管理目标是按照 2004 年 4 月水利部下发的《关于开展水土保持示范园建设活动的通知》文件精神制定的,它的具体内容是根据黄河水利委员会对"辛店

沟科技示范园建设"批复要求确定的,其总体原则和目标是:坚持综合治理,突出生态效益,注重蓄水保土作用,进一步突出水在区域生态改善、产业开发、经济发展中的作用。做到因地制宜,因害设防,提高治理质量和效益。具体目标:一是通过综合治理防治体系建设,使项目区治理度达到80%以上,林草覆盖率达到75%以上,土壤侵蚀量减少80%以上,坡耕地全部得到整治,25°以上的坡耕地全部退耕还林还草,沟道坝系实现相对稳定,洪水资源得到合理充分利用,确保在一定频率的洪水条件下,保证坝系安全。在一定频率洪水下,使坝地作物保收,并达到高产稳产,洪水泥沙基本不出沟。二是为充分展示科技示范园的建设成果,推动水土保持生态工程建设,利用图片、影像、文档资料、实物标本等各类信息,形象展示示范园林草植被建设、农林果业丰产栽培技术、沟道坝系建设模型、水土流失规律、水土保持效益监测成果。通过自动化遥测系统实时监控示范园水文气象的动态变化过程。通过多媒体手段展现示范园各类水土保持生态模式和沟道淤地坝的建设过程和效果。三是为提高科技示范园支持和服务水土保持科学试验研究的能力和水平,利用辛店沟科技示范园已有水土流失规律观测,水土保持措施径流场,淤地坝系建设的设施、设备条件,结合该示范区所处的地理区位优势进行小流域水土流失监测布设,探索小流域产水产沙规律,开展各类水土保持措施蓄水拦沙监测布设,探索粗泥沙集中来源区各类水土保持措施对蓄水减沙的作用和机理。建设沟道淤地坝系的监测布设,探索多沙粗沙区淤地坝建设的拦蓄和减蚀作用,通过自动化遥测系统实时监控示范园部分水文气象指标的动态变化过程,从而为"模型黄土高原"建设和黄河粗泥沙集中来源区大型拦沙工程建设提供宝贵经验和技术支持。

2. 管理目标实现的途径

科技示范园建设管理目标实现的方法和途径在管理层面主要依靠以下三个方面。

(1)按照水利部和黄河水利委员会制定的有关生态工程建设技术规范和要求,从前期总体规划、可行性研究、初步设计和工程施工等四个阶段开展工作,并根据项目区具体地理环境条件和社会生产力发展状况,做到立项定位准确、基础资料翔实、方法技术先进、措施配置合理、综合效益显著、推广应用广泛。

(2)推行"三项制度"改革,打破传统的管理模式。流域机构黄河水土保持绥德治理监督局为法人单位,实行项目法人负责制,委托有资质监理单位对项目建设实现全程监理,部分工程试行招标投标制。

(3)探索市场经济环境条件下水土保持工程的运行管理机制,从类似的工程项目建设管理中进行总结和提炼,结合水土保持综合治理、淤地坝工程特点和示范园实际情况,提出工程项目运行管理模式,并在实践中运用完善。

3. 管理目标实现过程修正

水土保持生态工程和大、中型水利工程建设有很大区别,建设管理目标修正大概可分为设计原因变更、非设计原因变更以及设备购置变更。设计原因变更:是因为生态工程建设项目在前期规划设计中不涉及地质勘探,工程设计仅是按照现状地形地貌和周边地理环境进行有限勘察测量后设计的,部分工程在实际施工过程中会遇到各种无法按原设计施工,所以提出单元工程变更以至于项目整体移址变更;非设计原因变更:建设环境发生变化导致无法按照原设计施工的工程,如退耕还林还草、农村道路、电力设施、能源开发、引水工程等基础设施建设以及相关行业同类型生态工程建设项目占用叠加导致水保生态工程建设项目失去了原有的客观建设条件;设备购置变更:水土保持生态工程建设项目从规划、可研、初步设计到实际施工阶段需要经过一定的时间,而仪器设备产品升级更新和淘汰周期在不断缩短,所以设备采购计划在实施过程中也会相应地发生调整和改变,尤其在科技含量较高的示范园(区)建设过程中更为明显。

项目变更是按照特定的管理程序进行的,首先由施工单位根据实际情况提出项目变更书面申请,然后会同工程建设、设计、监理等单位多方组成的项目考察小组进行实地勘察和测量,并确定项目进行移址变更还是局部单元工程变更。经参建方共同认可后用文字材料形式逐级上报,最后由项目原审批单位实地查看认可后下达项目变更批复文件。变更设计必须遵循"三不变"原则,即变更后的项目规模不变、总投资基本不变、工程主要功能和结构不变。在变更项目申请获得批准之前施工单位不得私自开工建设,严禁边审批、边开工建设。

变更项目投资控制应遵循以下原则:

(1)变更工作在工程量表中有同种工作内容的单价或价格,应以该单价计算变更工程费用。变更未引起工程施工组织和施工方法发生实质性变动时,不应调整单价。

(2)工程量表中虽列有同类工作的价格,但不适用,则应在原价格的基础上制定合理的新价格。

(3)变更工作的内容在工程量表中没有同类工作的单价或价格,应按照与合同单价水平相一致的原则,确定新的单价或价格。

(4)工程师发布删减工作的变更指示后承包商不再实施部分工作,合同价款中包括的直接费部分没有受到损害,但摊销在该部分的间接费、税金和利润则实际不能合理回收。因此,承包商可以就其损失向工程师发出通知并提供具体的证明资料,工程师与合同双方协商后确定一笔补偿金额加入到合同价内。

4. 管理目标完成时间制定

没有时间限定的目标就等于没目标,大目标等于小目标的总和。科技示范园是一项涵盖淤地坝建设、坡面综合治理、引水工程、苗圃建设、坝地高效农业建设,以及水土保持效益监测、模型动态演示、遥测等多方法、多手段的综合性高科技示范园区建设,每项分支都在设计阶段就制定了具体的完成时限,工程管理的分支目标遵从于整个项目竣工的总体目标。如因客观原因导致计划和经费下达延期或滞后,则建设总目标时间也可顺延。

(二)管理形式

1. 组织机构

科技示范园建设以黄河水土保持绥德治理监督局(以下称绥德局)作为项目建设法人单位,为了保证示范园建设按照上级计划批复顺利进行,加强和建立健全项目建设组织管理机构非常重要。根据示范园建设所承担的任务和内容等实际情况,建立了示范园项目组织领导机构,由绥德局主要领导、业务副局长和总工程师组成项目建设领导小组,项目建设办公室设在绥德局生态工程建设办公室,负责项目的日常管理。委托有甲级资质的西安黄河工程监理有限公司进行项目监理。施工单位设有专职施工员、安全员、材料保管员、档案资料员等岗位。财务管理实行建设单位报账制。项目建设设立独立的工程质量监督站。

2.各机构职责

绥德局作为项目建设法人单位,与各施工单位相互信任、相互支持,并负责协调参建各方的工作关系。各机构职责是:项目组织领导小组负责协调解决示范园建设过程中出现的问题,协调单位间、部门间的工作关系;组织落实建设资金,管好用好建设经费,负责项目的监督、检查,并向黄河上中游管理局提出项目区最终验收。项目建设办公室贯彻执行建设领导小组的决议,负责项目建设中日常管理工作,对项目建设进行日常的监督、检查,组织建设项目的阶段验收。监理单位按照和建设单位签订的监理合同约定组建项目监理部,按照合同规定履行监理职责。质量监督站贯彻执行项目建设办公室的决策,负责对施工单位进行质量检查、施工材料检测,对施工单位的质量保证体系和现场服务情况进行检查,监督检查技术规程、规范、质量标准执行情况,对施工单位的技术人员配备、设备到位情况、施工工序、建筑材料等进行监督检查,对施工过程中出现的问题向项目建设办公室提出处理意见,对工程质量进行等级核定,编制项目质监报告。资料档案室负责文件收发和信息资料收集、整理、保管工作。工程施工公司在工程建设办公室的协调下,负责示范园各建设项目的实施。

3.项目管理

示范园较大工程建设项目,由建设单位组织监理单位、设计单位、施工单位审阅设计图纸及有关技术资料,通过公开招标或议标的形式择优确定施工单位,并与施工单位签订工程建设合同,实行合同管理。要求施工单位自检资料和申报材料标准、规范;监理、质监部门检测资料翔实、齐全,施工、监理、质监部门向建设单位进行月报、季报、年报,及时掌握工程进度及质量情况。

二、科技示范园管理制度建设

科技示范园建设管理制度建设的依据是《黄河流域水土保持工程建设项目管理办法》、《黄河水土保持生态工程质量监督管理办法》、《黄河水土保持生态工程年度检查办法》、《黄河水土保持生态工程竣工验收办法》等各项管理办法,并根据科技示范园的具体情况制定了《黄河水土保持生态工程辛店沟科技示范园建设实施管理办法》。

(一)科学规范的前期工作

科技示范园建设项目前期工作的主要任务是编制项目实施计划、项目建设组织领导机构建设和工程建设进度计划安排等工作,项目前期工作文件由具备相应资质的黄河水土保持绥德规划设计研究院编制。

为保证科技示范园工程质量和施工安全,施工单位在组建项目部对工程施工进行统一管理的基础上,根据施工条件、工程量、工期要求等具体情况,认真编制项目实施计划和施工组织设计,作为施工管理的基本依据,施工中严格按照施工组织设计确定的目标和任务制订施工计划,并组织机械和人力去落实,避免盲目施工所造成的人力、物力、财力上的浪费。同时,在项目部内建立健全以责任制为核心内容的质量与安全生产制度,将工程质量、安全生产两大目标逐级分解,落实到人,为目标的实现提供组织保证。另外,根据各单元工程设计质量要求对各道工序的施工方法、施工技术做出具体规定,并在施工过程中严格遵照执行,为质量达标提供技术保证。

项目实行合同制。项目领导小组对项目负总责,专家组负责技术问题,施工单位负责项目的具体实施,每项工程由建设单位与施工单位签订建设合同,明确工程建设地点、工程规模、技术标准、工程质量、投资、工期以及双方责任义务、验收内容要求和质保金支付等。

科技示范园是中央财政全额投资的水土保持项目,因科技示范园中淤地坝工程都是中、小型淤地坝,故其前期工作分为规划和项目实施方案两个阶段,达到了科技示范园的初步设计深度。为促进科技示范园建设前期工作经费的落实,建设单位按规定在水土保持工程建设投资中提取不超过工程总投资2%的项目管理经费,用于审查论证、技术推广、人员培训、检查评估、竣工验收等前期工作和管理支出。

科技示范园设计阶段对工程建设过程的风险进行预测,并对应对方法进行分析和设计,很好地保证了工程的按期完成和投入使用,同时也体现了设计的完整性和可行性。

科技示范园建设设计单位通过对与项目相关的工程、技术、经济等各方面条件和情况进行调查、研究、分析,对各种可能的建设方案进行论证,并对项目建成后的经济效益进行预测和评估,进而评价项目技术的先进性和适应性、经济的盈利性和合理性、建设的可能性和可行性。因水保生态工程项目具有很明显的公益性特征,对工程项目的评价,从一开始就以公共项目评价为基本方法。可行性研究是项目前期工作的重要内容,它从项目建设和生产经营的全过程考察分析项目的可行性,是投资者进行决策的依据。在项目可行性研究阶段进行建设管理方案论证的同时完全可以对运行管理进行方案论证。设计方案优劣直接影响着工程造价和建成后的运行效果,科技示范园在投资一定的情况下采用了"限额设计",既满足了建设要求,又满足了资金的限制,运用丰富的经验作指导,形成了设计与实践的结合,并多次修改完善设计方案,实现优化设计。示范园建设任务实行目标管理制度。建设单位以上级批准的建设文件为依据,每年年初向实施单位下达年度建设任务和投资,实施单位按照年度任务和设计书做好年度实施计划,并将计划落实到位。建设项目实施前,施工单位向建设和监理单位递交施工组织设计书面文件,并提出开工申请,经建设单位和总监理工程师批准后方可开工。

(二)计划管理

科技示范园项目建设办公室根据项目建设总体目标和实施进度安排,指导施工单位编制年度实施计划,经项目建设办公室审核。同意,后报局专家委员会最后审核。同时,项目建设办公室要做好年度计划执行情况的检查和督促,专家委员会负责组织阶段抽查、年终检查和项目建设综合评价。

科技示范园建设进度根据批准的总体进度计划和示范园的实际情况,由建设单位编制详细的总进度计划,在此基础上指导编制年度计划。年度计划下达后,施工单位按照工程建设的要求和计划进度,编制出详细的实施计划,包括施工组织、投资进度、工程进度、工期等。对已批准的计划,早部署、早准备、早安排。

(三)招投标管理

绥德局作为项目建设单位,和施工单位相互支持、相互信任,将可能出现的矛盾分歧转换为相互合作的关系,实现参建各方的资源和效益共享。项目采取合同总承包的方式,选择（部分招标）在本地区有多年施工经验并有良好业绩和声誉的施工企业。招标设计阶段通过招投标代理机构将工程有关的图纸、技术说明、工程量清单等资料在当地政府招标投标网站面向社会公布，并在规定时间内由榆林市招标投标办公室组织招标、评标和开标。建设单位对中标企业进行工程施工图纸和技术条款交底后，双方签订工程建设合同。

（四）工程监理

科技示范园建设项目经上级单位批复后，按国家水利基本建设项目管理的规定，委托有资质认证的监理单位承担工程建设的监理任务，监理单位严格按照监理合同履行监理职责，负责项目的资金、进度和质量控制以及合同和信息管理，配合建设单位协调工作关系。建设单位依据监理合同对监理活动进行检查。

施工单位应做好各项质量监测和记录，隐蔽工程必须通知质监部门、监理人员现场检查和检测，同意后方可继续施工。施工单位对已完工程进行自查自验，合格后提出初验申请，由建设单位和质监、监理等部门对工程进行初验，监理单位提出质量评价报告。项目最终验收由项目审批单位会同上级主管部门（或委托下级机构）组织进行。

在项目实施过程中，建设单位、质监部门和监理人员有权随时对工程质量进行监督检查，施工单位应加强施工过程管理，严格按照有关规范和初步设计文件要求进行施工。

科技示范园建设由取得相应等级资质证书的西安黄河工程监理有限责任公司承担。

（五）质量管理

科技示范园建设项目涉及的单项工程较多且工程量小，建设内容上具有小、多、杂的特点，各单项工程建设性质各异，有"面状"工程、"点状"工程、"线状"工程。根据各类工程的性质、结构、作用、实施难易程度、经费投入等实际情况，建立了由建设单位、监理单位、施工单位共同组成的质量管理组织机构，明确质量管理人员的责任，加强各工程的质量管理，分类进行工程监理和综合管理。

在项目实施过程中建立了建设单位负责、监理单位控制、施工单位保证的质量管理体系，制定了《黄河水保生态工程辛店沟科技示范园建设管理办法》，聘请有资质的监理单位对工程质量进行跟踪管理，不仅增强了质量责任意识，而且增强了施工单位主动进行质量控制的责任意识。在此基础上，建立和完善了管理人员的岗位责任制，对一般工程定期现场监督，对隐蔽工程旁站监理。建设单位与监理、施工单位建立明确的质量责任追究制度，强化了参建单位的质量意识，并按不同的施工阶段进行事前、事中、事后工程质量控制，把参建单位的质量责任落到实处。

事前监控：组织质检、监理和设计单位有关人员熟悉了解所有施工工程的设计文件，按照最高标准和一般标准，根据现行的技术规范与质量标准做出具体工程的统一监控要求，编制工程质量监控计划。建设单位组织对施工负责人和施工队伍进行培训，并了解施工单位的施工能力和质量意识，对施工质量监测、监理及施工单位质量管理人员设定计划目标和质量指标，督促落实到人，并建立质量管理体系。

事中监控：事中监控是质量控制的关键阶段。根据工程施工需要，组织事先确定的监理检测、施工单位质量管理技术人员按施工合同和设计文件进行现场监控，质检、监理单位对隐蔽工程、工程的重点部位、预先设置的质检点进行旁站监控，其他部位实行跟踪或巡回监控。监理和质检部门做好各工序的质量检查和评定工作，对工程质量状况做好综合统计和分析工作,对出现质量问题的工程进行影响因素(人工、建筑材料、建筑机械设备、种子种苗、方法工艺、环境条件)调查并提出纠偏措施,检查纠偏效果,直至达到设计质量标准。

事后监控:项目竣工后,按黄河水土保持生态工程基本建设程序进行验收。各施工单位承包的项目竣工并自验合格后,申请监理单位进行初验,监理人员认为达到竣工初验水平后,提请项目办公室组织有关领导和专家进行竣工初验。示范园建设任务全部完成后,由建设单位提出竣工验收申请,黄河上中游管理局组织有关部门进行竣工验收,验收内容包括:建设任务是否全部完成,投资计划是否落实,工程质量是否达到设计标准,资金使用是否合理等。项目全部验收合格后,由建设单位和工程使用者签订整体移交手续,工程进入实际运行阶段。

在淤地坝工程质量管理中,建立施工、监理、建设单位三位一体的质量控制体系,完善以质量为中心,以落实人员岗位职责为重点的责任制,加强自检、检测、监督工作力度。自检由施工单位指派专人负责,自检的主要内容有岸坡清基范围,岸坡坡比,坝基清理深度、宽度,基底表层土质状况,坝体填筑的断面尺寸,土料含水率、碾压铺土厚、干容重等;放水工程基槽开挖尺寸,基底土质状况,放水建筑物钢筋规格、数量,混凝土材料质量、配合比,管道接头、伸缩缝处理及建筑物结构尺寸等项内容,自检合格后由建设和监理单位复核。

在综合治理工程质量管理中,主要检查治理面积、措施、标准是否按照初步设计中规定的质量标准完成。它包括施工检查和年度填图调绘。

(六)工程质量监督

建设单位负责配置质量监督人员,专门负责工程质量检测和监督工作,工程质量实行施工单位自控、监理单位抽控、质检监控,严把项目建设的质量关。科技示范园实行建设工程质量监督管理制度。对科技示范园建设工程质量实施监督管理,并有权采取下列措施:

(1)要求被检查的单位提供有关工程质量的文件和资料。

(2)进入被检查单位的施工现场进行检查。

(3)发现有影响工程质量的问题时,责令改正。

(4)施工单位对质量监督机构进行的监督检查应当支持与配合,不得拒绝或者阻碍建设工程质量监督检查人员进入工地。

(七)资金管理

科技示范园资金管理过程中强化了财务管理和预算执行,建立和完善适应国家财政体制改革要求的财务管理体制和机制,提高预算编制的科学性和适用性,加强预算执行和项目的绩效管理,加强日常监督检查和审计稽查,确保资金的安全和效益。科技示范园建设资金全部为中央投资,即由黄河水土保持生态工程建设专项基金按照年度计划拨付,由国家财政予以保证。

科技示范园财务管理按照《会计基础工作规范》和《黄河水利委员会基建项目财务管理暂行规定办法》,做好基础工作。设置与科技示范园建设任务相适应的计划财务管理机构,对示范园建设经费进行统一管理。

科技示范园严格按照批准的概(预)算和年度实施计划合理使用建设资金,没有擅自更改建设内容,扩大或缩小建设规模,没有挤占、转移、挪用建设资金。施工单位凭建设合同、监理签发的工程结算单据和有效税务发票进行资金结算,未发生无凭单付款或超量支付款。为管好用好资金,保证国家投资效益的充分发挥,建设单位按照上级计划财务主管部门要求,建立了项目专门账户,在此基础上,按照水利部《水利基建资金管理办法》、《中华人民共和国会计法》、《银行资金管理规定》、《黄河水土保持生态工程质量管理办法》、《黄河水土保持生态工程年度检查办法》、《黄河水土保持生态工程竣工验收办法》等法律法规文件和项目内控管理制度,建立了计划、财务、现金等管理制度。针对建设项目要求,实行了"三项制度":一是工程监理报账制度。建设单位根据监理单位签发的工程进度或完工质量合格手续、支付认可证书,经项目办公室核实后办理报账手续,统一分类登记并报建设单位主管领导、负责人、财务科分别审批。二是工程施工合同制。以项目办公室、计划财务、纪检、审计多部门联合会审工程设计及预算调查材料价格,集体与施工单位谈判施工合同,签订的合同尽量做到细致、规范、条款约定清楚、责任与义务明确。三是工程招标投标制。科技示范园中央总投资 300 万元左右,涉及水土保持综合治理、现代化林业工程、高新农业示范推广、基础设施建设等多种零星项目,每个单项工程投资较低,故对单项工程以议标、签订合同协议等方式进行了承包实施。除此之外,还建立了建设单位内部年度审计制度,每年对项目计划执行与资金使用情况进行审计。在计划执行过程中,上级主管单位审计组联合和单独对项目资金使用情况进行过多次审计,评价认为科技示范园建设资金管理良好。

(八)竣工验收

科技示范园项目竣工后,严格按基建程序进行验收。各施工单位承包的项目竣工后,在自验的基础上,提交监理进行验收,监理认为达到初验要求后,提交项目办公室,由项目办公室组织有关领导和专家进行工程初验,初验严格按照批复的设计标准、要求进行,达到要求通过初验,对初验过程中存在的问题提出限时整改。项目区整体验收由黄河上中游管理局组织进行。工程验收应当具备下列条件:

(1)完成建设工程设计和合同约定的各项内容;

(2)有完整的技术档案和施工管理资料;

(3)有工程使用的主要建筑材料、建筑构配件和设备的进场试验报告;

(4)有勘察、设计、施工、工程监理等单位分别签署的质量合格文件;

(5)有施工单位签署的工程保修书。

辛店沟科技示范园建设工程竣工验收后,及时办理了移交手续,明晰了产权,落实了管护主体和责任,以确保工程长期发挥效益。

(九)档案资料管理

科技示范园项目建设办公室在日常管理工作中,除对建设单位形成的各类资料加强管理外,还对监理单位按照合同规定的具体标准与要求经常进行检查,按月整理,按年分类装订归档,避免了资料的丢失和遗漏现象,为管理、决策、分析研究解决项目建设中出现的各类问题提供了依据。同时,加强水土保持工程档案管理,按规定收集整理和归档保存,对从项目前期施工组织、工程监理到竣工验收等建设管理全过程的相关文件资料进行统一管理。

在科技示范园建设过程中,对工程建设资料的管理项目办设专职资料统计员,负责各单项工程建设工程中的资料收集和统计工作,并每月向项目建设办公室(资料室)提交单项工程的施工记录、质量进度统计资料及相关图表,每半年、年终向黄河上中游管理局提交书面工作总结。建立了完整的项目档案资料,对在项目运行过程中形成的各类资料及时进行归档,保证了资料的完整性与准确性。除对工程的设计、施工合同、施工记录、监理等资料及时进行收集、整理归档外,还加强对影像、图片档案资料的管理。对往来信息和资料进行及时处理和反馈,保证项目建设信息畅通。

三、科技示范园组织机构建设

(一)组织领导机构

黄委绥德水土保持科学试验站作为项目的建设单位,负责项目的组织、协调、管理、技术指导和监督工作,并成立了项目建设领导小组。

组长:绥德局局长。

副组长:业务副局长。

成员:其他局级领导及财务科、业务管理科、试验场、生态建设办公室负责人。

下设示范园建设办公室:生态建设办公室。

人员编制:主任1人,副主任2人,技术员5人。负责项目建设日常管理和技术指导工作。

(二)施工组织机构

1. 施工组织机构的设置

项目经理部设项目经理、技术负责人、工地负责人各1名,项目经理部内设质检组、机械组、后勤组和施工技术组。

为有效履行项目建设合同,顺利完成各单元工程的施工任务,项目部制定了各组成部门的责任和义务,各部门分工不分家,在项目经理的统一指挥下相互配合、共同完成项目建设任务。

2. 施工组织的原则

施工组织工作按照"两高、三精"进行组织。"两高"就是进度、质量、安全的总体安排上做到高起点、高标准要求;"三精"就是组织精干机构、选配精干人员、配置精干设备。

3. 施工组织的基本思路

结合现场调查情况以及合同文本要求,在施工组织上作如下安排:

(1)组建精干高效的施工队伍,对技术标准高的重点、难点项目,有针对性地组织专业化施工队伍进行施工,并结合以往施工经验,优化施工方案。

(2)以检测控制工序,以工序控制过程,以过程控制整体,推行高标准质量管理,严密组织、精心施工,确保优质、高效、如期、安全地完成合同施工任务。

4. 施工组织管理的基本目标

工期:确保建设工期,服从建设单位对工期的统筹安排,计划安排比合同文本要求的工期提前10 d完成全部工程。

质量:争创同级别优良以上工程。

安全:创建安全文明标准建设工地,杜绝建设期间工程质量和人身安全事故。

(三)工程监理机构

辛店沟科技示范园建设项目委托有监理资质的西安黄河工程监理有限责任公司为监理单位,监理单位选派具备相应资格的总监理工程师和监理工程师以及监理员进驻施工场所。根据双方合同约定,建设单位提供必要的生活和工作条件。

监理人员不得同时在两个以上水利水保工程项目从事监理业务,不得与被监理单位以及建筑材料、建筑构配件和设备供应单位发生经济利益关系。

监理工程师应当由其聘用监理单位(以下简称注册监理单位)报水利部注册备案,并在其注册监理单位从事监理业务;需要临时到其他监理单位从事监理业务的,应当由该监理单位与注册监理单位签订协议,明确监理责任等有关事宜。

(四)工程安全防汛机构

工程安全防汛是水保生态工程建设的一个重要环节,尤其对于沟道工程相对集中的项目区更是重中之重。科技示范园项目建设单位在项目筹建前期成立了由各参建单位共同组成的安全防汛组织领导机构,成立了防汛抢险队,配备了防汛机械物资,对汛前检查、汛期抢险、汛后修复等各个环节精心组织,注重落实,保证了工程、机械、物资和人身安全。主要体现在以下几个方面。

(1)工程建设安全防汛任务纳入当地人民政府防汛管理体系,落实了行政首长负责制,各单项工程配备了防汛值班人员,组建了防汛抢险机构,配备了防汛抢险物资。

(2)做好汛前准备,督促各施工单位在主汛期来临前制定施工期限,合理安排施工组织,在保证工程质量的前提下,加快施工进度。对已达到防汛坝高的工程,要进一步提高防洪标准,确保在建工程安全施工和安全度汛。

(3)对未达到度汛要求的在建淤地坝,要提前制订和完善防汛预案,采取有效措施,加快放水工程的施工进度和坝体度汛断面的抢修,大汛到来前必须达到度汛标准。

(4)逐坝制订防汛应急预案,落实"防、抢、撤"措施。加强与当地气象、防汛等部门联系,及时掌握当地雨情、水情及汛情,做到汛期值班人员24 h开机,并制定汛情报告制度,保证随叫随接、随叫随到。

(5)牢固树立淤地坝"防重于抢"的防汛意识。做好防汛物资准备及防汛抢险队伍组建,发生险情及时处理,确保淤地坝安全度汛。

(6)安全防汛工作从隐患检查、人员值守、运行管理、工程联合调度、汛前应急维修、完善防汛预案、加强与部门协作等方面做出具体安排部署。对在建工程从施工围堰、施工机械、高边陡坡、施工用电等方面排查,对查出的安全隐患将进行及时整改。

(7)落实工程安全防汛及管护责任,加强管护人员的技术培训,全面落实生态工程建设的安全责任。

(8)进行工程抢险和防灾演练,演练现场不到位或达不到演练目标要求的人员不得进入施工队伍。汛期抢险人员不能及时到位或抢险过程中擅自离开抢险现场,将视情节和后果严重程度给予处罚。与此同时,各施工单位配备防汛物料,明确防汛职责,做到"召之即来,来之能战,战之能胜"。

第二节 科技示范园建设管理体制

水土保持生态工程的公益性、社会性和长期性等特点,决定了其在生产建设过程中的特殊性。在传统的建设管理体制中,各级水土保持主管部门既是工程建设的计划管理者,又是组织实施者。长期以来,工程建设管理中存在着业主模糊、责任不清,工程施工中随意变更设计、忽视质量,虚报瞒报,挪用、挤占工程建设款项等不良现象,严重制约着水土保持生态工程的健康发展。

针对这一问题,水利部明确要求借鉴水利工程、工业与民用建筑工程实施"三项制度"的成功经验,对今后实施的水土保持生态工程逐步实行"三项制度"改革。辛店沟科技示范园在项目建设管理过程中对此进行了有益的尝试。辛店沟科技示范园在建设管理过程中严格履行水利基本建设程序,进一步完善项目法人制、工程监理制、招标投标制,各项目实行合同管理制度。

一、项目法人制

水土保持生态工程的建设与管理已经纳入以项目法人责任制为核心的国家基本建设管理体制。根据水利水保生态工程建设行业的特点,将建设项目划分为生产经营性、有偿服务性和社会公益性三类,明确要求对新开工的生产经营项目原则上都要实行项目法人制,其他类型的项目应积极创造条件,逐步推行项目法人制。

为了探索新形势下黄河水土保持生态工程建设管理模式,科技示范园在立项时,黄河水利委员会就明确以流域机构黄河水土保持绥德治理监督局为项目法人。

辛店沟科技示范园建设几年来大胆的实践和创造性的尝试证明,水土保持生态工程项目采用项目法人制是可行的。绥德局作为项目法人单位,与项目实施单位保持长期的合作关系,建立了相互信任、相互支持、通力合作的工作机制,保证了项目的顺利实施。

二、工程监理制

工程建设监理是对工程建设参与者的建设行为进行监控、督导和评价,并采取相应的管理措施,保证建设行为符合国家法律、法规、政策和有关技术标准,避免建设行为的随意性和盲目性,促使建设项目按计划投资、进度和质量全面最优地实现,确保建设行为的合法性、合理性、科学性和安全性。在水土保持生态工程中推行监理制,除符合了国家基本建设项目管理的要求外,也符合建设单位管理职能转变的需要。监理单位以独立第三方的形式介入水土保持生态工程建设,从而形成了建设单位、施工单位、监理单位三方相互协调、相互制约的有效机制。辛店沟科技示范园建设单位按照水利部有关规定,委托有水利甲级监理资质的西安黄河工程咨询监理有限责任公司对各项工程进行全程监理。

(一)签订监理合同的目标

(1)质量目标:通过工程施工监理,使各项工程质量达到国家有关行业规范、标准规定的要求和批复的初步设计技术文件要求,工程质量达到合格,建设项目质量评定达到合格,实现初步设计的预期目标。

（2）进度目标：依据初步设计和上级主管部门批复的文件，科技示范园建设期为3年。通过施工监理的进度控制，使各项工程的施工进度按年度计划完成。

（3）投资目标：上级主管部门批复该项目总投资为334.88万元。通过施工监理的投资控制，使项目的竣工决算不突破批复的投资总额，各分项工程投资不突破批复的概算资金。

（4）合同管理：监理人员依据施工合同约定，在独立、公正、公平、诚信、科学的原则下，在监理合同规定的职责和赋予的权限范围内，督促合同双方按期保质履行自己的义务和责任，同时竭力为合同双方提供技术服务和合理化建议，使合同在有效期内顺利履行。

（5）安全管理：通过对施工过程的监督和管理，在施工安全和工程质量方面不出现重大安全事故和重大质量事故。

（二）监理组织机构建立

2006年8月，西安黄河工程监理有限责任公司与建设单位绥德局签订监理合同后，2007年6月成立了监理部，负责完成辛店沟科技示范园建设的监理工作，并在监理合同授权范围内行使职权。根据示范园建设的规模、特点，确定监理组织的形式为直线型组织形式。监理组织机构管理关系见图7-1。

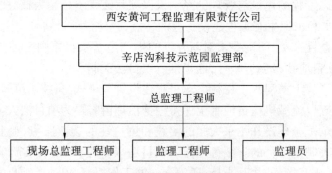

图7-1　监理组织机构管理关系

（三）监理人员职责分工

在开展监理工作前，监理部对总监理工程师、监理工程师等监理人员进行了职责分工，项目实行总监理工程师负责制，总监理工程师负责履行监理合同中所约定的职责，监理工程师在总监理工程师授权的范围内开展工作，对总监理工程师负责。监理人员遵守工程建设监理的有关法律、法规和职业道德，在独立、公正、公平、诚信、科学的原则下开展监理工作。监理人员在职责范围内行使自己的监理职权，履行合同约定的义务，全面有效地管理好工程建设各项工作。

1.总监理工程师的职责

总监理工程师是监理单位驻地履行其职责的全权负责人。主要职责如下：

（1）主持编制监理规划，制定监理部规章制度，审批监理实施细则，签发监理部的文件。

（2）确定监理人员职责权限，协调监理部内部工作。

（3）指导监理工程师开展工作；负责本监理部中监理人员的工作考核，调换不称职的监理人员。

（4）审批承包人提出的施工组织设计、施工措施计划、施工进度计划。

（5）组织或授权监理工程师组织设计交底；签发施工图纸。

（6）主持第一次工地会议，主持或授权监理工程师主持监理例会和监理专题会议。

（7）签发进场通知、合同项目开工令、分部工程开工通知、暂停施工通知和复工通知等重要监理文件。

（8）组织审核付款申请，签发各类付款证书。

（9）主持处理合同违约、变更和索赔等事宜，签发变更和索赔的有关文件。

（10）主持施工合同实施中的协调工作，调解合同争议，必要时对施工合同条款做出解释。

（11）要求承包人撤换不称职或不宜在本工程工作的现场施工人员或技术、管理人员。

（12）审核质量保证体系文件并监督其实施；审批工程质量缺陷的处理方案；参与或协助发包人组织处理工程质量及安全事故。

（13）组织或协助发包人组织工程项目的分部工程验收、单位工程完工验收、合同项目完工验收，参加阶段验收、单位工程投入使用验收和工程竣工验收。

（14）签发工程移交证书和保修责任终止证书。

（15）检查监理日志，组织编写并签发监理工作报告，组织整理监理合同文件和档案资料。

总监理工程师不得将以下工作授权给副总监理工程师或监理工程师：

（1）主持编制监理规划，审批监理实施细则。

（2）主持审核承包人提出的分包项目和分包人。

（3）审批承包人提交的施工组织设计、施工措施计划、施工进度计划和资金流计划。

（4）主持第一次工地会议，签发进场通知、合同项目开工令、暂停施工通知、复工通知。

（5）签发各类付款证书。

（6）签发变更和索赔的有关文件。

（7）要求承包人撤换不称职或不宜在本工程工作的现场施工人员或技术管理人员。

（8）签发工程移交证书和保修责任终止证书。

（9）签发监理月报、监理专题报告和监理工作报告。

2. 驻地监理工程师的职责

监理工程师按照总监理工程师授予的职责权限开展监理工作，并对总监理工程师负责。主要职责包括以下各项：

（1）参与编制监理规划，编制监理实施细则。

（2）预审承包人提出的分包项目和分包人。

（3）预审承包人提交的施工组织设计、施工措施计划、施工进度计划和资金流计划。

（4）预审或经授权签发施工图纸。

（5）核查进场材料、构配件、工程设备的原始凭证、检测报告等质量证明文件及其质量情况。

(6)审批分部工程开工申请报告。

(7)协助总监理工程师协调参建各方之间的工作关系。按照职责权限处理施工现场发生的有关问题,签发一般监理文件。

(8)检验工程的施工质量,并予以确认或否认。

(9)审核工程计量的数据和原始凭证,确认工程计量结果。

(10)预审各类付款证书。

(11)提出变更、索赔及质量和安全事故处理等方面的初步意见。

(12)按照职责权限参与工程的质量评定工作和验收工作。

(13)收集、汇总、整理监理资料。

(14)施工中发生重大问题和遇到紧急情况时,及时向总监理工程师报告、请示。

(四)监理工作内容

依据监理合同的规定,监理工作内容分施工准备阶段、工程实施阶段、验收阶段和保修阶段等。

(五)监理工作程序

科技示范园施工监理的基本工作程序是:

(1)监理公司与绥德局签订黄河水土保持生态工程建设监理合同。

(2)依据监理合同组建了现场监理部。

(3)监理人员收集和熟悉工程设计资料及批复文件、年度计划下达文件、施工合同,收集和熟悉工程建设的有关法规、规范、技术标准和验收规范。在总监理工程师的主持下,编制项目监理规划和实施细则。

(4)监理人员进驻现场开展监理工作。各项工程完工,对工程施工质量进行评定,参加工程初验,签发工程质量合格证、移交证书、完工(竣工)付款证书等。

(5)督促施工单位及时整理、归档各类资料,完成监理资料的整理、归档,并向建设单位移交。

(6)编写监理工作总结报告,协助建设单位完成项目竣工验收。

(六)监理工作方法

针对项目实施的具体特点和监理合同的要求,监理部主要工作方法是:

(1)发布文件。监理人员采取通知、审查、批复、签认等文件形式进行施工全过程的控制和管理。

(2)旁站监理。监理人员按照监理合同约定,在施工现场对部分工程项目的重要部位和关键工序的施工,实施连续性的全过程检查、监督和管理。

(3)巡回检验。监理人员对工程项目进行不定期检查、监督和管理。

(4)跟踪检测。施工单位在进行质量控制指标检测前,监理人员对施工单位的检测人员、仪器设备以及检测程序、方法进行审核,并对检测全过程进行监督,确认其程序、方法的有效性以及检测结果的可信性,对检测结果进行确认。

(5)协调。监理人员对参加工程建设各方之间的关系以及工程施工过程中出现的问题和争议进行调解。

(七)建设合同管理

绥德局在辛店沟科技示范园工程实施过程中,依据有关文件要求和年度投资计划的通知精神,严格按照国家基本建设程序和建设管理体制实施。

绥德局与各施工单位签订的合同,均为总价承包合同,工程计量以设计图纸或合同约定为准,在施工过程中不再进行分项计量,工程价款的支付以合同约定为主。

在辛店沟科技示范园建设过程中,监理人员根据施工合同,运用经济、合同、技术等管理手段,对建设项目的工程质量、工期和进度进行有效控制和管理。绥德局在与施工单位签订施工合同时,向监理部送达施工合同副本。监理人员通过查阅合同,了解工程建设工期、投资和质量条款的规定,在公平、公正、独立、诚信、科学的原则下,监督施工单位和建设单位全面履行合同,使合同双方未发生合同纠纷和诉讼事件,也未发生任何索赔等事宜。

在辛店沟科技示范园建设过程中,批复文件要求严禁随意进行工程变更。确实因工作或工程建设需要变更,绥德局已按要求向黄河上中游管理局申请了批复。

三、招标投标制

招标投标制是指项目法人就拟建工程准备招标文件,发布招标公告或信函,以吸引或邀请承包商购买招标文件和进行投标,直至确定中标者,签订招投标合同的全过程。它是目前国内外广泛采用的一种工程建设项目承发包的方式,也是我国建设领域管理体制改革的一项重要制度。推行招标投标制有利于公平竞争、鼓励先进、推动工程建设科学技术的发展,其目的是规范建设市场秩序,保护国家利益和投标者的合法权益,达到控制建设工期,保证工程质量,降低工程造价和提高投资效益。辛店沟科技示范园除个别工程外,大多数属于中、小型水保生态工程,适合采用议标方式,并通过建设单位向有意向的施工单位提供相关的勘察、设计资料,意向单位经过实地测量、建设环境评估后共同商议工程的承建单位。

辛店沟科技示范园建设通过招投标(或议标)的形式确定施工单位,具有以下明显作用:

(1)增强了质量意识。由于引入竞争机制,施工单位有了危机感和紧迫感,特别是实行了工程质量终身负责制后,大大提高了工程建设质量。

(2)促进了工程的规范化。传统的管理对施工资质、设备、人员要求不严;招标则根据规定,施工单位具备了资质才能承揽施工项目,这样就促使施工单位尽快完善有关手续,充实技术力量和施工设备,逐步走向规范化。

(3)杜绝了"人情工程"、"面子工程"。实行招标投标制,优选施工队伍,增加了工程建设的透明度,促进了廉政建设。

(4)为水保生态工程提供了经验。由于水土保持生态工程实行招标投标制起步不久,目前还处于探索阶段,尚无成熟的投标管理实施办法,许多方面还需进一步地探讨,为今后合理、科学地制定水土保持生态工程招标投标管理办法提供借鉴。

四、主要经验与做法

（1）科技示范园以工程措施与生物措施相结合，山、川、田、林、路综合治理为目标，在注重淤地坝建设的同时促进坡地退耕还林还草。

（2）科技示范园建设与农业产业结构调整相结合，通过科技示范园建设，调整土地农业种植结构、产品结构和产业结构，并与水利基本建设相结合，配套建设水利设施，改善科技示范园内生产和生活条件。

（3）坚持技术先行，由技术人员分片包工程、包项目，进行现场技术指导，提供技术服务。推广应用高新科技成果和实用技术，增加科技含量。严把苗木质量关，突出名、优、特、新产品，做到高起点、高标准、高质量、高效益，保证种植一片，成活一片，发挥效益一片。

（4）通过对辛店沟科技示范园近 2 km² 的建设，园区形成了适应不同地形地貌和小气候的水保生态林和经济林果品基地，标准化梯田、苗圃、典型淤地坝工程以及坝地的高效农业利用等，为黄土丘陵沟壑区第一副区综合治理与项目开发提供了较为成功的技术经验和示范模式。

（5）以地理信息系统、海量存储、虚拟仿真等技术为主要手段，借助宽带网络以及自动测报传输网络，建立一套信息查询、统计、输出以及三维模拟显示的数字小流域平台；在沟道坝系监测中，采用了 RTK GPS 系统进行监测，建立了辛店沟小流域三维坐标数据库，为淤地坝水土保持监测和水土流失监测提供了基础条件；首次在黄土高原沟口安装电子水沙自动遥测监测系统，为探索自动化沟口水土流失和水土保持奠定了基础；气象园经过改造形成了温度、环境湿度、风速、风向、地温、土壤湿度、蒸发等七要素气象自动观测站，增强了监测、警报、预测的能力；引进红地球和秋黑等葡萄新品种，以及皇家嘎啦苹果、大扁杏、红香酥梨等优良新品种，不仅取得了可观的经济效益，而且对周边地区发挥了有效的引导、示范辐射作用。

（6）通过多功能遥测演示系统和科技成果展示系统的建设，强化了宣传、教育能力，扩大了宣传和教育效果，营造了水土保持科技氛围，目前已成为面向社会公众的水土保持科技和生态安全科普教育基地。

（7）联合成立项目建设组织机构，加强建设单位与监理单位和实施单位的协作。按照水利基建项目管理要求，建立健全组织管理机构，制定项目管理制度，保障项目的顺利实施，严格项目运行管理机制，建立财务、工程质量监控体系，强化管护，建管并举，以径流利用为核心，实现水资源的优化配置和高效利用。通过 3 年的建设，计划目标全面实现，并积累了项目建设与运行管理新经验。

第三节　科技示范园工程运行管理

辛店试验场是科技示范园投入使用后的主要受益者和管护责任人，以日常维修管护和关键设施部位重点防范相结合，保障科技示范园合理有效地发挥生产实践效益，试验场与常绿树种区、经济林区、监测区等十多个功能区的使用者签订管护责任书，落实工程的日常维修养护、森林防火、防汛等责任,确保科技示范园安全运行。

科技示范园四周与农民土地毗邻或接壤,故建立乡规民约,禁止自由放牧及其他不利于林草植被生长和破坏科技示范园正常运行的活动,保护好"封山禁牧"及常绿树种区和生态自然修复的警示牌、界桩、宣传碑(牌)及乡规民约宣传栏等。为保证各项措施的落实到位,科技示范园内同时开展了水土保持监督执法和水保监测项目。

一、科技示范园运行管理体制

生态工程运行管理单位全方位、全过程参与工程设计对于建管结合的实现意义很大。管理人员参与设计阶段的工作,从工程拟建项目的初步设计提出到招标文件的编制、参与招标评标,都可以站在使用者的角度,使项目建设达到一致性和合理性,查找设计疏漏,分析设计缺陷,及时提出优化意见,消除运行中的结构偏差和安全隐患,不但可以方便运行管理,而且可以节省运行期技术改造投资。同时,运行管理单位参与工程建设过程中的质量、进度、投资控制,对于项目运行期间的优化组合也起到至关重要的作用,既能减少运行阶段的工作量,又有利于工程的良性运行管理。与此同时,运行管理单位参加工程的阶段性验收工作,参加重要设备现场安装、监理、调试,尽量多地掌握工程技术信息和收集相关资料,参与关键项目的实施工作等是建管结合的关键环节之一。通过参与工程阶段验收、安装调试不仅可以及时掌握有关设备信息、熟悉操作技能,而且为以后设备稳定运行打下良好基础,可以及时发现存在问题尤其是隐蔽工程的安全隐患,做到早发现早解决,将隐患消除在工程完工之前。

黄河水土保持绥德治理监督局下属的辛店试验场是科技示范园的运行管理单位,从项目外业规划到竣工验收和交付使用全程参与,工程建成后顺利交付使用单位,对科技示范园内部功能区组成和综合效益的发挥以及运行期间管理目标的实现有很大帮助。

二、科技示范园运行管理模式

科技示范园建设工程竣工验收后,由辛店试验场和监测分中心按照技术规范和操作规程开展生产、试验和水保监测等工作,绥德局与辛店试验场签订工程管护合同,明确了管护责任和义务,辛店试验场根据合同要求,制定了管护办法,落实了管护人员。具体做法:一是强化工程后期的运行管理,进一步规范维修养护公司职责,确保工程完好和安全运行。二是加强水保法规宣传,配合地方政府做好林业、水保执法体系建设,加大执法力度,推广管护经验,建立健全科技示范园水土保持预防监督的组织机构,落实监督管护员,使水保设施得到正常运转和管护。三是杜绝如生产生活、开发建设项目、乱砍滥伐滥牧破坏林草植被等一切人为造成的水土流失行为,建设单位水保监督人员对科技示范园内开展的生产和建设开发项目依法监督,对违法案件依法查办。

三、科技示范园运行管理现状

近年来,水土保持工程特别是淤地坝后期运行管护和坡面综合治理成果破坏问题一直没有得到较好的解决,群众对加强生态工程建设及其运行管护的呼声越来越高。由于各地区病险工程较多,所需投资巨大,仅靠有限的中央投资解决这一问题无异于杯水车薪。淤地坝工程管护投入和管理体制中存在的问题和矛盾已严重地制约了黄土丘陵区水土保持工程的建设和发展,因此在国家逐步加大黄土高原治理力度的形势下,研究水土保持工程的持续发展与管理模式已迫在眉睫。

可持续发展强调环境与经济的协调发展,追求人与自然的和谐,其核心是健康的经济发展应建立在生态持续能力、社会公正和人民积极参与自身发展决策的基础上。所追求的目标是:既要人类各种需求得到满足,个人得到充分发展,又要保护生态环境,对后代人的生存与发展不能构成危害。它特别关注各种经济活动的生态合理性,对环境有利的经济活动应予以鼓励,否则应予以摒弃。

水土保持工程持续发展的内涵,就是在以小流域为单元综合治理的系统内部,以人为本,通过确定责任,采取某种使用和维护工程的方式,以及实行产权制度改革和机制创新,在工程建成之后不投入或少投入的情况下,自我维护,自我发展,达到效益的可持续性。

从目前水土保持工程的管理情况看,所有权虚置是管理体制的弊端。有些水土保持工程明确了种植户的管护责任,有些未明确,即使明确了管护责任,但由于未建立相应的约束机制,加之土地生产力水平低下,群众管护意识不强,管护责任也难以落实。另外,由于日常维修跟不上,梯田、林草和淤地坝抵御自然灾害的能力差,遇较大洪水就会造成水毁现象。一般情况下由有限的国家投资修复,群众受益,形成了国家建、管工程的被动局面,其效果并不理想,即使新建工程,也因缺乏良好的运行机制,造成工程运行几年后损坏严重,影响效益的正常发挥。因此,应建立良好的运行管理机制,由专门机构行使所有权的管理职能,并逐步形成"自主经营、自负盈亏、风险共担、利益共享"的经营管理实体。

四、科技示范园运行管理存在的问题

辛店沟科技示范园是国家全额投资的水土保持治理项目,建成坡面工程按土地权属由农户或租赁企业管理使用,淤地坝为集体财产,分给群众无偿使用,一旦工程损坏后无人管护,效益难以正常发挥。即使部分工程实行了有偿用地,其回收资金也无法满足工程的管护费用。目前,黄土高原地区集体经济薄弱,投资有难度,若需投资投劳较多,不建立工程补偿机制,一些工程的毁坏将不可避免。

随着现代科技的不断发展,管理理论与技术愈来愈受到人们的重视,向"管理要效益"已成为人们的共识。然而在水土保持工程建设中有一种"重建设,轻管理"的现象,在工程建设中,虽然采取了许多先进技术,兴建了大批质量好、标准高的工程,但对工程管理经验却很少总结,缺乏相应的管理机制。工程目前的管理方式多是承包方式,还不是市场经济条件下真正意义上的承包,责、权、利未落到实处,承包者缺乏风险意识,缺乏监督机制。

群众是淤地坝工程建设、经营和管理的主体,目前三者尚未有机地结合,群众建坝的积极性、管理坝的自觉性没有充分地发挥出来。目前的管理流于形式,严重阻碍了水保生态项目的可持续发展,也使承包者的自主权、经营方式和管理手段受到制约,工程的潜在效益难以发挥。在市场经济条件下,只有使用者同时作为管理的主体,依靠科学的管理,使承包者利益与集体利益紧密结合,才能真正实现工程的自我维持和发展。

五、科技示范园运行管理解决的对策

水保生态工程是一个有机整体,项目生命周期的各个阶段是不可分割的,运行阶段可看作是建设阶段的后序阶段,工程建设期的完成只是一个阶段性的工作,而充分发挥其效益和功能才是其建设的初衷和目的。几乎所有工程尤其是水保生态工程,其效益的发挥都是在运行阶段,在工程项目生命周期的各个阶段进行建管有机结合为水保生态工程运行期社会效益和经济效益的正常发挥提供前提。

(一)新型运行管理体制尝试

根据我国现阶段农村生产力发展水平和山区农村特别是偏远落后地区农民对现代生态农业的认识程度,家庭联产承包责任制在相当长时间内发挥了一定积极作用后,随着新形势下大农业的推行,这种方式逐渐暴露出对生产力发展的不适应。借鉴其他行业和类似工程管理经验,遵循生态工程运用管理的目标和原则,辛店沟科技示范园运行管理体制在以下三个方面进行了有益尝试。

1.水保生态工程管理协会

水保生态工程管理协会是农场职工(或农民)按照自愿原则自行组成的合作经济组织,是工程运用管理组织机构,也是实现持续发展管理活动的保证和依托。运营原则是:以安全运行为宗旨,以效益为导向,以可持续发展为目的,使投入资金、生产资料和劳动力等生产要素得到优化组织和合理配置。

1)协会的作用与功能

(1)协调各方关系,加强利益主体间的合作。各利益主体间的活动相互影响,相互依存,管理目标的实现依赖于不同利益主体的共同努力。因此,通过协会协调集体和个体活动,组织信息交流和政策传递,保证国家和行业内政策法规的贯彻执行;通过协会定期或不定期的会议,使各利益主体交换情报,了解工作计划、存在问题,加强相互间的密切配合;通过协会对坝系资源和坡面林果合理配置,各种资源及生产要素合理流动和优化组织;将水土保持科研成果推广与生产联为一体,缩短科研成果转化为生产力的时间。

(2)参与组织管理,调动各方积极性。通过建立协会,群众能够参与组织的决策过程,从而了解信息,增加知识,调动积极性,进一步发挥政府主渠道作用。同时,参与本身就是一种激励方式,能够推动成员在执行过程中更好地合作。

2)协会职责

在黄土高原这一经济欠发达地区,协会作为政府(或单位)、集体(或部门)和个人的利益代表,将有利于促进水保生态工程管理,解决目前运行管理中存在的"政府(或单位)想管管不好,群众不愿管,实际无人管"的问题。通过管理协会使资金、资源、劳动力等生产要素得到优化组合和合理配置,建立水土保持工程管理新的运行体制。

2.水保生态工程管理发展基金

1)建立发展基金的目的与作用

(1)管理协会是水土保持工程管理和发展的日常办事机构,关系到整个项目区工程安全运行、高效收益和可持续发展,建立工程管理发展基金,可保证管理协会的工作正常运行。

（2）建立管理发展基金，使长期困扰的工程防汛问题得以解决。在协会统一领导下，进行坝系分类管理，对主沟淤地坝存在安全隐患工程的，汛期应安排专人负责，成立抢险队，确保安全度汛，对基地工程制订计划，及时进行维修。

（3）解决淤地坝加固配套问题，实现坝地资源可持续利用。长期以来，由于淤地坝加固配套工程量大，投资难以承受，国家也顾及不过来，问题一直得不到解决。通过管理发展基金的建立，多方筹集资金，逐步解决这一问题。

（4）水土保持工程使用得到补偿，可拓宽工程管理筹资渠道，减轻国家、集体和群众负担，增强水土保持发展后劲，逐步形成自我积累，为水土保持工程建设奠定了基础。

2）发展基金建立

管理发展基金的来源渠道主要有以下几个方面：

（1）水保工程及其土地使用权作为资产经营所产生的效益。

（2）由于工程存在而派出的效益，如防洪保护效益等。

（3）保证项目区内正常运转的国投资金。

（4）项目区开发，如旅游、休闲、科普教育等收入。

（5）管理协会开拓业务领域，经营创收收入，如坝系水资源开发、坝地新品种引进推广和其他技术服务。

3）发展基金使用范围

发展基金的使用包括项目区开发，淤地坝防汛维修、加固配套，基本农田维修、灌溉设施配套，林草措施补植（种），管理工具购置，管理人员的工资等。应制定管理发展基金使用办法，严格管理发展基金。

（二）科技示范园产权制度改革尝试

水保生态工程管理，应根据市场经济和后期开发的实际，以及本地区现阶段生产力发展水平，遵循资产经营和资本经营原则，采取多种形式。根据辛店沟科技示范园实际情况，提出适宜采用和推广的几种形式。

1. 股份合作制开发

现代企业改制中，股份制是最具活力的体制之一，它体现了股民都是企业的主人，因此凝聚力和向心力极强，具有很大的推广价值。科技示范园股份合作制是以产权为纽带，明确投资、建设和经营管理主体，盘活资产，拓宽投入渠道的一种现代管理形式。就科技示范园而言，除常规水保生态工程正常运行外，由于其特殊的地理位置和周边环境，股份制合作开发生态旅游是不错的选项，可采取资金股、劳务股、技术股和资源股的形式认购。

2. 租赁开发经营

租赁经营是农村实行家庭联产承包制以来一直沿用下来的一种方式，在黄土丘陵沟壑区应用较广，在一定时期仍有保存价值。科技示范园租赁经营除涉及传统农林项目如淤地坝、坡面工程外，在一定条件下还涉及生态旅游观光、科普教育基地等。租赁期限可放宽到 30～50 年，这样便于管理，也杜绝了生产过程中的短期行为。

3. 抵押承包

管理协会在一定时期内有目的地将淤地坝和坡面林果经营权有偿转让给承包者经营或整体出售、拍卖，保证所有者得到稳定的收益，承包者对承包的项目自主经营、自负盈亏。承包者一般通过招标确定，要有财产抵押，要进行考核，具有一定开拓经营能力。抵押承包可杜绝小块零散经营，使坝地和林果逐步向多元化、集约化方向发展，能够涌现出较大的私营企业，为淤地坝改制闯出一条新路。

（三）产权制度改革应注意的问题

基于上述产权制度改革的几种方式，科技示范园所有权属国家所有，为国有资产，但只要直接经营或投资经营者有经济实力和管理经验，原则上应在统一规划指导下，鼓励个体投资兴建，产权属投资兴建者所有。科技示范园内现有设施设备和农林资产应该在开发中得到保护和价值提升。

第四节　科技示范园建设及运行管理办法

项目靠管理，管理靠制度。依据黄河水土保持生态建设项目的特点与要求，在遵照执行国家政策、法律法规以及水利部、黄河水利委员会、黄河上中游管理局制定颁发的有关实施办法和规定的前提下，结合科技示范园具体实际，建设单位在科技示范园申请立项时就制定了多项管理制度并严格贯穿在整个科技示范园建设和运行管护期间。这些制度主要涉及年度计划管理、工程施工合同管理、项目资金管理、资金使用审计、工程质量管理、造林苗木质量检验、年度检查和目标考核、工程监理报账、工程竣工验收、治理成果管护制度等，保证了科技示范园建设期的顺利完成和运行期综合效益的有效发挥。

一、科技示范园建设实施管理办法

（一）总则

（1）为了保证黄河水土保持生态工程辛店沟科技示范园建设顺利实施，进一步推进以法人责任制为核心的水土保持基本建设"三项制度"，加强项目区建设组织管理，明确管理要求和管理职责，建立健全资金使用管理的各项规章制度，规范工程建设行为，确保投资效益的发挥，依据黄河水利委员会、黄河上中游管理局生态工程建设有关条例和规定，结合项目区实际，制定本办法。

（2）本办法适用于黄河水土保持生态工程辛店沟科技示范园建设管理。

（二）项目建设组织机构

项目组织机构设有项目协调领导小组、项目办公室、工程建设施工机构。

项目协调领导小组由黄委绥德局有关领导和项目建设相关部门组成，负责协调解决项目区建设过程中的重大问题和建设资金的落实。

项目办公室设在绥德局生态工程建设办公室，由该站有关技术人员组成。项目办公室贯彻执行项目建设协调领导小组的决议，负责协调解决项目区建设过程中的工作关系，管好用好建设经费。处理项目建设的日常管理工作，负责项目建设的实施和重点项目的招标投标，对建设项目进行监督、检查，并组织工程验收准备工作。

（三）工程建设及质量管理

（1）根据水利部水建设〔1995〕129 号文件精神，本项目实行项目法人责任制，项目法人为黄河水利委员会绥德水土保持科学试验站。

（2）项目区工程实行建设单位负责、监理单位控制、施工单位保证的质量控制体系。

（3）项目建设单位根据水土保持生态工程特点和项目区各单项措施的组成情况,采用公开招标、邀请招标、直接委托等方式确定施工单位。

骨干坝参照国家基本建设程序,全部实行公开招标,按期完成工程建设任务。对于国补投资不足 50 万元的中小型淤地坝和林草措施,可根据实际情况,推行招标投标制或采取议标、直接委托的方式组织实施。

淤地坝工程施工招标工作由具有水利水电施工总承包或水工大坝工程专业承包三级以上资质的施工单位承建。

建设单位按照公开、公平、公正的原则进行招标。严禁对工程施工和监理进行转包、违法违规分包。

（4）建设单位对工程质量负全面责任,要建立健全工程质量保证体系。在与设计、施工、监理单位签订的合同中,必须有工程质量条款,明确质量标准和责任,以及每座工程的质量责任人。同时,应本着高效、精干的原则配备一定数量能力强、经验足、有责任心的技术人员,以满足工程设计要求。

（5）该项目将按照水利部《水土保持生态建设工程监理管理暂行办法》（水建管〔2003〕79 号）等有关规定,委托有水利水保甲级监理资质的西安黄河工程监理有限公司对项目区工程进行全程监理,实行项目建设监理制。

（6）监理单位应依据监理合同,选派足够的、具有相应资质的工程监理人员组成现场监理机构,按照"公正、独立、自主"的原则开展监理工作。

（7）监理单位要对淤地坝的隐蔽工程和关键部位实行旁站监理,对每一道工序,监理单位应作出验收签证。

（8）项目建设根据黄河水土保持生态工程建设的要求,建设资金实行报账制度。施工单位按照合同、协议书中的条款,根据工程建设进度提出工程支付申请,通过监理部和总监理工程师核定认可后,凭总监理工程师签发的工程款支付单和有效税务发票到建设单位报账。

（9）根据水土保持生态工程建设质量管理要求,确保工程建设质量。项目区工程建设由有资质的黄河上中游水利工程建设质量与安全监督站对项目建设进行全程质量监督。工程质量监督机构对工程建设、监理、设计和施工等参建各方的质量行为依法实施监督管理,发现质量问题要及时责成责任单位加以纠正,问题严重的应向上级主管部门反映并提出整改意见,且监督责任单位执行;造成重大工程质量事故的,要提请有关部门追究事故责任单位和个人行政、经济和法律责任。

（10）项目按照《黄河水土保持生态工程辛店沟科技示范园建设水土保持监测方案》,由有水土流失监测甲级资质的黄河水土保持生态环境监测榆林分中心对项目实施过程的水土流失进行动态监测。

（11）施工单位要推行全面质量管理,从组织、制度、方案措施等方面实施全过程的质量控制。

在工程施工前,必须做好施工组织设计,制订施工进度计划。

要严格执行部颁工程质量技术标准,按照设计有关规定进行施工。

要制定和完善岗位质量责任制,建立健全质量保证体系,自觉接受质量监督机构、建设单位等部门的质量检查。

(12)在工程施工过程中需要进行的工程变更,由施工单位提出变更申请,送交项目监理部,监理工程师进行现场核实,由总监理工程师根据施工单位的申请,对建设、设计、施工单位做出变更通知。施工单位签收后按变更后的设计图实施;对涉及重大变更的按有关规定报原设计审查单位进行审批。

(13)根据辛店沟科技示范园建设要求,经过可研、初设,在项目区开展各类试验研究课题。由黄河上中游管理局与绥德局签订合同,并负责管理与组织验收。

(14)在项目实施过程中,设立专门的项目区资料档案室,由专人负责管理,将各阶段工作形成的信息资料进行收集、整理分析和存储,及时为领导决策和项目实施、验收提供科学依据。

(15)辛店沟科技示范园建设将给辛店试验场和周边群众带来利益。因此,按照"谁受益、谁管护"的原则,项目结束验收后,项目建设单位将所有工程移交试验场进行管理,由试验场负责工程运行和管护,并将工程防汛纳入场内防汛管理体系。

绥德局负责后期管护的技术指导,辛店试验场作为项目管护的责任主体,制定管护制度,明确任务,并将各项措施的管护责任落实到人。

(四)保障措施

(1)各实施单位要将项目区建设工作纳入重要议事日程,做到领导重视,技术把关,上下配合,齐抓共管;对项目区建设工作分阶段进行考核和奖惩。

(2)在项目实施过程中,严格按照水利部、黄委颁发的有关规定和制度,强化项目管理,对项目建设情况进行定期检查和随机抽查,了解工程建设动态,加强质量监督,确保工程建设质量。

(3)项目建设办公室协助建设单位落实各项工程的实施,并负责协调好工程建设过程中各部门之间的工作关系。实施单位严把项目建设的技术关、质量关,严格按工程设计进度实施,及时向项目办公室报送项目建设动态和相关技术材料,做好月报、季报、年报以及施工日志、质量监测工作。

(4)施工单位要按照初步设计批复精神,充分利用和协调好工程建设用地,涉及周边村庄如施工道路和抽水管线埋压等要做好协调和群众的思想工作,保证工程按计划进度完成。

(5)施工单位根据项目建设总体设计要求,按照项目区工程建设特点,以《水土保持法》等国家法律法规和地方法规为依据,工程未交验前要配合地方有关部门加大行政执法,并与林业、农业、水利相关部门联合执法,对项目区人为破坏水土保持的现象和事件进行有效的预防监督和及时的依法处罚。

(五)附则

在项目实施过程中,结合本办法和黄河水土保持生态工程辛店沟科技示范园建设管理运行方案进行管理。

二、科技示范园建设期检查和目标考核管理办法

辛店沟科技示范园建设计划实施3年时间。为确保实现工程建设目标,建设单位建立目标考核奖惩制度,以促进各参建单位积极主动、科学合理地制订施工计划,严格管理,把好工程质量关,圆满完成每一项工程。

建设单位制定具体奖惩办法,计划实行旬、月、季度、年度和依据施工合同不定期对施工单位进行综合考核。如期完成施工任务的,由建设单位给予奖励;若不能完成施工任务,甚至发生安全生产事故,影响工程建设目标,建设单位将采取相应措施进行处罚,以此来激励和带动施工单位积极性。建设单位要求参建各方理顺关系,团结一致,充分认识辛店沟科技示范园建设的重要性和必要性,圆满完成工程建设任务。

(一)阶段检查

1.检查的目的和依据

(1)辛店沟科技示范园年度检查的目的,是通过对各单项治理措施或工程的检查,就年度项目进度、质量、资金使用以及管理等作出全面评价。

(2)黄河流域水土保持生态工程年度检查的主要依据是《黄河流域水土保持生态环境建设管理工作暂行意见》,经上级审批的年度计划、设计文件,《水土保持综合治理验收规范》。

2.检查程序

年度检查按照自查、复查和年度抽查三个步骤进行。

1)自查

年度治理任务完成后,由项目实施单位负责组织,邀请有关部门技术人员参加,于当年治理工作结束后年底前,对照年度计划,逐项措施、逐项工程、逐地块进行现场自查,并对年度治理成果作出评价。检查结果报项目管理办公室。

2)复查

由项目建设办公室负责组织,邀请本单位有关技术人员参加。在自查基础上进行复查工作。复查重点包括年度计划执行、工程质量、资金使用、项目管理等方面内容,并对年度治理成果作出评价。复查结果报项目审批单位黄河上中游管理局。

3)年度抽查

由黄河上中游管理局组织,建设单位、监理单位和实施单位在复查基础上进行抽查。抽查重点除复查内容外,还应着重了解治理措施的单项效益与综合效益。各级项目管理部门可随时对所管项目区的工程建设情况进行抽查。

3.检查内容

(1)是否体现经审批的项目规划、可行性研究报告的指导思想和原则。

(2)治理措施内容是否与初步设计一致,各项治理措施是否按照设计图斑落实到地块,治理措施面积是否与图斑面积相符。实施中调整任务或变更设计是否经原审批部门审批。

(3)各项治理措施施工质量要求、质量测定方法、统计要求是否符合 GB/T 15773—1995 国家标准。

（4）是否有健全的施工组织机构，是否合理配备工作人员。项目区工程建设责任制是否逐级落实。

（5）工程防汛、防灾减灾是否做到机构健全、责任到人，防汛防火物资配备是否充足。

（6）水土流失监测内容和方法是否得当，是否符合监测设计要求。

（7）项目建设单位及主管部门编制的规划、立项建议书、可研、设计和上报文件，上级主管部门的批复文件、年度计划、工程建设任务书，工程施工的各类合同等是否归档。

（8）规划、可研、初设及实施过程中重要会议纪要，重要问题的书面报告、请示和上级批复意见，有关领导同志检查工作谈话记录是否归档管理。

（9）有关调查报告及形成各类附表及附图是否真实。

（10）项目实施中单项治理措施检查结果、年度检查成果，包括单项治理措施或较大工程项目经验收合格填写的"验收单"和据此而绘制的验收图，实施单位的自查报告及相关图件表格，自查的单项措施验收表，小流域综合治理年度检查情况表，年度工作总结等相关文件是否完善。

（11）初步设计原始资料（包括文字、图件、表格），较大工程施工日志，各单项措施或较大工程使用物资记录和应完成措施工程量记录及质量检查原始记录，施工过程中遇暴雨洪水或其他事故抢救或处理记录和总结，自查原始记录，各类统计数据原始资料，各类效益专题报告及其计算过程等。

（12）档案整理要有系统性和连续性，档案管理应有专人负责，没有完整、真实、准确、系统档案材料的项目不进行阶段验收。

（13）举办过哪种类型的技术培训，培训对象、内容、人数及培训方法、效果。

（14）工程技术人员是否坚持现场技术指导，是否做到帮助项目建设解决技术问题，严把质量、技术关。

（15）在宣传方面采用了哪些形式，宣传范围及效果如何；为推动项目实施，在工程建设过程中有哪些创新点。

4. 检查要求

（1）检查前应进行人员培训，提高认识水平，统一标准，明确方法，制定必要的检查纪律。

（2）年度检查时发现有下列情况之一的，应从严扣分并追究相关责任人的责任：采取以无报有、以旧报新、重复上报等手段虚报治理结果的；对人为破坏造成新的水土流失治理不力的；财务账目不清，虚报冒领的。

（3）梯田及其他工程措施当年完工当年自查，林、草等植物措施，春季栽植的秋季检查成活率，秋季栽植的第二年春检查成活率，保存率均在第二年自查。

5. 检查标准

（1）水平梯田：①规划布局合理，集中连片，田面纵断面基本水平，横断面内低外高，蓄水埂、田坎坚固，断面达到设计标准。②应有植物护埂。③梯田建成后，确定承包方履行养护责任，提高地力义务。④采取增施肥料、培肥土壤、种植适宜作物等增产措施。

（2）造林和果园建设：①林种、林型、树种适合当地立地条件，施工质量达到设计要求。②应有苗木质量验收，验收单应包括苗木名称、数量、来源、出圃时间、苗木等级、乔木林检疫等内容。③检查时,对灌木林采用 10 m×10 m 样方,乔木林及经济林采用 30 m×30 m 样方,测算造林密度是否符合设计要求。④造林一年后在规定范围内,取样方测定成活率,成活率低于 60% 的按不达标工程处理,应限期补植。⑤水保林做到乔灌结合,果园地应采取植草等覆盖措施。

(3)人工种草:①草种选择、栽植技术是否符合规划设计要求。②检查是否达到"精细整地"要求。③在规定抽样范围内取 2 m×2 m 样方,测定出苗及生长状况,草长成后用同样尺寸样方测定自然草层高度及地面覆盖度,当年成苗数低于 30 株/m² 的,应限期补播或补植。

(4)封禁治理:①封禁范围应有明显界限,有专人管理。②对照封禁制度,检查具体执行情况,有无违反制度、破坏林草、乱伐滥牧现象。③封山育林草是否按照设计要求采取了补播、维护等抚育措施。④在规定抽样范围内,取 20 m×20 m 样方,清点原有残林株数和新生幼树株数,并各选 10 株老树和幼树,测其树高、根(胸)径、冠幅、覆盖度。取 2 m×2 m 样方,观察草丛结构,测定牧草质量、生物量与覆盖度。

(5)淤地坝工程:①基础开挖施工完毕未覆盖前,项目管理部门负责组织设计、监理、施工单位共同检查清基范围、清基质量、接合槽深度、截水槽断面尺寸与回填土料是否符合设计要求;卧管及溢洪道基础开挖线、开挖深度及各部位断面尺寸是否达到设计规定;各构件部位土质基础干容重、石料质量和规格、砂浆配料、铺砌技术是否满足设计要求。②对照施工单位施工记录,抽样检查土坝回填压实质量,土坝竣工后,沿坝轴线长度每 10 m 设一高程标志点,检查沉陷值是否在设计允许范围内。③暴雨洪水后各类建筑物是否完好无损,如有损毁,则查明原因及时处理。

(6)小型引水、蓄水池(窖)工程:蓄水池、水窖防渗措施符合设计要求。水窖拦污、沉沙措施齐全完善,灌溉管线埋压和机械动力满足实际生产需要。

6. 检查方法

(1)外业与内业结合。外业主要是实地检查各项治理措施完成数量和质量、预防监督及水土保持方案实施情况;内业主要是查看有关总结与统计资料、相关文件、录像、图片等。

(2)自查。对照小流域设计图斑和年度计划,对各项治理措施的数量和质量在现场逐块逐项检查,自查成果造册登记,准确勾绘于小流域综合治理初设图或土地利用现状图为底图的 1/10 000 图上,并注明数量和时间。凡质量不合格的不能统计数量。

(3)复查。在自查基础上,采取标号抽签办法,随机选定复查的图斑,对照自查成果图、表,逐项抽样复查。抽样数量为总数的 40%,复查面积不得少于总治理面积的 20%。复查的图斑(片)确定后,采取按治理措施抽签办法,确定各项措施抽样点,抽样点面积原则上以图斑为最小单位,图斑面积过大时,可对该图斑若干地块进行核实。根据复查结果对各片(区)按好、中、差三类排队。

(4)年度抽查。在复查基础上,采取标号抽签办法,抽查部分治理区块。所抽区块好、中、差均应占一定比例。抽查图斑为总数的 20%,抽查面积不少于总治理面积的 10%。对项目区当年竣工的淤地坝工程逐座进行检查。

(二)目标考核

1. 旬考核

对单项工程建设每旬前三日,施工单位上报上旬工程进度情况,核查中发现质量问题、安全隐患、虚报进度、偷工减料、擅自改变设计、违反规范要求施工等问题的,该施工单位除不能参加评奖外,还要受到通报批评;生态工程建设办公室和监理单位根据进度和工程质量进行汇总和排名,并将排名结果向参建单位进行通报。

2. 月考核

对单项工程建设每月 5 日前,上报上月工程进度报表,生态建设办公室和监理单位对各项工程进度进行审核汇总和排名,核查中发现质量问题、安全隐患、虚报进度、偷工减料、擅自改变设计、违反规范要求施工等问题的,该施工单位除不能参加评奖外,还要受到通报批评;生态工程建设办公室和监理单位根据进度和工程质量进行汇总和排名,并将排名结果向参建单位进行通报。

3. 季考核

(1)自评。在每季度首月的 5 日之前,上报上季度的工程进度季报表,并就计划完成情况与存在的问题进行简要的自评。

(2)审核。生态工程建设办公室和监理单位对单项工程在施工单位自评的基础上进行核查,并将核查结果汇总上报项目建设领导小组审核。

(3)通报、公布。建设单位下发文件,对各工程季度进展情况及存在的问题进行通报;对按合同要求完成建设任务的施工单位按照奖励办法进行奖励。

4. 年度考核

(1)自评。施工单位对各单项工程对照工程年度建设任务和工程建设施工合同,写出简明扼要的工程建设目标完成情况,对未完成的工程或工作不到位的需要说明原因。

(2)联合审定。由项目建设单位牵头组织项目办公室、监理单位,对本年度单项工程完成情况和工程安全、质量等内容进行初评,并对施工单位提请验收合格的单项工程进行初验。联合审定后对如期完成,且未发生质量和安全的施工单位进行奖励;对没有按合同要求完成年度建设任务的施工单位进行通报。

三、科技示范园财务管理办法

(1)为加强黄河水土保持生态工程中央财政资金(以下简称中央财政资金)管理与监督,提高水土保持资金的使用效益,推进财政国库管理制度改革,按照国家有关法律法规和黄委《黄河水土保持生态工程中央资金管理暂行办法》,制定本办法。

(2)本办法适用于由黄河上中游管理局下达的辛店沟科技示范园建设中央财政性资金。包括:

①财政预算内资金;

②纳入财政预算管理的财政性基金;

③其他财政性资金。

(3)黄河上中游管理局作为中央财政资金的授权支付部门,负责对该项目建设过程中央财政资金使用的监督、检查。

（4）上级主管部门在中央财政资金支付中的职责为：

①按计划使用财政资金并做好相应的基本建设财务管理和合计核算工作。

②汇总编报基本建设财务报表，审批所属单位年度基本建设财务决算和竣工决算。

③汇总编制季度分月用款计划及中央财政资金报账申请所需的相关资料，并保证所提供资料的真实性和合法性。

④对所属单位的资金使用情况进行监督检查并及时解决存在的问题。

（5）建设单位在中央财政资金使用中的职责为：

①严格执行《国有基本建设单位会计制度》，依法筹集项目建设资金，办理工程与设备价款结算，控制费用性支出，合理、有效使用建设资金。

②按时编制月、季度报表，支出预算执行情况季度报表，年度财务决算报告和项目竣工决算等有关基本建设财务报表。

③按时编制季度分月用款计划及中央财政资金报账申请所需的相关资料。

（6）中央财政资金的拨付依据是黄河水土保持生态工程建设投资计划、有关合同、季度分月用款计划、完备的报账申请书。

（7）季度分月用款计划是依据建设项目投资计划和预计工程进度，向上级部门申请拨付的用款计划数。

（8）建设单位应按规定的时间向上一级主管部门报送中央财政资金季度分月用款计划。

（9）建设单位财务部门汇总的季度分月用款计划按照上级规定时间报送黄河上中游管理局。

（10）中央财政资金报账申请中的工程量必须经监理部门签字认定，并按照一定的支付比例申请报账，其限额不能超出已申报的季度用款计划数。内容主要包括：

①报账申请书。

②黄河水土保持生态工程中央财政资金累计支付表。

③黄河水土保持生态工程辛店沟科技示范园建设项目中央财政资金报账申请表。

（11）建设单位对工程措施按计划项目中的单项工程措施分项目填报，对非工程措施项目可合并填报。

（12）财务报账：

①工程措施按照项目可研批复的中央资金报账。其中，单项工程如淤地坝工程等直接按计划下达数进行报账。

②非工程措施（如支持服务系统、预防监督及前期工作）可按照进度报账。

③工程预付款（30%）、进度款（50%）、竣工决算以及质保金（20%）领取均须乙方凭监理工程师签认的工程计量文件和计量证书，待项目办负责人和建设单位法人签字认可后，持税务票据到甲方财务部门进行银行转账结算。

（13）为保证资金申请的真实性、资金核算的正确性、合同等原始支付凭证的合法性和竣工决算的规范性，对于施工单位不能履行相应的管理职责或存在下列情况之一的，建设单位将暂缓或停止财务支付：

①无计划、超计划申请使用资金的；

②违反基本建设程序,擅自改变项目建设内容,自行扩大预算支出范围申请使用资金的;

③申请及提供的财务信息手续不完备的;

④未按规定程序申请使用资金的;

⑤工程建设中人为造成经济损失和社会影响的;

⑥其他需要拒付的情形。

四、科技示范园建设管理规程

(一)总则

根据《黄河流域水土保持工程建设项目管理办法(试行)》、《黄河流域水土保持生态环境建设管理工作暂行意见》、《黄河水土保持生态工程年度检查办法》和《黄河水土保持生态工程竣工验收办法》,结合辛店沟科技示范园建设的具体情况,特制定本建设管理规程。

(二)计划管理

(1)辛店沟科技示范园建设项目已列入黄河上中游管理局年度计划项目,并具备以下条件:

①单项工程的初步设计已经审批,且属于已批复可行性研究报告所确定的范围;

②具备工程施工的基础条件。

(2)该项目建设将根据黄河水土保持生态工程项目可行性及初步设计、实施方案批复等文件,结合建设单位各年度投资计划的实际完成情况,编制下年度建议计划,每年于规定时间上报黄河上中游管理局。

(3)黄河上中游管理局将督促建设单位对已经下达计划任务的项目进行实地查勘,落实工程施工的前期准备,为年度计划的完成打好基础。

(4)黄河上中游管理局根据该项目区进展情况,对建设单位上报的建议计划进行审核并做出符合实际情况的调整。

(5)项目建设所需投资由国家财政全额投资。

(6)建设单位计划管理部门要严格履行计划管理职责,不得擅自变更、调整。

(三)建设管理

(1)辛店沟科技示范园建设由绥德局作为建设法人,黄河上中游管理局将对项目区建设进行检查、督促和指导工作。

(2)在项目实施前,建设单位与各施工单位签订项目协议书,确定各自的权利、职责、违约责任及奖惩办法等。

(3)在项目实施过程中,施工单位应严格按各单项措施的设计标准施工。建设单位对不符合质量标准的措施,要追究工程负责人的责任,并责令限期返工,合格后方可验收。

(4)沟道工程、小型水利水保专项工程建设与坡面治理措施相配套,权衡考虑,以充分发挥其综合效益。

(5)项目建设中推广应用先进的水土保持科学实用技术。如径流利用、地膜覆盖、优良品种、植物篱、等高灌木带、机修梯田、生物地埂等。项目区须有科技推广示范点,以形成点、线、面相结合的科学技术推广示范体系。

（6）各级管理单位要加强科技示范园建设项目的实施监管。黄河上中游管理局对工程项目检查，一般上半年和下半年各进行一次。根据各单项工程的实施情况，分阶段进行督促检查，每年最少三次。各级业务部门一般采用联合检查方式。

（7）科技示范园将全面实行项目法人制、工程监理制和工程质量责任制，积极推行招标投标制。

①项目法人制：黄河上中游管理局和建设单位签订项目法人责任书。

②工程监理制：项目建设单位要委托有资质的监理公司对水土保持生态工程项目进行全面监理。

③工程质量责任制：实行质量终身负责制；发生责任质量事故，要视其具体情况，分别追究设计、建设、施工和监理等单位的责任。

④招标投标制：在工程项目的规划、设计、施工及种苗采购等方面，按规定积极推行招标投标制。

（8）建设单位将科技示范园纳入年度目标管理，成立由业务领导挂帅，有关业务部门参加的领导小组；建立人员组成合理、职责分工明确的办事机构，负责实施各项治理任务；大力开展技术培训，搞好技术服务。

（9）工程项目建设实行质量监督员制度。质量监督部门要经常派出质量监督员对工程建设质量进行监督检查。质量监督员在检查过程中发现问题，要及时向建设单位反馈，并要求实施单位及时整改。

（10）建设单位将建立健全管护体系，落实管护责任，对违反水土保持法规、破坏水土保持治理成果的行为，将配合地方执法部门依法查处。

（11）建设单位将建立专门的技术档案管理机构。档案资料必须由专人管理。技术档案包括规划、可研、初步设计、各项治理措施技术设计及批文、目标责任书、招标投标文件、合同、年度治理计划、工程总结、监理材料、年度检查验收资料、各项技术规程、竣工验收资料、预算决算、各种报表、财务审计报告及其他有关文件、报告等。

（12）建设单位对工程项目实施情况适时进行半年工作总结和年度工作总结。总结的内容主要包括工程概况、治理任务完成情况、经费使用、治理效益、取得的经验与存在的问题、今后工作打算等；半年工作总结和年度工作总结分别于7月底前和次年1月底前上报黄河上中游管理局。

（13）建立科技示范园工程建设情况联系制度。联系形式为统一的报表及必要的文字说明，分为年报、半年报及重大事件报告，半年报于6月20日前报出，年报于12月20日前报出。报表通过电子邮件报送，同时还要将联系报表以文件形式报送。资料管理必须有专人负责，形成信息网络。

（14）黄河上中游管理局每年对综合治理工程项目进行一次年度检查及综合考评，检查结果既作为确定下年度计划投资的重要依据，也作为项目验收的依据之一。

①自查：依照年度计划，逐个地块进行自查，将符合规范标准和技术要求的坡面治理措施按图斑填绘在万分之一工程进度图上。淤地坝、小型水利水保工程等单项措施应在图上标明其所在位置。将核实后的数量按措施分类填写在图斑登记表上。同时，编写自

查报告,于次年1月底前上报建设单位。

②复查:建设单位将重点检查年度计划执行、施工设计、工程质量、资金使用、项目管理等方面的内容,并对年度治理成果作出综合评价。复查报告于次年3月底前报黄河上中游管理局。

③年度检查:在复查的基础上由黄河上中游管理局组织,检查的内容主要包括组织领导、规章制度、施工设计、治理任务及工程质量、科技示范推广、资金使用管理、工程管护、工程监测、档案管理等。对工程数量和质量,采取随机抽样的方法,按照图斑实地测量,抽查面积为各项措施年度完成总量的20%,并参照《小流域综合治理竣工评分标准》,对整个项目区的执行情况给予考评赋分排序。

在检查过程中,对在项目执行过程中存在的问题,现场提出具体的改进意见,并限期整改。

(四)资金管理

(1)科技示范园建设项目严格按照国家基本建设程序进行管理。国家投资实行专户管理,专款专用,严禁以任何理由挪作他用。

(2)实施单位完成年度治理计划任务后,按照监理计量确认的工程量,经监理部门签字认定后,凭监理计量凭证到建设单位财务部门报账。

(3)建设单位须留5%的质量保证金,在项目最终验收合格后,方可支付。

(4)财务管理部门必须按照批准的建设项目和年度计划,在核定的投资额度内支付建设资金。同时,要加强建设资金的管理,按照《国有基本建设单位会计制度》要求,建立健全核算的有关原始记录,确保会计核算的真实、完整。

(5)建设单位要按照有关规定和各部门职责,按时、真实、完整地编报和汇总科技示范园财务月报、季报、年度决算等各种财务报表。

(五)中期评估

(1)项目中期评估的主要内容为:项目区总体规划、可行性研究、初步设计、单项措施典型设计、施工设计等的科学性、合理性、可行性、可操作性及与经济发展和水土保持生态建设要求的适应性;各年度计划完成情况、各项治理措施完成的数量和质量;项目实施的组织领导及其各级责任制的落实情况;国投资金到位情况、投资完成和资金使用情况;科研、先进实用新技术的推广应用、质量保障体系的建立和资料收集建档等情况;项目建设成就及其经济、生态和社会效益;项目建设的运行管理机制、主要做法及经验等。

(2)中期评估工作由黄河上中游管理局负责组织,建设单位配合。也可委托建设单位进行,并邀请黄河上中游管理局业务主管部门派员参加。项目评估在认真审查项目区年度工作总结和年度抽查结果的基础上,根据评估的技术要求,深入项目区现场调查了解情况,对项目区的综合治理和单项措施的数量和质量抽查核实;认真听取项目建设、监理、实施单位有关人员和工程使用部门对项目建设的意见和建议,并全面收集有关资料。

(3)评估人员应在现场调查了解和对有关资料整理分析的基础上,完成项目区中期评估报告,评估报告应对项目前期执行情况做出总体评价,提出后期建设意见。建设意见包括解决前期建设中存在问题的办法和建议,建设目标、内容、实施计划、措施结构是否需要调整及调整方案等。

（六）项目验收

（1）科技示范园验收的主要依据为《水土保持综合治理验收规范》（GB/T 15773—1995）、《黄河流域水土保持工程建设项目管理办法（试行）》和《黄河水土保持生态工程竣工验收办法》。

（2）项目验收将根据已经批准的初步设计逐项进行。

（3）科技示范园验收由黄河上中游管理局负责组织，邀请有关单位派员参加，验收的重点是各项治理措施的质量和数量，对质量不符合标准的，不计其数量，并要求返工；验收人员根据单项措施验收情况，在现场及时绘制验收底图，标明验收合格的治理措施的位置、数量和验收时间等。

（4）验收的程序、内容和方法：

①自验：由项目实施单位组织进行，自验完成后向复验负责单位提出验收申请，并提供竣工验收申请报告、实施规划及其相关文件、项目自验报告、项目竣工报告。

②复验：由建设单位组织进行，首先对自验单位上报的竣工验收申请报告及相关验收材料进行技术审查，审查合格后，及时成立复验小组，对项目实施复验。复验内容以设计和合同为依据，重点验收各项措施的质量和数量是否与设计相一致，坡面治理措施应占措施总量的 20% ~30% 。

科技示范园复验根据有关规定对验收的内容逐项评分，依据总得分多少，对项目成果作出初步评价，分为优秀、良好、合格三级；对有重大问题的不予验收，责令限期返工。在复验后两个月内，将竣工初步验收报告上报竣工验收负责部门。

③竣工验收：由黄河上中游管理局组织进行，竣工验收负责单位对竣工初步验收报告审查合格后，组织成立由工程技术、计划、财务、审计等人员参加的项目竣工验收小组。验收小组在现场对竣工初步验收报告的文字、附表、附图及其他相关材料等进行全面审查，对各项治理措施抽取有代表性的若干处，对照竣工验收图，逐项进行随机抽查复查，抽样的比例应占总量的 15% ~20% ，淤地坝工程逐坝验收。结合现场考察核算各项治理措施的效益和项目效益；在综合分析的基础上，对项目建设作出全面评价，评价分为优秀、良好、合格三级，并颁发竣工验收鉴定书。

④综合治理竣工报告由文字、附图、附表、附件等部分组成。其中，文字内容包括流域概况、治理计划及完成的各项措施数量、工程质量、治理进度；投资结构、资金管理使用情况、单位面积造价；取得的各项效益；值得推广的经验、做法和治理模式；存在的主要问题和建议等。附图为万分之一水土流失与土地利用现状图、水土保持工程总布置图、水土保持工程竣工验收成果图。附表为综合治理措施验收表、综合治理经费使用情况表、综合治理前后土地利用与产业结构变化情况表、各类措施竣工验收表等。附件为历年年度检查总结报告、经费使用情况报告、专题调研报告等。

⑤监测区和成果展示区将采用多媒体汇报和现场验收。

⑥项目区竣工报告由文字、附图、附表、附件等部分组成。其中，文字内容包括项目区概况、计划及各项治理措施完成的数量、工程质量、治理进度、投资投劳、综合效益、项目建设管理经验。附图以项目区内各单项工程竣工验收所附的三张万分之一图件为依据，经复照缩小比例尺拼图编制出项目区水土流失与土地利用现状图、水土保持工程总布置图、

水土保持竣工验收成果等。

五、科技示范园建设质量管理办法

（1）为了加强科技示范园建设工程质量管理，强化工程质量监督，提高工程质量，充分发挥投资效益，根据水利部《水利工程质量监督管理办法》，结合科技示范园建设实际，特制定本办法。

（2）各参建单位应充分认识质量监督的重要意义，建设单位组建独立的质量监督站，该机构是科技示范园质量监督和管理的主要组织机构。

（3）质量监督的主要依据：

①国家和地方现行有关生态工程质量的法规和行业标准。

②经批准的工程设计文件，包括设计说明、图纸、技术要求、设计变更文件及合同等有关资料。

（4）质量监督机构和职责：

①质量监督机构。

黄河水利委员会设质量监督总站，黄河上中游管理局设质量监督站。建设单位设立该项目区临时专门质量监督站，并根据工程建设需要配备一定数量的质量监督员。

各级质量监督机构根据工作需要和专业配套的原则，确定质量监督员（含兼职）的数量。

质量监督员必须具备以下条件：

一是工程师以上职称，或大专以上学历并有三年以上从事水土保持工作的经历。

二是坚持原则，秉公办事，认真执法，责任心强。

三是经过培训并取得水利部核发的水利工程质量监督员证。

为保证质量监督工作的客观性、公正性，凡从事科技示范园监理、设计、施工、材料供应的人员不得担任该项工程的质量监督员。

②质量监督机构的职责。

一是贯彻执行国家和上级有关工程质量管理的方针、政策，制定质量监督、检测有关规定和办法；

二是负责对科技示范园质量实施监督工作，并向建设单位负责，参加工程的年度检查和竣工验收；

三是监督重大工程质量事故的处理；

四是掌握工程质量动态，组织经验交流，培训人员，开展相关的质量监督活动；

五是向建设单位报告质量监督工作情况。

（5）质量监督的主要内容：

①对监理、设计、施工和种苗、物资提供单位的资质进行复核。

②对建设单位的质量管理、监理单位的质量检查、施工单位的质量保证体系和现场服务情况进行监督检查。

③监督检查技术规程、规范和质量标准的执行情况。

④检查并完成对工程质量的检测和质量评价。

⑤工程质量检查包括:是否按工程设计进行施工,单项、分部工程是否符合质量标准,监理、施工单位的质检人员、设备到位情况,施工工序、建筑材料、种苗等是否符合要求。

⑥提出阶段质检报告,在工程竣工验收前,对工程质量进行等级核定,并向工程验收组织单位提出工程质量等级的建议。

(6)质量监督方法:

①科技示范园质量监督方法以抽查为主,进行巡回检查、监督。

②对重点项目的重要工程应进行定位监测,指定专人负责,积累资料,并将质量情况及时报工程建设单位和主管部门。

③根据需要对工程进行必要的抽样检测。

(7)质量检测的任务和要求:

①质量检测任务由质量监督机构完成,有特殊要求的项目可委托专门的检测单位完成。检测部门或人员必须取得相应的资质,并经质量监督机构授权,方可开展工作。检测人员必须持证上岗。

②质量检测的任务:

一是对已竣工工程的质量进行抽样检测,提出检测报告。

二是根据检测结果,对项目实施提出要求和建议。

三是参与质量事故分析,研究处理方案。

四是完成质量监督机构委托的其他任务。

③检测的要求:

质量监督项目站对各项治理措施每年要最少检测一次,每次抽检的数量应占该项措施数量的5%以上。对淤地坝工程检测每年不得少于两次,抽检的数量应占当年施工总量的10%以上,每次检测后要提出文、图、表齐全的检测报告。

黄河上中游管理局质量监督站可根据实际情况确定检测的次数和抽检的数量。

④质量事故的处理:

质量事故发生后,应按"四不放过"的原则,根据有关法规和规定进行处理,即:调查事故原因,研究处理措施,查明事故责任,监督事故处理。

一般质量事故由施工单位进行调查,提出处理意见,经建设、监理单位同意后实施,并由建设单位将事故调查处理情况书面交付质量监督机构备案。

重大质量事故由建设单位会同质量监督机构组织监理、设计、施工单位共同调查分析事故原因,明确责任,研究提出处理方案,报主管部门批准后由施工单位实施。

处理方案中的工程质量应符合设计标准,处理后必须进行工程质量检测和评定。

(8)质量监督成果:

阶段性质量监督工作结束后和每年年底,质量监督机构应提出质量监督报告和质量检测报告,并报同级主管部门。

①质量监督报告的内容:

质量监督依据的制度、规定,相关的技术标准。

采取的方法、措施及检测和调查的各项数据分析。

对质量事故的分析和处理意见。

工程质量评价及质量等级核定意见。

对下阶段工作的建议等。

②质量检测报告的内容：

检测项目名称、位置、检测目的要求。

检测方法、仪器、工具、所依据的规范。

规定质量指标，实测质量指标。

检测结果，质量评定意见。

附件，如质量检测原始记录表、检测成果汇总表、检测点分布图。

六、科技示范园竣工验收办法

(一)竣工验收目的和依据

(1)科技示范园工程竣工验收的目的是评定项目区、单项工程的质量、数量，对项目实施作出总体评价。

(2)科技示范园工程竣工验收的主要依据是：《黄河环境工程建设项目管理办法》；《黄河流域水土保持生态环境建设管理工作暂行意见》；上级主管部门批复的规划、可研报告、设计文件；合同文本、计划下达文件；国家颁发的有关技术规范、标准。

(二)竣工验收内容

(1)综合验收内容：

①治理措施：根据项目区综合治理初步设计的治理措施，逐项进行验收。验收重点为各项治理措施在项目区中是否按设计实施；各项治理措施的质量和数量；质量验收中包括造林、种草的保存率，各类工程措施是否符合设计要求，经汛期暴雨考验情况。

②治理效益：审查效益分析基础资料是否可靠，计算方法是否合理，计算成果是否准确可靠。

③财务管理：按照财务管理有关规定，检查经费到位、使用、补助费兑现及账目管理情况等。

④实施管理：验收预防监督、治理成果管护等方面制度是否健全，实施效果和技术成果资料归档建档情况。

(2)验收工作在项目区竣工初验基础上，侧重对项目实施期间项目区整体实施效果作出评价；项目验收侧重对年度检查结果作出评价，并对主要治理措施或单项工程进行抽验；淤地坝工程侧重对施工质量标准的验收。

(3)申请竣工验收前，提交的有关验收材料须经监理单位核实认可。

(三)竣工验收标准

1. 项目区验收标准

(1)全面完成项目区内治理任务，各项治理措施符合国标 GB/T 15773—1995 附录 A 的验收质量要求。

(2)各项治理措施布局合理，形成综合防护体系，工程设施完好率在 90% 以上，植物措施保存面积达到设计面积的 80% 以上。

(3)项目区各片(区)水土资源得到合理利用，土地利用结构和产业结构趋于合理，土地利用率和土地产出率达到设计标准。

（4）水土流失得到有效控制，防洪减沙效益和林草覆盖度达到设计要求，生态环境有明显改善。

（5）项目区职工（群众）生活得到明显改善。人均粮食基本达到自给，人均纯收入增长水平比当地平均增长水平高30%以上。

（6）人为造成新的水土流失基本得到控制，各项治理措施的使用、管护、受益等方面责任制得到落实，治理成果得到管护和巩固提高。项目区内没有毁林毁草、陡坡开荒等破坏事件，地方基础设施建设项目均采取了有效的水土保持措施。

（7）项目区内各单项工程治理标准应全部达到合格以上。

2. 单项措施验收标准

单项措施包括水平梯田、水土保持林草、封禁治理、淤地坝与小型蓄水保土工程、监测区布设、成果展示区建设等，其竣工验收标准参照《黄河水土保持生态工程年度检查办法》有关内容和标准执行。

1）淤地坝验收标准

（1）工程竣工报告、竣工图纸及竣工项目清单、施工监理资料、施工记录及质量检验记录、阶段验收和单项工程验收鉴定书、主体工程承包合同文本、竣工决算、工程建设大事记和主要会议记录，全部工程设计文件和设计变更修改图纸，以及上级批准文件等资料齐全并符合要求。

（2）根据工程设计文件、竣工图纸、施工记录、质量检验记录及阶段验收和单项验收鉴定书，检查土坝、涵卧管及溢洪道基础开挖、土方回填及其质量测定方法是否符合设计要求。

（3）土坝坝体应无纵横裂缝，沉陷度符合规范要求，无滑坡等毁损现象，迎水坡无风浪冲刷，背水坡无散浸及集中渗漏，坝坡浸润线逸出处无管涌和流土，排水导渗正常，溢洪道两岸无滑坡预兆，墙体或底板无损坏，闸门及启闭设备运用正常，排水管渠畅通。

（4）经暴雨洪水考验，发现问题已查明原因并及时处理。各建筑物完好无损。

（5）坝体应及时种草或种灌木覆盖，坝体两端取土场和山坡应进行整理并采取防止水土流失措施。

（6）有管护组织，并建立健全管护制度，落实管护人员，保证工程安全正常运行。

2）预防监督验收标准

（1）严格执行我国《水土保持法》、《森林法》、《草原法》及有关水土保持地方性法规、规范性文件及有关规章制度。

（2）坚持防治并重，治管结合，各项治理措施的使用、管护、受益等方面的责任制得到落实，治理成果得到巩固。

（3）没有发生毁林毁草、陡坡开荒等破坏事件，25°以上陡坡耕地已退耕还林还草。

3. 财务管理验收标准

（1）国投资金按规定落实到位。

（2）严格执行有关财务管理规定，做到专款专用。

（3）建立了经费兑现制度，并认真执行。

(4)竣工决算已经完成并通过竣工审计。

4. 档案管理验收标准

(1)将项目档案纳入科技示范园建设管理体系,建立档案制度并有专人管理。

(2)规划、可研、设计、施工、管理等技术文件、原始资料及计算成果及时归档,做到齐全、完整、准确和系统。

(3)按照反映工作过程的主要文献,各个工作环节的主要技术成果,综合治理和单项工程竣工验收成果三个主要技术环节做到分类建档。

(四)验收组织、程序和方法

1. 自验

(1)单项工程自验由施工单位组织,项目区自验由建设单位组织,并由建设、监理、设计、质量监督等部门共同组成。

(2)项目区按照设计要求,在历年检查基础上,对各项治理措施的数量、质量进行现场验收,将验收成果填入验收表中,并实地复核 1/10 000 年度验收图。凡质量不合格的不能统计数量。

(3)淤地坝工程应在工程完工后逐座进行验收。

(4)实施单位在单项工程自验基础上,汇总提出自验报告。

(5)自验组织单位负责编写自验总结报告和竣工验收申请报告,填绘有关验收图表,上报申请复验。自验不合格的,不得申报复验。

2. 复验

(1)在自验后的 3 个月内进行复验。复验由建设单位组织。

(2)复验应对上报的竣工验收申请报告、自验总结报告及其附表、附图、附件等进行全面审查。

(3)综合治理要对照自验成果图、表,逐条进行复验。对各项治理措施采取随机抽样办法,按照 25% ~ 30% 的比例抽样,逐项核实质量和数量。抽查面积不得少于总治理面积的 20% 。

(4)淤地坝工程在自验的基础上逐座复验。复验可与年度检查一并进行。

(5)项目区复验,采取随机抽样的办法,对各项治理措施按照 10% ~ 15% 的比例抽样,逐项核实质量和数量,综合治理抽查面积不得少于总治理面积的 10% 。淤地坝工程抽查总数的 20% 。

(6)复验组织单位分别对工程项目实施作出总结和评价,编写出项目区复验报告,上报申请验收。复验不合格的,不得申报竣工验收。

3. 竣工验收

(1)竣工验收应对上报的竣工验收报告、复验报告、附表、附图、附件进行全面审查。

(2)项目区要在自验和复验的基础上逐条提出竣工验收报告。

(3)淤地坝工程在自验和复验的基础上逐座进行,验收合格者颁发合格证。

(4)项目区竣工验收在自验和复验的基础上进行随机抽样检查复核。

（五）验收成果

1. 综合治理竣工总结报告

(1)文字部分：项目区概况(地理位置、人口、土地总面积、农业劳动力、项目实施前土地利用及治理状况等)、治理规划及完成的各项治理措施数量、工程量、治理面积、治理进度；投资结构、资金使用形式、投资比例、单位面积造价、投工投劳；取得的各项效益(粮食总产、基本农田、人均产粮、人均纯收入、产业结构、植被覆盖、各类措施拦蓄拦沙量等情况)；工作经验等。

(2)附图：1/10 000水土流失与土地利用现状图、治理措施规划图、竣工验收成果图。

(3)附表：治理前后社会经济情况表、土地利用结构表、水土流失状况表、治理措施规划与完成情况表、投资使用与概算表、综合效益调查表、各类措施竣工验收表等。

(4)附件：历年年度检查报告、经费使用情况报告、效益计算专题报告、专题调查研究报告等。

2. 淤地坝工程竣工总结报告

(1)文字部分：工程概况及主要技经指标、承建单位、完成工程量、施工质量控制、投劳投资投物、工程效益、工作经验等。

(2)附表：工程概况及主要技经指标表，工程量、投工、投资预决算表等。

(3)附图：淤地坝规划图、全部工程设计图、竣工图等。

(4)附件：设计变更和修改设计文件、隐蔽工程验收记录、施工记录和质量检验记录、单项工程验收鉴定书等。

3. 项目区竣工总结报告

(1)文字部分：项目区概况、治理规划，并依据各项目区综合治理竣工验收报告，汇总项目区各项治理措施完成数量、工程量、治理面积、治理进度、投资投劳、综合效益；工作经验等。

(2)附图：以项目区内各单项工程竣工验收所附三张图为依据，经复照缩小比例尺拼图，编绘出项目区水土流失与土地利用现状图、治理措施规划图和竣工验收图。

(3)附表：汇总项目区内各小流域竣工验收各种附表数据，制成同类附表。

(4)附件：项目区内各单项工程规划竣工报告及附图、附表、历年年度检查报告、经费使用情况报告、专项调查报告等。

（六）验收评价及奖惩

(1)依据验收标准，对项目区综合治理、淤地坝工程、水土流失监测、成果展示区建设作出全面评价，对验收合格的工程，项目实施单位按统一格式，在项目区或工程的明显位置竖立黄河水土保持生态工程标志碑。

(2)对项目建设成绩突出、质量标准高、效益好的项目给予表彰和物质奖励；验收不合格的工程项目，工程实施单位必须根据验收组的要求，在规定的时间内予以纠正和改进，未完成纠正和改进任务或不进行纠正和改进的，除通报批评并进行处理外，将不再安排相应地区的其他黄河水土保持生态工程项目。

七、科技示范园运行管理办法

水土保持工程具有周期长、效益发挥慢的特点，为了做好该项目的跟踪调查和后续评价,以利于总结经验,推广应用,本项目后评估拟在工程验收后的 5~10 年内进行,每年进行定期跟踪调查,衡量和分析工程建设的实际效果与总体目标预测的差距,并分析其原因,为今后同类项目建设和后续建设提供管理与技术服务。制定运行管理办法,落实工程投入运行后的受益权限及管护责任为绥德局的下属机构辛店试验场。做到日常维护管护和重点检查维护相结合,保障工程正常运行,充分发挥水土保持工程的综合效益。建立护林防火制度和乡规民约,禁止自由放牧及其他不利于林草植被生长和破坏整地工程的活动。保护好"封山禁牧"及常绿树种区和生态自然修复的警示牌、界桩、宣传碑(牌)及乡规民约宣传栏等。

项目验收合格后,将逐个与常绿树种区、经济林区、监测区等管护人签订管护协议,落实工程的维修养护、森林防火、防汛责任人,确保工程的安全运行。

(1)项目验收后,建设单位项目移交给使用单位,并制定管理办法,建立管护责任制,把管护分担到人。

(2)小型水利水保工程、监测项目、成果展示区将由相关技术人员常年管护和定期维修。

(3)梯田及其他水土保持工程措施成果管理:重点抓好梯田埂坎、造林整地工程及淤地坝等沟道工程的维护,特别是淤地坝工程要确保安全度汛。同时,保护好工程设施的地埂植物及林草植被不被人为破坏。

(4)经济林果实行规范化、集约化经营,做好排灌设施及整地工程的维修养护。

(5)水土保持林草管理:新种植幼林地实行封禁并做好抚育管理及病虫害防治工作。新种人工草地,严格管护制度,幼苗期加强田间管理。

(6)水土保持效益管理:定点监测保土、蓄水、经济效益,追踪调查分析计算生态、社会、经济效益。

第八章　辛店沟科技示范园建设与评价

黄河水土保持工程辛店沟科技示范园建设成果评价是在前面各章的基础上,由建设项目执行和验收、建设成果与观光资源、建设和管理经验、水土保持科技示范园的评价以及成果推广范围及前景等5节组成的。

第一节　建设项目执行和验收

一、项目执行和完成情况

(一)项目执行情况

项目启动后绥德局作为项目法人按照黄河水土保持生态工程要求,对建设项目实行了"三项制度"。委托西安黄河工程监理有限公司作为项目监理单位,监理单位根据施工质量评定规程划分了单位工程、分部工程、单元工程。对于项目施工建设采用了议标的形式,综合治理项目委托绥德县第三建筑工程公司、自动遥测系统项目委托中国科学院水利部水土保持研究所、气象园改造项目委托陕西省气象物资公司、2 km² 电子地图项目委托南京师范大学地理学院,其他小型项目根据性质和施工特点,委托当地具有相应级别资质的公司进行实施。

从 2006 年开始实施,按照下达的计划,不同的施工单位对不同的单位工程、分部工程、单元工程开展了建设。建设单位黄河水土保持绥德治理监督局会同监理单位对投资、质量、进度进行合理的控制,每年根据工程的建设情况开展多次检查工作,并进行年度考核验收。项目完成后及时进行自验,最终 2010 年项目自验工作全面完成。

(二)项目完成情况

项目建设任务完成情况符合设计和技术规范要求,如图 8-1 ~ 图 8-4 所示。

1. 示范园

(1)完成综合治理面积 121.9 hm²。梯田改造 4.43 hm²,经济林 31.85 hm²,水保林补植 58.57 hm²,人工种草 10.67 hm²,生态修复 16.38 hm²。

(2)淤地坝建设 4 座。其中,改建 1 座,加高 3 座。

(3)修建提灌工程 1 处。

(4)完成坝地利用 4.12 hm²。

(5)完成科技示范园简介牌 12 个。

(6)完成水土保持科技成果展示系统 1 处。展示厅房屋改造铺地板砖 66.5 m²,制作地貌示意模型 1 座。

(7)完成多功能遥测展示厅 1 处。房屋改造及装修 90.6 m²,完成 2 km² 数字化地形图测绘,建设多功能演示系统 1 套。

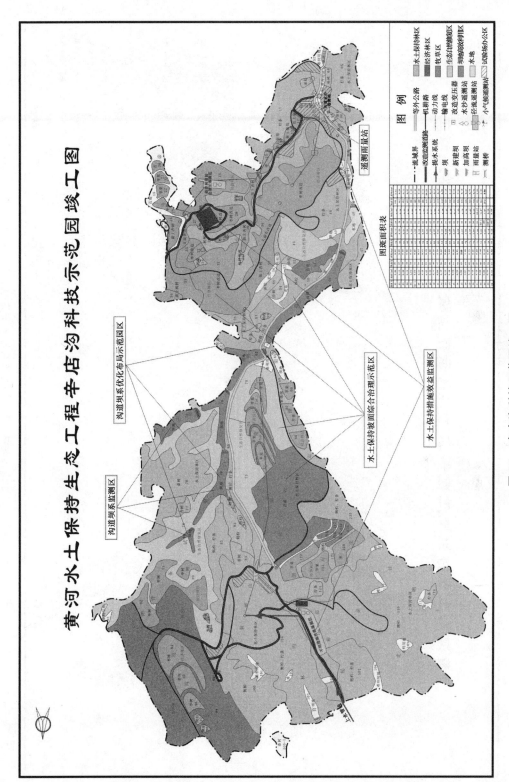

图 8-1　辛店沟科技示范园竣工图

黄河水土保持生态工程辛店沟科技示范园坡面综合治理措施竣工图

图 8-2 辛店沟科技示范园坡面综合治理措施竣工图

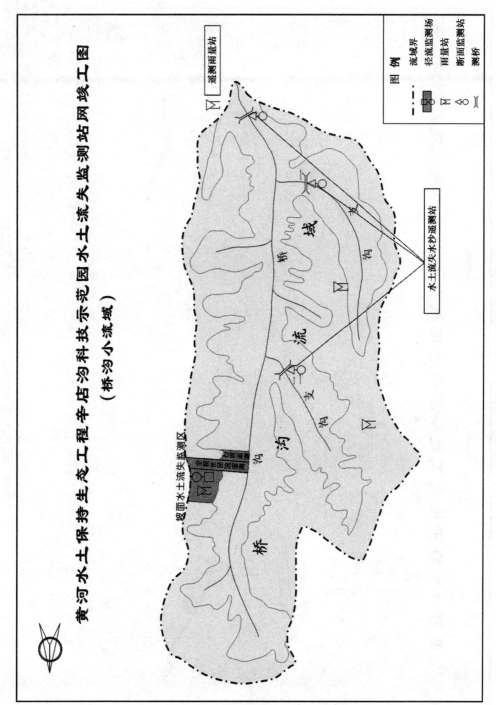

黄河水土保持生态工程辛店沟科技示范园水土流失监测站网竣工图

（桥沟小流域）

图 8-3　辛店沟科技示范园桥沟监测区竣工图

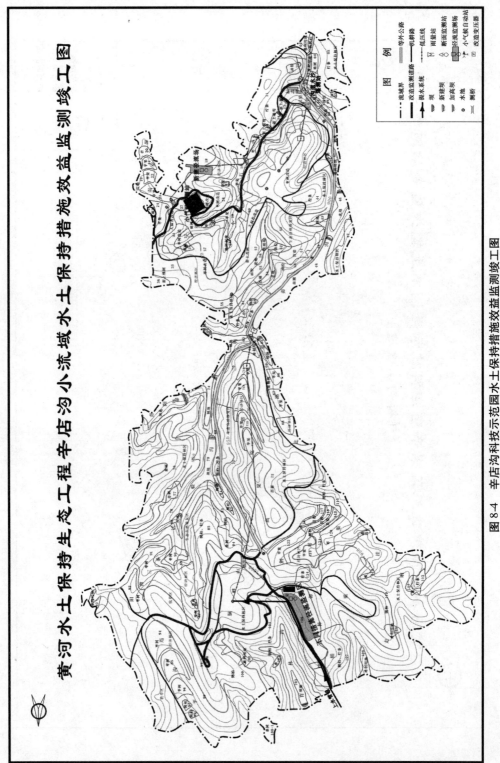

黄河水土保持生态工程辛店沟小流域水土保持措施效益监测竣工图

图 8-4　辛店沟科技示范园水土保持措施效益监测竣工图

2.监测区

(1)水土流失监测完成改造径流小区 8 处,径流池 5 处,在一支沟、二支沟三角槽监测断面上新建测桥 2 座,完成了沟口近红外光阵列透射法(代替了 γ 射线—电子水尺水沙)自动遥测系统建设 1 处,布置遥测雨量计 1 台。

(2)水土保持效益监测完成径流小区 9 处,小气候自动站改建(由 4 要素改为 7 要素自动监测气象园)1 处,布置土壤电子水分仪 1 台,微型土壤养分速测仪 1 套。

(3)沟道坝系监测建立了沟道坝系断面三维空间坐标 86 处,坐标点引测 86 处,完成沟口近红外光阵列透射法自动遥测系统建设 1 处,布置动态南方灵锐 S82 GPS 测绘仪 1 套。

(4)监测辅助设施建设拓宽监测道路 3.3 km,布置变压器 2 台及其附属设施、8 m 电杆 100 根,建设野外观测房 1 间,维修改造监测实验室 10 间,窑窗装玻璃并油漆 10 架,院落平铺砖硬化 500 m²,院落绿化植树 340 株,修建大门 1 处,立标志牌 1 座。

3.基本预备费工程

小石沟葡萄园附属设施改造和试验场场部的围栏工程建设。

(三)概算执行情况

1.投资计划

批复项目概算为 326 万元,下达投资计划 326 万元(全为中央投资)。其中,2006 年 150 万元,2007 年 176 万元。

2.投资完成情况

辛店沟科技示范园完成建设总投资 334.88 万元,较原计划增加了 8.88 万元,详见表 8-1。

表 8-1　黄河水土保持生态工程辛店沟科技示范园投资完成情况表　(单位:万元)

序号	项目名称	计划投资	变更后投资	变更投资增(+)减(-)	实际完成	剩余(-)超支(+)
一	科技示范园区建设	125.63	132.51	+6.88	133.44	+0.93
1	综合治理	25.11	25.11	0.00	25.11	0.00
2	淤地坝工程	33.50	33.50	0.00	33.50	0.00
3	提灌工程	19.55	26.81	+7.26	26.81	0.00
4	科技成果展示厅	6.27	6.27	0.00	7.43	+1.16
5	多功能遥测演示厅	39.40	39.02	-0.38	38.79	-0.23
6	简介牌	1.80	1.80	0.00	1.80	0.00
二	监测区建设	164.79	166.79	+2.00	165.86	-0.93
1	水土流失监测	27.26	27.26	0.00	26.75	-0.51
2	水土保持效益监测	40.58	40.58	0.00	40.16	-0.42
3	沟道坝系监测	43.20	45.20	2.00	45.20	0.00
4	监测辅助设施建设	53.75	53.75	0.00	53.75	0.00
三	临时工程	2.05	2.05	0.00	2.05	0.00

序号	项目名称	计划投资	变更后投资	变更投资增(+)减(-)	实际完成	剩余(-)超支(+)
四	独立费用	24.08	24.08	0.00	24.08	0.00
1	建设管理费	7.02	7.02	0.00	7.02	0.00
2	工程建设监理费	7.19	7.19	0.00	7.19	0.00
3	科研勘测设计费	9.57	9.57	0.00	9.57	0.00
4	工程质量监督费	0.30	0.30	0.00	0.30	0.00
五	基本预备费	9.45	9.45	0.00	9.45	0.00
	合 计	326.00	334.88	8.88	334.88	0.00

二、验收过程

黄河上中游管理局根据项目年度计划每年不定期组织检查,对完成的任务及时予以肯定,对存在的问题提出明确要求。

2010 年 12 月,黄河水土保持绥德治理监督局在完成项目建设任务的基础上进行了竣工自验,以黄绥办〔2010〕27 号文提出了竣工验收申请。

项目实行资金报账制,基本做到了专款专用,资金管理及会计核算基本符合《基本建设财务管理规定》和《国有建设单位会计制度》的规定。2011 年 6 月,黄河上中游管理局计财处对辛店沟科技示范园项目进行了财务决算审查,并下发审查意见。同时,黄河上中游管理局审计处对辛店沟科技示范园项目竣工财务决算进行了审计,下达了《关于黄河水土保持绥德治理监督局辛店沟科技示范园竣工决算的审计意见》(黄审函发〔2011〕2 号)。

三、验收结论

2011 年 7 月 20 ~ 22 日,黄河上中游管理局在陕西省绥德县组织召开了"黄河水土保持生态工程辛店沟科技示范园项目"竣工验收会议。验收组由黄河上中游管理局治理处、规计处、财务处、审计处、监测中心等有关部门和单位代表组成。验收组依据黄河水土保持生态工程项目竣工验收办法、项目初步设计及批复等,在建设单位自验基础上实地抽查了林草措施、淤地坝工程、提灌工程、水土保持监测小区、展览厅、多媒体厅、标志碑(牌)道路等建设情况,听取了建设单位关于项目执行情况和监理单位关于项目监理情况的汇报,审阅了项目竣工总结报告及相关材料,查阅了项目竣工财务决算报告、竣工决算审计报告和技术档案等,经质疑和评议,形成验收意见如下:

(1)经过 4 年多的建设,建成了辛店沟科技示范园,项目建设单位完成了批复和计划下达的各项任务,建成了辛店沟流域沙盘模型、科技成果展示厅、电子地图等精品工程,达到了科技示范园项目建设目标。

（2）项目建设坚持高起点、高标准、高质量的原则，工程质量基本符合设计要求，提升了水土保持技术含量，工程运行良好。

（3）项目建设实行了项目法人制、工程监理制和资金报账制，资金使用基本做到了专款专用，财务决算和竣工审计基本符合竣工验收要求。

（4）项目文件和原始资料基本齐全，档案管理较为规范。

综上所述，项目建设单位按照黄河上中游管理局批复的辛店沟科技示范园建设任务和下达的年度投资计划，在任务完成、工程效益、财务管理、实施效果和运行管理等方面达到了竣工验收要求，同意通过验收。

第二节　建设成果与观光资源

一、建设成果

（一）水土保持科技示范样板

1. 黄土丘陵沟壑区第一副区综合治理模式

辛店沟经过60年的综合治理，根据黄土高原丘陵沟壑第一副区的自然地理和水土流失特点以及当地经济社会情况，结合当地自然气候发展适宜水保生态林和经济林果品，开展生态自然修复、标准化梯田和苗圃建设、典型淤地坝工程施工、坝地高效利用，从峁顶至沟底，构成三道防线，形成层层设防，节节拦蓄的水土保持综合防治工程体系，塑造出"黄土高原一颗明珠"的科技示范园，为黄土丘陵沟壑区乃至黄土高原综合治理与开发提供了比较成功的技术措施和示范模式。示范园建设期末，综合治理面积 116.84 hm²，治理程度达到81.14%，林草覆盖率达到75.91%，坡耕地得到全面整治，达到了国家水利部水土保持科技示范园评定要求。

2. 应用新技术、新成果

辛店沟示范园采用了科技新成果，推广了水土保持先进技术、施工方法和优良植物品种。在电子地图的制作过程中采用了先进的地理信息系统、全球定位系统、DEM、Quick-Bird 影像等先进技术，在沟道坝系监测中采用了 RTK GPS 系统进行监测，在气象园和卡口站建设中也选用了目前国内最先进的监测技术，在经济林营造中选用了红地球和秋黑等葡萄、皇家嘎啦等苹果、大扁杏等杏树、红香酥等梨的优良新品种，在造林种草过程中采用雨水集流技术，在整个示范园采用植被自然修复技术和保土耕作等新技术，为辛店沟科技示范园的技术示范奠定了基础。

3. 开展科学试验研究

辛店沟示范园是绥德局60年的试验研究基地，在区域内开展水土流失规律研究，基本掌握了黄丘一副区的水土流失规律；开展工程措施研究，提出梯田设计的相关理论和坝系相对稳定理论；开展生物措施研究，繁育、引进、推广了新的植物种，提出了适合于黄丘一副区配置、栽培、抚育管理的模式；开展小流域综合治理，提出了三道防线的理论，开展水土保持效益评价理论研究等;开展了数百项科研课题研究,获国家、省部级科技进步奖37项,已经成为国家重要的水土保持科学试验、研究基地。

(二)水土保持监测网络

辛店沟科技示范园监测区在原有传统监测设施齐全和监测内容丰富的基础上,采用了先进的现代洪水、径流和泥沙监测技术和信息技术,为探索黄丘一副区各类水土流失和水土保持措施蓄水减沙作用及机理,构筑了水土保持科学试验研究的基础平台,同时为"模型黄土高原"提供了基础数据。该监测区的辛店沟、桥沟小流域已被列为全国水土流失动态监测与公告项目。

1.坡面监测

辛店沟科技示范园在20世纪80年代开始,由黄委专家组在桥沟选定具有典型性、代表性的坡面监测小区,布设了全坡长、峁坡、谷坡等8个水土流失监测区域,布设雨量站4个;在辛店沟内布设梯田、灌木、乔木、草地、农地、经济林等12个水土保持监测小区,布设雨量站2个,布设小气候自动监测站1处。

2.沟道监测

辛店沟科技示范园利用GPS引出国家三级三维坐标,在辛店沟流域坝系建立了坝系工程特性和坝地淤积监测网点,在桥沟流域建立了原始沟道侵蚀监测网点,并形成了国家三级三维坐标数据库。通过坝系沟道和原始沟道对比监测,分析研究坝系蓄水拦沙、减蚀机理,为黄丘一副区沟道减蚀研究提供了基础数据。

3.小流域监测

辛店沟科技示范园在原始观测的桥沟小流域内布设了3个自动化径流泥沙监测站,在沟口、一支沟、二支沟3个测流断面采用三角量水槽的基础上应用了自动化遥测系统。在辛店沟沟口布设了1个径流泥沙监测站,在采用巴歇尔量水槽观测的基础上应用了自动遥测系统。

(三)试验研究及示范推广基地

1.科技成果为科技推广奠定了理论基础

绥德局通过60年的小流域综合治理、淤地坝及其坝系建设、坡耕地改造、林草措施、水土保持监测、水土保持效益评价、自然生态修复等多方面的300多个试验研究课题,取得了"小流域综合治理"等国家、省部、黄委、上中游管理局等科技进步奖10多项。绥德局完成了《黄河水土保持生态工程韭园沟示范区建设理论与实践》、《黄土丘陵沟壑区第一副区小流域坝系建设理论与实践》、《黄土高原小流域坝系监测方法及评价系统研究》、《黄土高原小流域坝系评价理论及其实证研究》等10多部专著,参加国内外水土保持学术交流80多次200多篇,在国内外学术刊物发表论文300多篇。这些科研成果为黄土高原丘陵沟壑区的水土保持技术推广奠定了理论基础。

2.综合治理成为试验、示范和推广的物质基础

通过60年的治理,辛店沟科技示范园建成梯田4.43 hm²、坝地5.33 hm²,营造经济林33.34 hm²、水保林58.57 hm²、人工草地17.43 hm²、水地0.2 hm²、集雨场和径流场0.86 hm²,详见表8-2。

表 8-2　辛店沟科技示范园土地利用情况表　　　　　　　　　（单位：hm²）

名称	阶段	总面积	梯田	坝地	造林		草地	水地	集雨场	径流场	荒地	居民用地	难利用地	道路及其他占地
					经济林	水保林								
辛店沟	2012 年	1.44	4.43	5.33	33.34	58.57	17.43	0.2	0.2	0.66	12.91	2.66	2.19	6.08

　　根据坝系相对稳定理论,对辛店沟小流域坝系进行了坝系稳定和坝系防洪能力分析,淤地坝总数达到 18 座,总库容 92.2 万 m³,坝系达到相对稳定,既能实现防洪保收,也可保证坝系工程的自身安全。

　　3.农林水大学生实习基地

　　辛店沟科技示范园具有黄河多沙粗沙区和粗泥沙集中来源区的区位优势,同时还拥有大型水土保持试验研究基地。该园区布设有黄土高原丘陵地区最大的水土保持监测露天径流场,是水土保持技术示范推广基地,也是黄土高原水土保持设施观光、休闲园区。经 60 年建设与发展逐渐辐射到全国乃至世界,目前是北京师范大学、南京师范大学、西北农林科技大学、西北大学培养学士、硕士、博士的实习基地,每年有大量的大专院校水土保持专业学生来辛店沟科技示范园开展实习、试验、研究工作,把黄土高原的水土保持试验研究推向了高潮。

　　4.领导关怀和学术交流

　　从 1952 年组建起,水利部几代领导十分关心和关怀水土保持试验研究工作,多次来视察工作,并做指示。先后来辛店沟科技示范园视察水土保持工程的部级领导有原水电部部长钱正英,水利部原副部长张含英、王化云、侯捷和现任副部长矫勇、李国英等领导同志。在各级领导的大力关怀和指导下,水土保持科学研究和试验推广走到了今天,也正是由于正确的领导,辛店沟科技示范园发展成为今天的规模。

　　辛店沟科技示范园是水土保持的一个试验研究典范,来自世界各地有关水土保持的学术团体、著名水土保持科学研究机构和知名大学在此开展了广泛的交流。20 世纪 50 年代先后有来自苏联的专家沃洛宁、阿尔曼德、奥利弗洛夫等在此工作,并对辛店沟水土流失规律研究和水土保持规划提出了相关的建议。20 世纪 80 年代初联合国教科文组织的代表来辛店沟考察工作。改革开放以后更多的专家和学者来辛店沟开展科学考察和研究,其中有来自美国、澳大利亚、加拿大、荷兰、法国、日本,以及中国香港、台湾的水土保持专家、学者来考察、交流,促进了辛店沟科技示范园的健康发展。

　　同时,国内相关专业的院士专家、教授、学者也多次来辛店沟考察和交流。中国科学院水土保持研究所、中国科学院南京土壤研究所、成都山地研究所、中国水利水电科学研究院、北京林业大学、西安理工大学等国内多所大专院校、科研院所的水土保持院士、专家、学者来站进行考察学习,并进行广泛的学术交流和科技协作。

　　5.技术培训

　　辛店沟科技示范园加强了先进实用技术和经济开发技术的引用和推广,在园区内集中了集雨节灌、径流林业、稳定坝系、优质果园等多种水土流失防治措施和科学试验研究设施,在黄土丘陵沟壑区得到了广泛推广,满足了相关区域农民技术员和群众观摩、学习的要求,成为国内技术培训和推广的基地。

（四）宣传教育基地（科普基地）

辛店沟示范园具有水土流失危害、预防保护、综合治理、生态修复、监测预报、科研、科普、宣传等教育资源,不仅具有实体的水土保持治理模式,而且具有科技成果展示厅和多功能遥测演示厅,使游客和学生能听、看、参与。通过网站、展览室、专题片、多媒体等多种形式宣传、教育,能增强和扩大宣传教育效果,大力营造水土保持氛围。示范园已经成为水土保持科技和生态安全的宣传基地,作为大学生学习参观与实践的场所,已经成为南京师范大学、西北大学、北京师范大学、西北农林科技大学、北京林业大学、西安理工大学等大学生和研究生的实习基地,成为当地群众了解水土保持,对青少年进行科普宣传及教育的"户外课堂",同时成为了面向社会和公众的科普教育基地。

二、科技示范园所具备人与自然和谐的资源

（一）文化资源

辛店沟科技示范园地处陕西省绥德县,这里有着悠久的历史和灿烂的文化,曾被国家文化部命名为民歌之乡、石雕之乡、剪纸之乡和唢呐之乡。"米脂的婆姨绥德的汉",意思是两个地方的男女出类拔萃,这句流传甚广的陕北民谣令米脂的女子和绥德的男子名扬天下,也是陕西极具代表性的人文符号。示范园位于名州镇辛店村内,又处于绥德老县城、龙湾开发区和城东新区中心地带。辛店沟占地 1.44 km²,以黄土高原丘陵沟壑区景观为载体,以水土保持、人文历史等为核心,遵循水土保持理念,显示历史民俗文化,展示黄土高原的水土保持成果。通过 60 年的水土保持治理,打造成的黄土丘陵沟壑区辛店沟水土保持科技示范园,促进了黄土高原水土流失的治理,引导黄土高原丘陵沟壑区乃至黄河流域和全国的水土流失区由传统治理型向治理开发型转变,由生态效益型向社会、经济效益型转变,加快了当地经济发展方式的转变。

（二）休闲观光资源

1. 农业观光资源

辛店沟科技示范园生态环境良好,自然景观秀美。农业园区以台、坝地为主,林木覆盖率达 64% 以上,有漫山遍野的林木果树净化空气,园区周围又无污染性工业,适宜建设自然景观优美,林果景色宜人的农业观光园区。

2. 自然风景资源

1）地理资源

辛店沟科技示范园具备的黄土高原沟壑地貌属于典型的黄土丘陵沟壑区地貌,境内梁峁连绵起伏,沟壑纵横,坡陡沟深,形成了独特的梁、峁、沟、坡等自然生态风景,汇集了林地、果园、农田、草地等特色风景。尤其是幽雅的绿色风景,沿沟坡地遍布有松林,夹杂部分灌木林。园区的最北端,松柏林葱郁,层峦叠翠;树木繁茂,幽奥深邃;前山的植物季相变化丰富,四季景色各异,林地风景迷人。

2）天象资源

境内融汇了雨、雪、风、雾、霞、虹等多种天象,气候宜人,四季分明,景色各异。不同季节天象不同,每逢雨季,烟雨蒙蒙,明暗相间,反差强烈,犹如水墨泼洒,丘陵高低不同,植

物墨绿着色,置若画中,谓之"雨后观画"。雪后初融,梁峁被大雪覆盖,树上穿着白雪袍,当日出东方时,境内显现山舞银蛇、峁驰蜡象的美景。大雾弥漫时,境内的山头、果园等时隐时现。半山的窑洞小院时清晰,时朦胧,真的就像天上宫阙,放眼四望,群峁迷离,朝任一方向都可看到一幅飘逸、灵气的中国画。当风、霞、虹显现时又有一番美景,令人观之浮想联翩,情趣盎然。

3)生物资源

境内自然生物品种多,生物具有多样性,动植物种类较多,宜于各种生物生长繁衍。其中植物有刺槐、杨树、榆树、柳树、柠条、紫穗槐、沙棘、花棒、榆叶梅、油松、落叶松、云杉、杏树、枣树、苹果、犁、葡萄等,动物有山鸡、石鸡、野兔等。

辛店沟科技示范园内景观组合效果显著,各种景观资源在时间上分布合理,适宜观赏时间几乎可以延伸至全年;在空间上合理利用有限地域,具有布局科学的特点。景观由梁峁、林木、果园、蓄水池、梯田、坝地、集雨场等组合而成,以集雨场、蓄水池为纽带,内为水面,外围为梁峁、林木、果园、梯田、坝地环绕结构。可以选择不同层次为视点,相互转视,呈现各异视觉效果,相映成趣,展示了"池光峁色梯蜿蜒,鸟语林静花飘香,焉支松柏雨迷漫,无限风光在场中"的人与自然和谐的画卷。

3.水土保持资源

辛店沟科技示范园通过黄委绥德水保站 60 年水土保持的试验研究、示范推广、治理监督等工作,汇总了黄土高原沟壑区的治理措施,形成了坝系稳定结构模型和典型的自然修复带。沟底适当布坝,梁峁台地遍地,梯田缠腰,坡洼地、水平沟贯穿,集雨场布局合理。园内布设有径流泥沙监测点和小气候监测系统。一处处新颖的景象和高科技的设备增添了观光性。

4.游览观光资源

辛店沟科技示范园充分利用现有的各种自然条件、资源优势、技术优势、区位优势,以水土保持生态治理为出发点,以持续利用与保护的农业自然资源为目标,以"高科技、新技术、独特的管理"为根基,逐步建立起现代农业兼水保的综合体系。其主要旅游资源特色为:

新:观光农业及人工林草在生态建设中得到应用,以生态带动旅游业,旅游扶持生态建设,高新技术投入生态建设和监测,集生产、观光、休闲、文化为一体,体现了新的生态建设模式。

野:科技示范园收集了许多乡土树草种和野生资源,有较高的参观、学习、游览价值。

秀:园区内分布幽美的沟壑,成片的人工生态林,植物种类繁多,随着季相变化,四季景色各异,绚丽多彩,如翠绿的松树,金黄的白杨,还有鲜红的火炬,构成一幅美丽的图画。

特:园区体现了黄委绥德水保站 60 年来的工作经验,汇总了黄土丘陵沟壑区的治理措施,形成了坝系稳定结构模型和典型的自然修复带。

(三)观光旅游分区

从旅游观光的角度分区:其景观结构以"一轴五区"为基本构架。一轴——贯穿全园区的一条"农业 + 生态"的主轴,长 4 km 左右,它的功能既是交通轴,也是景观轴,用此轴来组织"农业 + 生态"场景的依次展开。五区——小石沟的生态农业观光区、沟坡的自然生态展示区、沟底的坝系优化布局区、水土流失监测科普展示区和水土保持植物园,五区具有不同的地貌形态、不同的景观特征以及不同的游览内容,各自构成不同主题,由此形成园区景观与游览的特色,充分体现试验场生态观光园的基本性质和主题意义,从不同层面、不同角度表现黄土丘陵沟壑区水土保持文化的丰富内涵。

1. 生态农业观光区

根据地形道路划分为休闲区和种植区两个功能分区,此外还有科研中心。

休闲区:位于脑畔山,主要结合道路、树木园、集雨场布置,种植形式灵活,植物种类结合观赏、采摘需要,实行园艺化管理。有桃杏采摘园、植物认知园等。

种植区:位于小石沟和后山阳背三条,是园区的精华所在,以集中种植形式为主。宜对其进行严格的科学管理,规范化经营,做到科技示范作用。主要种植园有苹果园、梨园、枣园、葡萄种植园、精品花卉苗木温棚等。种植区的果树采用树上微喷的方法,淋洗叶面,可以增大田间湿度,提高果实品质,同时观赏效果较好,对环境改善也有益。

科研中心:结合园区示范田地,建设科研中心,主要进行科技成果的研究、发展、孵化、推广活动。主体建筑满足科研生产需求,未占用过多良田,建筑风格简单明快,体现时代特征,并和园区环境协调。

2. 自然生态展示区

自然生态展示区集中展示了辛店沟科技示范园各类典型自然生态景观。

3. 坝系优化布局区

花卉苗木圃:利用现有的苗圃改建,由大田灌溉过渡到微喷灌,丰富苗木的种类,增加花卉苗木,实现了坝地高效利用,同时可供游客观赏。

野营地:在走路渠小坝中开拓一定面积的露宿野营地。对游客提供必要的后勤、安全保障,并且对野营地的环境保护要提出合理化的措施,提出"只留下脚印、只带走照片"的生态要求。

4. 监测科普展示区

在水土流失的监测科普展示区,从外观上可以看到整齐美观的布设,白色的隔板与小区形成明显的矩形棋盘,桥沟沟口径流监测站呈现出三角形断面,辛店沟沟口呈现矩形断面,并配置有现代的近红外整列式监测设施。这里是目前国内最大的野外人工水土保持试验场地,集水土保持科技知识、景观为一体,游人在雨中可领略水土流失的全过程。

5. 水土保持植物园

辛店沟水土保持植物园,主要品种有落叶松、云杉、杜仲、樟子松、油松、侧柏、圆柏、杜松、山楂、花楸、杜梨、刺槐、毛白杨、青杨、胡杨、钻天杨、新疆杨、旱柳、垂柳、龙爪柳、白榆、蒙古栎、核桃、白蜡、枫杨、桑树、沙枣、君迁子、臭椿、火炬树、五角枫、水曲柳、楸树、山定子、榆叶梅、山杏、山桃、文冠果、红叶李、黄刺玫、绣线菊、花棒、爬地松等,涵盖了黄土高原90%的植物种类,游人可以了解黄土高原植物种类,以及树木的系统分类、形态特征、生物学特性、生态学特性、地理分布和经济价值。

另外,园区有后勤服务中心,可以为参加水保、农业科技交流等大型会议提供接待服务,也可为旅游休闲的观光游客提供休憩场所。游人在旅游的过程中,可以参与农事活动,体验农家生活。农业经济和旅游区的经济形成双赢和互动的结果。

第三节　建设和管理经验

一、工程建设经验

项目建设任务全面完成,经初验及竣工验收结果表明:工程质量合格,林草措施保存率等均达到设计要求,监测项目均按批复与设计完成了建设与监测任务,项目建设目标全面实现。

(1)引入了自然修复的理念,丰富了"三道防线"综合治理模式。

采用综合治理措施,防治水土流失,保护水土资源,提高土地生产力,建设以梯田、坝地为主的基本农田,提高农业产量,实现粮食自给有余;发展林果、草,进行综合开发,难治理地采用生态修复,提高流域经济和生态效益。因地制宜,因害设防,层层拦蓄,综合治理,把治沟与治坡、生物措施与工程措施、单项措施与综合措施、人工治理和自然修复互相结合,从峁顶至沟底形成"三道防线"的综合防治体系。

(2)引进了新品种和新技术,打造了水土保持精品工程。

为了提高科技示范园治理水平和建设成效,在项目实施过程中,采取各种有效措施。在整地方面,采用挖深条带、挖大坑等措施,提高蓄水保墒能力;在栽植方面,应用了容器苗栽植、径流水保林、截干埋根栽植、覆膜栽植等造林实用新技术,有效地提高了造林的成活率。另外,应用了优化梯田维护施工新技术,大大提高了梯田工程标准。同时,引进优质品种,有红地球、秋黑等葡萄,金丝小枣、梨枣、骏枣、赞黄枣等红枣,皇家嘎啦等苹果和红香酥等梨,推广应用截干、蘸浆、覆膜、回字形整地等实用技术和保水剂、生根粉等新产品。通过水土保持综合治理与开发,建成了一批高标准、高质量、高科技含量的生态工程典型样板,同时辛店沟科技示范园也成为新技术试验、示范推广中心。

(3)吸收了新的监测技术,完善了监测设施。

在沟道坝系监测中购置了 RTK GPS 系统,为坝系水土保持精准监测提供了可能;在沟口径流站中引进了自动遥测站,为动态遥测创造了条件;在自动化气象监测站中,更换了核心设备,由原来的 4 要素变为现在的 7 要素气象设施;购置了遥测雨量计,实现了遥测雨量、雨强等功能;购置了土壤电子水分仪和微型土壤养分速测仪,可以快速地实现土壤水分和养分的测定。

(4)注重了可持续发展理论,建成了人与自然和谐相处的典型。

辛店沟科技示范园坚持可持续发展理念,围绕试验、研究和生态建设,满足经济社会发展、生活质量提高对生态系统和环境质量的要求,示范园的建设不仅有效提高了抵御自然灾害的能力,改善了区域生态环境,同时也促进了其他各项事业的发展,特别是培育了特色产业,实现了粮食增产、农业经济发展,成为人与自然和谐相处的典型。

(5)建设了提灌和集雨工程,解决了示范园的缺水问题。

辛店沟科技示范园提灌和集雨工程的建设主要是为满足生产、生活和科技示范园实施建设用水要求。提灌工程是抽用无定河水,从 210 国道 K414 + 868 m 处刘家湾旧砖场公路下畔建二级抽水站,抽水送到试验场后山顶蓄水池。3 处大型集雨工程把降雨积蓄在蓄水池中,与辛店沟科技示范园的整个灌溉工程相连接,解决了示范园缺水问题,进一步扩大灌溉面积,发展农林牧,促进农田水利化和经济的发展。

(6)开展了基本农田建设,促进了坡面治理全面发展。

辛店沟科技示范园建设中加大了投入力度,采取加固和兴建淤地坝与维修梯田等办法修复及完善基本农田体系,对原有的人工梯田进行平整和拓宽。共改造梯田 4.43 hm²,新建淤地坝 1 座,加固淤地坝 3 座;同时,利用新修提灌工程发展节水技术。高标准基本农田面积的迅速形成,不仅改善了农业生产条件,而且有效地推动了坡面治理步伐,实现了农业产业结构调整。

二、工程管理经验

(1)坚持了与时俱进,探索了水利基本建设管理体制。

辛店沟科技示范园坚持与时俱进,适应新形势,积极探索新的管理体制、新的投入机制和建设机制,实行项目法人制、工程监理制、资金报账制等新型建设管理体制,实践了水利基本建设资金和建设管理体制,成为体制创新和改革发展的示范典型。

(2)健全了建设运行机制,保障了项目的顺利实施。

绥德局在项目的实施中,组建项目建设领导小组,设立了项目建设办公室,设专项财务管理、监理、监测、文档资料等小组。项目启动后,制定了《科技示范园项目管理办法》等各项规章制度,规范了示范园各项工程建设程序,保证了项目的顺利实施。

(3)发挥了科研单位的技术优势,打造了水土保持精品工程。

针对科技示范园生态环境脆弱状况,绥德局充分利用多年在水土保持科学试验研究中的技术积累,在科学规划的基础上,建成集坝系工程示范、综合治理、科研监测、教学观摩、科技示范辐射为一体的示范样板。

(4)明确了财务和工程质量监控体系,严格了生态工程管理。

按照黄河水利委员会《黄河流域水保生态工程项目管理施行办法》的要求,制定了《科技示范园实施管理办法》等管理办法;建立了建设单位责任制;对项目管理人员建立了以人为中心的岗位责任制;按照中央财政资金管理办法及《会计法》的有关规定,严格了项目财务管理制度,强化了日常财务管理工作,完善了财务报账手续,实行了按工程核算及资金报账制,做到了专款专用;建立了建设单位内部年度审计制度,保证了项目资金的安全和效益的充分发挥。

建立了建设单位、监理单位、施工单位三大质量监控体系,形成了相对独立、互相监督、上下结合、有效监控的工程质量控制机制,保证了项目的顺利实施。

(5)建立了有效的管理运行机制,实现了建管并举。

由于辛店沟科技示范园土地使用权属归黄河水土保持绥德治理监督局,多年来,该局制定了相关的运行管护机构和管护制度,落实了相关的责任,建立了有效的运行管护机制,形成较好的自我维持和发展能力。

为使大面积林草措施和各类工程发挥示范作用和长期效益,项目办在努力完成建设任务的同时,转换管护机制,强化管护职责,将建设成果分别交付给辛店沟试验场、榆林监测分中心、业务管理科等相关部门进行管理。

按照黄河水土保持生态工程建设的有关管理办法、规定,制定了各级管理人员的权限与责任,全面履行管理职责,全流程做好资金、进度和工程质量管理等工作。项目建设过程中的资金、进度、质量等管理规范、资料档案齐全,并根据上级检查和审计意见进行规范和完善。

黄河水土保持绥德治理监督局作为科技示范园项目建设法人单位,结合项目建设的实际特点,加强对外合作,不断吸取先进的科学技术,提高科技含量。在示范区建设中,积极探索实践"三项制度",委托有资质、信誉好、技术力量雄厚的监理单位对项目建设进行独立、客观、公正的监理,确保整体工程质量合格率达到100%。

(6)建立了项目资料管理制度,完善了档案资料。

在工程建设过程中对工程建设资料的管理,明确专人,建立档案,对在项目运行过程中形成的各类资料及时归档,保证了资料的完整性与准确性。除对工程的设计、施工合同、施工记录、监理等资料及时进行收集、整理归档外,还加强对图片、上级管理文件等的管理。对往来信息和资料进行及时处理和反馈,保证项目建设信息畅通。

项目办在日常建设工作中,除对建设单位形成的各类资料加强管理外,对监理单位也严格要求,按照合同规定的具体标准与要求经常对资料进行检查,按月清理,按年分类装订归档,防止了资料丢失现象的发生,为管理、决策、分析研究解决项目工作中出现的各类问题提供了依据。

第四节　水土保持科技示范园评价

辛店沟科技示范园位于黄河流域无定河支流的辛店沟小流域,距离县城区 3 km,交通便利,非常有利于水土保持工作的社会宣传和示范推广。园区所在的区域为典型的黄土丘陵沟壑地貌,所在的位置能够典型代表区域内水土流失特征。园区为黄河水土保持绥德治理监督局下属的水土保持综合治理试验、示范、监测基地,具有永久性土地使用权。

辛店沟科技示范园内曾先后开展了水土流失规律、机械化修筑梯田、淤地坝相对稳定、综合治理措施、综合治理模式、农林牧经济开发、集雨节灌以及优良植物引进繁育等科学研究,取得了丰硕的成果,有力地推动了黄土丘陵沟壑区乃至整个黄土高原地区的水土保持工作,为中国水土保持科学技术体系的创立发挥了重要的作用,因此被誉为"黄土高原的一颗明珠"。

2006 年以来,辛店沟以黄河水土保持生态工程科技示范园实施为契机,按照"推动和规范水土保持科技工作,发挥典型带动和示范辐射作用,普及提高全社会水土保持科技意识"的总体要求进行建设。在开展新项目建设同时,通过集成组装、有机配套园区近 60 年水土保持试验研究、观测监测、示范推广等方面诸多项目成果,消化吸收国内外最新先进技术,拾遗补缺,优化配置,完善提高,把发展生产、建设生态、培植资源结合起来,加强科技创新,打造人与自然和谐相处的水土保持生态精品工程,建成了科学试验、技术示范、科普教育和生态观光四大基地。建成的辛店沟电子地图系统和展览厅中的沙盘模型,为各基地提供信息管理和支持服务,直观展示黄土丘陵沟壑区水土保持综合防治技术体系。同时,把水利、水保及生产等设施作为生态景观整合,增设观光服务设施,推介宣传并开通外界入园生态观光线路。以上措施成功地打造出具有黄土丘陵沟壑区特色的水土保持科技示范园,发挥着典型带动和示范辐射作用。

园区内建有国内一流的水土保持自动化测报系统和水土流失侵蚀动态监测站网,布设有丘陵沟壑区三道防线治理模式的典型示范样板,建有"陕北第一块山地果园"、"第一片水平梯田"、相对稳定的典型沟道坝系工程、自动化气象监测站、黄土高原第一个沟口水土保持自动化监测站、最大的野外水土流失监测场等。有水利部、科技部、黄委多项水保试验研究项目的试验基地。建设有沙盘模型及当地稀有水土保持树木园,成为政府、科研院所、中小学生及热爱自然人士了解、学习水土保持知识的基地。

辛店沟科技示范园现有乔灌树种150多种,草种50多种。既有坡面人工林草治理典型平沟焉,又拥有完整人工常青植被的拾墒洼,人工果园集中的阳背三条、脑畔山、小石沟等,素有"陕北植物园"之美称。治理程度达81.14%,林草覆盖率达75.91%,已成为当地生态观光休闲及天然氧吧的理想场所。

如今的科技园区内树木繁茂,满目青翠,风光旖旎,环境友好,动植物资源丰富,已成为人与自然和谐共处的新典范,并很好地起到了科技支撑、典型示范、辐射带动和对外交流的作用。

一、基础条件评价

(一)典型性

辛店沟科技示范园区的地形地貌、水土流失等在黄土高原丘陵沟壑区具有典型的代表性。

1. 地形地貌

辛店沟和桥沟小流域面积1.85 km²,地形地貌类型属黄土丘陵沟壑区第一副区,也属黄河粗泥沙集中来源区腹地,其地貌类型可以分为梁峁坡、沟谷坡、沟道三大部分,其中梁峁坡面积占流域总面积的51.4%,沟谷坡面积占流域面积的46.8%,沟道面积占流域面积的1.8%。流域海拔840~1 040 m,沟壑密度7.26 km/km²,示范园内200 m以上的支毛沟有31条,较大梁峁32个。流域内分为两大支沟,一条为小石沟,另一条为鸭峁沟。小石沟是以黄土丘陵沟壑三道防线著称的典型流域,鸭峁沟是完整的以相对稳定坝系为主的水土保持综合治理典型。

园区内黄土丘陵地貌发育典型,梁、峁、坡、沟底俱全,黄土剖面出露清楚,地层连续完整,古土壤层清晰,可比性强,悬沟、切沟、陷穴发育,黄土柱、黄土陡崖地貌保存较多。主沟道大部分为淤地坝、道路及蓄水池。尤其在鸭峁沟保存的黄土柱和黄土剖面地貌具有科普、科学研究价值。

2. 水土流失主要特征

辛店沟流域水土流失类型复杂,水力侵蚀、重力侵蚀是主要侵蚀形式,包括面蚀、沟蚀、崩塌、泻溜、滑坡等形式。面蚀主要发生在梁峁顶、梁峁坡等,沟坡和沟底等主要发生沟蚀,重力侵蚀主要发生在沟坡,表现为泻溜、滑坡和崩塌。

研究结果表明:20世纪50年代治理初期,沟间地径流量占径流总量的35.3%,沟谷地径流量占径流量的64.7%,沟间地泥沙量仅占总泥沙量的38.7%,沟谷地泥沙量占总泥沙量的 61.3%,多年平均径流模数 24 300.0 m^3/km^2,多年平均土壤侵蚀模数 18 200 t/km^2。

(二)土地使用权和园区面积

辛店沟科技示范园区的辛店沟为国有科学试验土地,绥德治理监督局具有永久使用权,面积为 1.44 km^2。

(三)土地手续

辛店沟科技示范园土地购买资料合法、完备,办有国有土地证。

(四)地理位置与交通条件

辛店沟科技示范园地处有着"陕北旱码头"之称的绥德县,区位交通优势十分明显,它不仅是榆林地区的交通枢纽,而且连接晋、陕、宁、蒙四省区,有"四省通衢"之称。随着包西和太中银铁路以及青银高速公路和榆绥高速公路在绥德的交会,绥德成为全省"四大交通枢纽"之一。科技示范园距绥德县城 3.0 km,园区内建有辛店沟水泥路面公路直接通向县城,交通十分便利。

园内道路主要以辛店沟水泥公路和小石沟沙石路面围绕贯通,小路采用路面植草的羊肠小道,实现了道路与周围环境的协调统一,维护了自然景观。

(五)基础设施

配套水、电、通信设施齐全,运行安全可靠。水源有机井 1 眼和无定河引水工程,蓄水池 3 座,提灌工程 2 处,集雨工程 6 处,水窖 8 眼;输电线路配套设施齐全;建有移动通信塔两处,无线通信信号覆盖全科技示范园区。

建有场部,有四层窑洞和楼房一幢、二层楼房一幢、窑洞一排,共计窑洞 30 间,平房 50 间。房屋设施较为完善,能够满足园区正常安全运行的需要。

二、基本功能评价

(一)规划情况

辛店沟科技示范园区自 1952 年成为黄委绥德水土保持科学试验站试验基地以来,就制订了长期开发规划,特别是 2006 年科技示范园建设项目批复实施以后,编制了详细的规划设计报告。2008 年 4 月又编制了试验场生态观光园规划,理念科学,规划设计合理,技术手段先进。

示范园功能分区清晰,主要划分为四大功能区,即科学试验基地、技术示范基地、科普教育基地和生态观光基地。

科学试验基地由水土流失和水土保持效益观测站网、沟口径流泥沙监测站、乔灌植物园、人工种草措施试验区、水土保持优良植物引种繁育区等部分组成,完全能够满足水土流失规律、水土保持措施相关的研究任务要求。

技术示范基地由小石沟三道防线治理模式区、青阳岔自然修复示范区、鸭岽沟沟道坝系示范工程、脑畔山节水灌溉示范区和坝地苗圃区等示范区组成,集中展示了黄土丘陵沟壑区小流域综合治理措施配置模式、单项治理措施标准形式,以及治理成效和治理景观,是水土保持学术交流和学术考察的理想场所。

科普教育基地主要是通过水土保持科技成果展示系统、多媒体遥测演示系统、大量的乔灌植物资源、科学试验仪器设备等，以直观的方式，为人们提供学习、了解和掌握黄土丘陵沟壑区水土保持知识的平台，使每位参观者都能了解、关心、支持水土保持工作，营造全社会保护水土资源、自觉防治水土流失的良好氛围。

生态观光基地是在技术系统所取得的生态环境景观基础上，再辅以丰富的动植物资源，由比较完善的配套服务设施组成。它涵盖了整个园区，是人们生态观光和休闲娱乐的理想之地。

多媒体遥测演示系统中核心内容的电子地图系统主要承担为辛店沟科技示范园提供信息管理和支持服务任务，构建辛店沟基础数据信息管理平台，建成辛店沟决策支持服务系统，实现数据信息的准确、高效、快捷安全的存储与管理，满足"数字流域"、水土保持试验研究以及水土流失预测及治理效益分析及发展趋势预测的需要。

黄河水土保持生态工程辛店沟示范园在建设中严格按照规划实施，实施情况良好，2011 年 7 月通过了黄河水利委员会组织的竣工验收。

（二）综合治理

辛店沟科技示范园在 60 年的综合治理中，各项措施遵循了"因地制宜，因害设防"的原则，坡面治理与沟道治理相结合，生物措施、工程措施和农业耕作措施相结合，集雨和节灌相结合，防洪坝和生产坝相结合，乔灌草相结合，对位配置各项综合治理措施，系统展现了黄土丘陵沟壑区保梁峁、护沟坡、固沟床的"三道防线"治理模式。在措施建设方面，全面营造乔灌草，恢复植被；布设沟头防护、坡面集雨场、水窖和蓄水池等小型拦蓄设施，新建沟道淤地坝及骨干工程，使降雨径流通过径流调控体系加以利用；新建无定河提灌工程，开发利用提灌水、集雨水等水资源。在植物措施布局上，树种注重生态效果，配置趋于自然。如拾墒洼适宜造林树种和混交类型，展示不同立地条件造林成果。万亩常青林集中连片，展现坡面人工水保林效果。平沟焉人工种草，郁郁葱葱，形成了大片草地。青阳峁实行自然生态修复，植被进行自然恢复与正向演替。小石沟沟掌梯田，立体布局错落有致。阳背三条的枣园，金丝小枣、骏枣、木枣各种枣果、树形、树叶、树枝的搭配提供一个观赏、品尝、采摘的生态旅游观光点。

目前园区内有林地 91.91 hm²、人工草地 17.43 hm²、梯田 4.43 hm²、坝地 5.33 hm²；建有淤地坝 18 座、大型集雨工程 3 处、蓄水池 4 座、提灌工程 2 处、水窖 8 眼、沟头防护多处。

辛店沟科技示范园区目前已初步形成了完整的水土流失防御体系。其水土流失防御体系形成"三道防线"的布局体系。

（三）监测

1. 原型观测站点

辛店沟科技示范园原型观测站点建于 1953 年，2010 年被水利部确定为全国水蚀试验小流域之一进行水土流失监测，并纳入全国水土流失动态监测和公告项目内容。

辛店沟水土流失原型观测自动化测报系统主要包括 4 个自动化遥测径流泥沙观测站、6 个雨量站、1 个气象园，结合侵蚀动态及水土保持效益观测布设了 20 个径流侵蚀观测区。观测内容主要包括降水、蒸发、径流泥沙观测。

2. 沟口测站

目前辛店沟科技示范园沟口测站有辛店试验场沟口监测站、桥沟沟口监测站、桥沟一支沟监测站、桥沟二支沟监测站。

辛店试验场沟口监测站:1953 年设站观测,观测断面为巴歇尔量水堰,控制面积为1.77 km²,主要观测流域内治理效益、洪水径流泥沙规律,以非人工治理沟桥沟进行水土流失规律和水土保持效益研究的对比观测。

桥沟沟口监测站:建于 1985 年,测流断面为钢筋混凝土"三角量水槽",流域面积0.45 km²,主沟长 1.4 km。其设站目的是对以综合治理的辛店沟进行水土流失规律和水土保持效益研究的对比观测。

桥沟一支沟监测站:建于 1985 年,其测流断面为钢筋混凝土"三角量水槽",设于桥沟流域右岸一级支沟,集水区面积 0.069 km²。

桥沟二支沟监测站:建于 1985 年,其测流断面为钢筋混凝土"三角量水槽",设于桥沟流域左岸一级支沟,集水区面积 0.093 km²。

这些监测区开展水土流失规律、水土保持治理效益、坝系布局及安全稳定模拟试验,建立土壤侵蚀预测预报模型和水土保持综合治理效益预测预报模型,为模型黄土高原建设提供物理参数,为黄土高原淤地坝建设提供技术支撑,为黄河治理开发及决策提供科学依据。

(四)科普

辛店沟科技园区在将技术成果总结上升到理论高度的同时,通过现代技术手段予以展示。在展示时以地理信息系统为综合展示平台,以数字小流域为技术支持,包括水土保持科技成果展示系统、多媒体遥测演示系统。

科技成果展示系统内建立展示辛店沟水土保持发展的成果展板,三道防线治理模式,淤地坝、梯田、水保林、经济林、人工草地、集雨节灌等水土保持治理典范的图、文、表展示等,以及整个辛店沟科技示范园地理沙盘模型。

多媒体遥测演示系统内建立展示辛店沟水土保持的电子地图,对辛店沟科技示范水土保持多媒体成果以图、文、表、三维动画、影像资料等形式进行展示,通过多媒体投影仪放映相关资料。参观者可查询多项治理措施资料及流域治理视频。

更新了自动气象园;建立水土保持乔灌草纯、混交及不同整地的水土保持效益监测小区。在入园处兴修大门和宣传碑,主要试验点设立宣传牌等。利用监测区的黄土高原野外试验区设施设备,让参观者看到,在相同降雨条件下,坡耕地与林地、坡耕地与梯田、坡耕地与荒草地等对比情况的产水产沙效果,了解人工造林、种草、修建梯田等坡面水土保持措施的作用。让每位参观者都能了解、关心、支持水土保持工作,了解水土保持在经济社会发展中的重要地位和作用,营造全社会保护水土资源、自觉防治水土流失的良好氛围。

(五)特色产业

辛店沟示范园区的特色产业有山地果园和高效农业。

辛店沟山地果园是陕北地区建设最早的山地果园,被誉为"陕北第一块山地果园",现有山地果园总面积 33.34 hm²,主要有苹果、红枣、大扁杏、梨、葡萄等果树,红枣中有金丝小枣、骏枣、梨枣等,苹果中有富士、秦冠、皇家嘎啦、藤牧 1 号等,葡萄有红地球和秋黑等。在栽培管理中,果园严格按照绿色果品生产技术要求,从间作绿肥、综合管理及虫害防治等方面进行试验示范。果园有效地展示新品种、新技术、新成果,推进了良种繁育体系建设,总结出丰产栽培管理技术,探索新的发展模式,为区域特色产业发展提供良种和技术支撑,引领现代农业发展,促进农民增收。

示范园区现有坝地 5.33 hm^2,每年开展玉米、向日葵、马铃薯等农业新品种的高效栽培,为当地农业发展和农技推广作出了贡献。

(六)综合治理程度

示范园区内宜治理的水土流失面积均已全部治理,25°以上的陡坡耕地全部退耕还林还草,目前治理程度已达到 81.14%,林草覆盖度达到 75.91%。

三、扩展功能评价

(一)教育实践活动

目前科技示范园已建成辛店沟水土保持科技成果展示系统,内置了辛店沟流域沙盘模型,建立展板 20 块,从发展历程、观测、科学示范、科学试验、科普教育、荣誉成果和生态效益等方面进行了展示。示范园建成了辛店沟乔灌草水土保持监测小区,小区总数共 12 个。同时,辛店沟拥有丰富的动物资源,并栖息着众多的国家二级保护动物野鸡。示范园是面向社会的科普教育基地,也是当地多所大专院校实习的基地,通过知识性、趣味性的讲解、参观,普及科学文化知识,激发广大青少年热爱水保、大自然的浓郁兴趣和报效祖国的志向。科技示范园每年接待国内外研究院所、学校学者 1 000 余人次,自然、园林与人文景观给他们留下了美好的印象。

(二)宣传报道

科技示范园建立大型宣传性入园大门 1 处,设立大型宣传牌 1 座,治理内容宣传牌 12 块。

采用报纸、网络及学术刊物等媒体进行新闻宣传和学术交流。每年刊发园区宣传稿件 12 篇(幅)以上,发表论文 5 篇以上。

同时,示范园宣传工作按照对上、对外、对内三个层次积极开展,充分展现辛店沟水土保持治理成果,发挥典型带动和示范辐射作用,为全社会提供学习、了解和掌握黄土丘陵沟壑区水土保持知识的平台和窗口,让参观者和旅游者了解水土保持的重要性,扩大园区的影响力。

(三)休闲观光

科技示范园内强调设施的生态性、自然性和质朴性,强调设施即是景观的生态效果。

在休闲旅游方面,由于辛店沟科技示范园区离县城较近,环境优雅,目前已经成为当地群众休闲度假的好去处,同时可以开展果品采摘、休闲娱乐、生态观光等活动,发展水土保持生态风景旅游业。据不完全统计,2012 年接待游客近 5 000 人次。

(四)科研条件

科技示范园内各项试验设施布设符合规范,且全部运行正常。

以科技示范园为平台,开展水土保持试验研究并获重要奖项的项目有:

(1)辛店沟试验场水土保持治理实践 1983 年获黄河水利委员会科技进步奖。

(2)辛店沟小流域综合治理 1985 年获国家自然科学进步二等奖。

(3)黄河中游机械修梯田试验研究 1989 年获水利部科技进步奖。

（4）早熟沙打旺选育和应用 1989 年获国家发明三等奖。

（5）黄丘一副区水土流失规律及减水减沙试验研究 1990 年获水利部科技进步三等奖。

（6）利用药物提高黄土高原造林成活率研究 1994 年获国家科技成果奖。

（7）黄土高原主要水土保持灌木研究 1995 年获水利部科技进步三等奖。

（8）国家"948"项目水土保持优良植物引进 2003 年获得黄河水利委员会科技进步二等奖。

（9）黄土丘陵沟壑区小流域坝系相对稳定及水资源开发利用研究 2009 年获陕西省科技进步二等奖。

（10）水土保持优良植物新品种繁育及利用技术研究 2011 年获黄河水利委员会科技进步一等奖。

以园区为平台发表的科技论文已有 100 篇以上，参加国内外学术交流会议论文 50 多篇。

辛店沟科技示范园为北京师范大学、南京师范大学、西北大学、西北农林科技大学、北京林业大学、西安理工大学、中科院水保所等学生实习基地，并有以科技示范园为研究内容发表的学位论文。

（五）高新技术应用

科技示范园内主要应用的新技术有基于 3S 技术的电子地图系统、原型观测自动化遥测系统、自动化气象监测站、RTK GPS 技术、节水灌溉、集雨造林（种草）、营养钵坡面造林等。

（六）废弃物处理及排放

科技示范园内无工业和矿业等易造成环境污染的产业，垃圾主要为生活垃圾，园区内沿途都设有垃圾箱。

四、管理评价

（一）管理机构、制度与人员

成立了科技示范园管委会，落实了人员，建立健全了项目管理、统计、资料管理、财务管理、环境卫生等多项规章制度，使园区管理实现了制度化、规范化。强化员工管理，采取赴外培训和自主培训相结合的方式，对园区管理人员及服务人员分层、分类进行轮训，园区上岗人员培训合格率达到 100%。

（二）投入保障与运行机制

科技示范园采用了争取科研项目投资、扩大旅游资源开发、招商引资、给科研机构提供试验平台、出租场地设施等办法，保障了园区的经费开支和长效运行。

（三）资料管理

技术资料、财务资料和影像资料齐备，财务资料符合财务制度，均按照档案管理办法派专人管理，年底归档造册后交黄河水土保持绥德治理监督局档案室统一保管，管理严格规范，符合相关规定。

五、总体评价

辛店沟科技示范园已达到了水利部水土保持科技示范园的验收标准，在水土保持科学研究、生产实践和技术推广应用领域获得了各项成果。科技成果展示厅系统通过搜集以往建设成果和科技示范园建设成果,应用图文相结合方式来展示科技示范园的实体印象。成果展板展示了科技示范园多年的建设成果,地形地貌模型全面地反映科技示范园各类建设成果的整体面貌,是辛店沟科技示范园建设成果的一个缩影,具有集实体观摩、科普教育、技术推广等为一体的复合展示功能。多功能遥测演示系统以科技示范园水土保持科学研究的不同方法、先进实用的各类实践模式为基础,以现代科技为依托,引进国内外先进信息监察监控、监测预报、信息通信系统等高新技术,通过地理信息系统软件生动地展示科技示范园各类水土保持生态模式和建设效果;通过网络技术实时监控示范园各类功能区布设的水土保持各类设施、设备的运行状态,同时监控自然气候因素变异对生态植被的影响,并预防人为造成的灾害性破坏;通过网络技术实现了示范园沟道水沙变化和各类小气候因素变化的自动化遥测,充分展示了现代水土保持科技和生态文明的关系。辛店沟水土保持科技示范园区自我赋分表见表8-3。

表8-3 辛店沟水土保持科技示范园区自我赋分表

评定项目	评定内容	评定指标及分值	分值	赋分
总分			100	99
基础条件 (20分)	典型性	能典型地代表本类型区的地形地貌、水土流失主要特征　4分	4	4
	土地使用权	具有永久使用权,满足30年以上要求　2分	4	2
	土地手续	有土地主管部门发放的土地使用证　2分		2
	园区面积	面积为1.44 km²　2分	4	4
	地理位置	距县级城市3.0 km　2分	4	2
	区外交通	邻近国道和高速公路,进出方便快捷　1分		1
	区内交通	道路布局合理、通行便利　1分		1
	水、电、通信、房建等	配套齐全　2分	4	2
		运行正常　2分		2
	小计		20	20
基本功能 (40分)	规划情况	规划设计合理、手段先进　2分	2	2
		功能分区清晰、合理　2分	2	2
		实施情况良好　2分	2	2
	综合治理	各项措施因地制宜、建设规范　5分	5	5
		形成较完整的水土流失防治体系　5分	5	5
	监测	设施规范并能正常运行　3分	3	3
		纳入国家监测网络　3分	3	3
	科普	有展示本类型区水土流失原貌以及主要水土流失发生、发展过程的演示设施　3分	5	3
		有各种防治措施及相关设备的特点、作用等说明标牌　2分		2
	特色产业	有适度规模的特色产业,对周边地区起到辐射带动作用　5分	5	5
	综合治理程度	宜治理的水土流失面积得到全部治理　5分	5	5
	陡坡耕地	25°以上陡坡耕地全部退耕还林还草　5分	3	3
	小计		40	40

评定项目	评定内容	评定指标及分值	分值	赋分
扩展功能 (20分)	教育实践活动	每年中小学生参观1 000人次以上　4分	4	4
	宣传报道	设置宣传牌(碑)，内容齐全　2分	2	2
		在网站等媒体进行了宣传报道　2分	2	2
	休闲观光	设施、措施与环境协调，生态景观良好　1分	1	1
		年吸纳游客1 000人次以上　3分	3	3
	科研条件	试验设施布设符合规范，运行正常　1分	1	1
		开展了水土保持及相关的科学试验研究　2分	2	2
		有以园区为平台发表的科技论文或完成的大专或学士以上学位论文　2分	2	2
	高新技术应用	应用雨洪利用、植被自然恢复、面源污染控制及垃圾处理等高新技术　2分	2	2
	废弃物处理及排放	仅有垃圾箱，没有废弃物处理设施	1	0
	小计		20	19
管理 (20分)	管理机构	健全　2分	2	2
	管理制度	完备　2分	2	2
	管理人员	职责明确，结构合理　4分	4	4
	投入保障	具有相对稳定的多渠道的经费来源　3分	3	3
	运行机制	能够初步实现自我运行和发展　3分	3	3
	技术资料	齐全、管理规范、计算机有备份　2分	2	2
	财务资料	符合财务制度　2分	2	2
	影像资料	齐备　2分	2	2
	小计		20	20

附件：

水利部水土保持科技
示范园区评定办法(试行)

一、总则

(1)为规范水土保持科技示范园区的建设与管理，充分发挥水土保持的科技支撑、典型示范、宣传教育等作用,特制定本办法。

(2)水土保持科技示范园区是指以科学发展观为指导,坚持人与自然和谐的理念,以防治水土流失、实现水土资源持续高效利用为出发点,具备一定规模和质量的水土保持设施、科技资源以及产业基地,能够持续开展与水土保持相关的防治示范、科技推广、宣传教育、休闲观光等活动的区域。

(3)本办法适用于范围明确、功能健全、权属清晰的水土保持科技示范园区。

(4)水土保持科技示范园区评定工作,除应符合国家现行有关水土保持技术标准外,还应符合本办法的有关要求。

二、评定内容

(一)基础条件

(1)园区的地形地貌、水土流失等在所属的类型区具有一定的典型性。

(2)园区面积应不小于50 hm²。土地使用手续合法完备,具有不少于30年的土地使用权。

(3)具有便利的交通条件,位于大中城市、县级或交通干线附近。区内道路布局合理。

(4)水、电、通信、房建等基础设施配套齐全,能够满足园区正常安全运行的需要。

(二)基本功能

(1)规划设计合理,手段先进。园区功能分区清晰、合理。

(2)各项防治措施布局合理,建设规范,形成完整的水土流失综合防治体系。

(3)设置有规范的径流、气象等有关水土保持的监测设施,并纳入国家或省级监测网络。

(4)设置有能够展示本类型水土流失原貌以及主要水土流失发生、发展过程的演示设施。

(5)园区内具有适应规模的特色产业,对周边地区能起到示范、引导和辐射作用。

(6)宜治理水土流失面积得到全部治理;25°以上陡坡耕地全部退耕还林还草。

(三)扩展功能

(1)具有水土保持科学普及教育设施、设备,设置有包含本类型区水土保持概况、园区有关设施的宣传牌(碑),开展了面向社会公众尤其是广大青少年的科普教育实践活动,并通过网站等有关媒体宣传报道。

(2)以园区为平台,开展了水土保持及相关的科学试验研究,并取得科研成果。

(3)生态景观良好,展示功能强,开展了以生态为主题的休闲观光活动。

(4)应用雨洪利用、植被自然恢复、面源污染控制及垃圾处理等高新技术,对废弃物设有相应处理设施,并能达标排放。

(四)管理

(1)园区管理机构健全,制度完备,职责明确,人员结构合理。

(2)具备相对稳定的多渠道的经费来源,有确保园区正常运行的长效机制。

(3)技术、财务、影像资料等归档及时,管理规范,符合有关规定。

三、评定方法

(1)水土保持科技示范园区评定的总分值以100分计。其中,园区基础条件20分、基本功能40分、扩展功能20分、管理20分(计分细则见附表)。

(2)总评定值应按以下公式计算：

总评定值＝园区基础条件评定值＋基本功能评定值＋扩展功能评定值＋管理评定值

(3)总评定值不少于80分的示范园区可评定为"水利部水土保持科技示范园区"。

四、评定程序

(1)园区建设单位向所属省级水行政主管部门提出书面申请，经省级水行政主管部门审查通过后上报水利部。申报材料按照园区评定内容予以提供。

(2)水利部组织有关专家依照本办法对申报园区进行评定。

(3)根据专家评定意见，由水利部公布评定结果，并将合格园区命名为"水利部水土保持科技示范园区"。

附表　水土保持科技示范园区评定计分细则

评定项目	评定内容	评定指标及分值	分值
总分			100
基础条件 (20分)	典型性	能代表本类型区的地形地貌、水土流失主要特征	4
	土地使用权	30年以上　2分	4
	土地手续	完备、合法　2分	
	园区面积	不小于50 hm²，小于50 hm²不能申报"水利部水土保持科技示范园区"	4
	地理位置	距大中城市100 km以内　2分，100～200 km　1分	4
	区外交通	邻近省级以上道路，进出方便快捷　1分	
	区内交通	道路布局合理、通行便利　1分	
	水、电、通信、房建等	配套齐全2分，运行正常　2分	4
	小计		5
基本功能 (40分)	规划情况	规划设计合理，手段先进	2
		功能分区清晰、合理	2
		实施情况良好	2
	综合治理	各项措施因地制宜、建设规范	5
		形成较完整的水土流失防治体系	5
	监测	设施规范并能正常运行	3
		纳入国家或省级监测网络	3
	科普	有展示本类型区水土流失原貌以及主要水土流失发生、发展过程的演示设施　3分	5
		有各种防治措施及相关设备的特点、作用等说明标牌　2分	
	特色产业	有适度规模的特色产业，对周边地区起到辐射带动作用	5
	综合治理程度	宜治理的水土流失面积得到全部治理	5
	陡坡耕地	25°以上陡坡耕地全部退耕还林还草	3
	小计		40

评定项目	评定内容	评定指标及分值	分值
扩展功能（20分）	教育实践活动	每年中小学生参观1 000人次以上4分,1 000~500人次2分,500人次以下不计分	4
	宣传报道	设置宣传牌(碑),内容齐全	2
		在网站等媒体进行了宣传报道	2
	休闲观光	设施、措施与环境协调,生态景观良好	1
		年吸纳游客1 000人次以上	3
	科研条件	试验设施布设符合规范,运行正常	1
		开展了水土保持及相关的科学试验研究	2
		有以园区为平台发表的科技论文或完成的大专或学士以上学位论文	2
	高新技术应用	应用雨洪利用、植被自然恢复、面源污染控制及垃圾处理等高新技术	2
	废弃物处理及排放	有相应废弃物处理设施,并能实现达标排放	1
	小计		20
管理（20分）	管理机构	健全	2
	管理制度	完备	2
	管理人员	职责明确,结构合理	4
	投入保障	具有相对稳定的多渠道的经费来源	3
	运行机制	能够初步实现自我运行和发展	3
	技术资料	齐全、管理规范、计算机有备份	2
	财务资料	符合财务制度	2
	影像资料	齐备	2
	小计		20

第五节　成果推广范围及前景

一、成果推广范围

科技示范园建设的主要成果和经验在黄河粗泥沙集中来源区可大面积地推广应用,多数成果和经验在多沙粗沙区也可以推广应用,部分成果和经验可以推广到整个黄土高原地区乃至我国水土流失区。特别是小流域综合治理理论和成果、水土保持监测技术和评价方法、小流域水土资源的合理开发利用及生态修复等技术在黄河粗泥沙集中来源区和多沙粗沙区均可大面积地推广应用。注重科技示范园治理与试验研究相结合、建立科技示范园生态项目行之有效的管理体制和运行机制、积极推行"三项制度"等工程建设和管理经验可以推广到整个黄土高原地区。

二、成果推广的前景

2011年,中央出台了一号文件,召开了水利工作会议,明确了新形势下水利的战略定位,提出了水利改革发展的一系列重大战略布局和措施。中央水利工作会议也将水土保持列入水利改革发展的六项重要任务之一,把水土流失综合治理作为新形势下四大治水方略之一。中央一号文件强调要把搞好水土保持和生态保护作为全面加快水利基础设施建设的重要内容,进一步加强黄河上中游地区的水土流失防治,推进清洁小流域建设。辛店沟科技示范园是在水利部科技示范园建设的思路和框架基础上建设起来的,其建设的主要成果和经验在黄河粗泥沙集中来源区、多沙粗沙区乃至整个黄土高原地区得到推广和应用后,必将以科学发展观为指导,加快水土流失防治步伐,促进人与自然的和谐,推动整个社会走向生产发展、生活富裕、生态良好的道路,发挥水土保持科技支撑、典型带动和示范辐射的推动作用,也将在治理水土流失、改善生态环境及发展社会经济方面产生巨大的生态、经济、社会效益。

参 考 文 献

[1] 陈雷.大力推广长汀经验 扎实做好水土流失治理工作[J].中国水土保持,2012(6):1-4.

[2] 刘宁.水土保持科技工作面临的形势及近期研究的重点[J].中国水利,2007(16):9-11.

[3] 李国英.深入研究黄土高原土壤侵蚀规律[J].中国水土保持,2006(10):1-4.

[4] 刘震.坚持成功经验 不断开拓创新 努力提高小流域综合治理水平[J].中国水土保持,2008(4):1-3.

[5] 刘震.开拓创新打造精品 努力使中国水土保持发挥更大作用[J].中国水土保持,2010(9):2-4.

[6] 刘震.中国水土保持生态建设模式[M].北京:科学出版社,2003.

[7] 刘震.水土保持监测技术[M].北京:中国大地出版社,2004.

[8] 郭索彦.水土保持监测理论与方法[M].北京:中国水利水电出版社,2010.

[9] 郭索彦,张长印.水土保持是生态文明建设的基础[C]//2008年中国水土保持学会小流域综合治理与新农村建设研讨会论文集.2008.

[10] 姜德文.城市内涝防治的生态保护对策[J].风景园林,2013(5):21-23.

[11] 赵永军,常丹东.水土保持综合治理项目设计与管理[M].北京:中国水利水电出版社,2013.

[12] 乔殿新.关于水土保持科技示范园建设与发展的思考[J].中国水土保持,2012(2):1-3.

[13] 郑宝明.黄土丘陵沟壑区第一副区小流域坝系建设与实践[M].郑州:黄河水利出版社,2004.

[14] 郑宝明.黄河水土保持生态工程韭园沟示范区建设理论与实践[M].郑州:黄河水利出版社,2006.

[15] 郑宝明.黄土丘陵区小流域水保措施优化配置模式[J].土壤侵蚀与水土保持学报,1998(12):23-24.

[16] 郑宝明,荆振民.多沙粗沙区的水土流失与治理[J].中国水土保持,1989(1):17-20.

[17] 王礼先.小流域综合治理的概念与原则[J].中国水土保持,2006(2):16-17.

[18] 唐克丽,等.中国水土保持[M].北京:中国大地出版社,2003.

[19] 刘宝元,等.东北黑土区农地水土流失现状与综合治理对策[J].中国水土保持科学,2008,6(1):1-8.

[20] 余新晓,毕华兴.水土保持学[M].3版.北京:中国林业出版社,2013.

[21] 傅伯杰,汪西林.DEM在研究区黄土丘陵沟壑区土壤侵蚀类型和过程中的应用[J].水土保持学报,1994,8(3):17-21.

[22] 赵廷宁,等.生态环境建设与管理[M].北京:中国环境科学出版社,2004.

[23] 胡建忠,马国力,党维勤.黄土高原生态经济型乔木树种评价指标体系的研究[J].水土保持学报,2000(5):14-18.

[24] 胡建忠,马国力,党维勤,等.黄土高原重点水土流失区人工栽培乔木树种的区位配置方案[J].中国水土保持科学,2004(1):62-69.

[25] 党维勤,金绥庆,郑妍,等.陕北黄土丘陵沟壑区人工栽培乔木树种的适地适树判别[J].中国水土保持,2003(4):21-22.

[26] 党维勤.黄土高原小流域坝系评价理论及其实证研究[M].北京:中国水利水电出版社,2011.

[27] 党维勤."3S"技术在淤地坝建设工作中的应用[J].水土保持学报,2003,17(6):178-186.

[28] 王志雄,赵安成.南小河沟水土保持科技示范园建设的实践[J].中国水土保持,2011(1):37-38,54.

[29] 党维勤.基于 GIS 黄土高原坝系优化应用研究[D].北京:北京林业大学,2005.

[30] 党维勤,王晓,马三保,等.黄土高原小流域坝系监测方法及评价系统研究[M].郑州:黄河水利出版社,2008.

[31] 党维勤.黄土高原小流域可持续综合治理探讨[J].水土保持科学,2007,5(4):85-89.

[32] 侯淑艳,刘建新,张丽娜,等.水土保持科技示范园景观生态规划与设计[J].水土保持应用技术,2010(1):19-21.

[33] 郑佳丽.广东省深圳市水土保持科技示范园助推生态文明建设[J].中国水利,2011(1):72.

[34] 马三保,党维勤,郑妍,等.沟道坝系在黄土高原生态建设中的战略地位[J].山西水土保持科技,2004(2):27-29.

[35] 李新举,刘宁,田素锋,等.黄河三角洲垦利县可持续土地利用评价及对策研究[J].安全与环境学报,2005(6):91-96.

[36] 党维勤,郑宝明,肖学谦,等.水土保持工程施工阶段的设计变更[J].中国水利,2007(22):43-44.

[37] 许国平.水土保持科技示范园建设应当注重的几个问题[J].山西水土保持科技,2010(2):23-24.

[38] 党维勤,卜晓锋,黄晓琴,等.黄土丘陵沟壑区红枣的区位适宜性评价及栽培配置研究[J].北方果树,2008(2):7-10.

[39] 马义虎,赵一,郭江红,等.水土修复深圳市水土保持科技示范园[J].风景园林,2010(3):92-95.

[40] 白东晓,党维勤,艾绍周.韭园沟流域坝系工程安全评价方法研究[J].水资源与水工程学报,2009(1):54-57.

[41] 党维勤,连增蛇,刘晓军,等.粗泥沙集中来源区拦沙工程存在问题及对策[J].水土保持应用技术,2009(3):39-41.

[42] 史鹏程.田家沟水土保持科技示范园建设成效与发展设想[J].中国水土保持,2011(8):25-26.

[43] 艾绍周,党维勤,白东晓,等.洪水沟流域坝系工程安全评价研究[J].人民黄河,2009(10):126-127.

[44] 党维勤.经济发展方式加快转变对水土保持工作的新要求[J].中国水利,2010(10):25-27.

[45] 李小强,曹文洪.水土保持科技示范园区建设存在的问题与建议[J].中国水土保持,2008(7):4-6.

[46] 乔彦芬,姜德文,田玉柱,等.综合型水土保持科技示范园的规划设计——以北京市延庆县水土保持科技示范园为例[J].水土保持通报,2006,26(1):85-88.

[47] 徐邦敬,曹玉亭,宋瑞莲,等.龙凤岭水土保持科技示范园建设实践[J].中国水土保持,2006(3):6-8.

[48] 孟庆枚.黄土高原水土保持[M].郑州:黄河水利出版社,2002.

[49] 王永喜,叶枫,夏兵,等.深圳水土保持科技示范园建设的理念与实践[J].中国水土保持科学,2013,11(4):67-71.

[50] 华绍祖.黄丘一副区水土流失规律及其水土保持减水减沙效益试验研究报告[R].黄河水利委员会绥德水土保持科学试验站,1989.

[51] 徐建华,林银平,吴成基,等.黄河中游粗泥沙集中来源区界定研究[M].郑州:黄河水利出版社,2006.

[52] 李占斌.黄土地区坡地系统暴雨侵蚀试验及小流域产沙模型研究[D].西安:陕西机械学院,1996.

[53] 黄河水利委员会绥德水土保持科学试验站.水土保持试验成果汇编(1~5集)[R].黄河水利委员会绥德水土保持科学试验站,1981~2002.

[54] 耿晓东.主要水蚀区坡面土壤侵蚀过程与机理对比研究[D].杨凌:中国科学院研究生院(教育部水土保持与生态环境研究中心),2010.

[55] 张新和.黄土坡面片蚀－细沟侵蚀－切沟侵蚀演变与侵蚀产沙过程研究[D].杨凌:西北农林科技

大学,2007.

[56] 郑翠玲.门头沟区龙凤岭水土保持科技示范园[J].中国水土保持,2006(3):12-14.

[57] 刘立新.水土保持示范园建设中应当重视的问题[J].中国水土保持,2009(2):48-49.

[58] 党维勤.黄土高原坡耕地水土流失综合治理中循环利用及模式分析[J].中国水利,2011(16):51-53.

[59] 党维勤.黄河流域水土保持监测进展及问题与对策[J].中国水利,2012(20):57-59.

[60] 高景晖,张宇龙,祁永新,等.关于加强农林开发活动水土保持监督管理的思考[J].中国水土保持,2012(12):27-29.

[61] 党维勤,尚国梅,王晓,等."948"计划中水土保持植物措施引进领域的思考[J].水利发展研究,2013,13(2):32-34,58.

[62] 杨顺利,金绥庆,党维勤,等.关于新疆水土保持治理模式的思考[J].中国水土保持,2013(12):10-12.